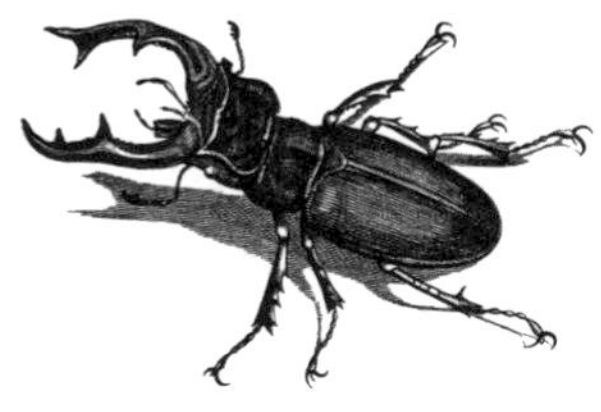

INSECTOPEDIA

Hugh Raffles

昆虫志

INSECTOPEDIA

人类学家观看虫虫的26种方式

Hugh Raffles
[美] 休·莱佛士 著
陈荣彬 译

北京联合出版公司
Beijing United Publishing Co.,Ltd.

献给我的父母

给我的姐妹

给昆虫们，还有它们的朋友

当然，也要献给

莎朗

细微的事物犹如一道可以开启整个世界的窄门。

——加斯东·巴谢拉（Gaston Bachelard，20世纪法国哲学家）

Contents
目录

万物之始
In the Beginning

很久很久以前，在万物刚开始出现时，还没有人类的存在，地球由原始气体与液体组成，而从地质年代来看，那些种类繁多的单细胞原生动物才刚刚展开地球百科全书的第一页，把自己变成其他细胞里的线粒体与叶绿体，这些细胞进而结为同盟，成为其他各种生物，各种生物又结合在一起，形成了各种肉眼无法看见的聚落，每一个由生物构成的世界里都还有更小的世界存在……如此持续了一段时间以后，就有了昆虫的出现，但人类要到很久很久以后才会出现。

早在人类存在之前，昆虫就已经存在。无论我们迁居何方，它们都会跟着一起去。尽管如此，我们对昆虫的了解仍极为有限，就连那些与我们最接近的，吃我们的食物，跟我们睡在一起的昆虫也不例外。昆虫与我们如此不同，它们彼此之间的差异也有如天壤之别，但它们到底是什么？它们都做些什么事？它们创造出何种世界？我们从昆虫身上能够有何体悟？我们如何与它们共存？而且我们是否有可能以不同的方式与昆虫相处？

说到昆虫，你脑海里浮现的是什么？家蝇？蜻蜓？大黄蜂？寄生蜂？蚊子？放屁甲虫（bombardier beetle）[①]？犀金龟？闪蝶？鬼脸天蛾？螳螂？竹节虫？毛毛虫？昆虫的种类如此繁多，各自相异，与人类也迥然有别。有些普普通通，有些令人大开眼界；体形有大有小；有的群居，也有的独自生活；有的富有表现力，也有的高深莫测；有的生产力极强，有的令人费解；有的深具吸引力，但也令人不安。有些昆虫帮忙传递花粉；有些则是为害人间，传递病菌。也有些昆虫能分解东西，或充当实验的对象，备受科学界瞩目，是科学实验与活动的重要参与者。有些昆虫会进入我们的梦里，甚至是噩梦。昆虫也与经济、文化息息相关，不只存在于这个世界上，也创造这个世界。

昆虫的数量是个天文数字，数不胜数，而且一直持续增多。它们总是如此忙碌，对我们毫不关心，而且力量如此强大。我们几乎不可能对昆虫发号施令。它们的表现也鲜少符合我们的期待。它们是静不下来的。就各方面来讲，它们都是非常复杂的生物。

① 放屁甲虫：又名射炮步甲，鞘翅目（Coleoptera）步甲科（Carabidae）气步甲属（Brachininae）的成员。

A

天空

Air

空中到处都有昆虫，
我们身边还有一个个大千世界存在

1

1926年8月10日，一架史汀生公司（Stimson）生产的SM-1“底特律人”六人座单翼飞机从位于路易斯安那州塔鲁拉镇（Tallulah）的简陋小型机场起飞。那一架“底特律人”是历史上第一架有电动机、机轮刹车以及暖气座舱的飞机，但是其爬升性能不强，所以飞行员很快地开始把机身拉平，在机场上方与四周绕圈圈，按照预定计划，把装在机翼下方的特制捕虫装置张开10分钟，没过多久就返回地面了。飞机触地时跑出来与飞行员会合的是P. A. 格利克（P. A. Glick）与其同事们，他们都是美国昆虫与植物检疫局（Bureau of Entomology and Plant Quarantine）的员工，隶属于局里的棉花昆虫调查部。

那是一段史无前例的航程，只因有史以来，人类第一次以飞机进行收集昆虫的工作。参与该次研究的，除了格利克与其同事之外，还有美国农业部的研究人员，以及一些区域性的组织（例如纽约州立博物馆），他们试图借此探究舞毒蛾（gypsy moth）、棉铃实夜蛾（cotton bollworm moth）等昆虫的迁徙模式，其他昆虫正大肆地吃着美国的天然资源。他们想要预测虫患，知道接下来会发生什么事。如果不知道那些害虫迁徙的方向、时间与方式，又怎能抑制它们呢？

2

高空昆虫学从塔鲁拉镇的那次调查研究开始发展。先前的研究几

1926 年 8 月 10 日，人类第一次以飞机进行收集昆虫的工作。

乎很少离开地面。他们只需要施放挂着网子的气球与风筝，爬上灯塔，或者请灯塔的管理员与登山客代劳即可。此时，格利克有了飞机这种新式科技可供运用，他南下墨西哥，到杜兰戈州（Durango）的小镇特拉瓦利洛（Tlahualilo）去了一趟。他的飞行员把飞机开到当地山谷平原上方 3000 英尺①处去帮他捕捉一种叫作棉红铃虫的成蛾，是专门吃美国棉花的可怕害虫。格利克没想到他的任务居然需要这样大费周章，后来他以精简的文字表示:“棉红铃虫被气流带往空中很高的地方。”[1]

到了进行塔鲁拉镇那一次研究时，只抓到几只苍蝇与黄蜂。但是，在接下来的五年中，研究人员又到塔鲁拉镇的小机场去陆续进行了超过 1300 次的高空研究活动，抓到数以万计的昆虫，其活动范围在空

---

① 1 英尺 = 0.3048 米，3000 英尺 = 914.4 米≈ 914 米。
全书单位均以此公式计算，故后面的单位不再做换算。

中 20 英尺到 15000 英尺的高度。研究人员绘制了各种各样的图表，把 700 种已命名的昆虫根据它们被捕捉到的时间和所待位置的高度、风速、风向、温度、气压、湿度、露点（dewpoint）①与其他许多物理上的变量分类记录下来。在此之前，他们已经知道所谓长距离传播的生物现象。他们曾听说过，在距离陆地几百千米的海面上都还能看到蝴蝶、蚊子、水黾（water-strider）②、盲蝽（leaf bug）、书虱（book-lice）以及蝈蝈（katydid）等各种昆虫，也听说过威廉·帕里船长（Captain William Parry）于 1828 年前往北极探险时曾在大块浮冰上看见蚜虫（aphid），而且在 1925 年的时候更有另一批蚜虫穿越距离长达 800 英里③的严寒无垠海面，在 24 小时内从俄罗斯科拉半岛（Kola Peninsula）飞到挪威斯匹次卑尔根岛（Spitzbergen）。然而，当他们发现路易斯安那州上空居然有种类如此庞大的昆虫，而且散布在这么高的地方，还是觉得震惊不已。[2] 他们就像是发现了新天地似的。

他们开始随兴地把天空比喻为海洋，表示这就是所谓“空中浮游生物”（aeroplankton）的现象：无垠的天空里有许许多多的昆虫存在着。那些小型昆虫有一部分是没有翅膀的，每一只都是体表面积大，但是体重很轻，往往强风一刮就被往上吹，被气流带往高空，随

---

① 露点：又称露点温度，指空气中的气态水凝结成液态水所需要的温度。

② 水黾：黾读 mǐn，一种小型水生昆虫。

③ 1 英里 = 1.609344 千米，800 英里 =1287.4752 千米≈ 1287 千米。全书单位均以此公式计算，故后面的单位不再做换算。

着气流在空中四处移动，不想抵抗也无力抵抗，纯粹因为意外而漂洋过海，穿越大陆，同样也因为意外而被气流往下吸，掉在某个偏远的山峰或者平原谷地。据估计，每天不管哪个时段，或者每年不管哪一天，路易斯安那州每平方英里上空的 50~14000 英尺高空，平均都有 2500 万只昆虫，甚至可能高达 3600 万只。[3] 白天时，曾有人在 6000 英尺高空发现瓢虫，夜里在 3000 英尺高空发现条纹守瓜甲虫（striped cucumber beetle）。他们曾在 5000 英尺高空抓到三只蝎蛉（scorpionfly），在 200~3000 英尺的高空抓到 31 只果蝇，还有在 7000 英尺与 10000 英尺的高空分别抓到一只蕈蚊（fungus gnat）。他们在 200 英尺与 1000 英尺高空分别抓到了一只马蝇。到了 4000 英尺高空，他们居然还采集到一只没有翅膀的工蚁。最高到了 5000 英尺，居然有 16 种不同的姬蜂（ichneumon wasp）。他们还抓到了一只空飘在 15000 英尺高空的蜘蛛（就像格利克说的，“这可能是地表上空被采集到样本的最高高度了”），此事让格利克想到过去真的曾有人表示有些蜘蛛会借着信风（trade wind）① 环游全球，因此他在书里写道：“大部分蜘蛛的幼体都喜欢这种交通工具。”让人不禁在脑海中浮现这样的画面：小动物们打包行囊，兴奋地等着踏上旅途，而这也与过去大家的共识有一点小小的出入。格利克认为，蜘蛛在空中并非被动地随风飘荡，所以根据他后来的观察，蜘蛛不只会爬上风中的某个地点（例如一根嫩枝，或者一朵花上面），踮着脚站起来，抬起肚子，测试大气的状况，射出蜘蛛丝，投身

① 信风：在低空从副热带高气压带吹向赤道低气压带的风。

蓝色天空中，把所有能自由活动的脚伸展开来，而且会用身体与丝线来控制下降的情况以及降落地点。[4]光是每平方英里的乡间天空里就有3600万只我们看不见的小动物在飞翔？这简直就像发现一个新天地似的。天空仿佛一片“穹顶，倾盆而下的不是大雨，而是昆虫”。[5]

3

从20世纪20年代中期到30年代，在法国、英国与美国等各地高空进行研究的学者持续发现了同样的事，也得出一致的结论。他们大致认为昆虫借由两种方式移动。[6]可以被视为空中浮游生物的小虫散布在900米以上的高空，它们是被迫移动的，无法抵抗快速流动的高层气流。至于那些较大较强，能够飞行的昆虫，相对来讲则是散布在比较接近地面的地方，它们在低处御清风而行，有自己的迁徙途径与时程。有些低海拔迁徙十分壮观，其中有些昆虫是我们早已熟悉的，例如帝王斑蝶（monarch butterfly）与《圣经·旧约》里提到的那些蝗虫。其他虫类则是连昆虫学家们都大感意外。它们多少都带着一点神秘色彩。J. W. 塔特（J. W. Tutt）于1900年亲眼看到数以百万计的Y纹夜蛾（silver-Y moth）与其他昆虫跟着一群候鸟一起排成整齐的直线，由东往西飞行。几年后，来自纽约动物学会（New York Zoological Society）的威廉·毕比（William Beebe，他同时也是搭乘钢制球状潜水装置到深海去的探险先锋）也在委内瑞拉北部波塔丘埃洛山隘（Portachuelo Pass）发现自己被许许多多紫棕色蝴蝶包围。尽管毕比感到困惑不已，但他还

飞行员驾驶飞机在空中捕获昆虫。

是设法计算了一下：光是在一开始90分钟里飞过他身边的蝴蝶就有至少18.6万只。一个小时后，那如同水流的蝴蝶流量“达到高潮”，他镇定下来，掏出高倍望远镜：

我开始望着头上大约25英尺高的地方，然后慢慢往上方调整焦距，直到我看见视野极限内的那些小虫。从大小相似的水平物体判断起来，它们位于距离地面半英里高的空中，每当我感到更为紧张时，就有越来越多看来更小的蝴蝶振翅飞翔，清清楚楚地出现在我眼前。

从最下面到顶点的垂直距离，没有任何一处的蝴蝶数量有减少的迹象……这种迁徙的特殊现象持续了好几天，一批批不知从何而来的蝴蝶不断现身，每一批都是数以百万计，它们往南而去，我一样也不知道其目的地是哪里。

毕比还记录了另一个现象：同样一条迁移路线上，每年显然都有各种各样为数庞大的昆虫一起飞过去，其中有鳃金龟（cockchafer）、金花虫（chrysomelid beetle）、胡蜂、蜜蜂、飞蛾、蝴蝶，“还有一群又一群有翅膀的微小昆虫”。[7] 那些虫子因为太小而无法计算其数量。但是，以蚜虫为例，它们看起来就像一阵模糊的雾霾，其密度足足有蝴蝶的250 倍之多。事实上，不管从种类还是数量来讲，这些小虫（包括蚜虫、蓟马、小蛾、最小的甲虫，还有最小的寄生蜂，它们都是肉眼几乎看不见的）都已经是昆虫界的主力了，而这足以印证一件事：在过去千百万年的进化过程中，尽管昆虫的数量与种类多如牛毛，但是它们的体积也变小许多。

在古生代①晚期曾经存在，两边翅膀加起来有 30 英寸②长的巨大蜻蜓已经灭绝了。昆虫在变小的过程中也进化出各种各样符合流体力学的躯体，类别难以胜数。同时，因为翅膀必须快速振动，其肌肉也要符合这项特殊需求。在目前已知的大约 100 万种昆虫里面，成虫的平均身长只有四五毫米，中段身体的长度就更短了。尽管如此，真正能吸引研究者目光的，还是那些比较大，可见度较高，身长至少 1 厘米以上的虫子（也就是说，它们的体形至少比平均值大 20 倍）。如果我们把那些关于黑腹果蝇（drosophila melanogaster）的大量基因体相关研

---

① 古生代：是远古的生物时代，距今约 5.7 亿 ~2.3 亿年。

② 1 英寸 = 2.54 厘米，30 英寸 = 76.2 厘米≈ 76 厘米。
全书单位均以此公式计算，故后面的单位不再做换算。

究排除掉，实在没剩多少小型昆虫的研究文献。[8] 在格利克的记录里面，相对来讲，空中的小虫数量之所以庞大，看来显然主要不是因为它们比较容易被吹往空中，而是因为它们的数量远远胜过大型昆虫。

格利克表示，塔鲁拉镇上空 7000 英尺处也有善于飞行的蜻蜓：这种大型昆虫的活动范围远远超过 3000 英尺的界线，而且飞得如此得心应手，居然还知道要避开格利克的飞机。至于在比较接近地面的空中，根据毕比与其他人的记录，则都是一些没那么会飞，而且应该是被风吹来吹去的小型昆虫，高度远远不及上述的大型昆虫。今天的昆虫飞行研究者以处于流动状态的看法来谈所谓的昆虫飞行区，认为那是一个可变的、接近地表的区域。在飞行区里，风速会小于特定昆虫的飞行速度。换言之，这个范围也会随着风的强度与昆虫的能力而上下游移。在那个范围内，昆虫可以自己决定飞行方向。在此界线之上，昆虫的飞行则开始受制于强风，它们不再能克服风力，只能适应大气条件。[9] 大多数昆虫都只能在地表上方 1 米到 3 米的范围完全控制自己的飞行方向，原因有两个：首先在我们已知的昆虫里面，大约只有 40% 飞行速度在 1 米 / 秒以上，其次通常都是在靠近地表的地方才有人类几乎感受不到的那种微风。[10]

然而，在那最高极限以上，也就是对流层距离地面几百米的地方，只有一小部分小昆虫被动地随风而飞：它们没有翅膀（例如蜘蛛与螨类），冷得要死，筋疲力尽。但其他绝大多数或大或小的昆虫都可以振翅飞翔，尽管身边强风飕飕，它们还是可以保持或改变自己的高度与方向。有时候它们盘旋不去，有时候则在空中滑行，如自由落体一般落下，抑或凌空高飞。白天它们躲避的是飞鸟，晚上则是蝙蝠。它们很少像花粉那样任由自己随处飘荡。跟那些在海里漂荡的浮游生物也不同。

不，把昆虫这种动物称为“空中浮游生物”实在不恰当。它们并非住在空中，那里只是它们路过的地方。而且它们居无定所，总是在换地方。在背后驱动其行动的，是一股想要寻找新住所，还有想要与新宿主相遇的冲动。有时候它们的飞行距离很短，所经之处一再重复；有时候它们会进行大规模迁徙，旅程有可能是单程或者来回。无论飞行距离长短，它们很少采取被动的姿态。它们朝着有风与有光的地方起飞。如果够强壮的话，它们通常会逆风而飞，或在风里四处飞动。低空飞行的一大群蝴蝶与蝗虫很可能突然戏剧性地群起高飞，只为了飞进数百米高空的气流中。即便是小小的虫子，看起来也有寻找热气流的本性。在高空中，这些小虫子的飞行路线深受风向影响，但它们总是会在气流中试着稳住自己，拍动翅膀，调整方向与高度。接着它们会从空中降落，通常是因为气味或者反射光线的吸引，借着自己的身体重量重返地面。

塞西尔·约翰逊（Cecil Johnson）那本关于昆虫迁徙与散布的书早已是经典之作，他曾于40年前指出，许多（甚至大部分）昆虫都会在迁徙过程中死去，但“这就是此一物种为了寻找新居而付出的代价”。约翰逊所描绘的，是一个始终被昆虫监视着的地球，如他所言：“数以百万计的昆虫一边在气流中飞行，一边努力地仔细审视地面，持续找到适合或者不适合的地方。”若不适合，它们会立刻起飞，寻找觅食或繁殖的更好地点（或者是为了做一些我们不了解的事），“飞行方向有可能是随着风向，有可能是它们自己决定的”。[11] 这就是昆虫的真实生活，其迁徙宛如一个庞大的“散播系统”，每天都有数量庞大的昆虫到处移动，“日复一日，年复一年，一个又一个世纪就这样过去了”。[12] 一旦知道昆虫向来就是如此不断移动、散布与迁徙，距离或长或短、难以阻止，我们还能把它们视为侵扰人类的害虫吗？还有，我们原本还认为万物皆有其位，一物仅属于一处且别无他处，物种疆界不可侵犯，然后人类只要提高警觉和用化学物质就能够控制昆虫这种数量庞大无比、有自己生存之道因此不屈从于人类的生物，此刻是否也该改变想法了？也许当年在墨西哥杜兰戈州 900 米的高空上，近距离面对棉红铃虫，看着它们的翅膀在高空阳光里闪耀着微光时，格利克心里所想的就是这些问题。

4

先别继续看书了。如果你在室内，请走到窗边。把窗户打开，仰望天际。那一片空荡荡的空间里，庞大的天空一望无垠，宽阔的九重天层层叠叠。空中到处有昆虫，而且它们正要前往某处。每天我们头顶与身边都有数十亿生物在进行集体迁徙。

此事宛如字母 A 一样重要，是我们不能忘记的第一要义。我们身边还有一个个大千世界存在。但我们却常常与那些世界擦身而过，却不知道，或者视而不见、听而不闻、触而不觉，受限于我们自己的感官，受限于平庸的想象力，就跟确信地球是宇宙中心的托勒密（Ptolemy）没什么两样。

1 P.A. Glick, *The Distribution of Insects, Spiders, and Mites in the Air, USDA Technical Bulletin* No. 671 (Washington, D.C.: USDA, 1939), 146.

2 关于这些与其他所谓“长距离传播”的例子，请参阅：C.G. Johnson, *Migration and Dispersal of Insects by Flight* (London: Methuen, 1969), 294-6, 358-9。这一章的内容我主要是参考 C.G. Johnson 的上述经典之作，还有：Robert Dudley, *The Biomechanics of Insect Flight: Form, Function, Evolution* (Princeton: Princeton University Press, 2000).

3 B.R. Coad, “Insects Captured by Airplane are Found at Surprising Heights,” *Yearbook of Agriculture 1931* (Washington, D.C.: USDA, 1931), 322.

4 Glick, *The Distribution of Insects,* 87。关于蜘蛛的“空飘”现象，请参阅：Robert B. Suter, “An Aerial Lottery: The Physics of Ballooning in a Chaotic Atmosphere,” *Journal of Arachnology* vol. 27: 281-293, 1999.

5 Johnson, *Migration and Dispersal,* 297.

6 例如，请参阅：A.C. Hardy and P.S. Milne, “Studies in the Distribution of Insects by Aerial Currents: Experiments in Aerial Tow-netting from Kites,” *Journal of animal Ecology vol.* 7: 199-229, 1938.

7 William Beebe, “Insect Migration at Rancho Grande in North-central Venezuela. General Account,” *Zoologica* 34, no. 12 (1949): 107-110.

8 Dudley, *Biomechanics of Insect Flight,* 8-14, 302-309.

9 L.R. Taylor, “Aphid Dispersal and Diurnal Periodicity,” *Proceedings of the Linnaean Society of London* vol. 169: 67-73.

10 Dudley, *Biomechanics of Insect Flight,* 325-6.

11 Johnson, *Migration and Dispersal,* 606.

12 Johnson, *Migration and Dispersal,* 294, 360.

B

美
Beauty

成千上万只蝴蝶翩翩起舞

成千上万只黄色蝴蝶将亚马孙河沿岸点缀成一座黄金城。

“什么事？怎么啦？”在我对着塞乌·贝内迪托（Seu Benedito）大叫的同时，我们那一艘沿着瓜里巴河（Rio Guariba）航行的船也持续发出噗噗声响。“这是怎么一回事啊？”

离我一百码[①]的远处河岸上有一片树丛，昨天树荫下还只是矗立着一间整条河沿岸最为破烂的木屋，如今却像珠宝闪闪发亮，宛如一片不断震颤的黄海，触目所及都是淡黄、玉米须黄与金黄等各种黄色。触目所及似乎有一片片金箔到处旋转飞舞，如渣如屑，往森林的暗处高飞。河面上，闪耀的太阳光芒从那一团黄色里面曲折投射出来。“那是什么？”

“噢，”塞乌·贝内迪托笑道，“Borboletas de Verão，意思是夏天的蝴

---

① 1 码 = 0.9144 米，100 码 = 91.44 米≈ 91 米。
全书单位均以此公式计算，故后面的单位不再做换算

蝶。它们又回来啦。你没见过吗？”

那天，那种蝴蝶到处飞舞。它们像是爆开了，往世界的各个角落散逸，把世界点缀成一种新奇的颜色，这意料之外的美景令人神往不已。我们的船在河上缓缓前进，嘎嘎作响，经过的每一间屋子都笼罩在这种多变的奇景里。成千上万只黄色蝴蝶停在屋顶或墙壁上，占据了木屋的门廊，最后把亚马孙河沿岸点缀成一座黄金城（El Dorado），眼前这一座静谧的村庄仿佛被镀上了一层金。等我们到家时，也看到金黄色夏蝶（夏天的蝴蝶简称）在房屋四周翩翩飞舞。它们高飞到屋檐上，遍布于门廊，也有一些往低处飞。在地板下方有只猪满地打着滚在泥泞院子里徘徊着。我拍了一张蝴蝶轻轻向上飘浮高飞的照片，如此一来虽然它们已经离开，那一天与其后几天的景象却已化为永恒。

出现在照片里的是塞乌·贝内迪托家后面的厨房，地点是巴西阿马帕州（Amapá）的亚马孙河河口。1995—1996 年，我曾在那里住了 15 个月，你所看到的就是蝴蝶抵达那天下午的情景。现在看起来，有时候似乎就像一个梦，像是别人所经历过的故事，所以我总是会把照片拿出来，回想那一天。看到那只昏昏欲睡的猎狗了吗？看到那一棵棵结满了黑色果实的巴西莓果树（açaí palms）了吗？看到那两个巨大的轮胎了吗？每天早上希尔顿与萝西安妮两个小朋友都会到溪边（位于右侧，在照片外面的地方）打水，把它们给装满。看见那一块用围篱围起来的小小菜园了吗？看到那一条用来晒衣服的粗绳了吗？还有你是否也看到画面上仿佛于时空中冻结的一只只夏蝶？它们就像一艘艘小型 UFO，只是路过而已，成为我们的人生篇章之一，在那片刻之间转化万物，让我们看见另一个世界的微光，然后又继续往别处飞去。

C

切尔诺贝利
Chernobyl

切尔诺贝利核事故后，
昆虫代为解答我们这个世界到底怎么了

1

看着这张柯内莉亚·黑塞-霍内格（Cornelia Hesse-Honegger）在苏黎世她的住所拍的照片，我试着想象她通过显微镜看到了什么。镜头下面是一只夹杂着金黄色与绿色的小虫，它隶属于“异翅亚目”（Heteroptera），俗称“盲蝽”，是她过去三十几年来一直都在画的。[1] 她的双目显微镜把小虫放大了80倍。因为左边接目镜上面附有一个以厘米为单位的比例尺，她才有办法精确地把那只小虫身上的所有细节都画下来。

柯内莉亚采集那只昆虫的地方，就在德国南部贡德雷明根（Gundremmingen）核电站附近。跟她笔下大多数昆虫一样，那是一只畸形的昆虫。就这一只虫而言，它的腹部是不规则状的，右侧微缩。对我来讲，即便是用显微镜去看，我也看不到那畸形的部位。但是她说：“想象一下，如果你的身长只有五毫米，那样的畸形问题会让你有什么感觉！”

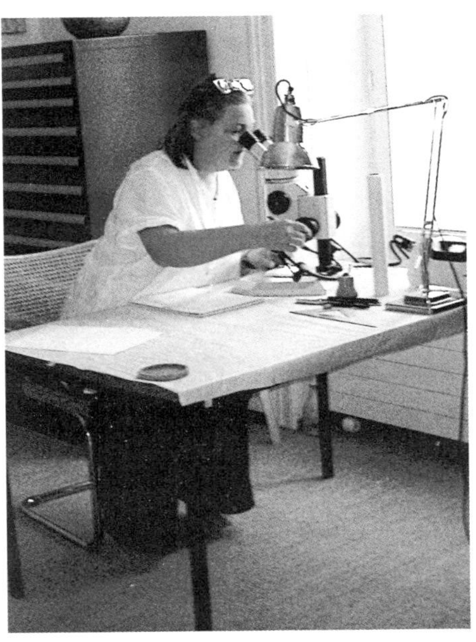

柯内莉亚·黑塞-霍内格正在用显微镜观察盲蝽。

当柯内莉亚如此专心地聚

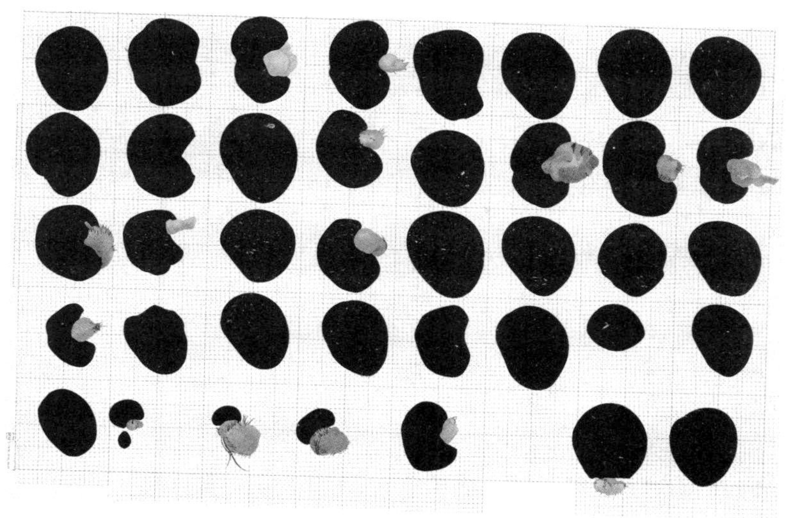

柯内莉亚笔下所画的一只只黑腹果蝇的眼睛。

焦在那只生物身上时，她到底看到了什么？她跟我说，当她在户外的田野上、马路旁以及森林边缘采集样本时，她的“眼里总是只有那只昆虫的存在”。她说，在那些瞬间，她感觉到“一种很强的关联，极度强烈的关联性”，她感觉到一种密切无比的关系，就好像她自己有可能也曾是那种生物，一只盲蝽，“而且身体还记得历经的一切”。

但是，据她所说，她在画画时的感觉与采样时完全相反。当她坐下来用显微镜工作时，她不再感觉到自己仿佛与昆虫有一种“协同进化”的关系，而是把它们视为形式与颜色，形状与纹理，数量与体积，平面与外观。她的作品必须尽量讲求技巧与细节。（“我希望自己能成为激光，扫过每一平方厘米表面。只要是我看到的，我就会画出来；看到后，就画出来。”她是这么跟我说的。）有时候，就像上一页（第 019 页）这幅画，她会在画面上表现出一种形式上的随意风格，从她的收集品中任意挑选样本，一点一滴地在方格纸上描出一个结构，借此创造一种事先没有想过会怎样安排的图像，一种源自于具体主义（Concrete Art）美学传统的图像，而她自己正是在那种传统中被培育出来的。

这幅画所呈现的是一只只黑腹果蝇的眼睛，而且它们都是经过苏黎世大学动物学研究所（Institute of Zoolgy the University of Zurich）所属遗传学家们以放射线处理过的。尽管柯内莉亚刻意不画出果蝇的头，但是她却把头部当成制图时的参照点，每个相应的方格区域都以它们的头部为中心，如此一来，尽管身体并未出现在画面上，却能与眼睛保持精确的相对关系。不过，因为受到放射线影响，果蝇头上眼睛的位置已经变得不规则了。结果是，尽管她所做的安排井然有序，但画面上的水平与垂直线却都是不齐整的。柯内莉亚的随意风格带着井然有序的特性，因此创造出来的作品有其规律，但却又不整齐划一。她用图画的方式来表达自己对于自然、美学与科学的洞见：她的画作所透露出的信息是，这个世界是同时由稳定性与随机性主宰的，构成世界的原则除了秩序之外，也包括机遇。果蝇的眼睛看起来奇怪无比。那些眼睛的尺寸与形状看起来是如此富有戏剧性。有些眼睛还长出了翅膀，而类似的畸形现象刚好让研究人员有机会研究细胞行为，如同柯内莉亚所说的，“他们就像那种想要研究一列火车，但却故意有计划地让它出轨的人”。[2] 画面上那个空格所代表的，是一只缺了眼睛的果蝇。因为她讨厌自然主义（Naturalism）的绘画风格（她跟我说，自然主义鼓励赏画者聚焦在图画的“真实性”，还有画家的技巧与“眼光”上面），也因为她希望我们能够注意形式，所以她把果蝇的眼睛画成黑色，而非实际的红色。

这幅图是柯内莉亚在 1987 年画的。早在 20 年前，身为苏黎世大学动物学研究所科学插画师的她就已经开始绘制畸形果蝇的图画了。[3]根据某种能够诱发突变的标准程序，他们喂果蝇吃含有甲基磺酸乙酯（ethyl methane sulfonate）① 的食物。突变后的果蝇深深吸引着她，因此她开始在工作之余把那些身体受损的昆虫画下来，通过各种不同的角度与颜色来做实验，甚至把一些特别大的果蝇头做成塑料雕塑作品，借此勉力试着了解那个令人感到不安，但对她却充满吸引力的世界。他们戏称那些果蝇为“钟楼怪人”一般的突变个体，而她在研究所里的工作就是负责把它们的多变样貌画下来。它们肢体不全，怪里怪气的模样令人同情，而且畸形的模样“看来混乱不已”。为了方便插画家作画，他们用一种化学药剂把果蝇头部的器官溶解掉，因此果蝇那一张张扭曲的脸变成了面具。“那些突变果蝇就再也没有离开我了。”她写道。的确，从此以后，她的创作活动就始终摆脱不了那些因为外在因素而突变的生物。那些受害者有些是已经发生的，有些是潜在的。[4]

上面那幅画完成后不久，柯内莉亚就在 1987 年 7 月前往瑞典奥斯特法内博（Österfärnebo）采集样本了，因为她认为，在整个西欧地区，

---

① 甲基磺酸乙酯：常用作菌种诱变剂。

那里是受到切尔诺贝利核电站（Chernobyl）灾变辐射落尘污染最为严重的地方。那一趟旅程为她开启了人生的新阶段——此后她的生活变得充满争议，而且世人的注视目光偶尔也会让她感到不是那么高兴。那些与身体分离的眼睛看起来是如此空洞而抽象，凄凉而愤怒，令人感到不安，而且它们也可以说是一种预示与预知。

当切尔诺贝利核电厂的核反应堆爆炸时，她已经有了准备。最近她跟我说："切尔诺贝利可以解答的问题是，我们这个世界到底怎么了？"她已经是个目击者了。灾变发生前，她已经看到花园里的盲蝽越来越少，她也看到那些畸形的果蝇；实验室与世界是合一的。如今两者之间被什么阻隔了？她已经意识到有一种美学观点即将出现。大自然没有任何一个角落能够不受这种效应影响。"让我们入迷的影像，往往并未反映出现实世界正在改变。"她写道。[5] 切尔诺贝利只是在光天化日之下把梦魇揭露出来，让大家看见过去隐而未显的东西。

2

1976年，柯内莉亚·黑塞-霍内格住在苏黎世郊外的寂静乡间，家里还有两个年纪很小的孩子，老公沉浸在自己的世界中，谁也不理，而她自己则对盲蝽怀抱满腔热忱。她不只是被那种昆虫的美给吸引了，它们自有其引人入胜之处。（如她所说："它们总是对某些情况有所感应，这是让我感到惊奇之处。"）因为它们的那些特质，她才会成为入迷的收集者。（"那就好像上瘾……""光是找到一只盲蝽就觉得很棒……就像置身人间天堂！”）没多久她就对附近的盲蝽都很熟悉了，开始能辨认出不同科与不同种之间那些广为人知的差异，还有同种盲蝽之间的个体差异（“它们的个体差异实际上是很惊人的”）。每年暑假她都与家人一起前往瑞士南部提契诺州（Ticino），在丈夫的家族宅邸里度假。早起的她总是在一片雾霭弥漫中游荡于沼地里，采集昆虫，也越来越熟悉当地的植物与动物。

采集是人虫之间建立亲密关系的过程。她发现了盲蝽的种种习性，找出它们的藏身之处，也借此培养出其感官的敏感性（她曾经笑着对我说，“它们都是一些懒惰虫！”），这指的是，她感觉得出它们知道她靠近了，它们知道她的目光接触到它们。通过野外采集工作，她才得以了解它们的生态与特性。她怎么可能不了解？而且，因为在画画时总是全神贯注，她也培养出另一种与盲蝽的亲近关系，成为熟知盲蝽形态学和多样性的专家。

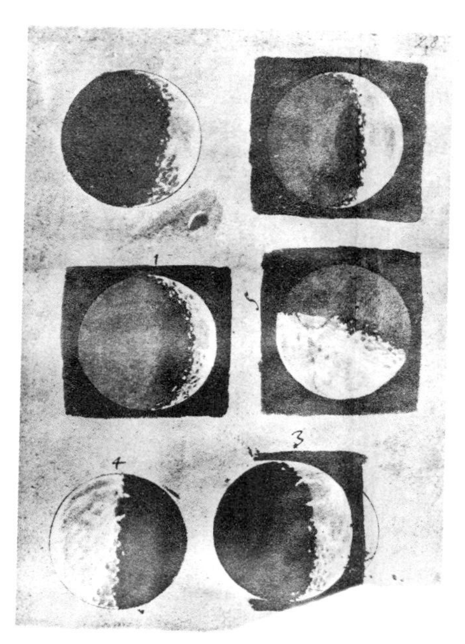

伽利略所创作的知名月亮表面墨水画。

她坚信，绘画不只是一种记录的工作，也是一种研究，而这种信念可以回溯到16世纪的瑞士博物学家康拉德·盖斯纳（Conrad Gesner），回溯到给了她许多灵感的画家兼探险家玛丽亚·西比拉·梅里安（Maria Sybella Merian），还有自学有成的化石收集家玛丽·安宁（Mary Anning）。[6]若想获得有关此主题的知识，绘画是一种全方位的方式，一种从生物学、现象学与政治等各种角度提供完整观照的方式。绘画不只是把我们所看见的一切表达出来，而且是一种能够让我们学会如何观照事物的专业训练；而这里所谓的观照，是指能够获得各种广义的洞见。通过绘画，她才有办法把各种异常现象描绘出来，借此辨认出各个采集地点的共有模式，和它们之间的种种联系，并且促使她意识到，其实过去在许多地点她都曾发现过相同的畸形现象：奥斯特法内博、切尔诺贝利、塞拉菲尔德（Sellafield）①、贡德雷明根以及阿格（La Hague）②。“我就像是发现了一个新世界，”她说，“我越是投入其中，就越是无法自拔，对那个世界也产生了越来越强烈的认同感。”如果时间允许的话，如果要她用六个月的时间描绘一只盲蝽，她也无所谓。如果……的话，“我愿意深入其中，深入再深入……”

夜已深。我们吃完了晚餐，正在欣赏伽利略创作的知名月亮表面墨水画，那是她深爱的一系列作品（她说，这真是艺术啊！）。伽利略在1610年制作了一架望远镜，不久后他便把自己看到的影像画了下来，因此那可以说是让世人得以窥见一个全新世界的新奇工具。但是

① 塞拉菲尔德：英国处置核电站放射性废弃物的地方。

② 阿格：法国处置核电站放射性废弃物的地方。

这种发现同时带来近似幽闭恐惧的效果，因为望远镜把远方的大东西放入了小小的视觉空间里。他在描绘那些影像时感觉到一种急迫性，作画时他好像感到极为不可思议（他用讶异不已的口气在书中写道："令人更为感到惊奇的是……"），在那些令人无法想象的月表纹理没入阴影之前，他急着想要把那些纹理捕捉下来，深恐再也看不到了。[7] 柯内莉亚跟我说，伽利略把他在夜空中看到的影像拿给同事看，他们都无法辨认出那是什么。那不是他们过去所认识的月亮。既然他们不了解那种仪器，又怎能相信那些影像呢？柯内莉亚说，他们可说是"视而不见"。他们的想法是如此死板，他们身处的世界让他们感到如此安逸，以至于他们看到了却不自知，看到了却不了解呈现在自己眼前的是什么。

柯内莉亚曾发表过两篇故事，被刊登在杂志封面，其中第一篇在她跟丈夫离婚之后问世，当时她离开了她的乡间花园，与孩子们搬回苏黎世，切尔诺贝利核灾也已发生，作品刊登在瑞士大报《每日新闻报》（*Tages-Anzeiger*）的周末版上。报社把她那些以盲蝽、果蝇与常春藤叶子为主题的画作刊登出来，样本都是她在奥斯特法内博附近与提契诺州收集到的，该篇的标题是"长相不寻常的果蝇与虫子"（When Flies and Bugs Don't Look the Way They Should）。[8]

她用一种引人入胜的方式描述了那一趟瑞典之旅。她的文字看起来有点像侦探故事，也像是在描写悟道信教的心路历程，又带着一点秘密行动的味道。一开始她陈述自己在切尔诺贝利核电站爆炸后，如何费尽心思，设法掌握辐射落尘散布在了欧洲的哪些地方。她发现了一些地图

(“不幸的是，地图并不精确”)，找出了那些污染最为严重，而且她又能到得了的地方（“等到夜里孩子们都已经上床后，我才在厨房餐桌上开始钻研那些地图，研究各种资料”)。据其分析，西欧辐射落尘问题最严重的地方是瑞典。(“我下定决心，那就是我想去的地方。”)

等到她抵达后，当地人跟她说，那一晚乌云密布，辐射落尘跟着雨水一起落在村子里，他们都有一种奇怪的感觉，一种无法言喻的预感，就像多年后三里岛（Three Mile Island）核灾发生时当地居民所说的一样。当地一位兽医拿自己种植的苜蓿给她看，原本应该是绿叶与粉红花朵，却长出了红叶黄花。她发现到处都有奇形怪状的植物。她采集了许多昆虫，隔天，也就是 1987 年 7 月 30 日那天，她开始用显微镜来看那些虫子。她早已知道盲蝽是一种非常精准的生态指标。过去在花园里她曾观察到，它们有着精准的身体结构，使得只要不正常的现象一发生就明显可见；而且除了身上斑纹的变化外，其他变化都是不正常之处。她还发现盲蝽有可能一辈子都住在同一株植物上面，就连它们的后代子孙也会留在那个地方。她意识到，因为盲蝽都是以吸食叶子与嫩芽的汁液为生，所以只要植物受到污染，它们也无法幸免。但是即便她画昆虫已经画了 17 年，她还是没有见识过那种现象。“我觉得很恶心。我看到有一只虫的左脚特别短，还有些虫子的触角看起来就像奇形怪状的香肠，另一只虫则是从眼睛里长出黑黑的东西。”她仿佛初次见到这些熟识已久的昆虫。

尽管理论上我相信放射性物质会对自然有所影响，但我仍无法想象实际上会影响到什么程度。此刻，那些可怜的生物就躺在我的显微镜底下。我觉得震惊不已。好像有人拉开帘幕，令我眼界大开。每天我都会发现受损的植物与昆虫。有时候我几乎都已经忘记正常的植物形状是什么。我深感迷惑，唯恐自己会疯掉。

我意识到我必须摒弃过去的一切假设，用全然开放的态度接受我眼前所见的一切，即便有人可能会认为我疯了也无所谓。睡梦中，发现那些东西时的恐惧情绪仍然折磨着我，让我做噩梦。我开始狂热地采集样本与画画。[9]

柯内莉亚绘制的畸形果蝇。

本来她只是把这件事当成暂时的人生插曲。“‘切尔诺贝利事件’发生了，我想我必须赶快去做，”她跟我说，“一两年或者三年，然后我就回到原本的主题，去画那些畸形的果蝇眼睛或者别的什么。那才是我真正喜欢的工作。我不愿意放弃那个工作。我之所以会来做这件事，只是因为觉得有必要。（刊登在杂志上的那些）画作都是我用便宜的纸张画出来的，最便宜的纸，素描簿里面的那种。那不是规规矩矩的艺术作品。我深信，在我画出第一批东西之后，科学家们会说：‘没错，那些的确很有趣。我们去那些地方做一些采集工作吧。’”

她去了一趟提契诺州某处，她前夫的家族宅邸就在那附近，触目所及都是她非常熟悉的昆虫。尽管与瑞典相较，那里的切尔诺贝利核电站辐射落尘比较少，但是那里的气候比较温和。很多植物在比较北边的地方还没出现，却已经在提契诺州长出来了，因此等到受辐射污染的雨降下之后，昆虫也把污染物给吃了进去。她采集了盲蝽与树叶，还找到三对黑腹果蝇，全都带回苏黎世的公寓里，养在厨房。她写道："每个晚上我都坐在显微镜前面，试着掌握快速的繁殖状况。"这个工作耗费了她的所有时间，但是全身心投入的她"总是想要看看它们，了解状况"，而且我不认为她曾经认真思考过这件事的种种困难。她准备特别的食物，把罐子都清空，逼自己习惯那种恶臭，负责照顾暴增的"虫口"①。没过多久她就获得了回报：她发现了明显而可怕的事实。"我被自己的发现给吓到了。"她写道。[10] 而与科学家们视而不见的态度完全相反的是，这种直面真实的恐惧驱使她继续往下钻研。

3

简略而言，事情极为单纯。国际各大核能管制机构，包括国际放射防护委员会（International Commission on Radiological Protection，简称ICRP）与联合国辐射影响科学委员会（the U.N. Scientific Committee on the Effects of Atomic Radiation），都是通过一个临界值来估算放射性物质对于

① 虫口：一个区域虫子的数量。

人体健康的危害。尽管许多科学家都承认自己对于辐射损害细胞的机制非常不了解，也承认各种核设施外泄的辐射物质之间有很大的差异，不同生物体在被污染后也会有各种不同反应（更别说还要把体内处于不同生长阶段的各种不同器官与不同细胞考虑进去），但是通过这个临界值，这些机构试着制定出一个通用的容忍标准，只要辐射值在此标准以下，就是安全的。切尔诺贝利核灾发生后，情势紧张，民众忧虑不已，而政府所属的专家就是通过这种逻辑，告诉大家只要在这个临界值以内，就不用担心那些威胁。

国际放射防护委员会订定临界值的根据是一条线性的曲线，此一曲线所代表的则是过去发生大规模核事件后，生还者出现基因异常（在生育时）或罹患癌症与白血病的比率。最早被纳入计算范围的主要样本是 1945 年核弹袭击广岛与长崎之后的那些生还者。一开始，这两个地方的辐射值都非常高，而且都出现在很短的时间内。计算结果得出了一条曲线，其要点是：如果暴露在人造放射性物质里，就会造成很高的辐射值。至于微量放射性物质（例如正常运作的核电站长期释放出来的放射性物质）虽然不能说完全不重要，但相对来讲是微不足道的，它所造成的效果相当于地壳里各种物质所释放出来的“天然”背景辐射。这种估算所假设的是，高额辐射量才会造成严重后果，小额辐射的影响则不大。

有些不隶属于核能产业的科学家常常与核电站附近区域的公民团体结盟，他们提出了另一种曲线。根据加拿大物理学家艾伯朗·佩特考（Abram Petkau）在 20 世纪 70 年代所进行的研究，他们主张，官方所提出的那一条线性曲线并不能充分表现出放射性物质的效应，意即他们认为并不是两倍的辐射量才会产生两倍的严重后果。若通过他们提出的“超线性”曲线（supralinear curve）来看，光是低辐射量就会造成很严重的后果。在“超线性”曲线里面，只要是零以上的辐射值就都超过了最小的安全值。[11]

这些研究人员通常都以流行病学调查为其研究起点，针对核能设施下风处或者下游的人口进行调查，试图从统计学的角度找出地区性疾病与低辐射量外泄现象之间的有意义关联。他们往往事先假设辐射外泄与疾病有关（能够支持此一假设的，不只是某些疾病的大量流行，还有一些核能产业的秘密），进而将研究目标聚焦在一件事上面：低辐射值外泄现象扰乱生物功能，他们要找出扰乱的机制。

例如，英国物理化学家兼反核运动人士克里斯·巴斯比（Chris Busby）就非常强调两个很关键，但往往被忽略的变量：细胞成长过程与放射性物质活动的随机性。[12]巴斯比主张，在正常状况下，生物体内细胞遭遇辐射的频率大约是一年一次。如果细胞处于一般的休眠状态下，它们是非常坚固的。然而，如果细胞正在进行复制活动（细胞在承受各种各样的压力之后都可能会开启这种修复模式），它们却会变得对辐射极为敏感。此刻细胞的基因会处于非常不稳定的状态，只要受到两次辐射“攻击”，其严重后果会远胜于只遭受一次攻击。

此外，巴斯比还说，通过食物与水吸收辐射物质，其后果也大大不同于只是暴露在有放射性物质的环境里。如果是通过体内的途径接收辐射（例如饮用遭受污染的牛奶），很可能在几个小时内就让某个细胞遭受好几次攻击。他宣称，如果处于复制模式中的细胞受到第二次人造放射性物质的攻击，产生变异的概率就会暴增一百倍。

根据上述的“二度攻击理论”（Second Event Theory），某个细胞遭遇放射性物质的时候，该细胞的脆弱程度与其成长状态之间具有一种函数关系。而且，因为人造放射性物质的波动具有不规律与断断续续的特点，这又让细胞显得更为脆弱了。柯内莉亚用子弹的比喻来向我解释人造辐射波的不规律性：不管发射了几颗子弹，谁发射的，甚至也不管发射的时间地点为何，只要你在不利的时机与地点被一颗子弹击中，下场就会很惨。国际放射防护委员会公布的线性曲线假设辐射

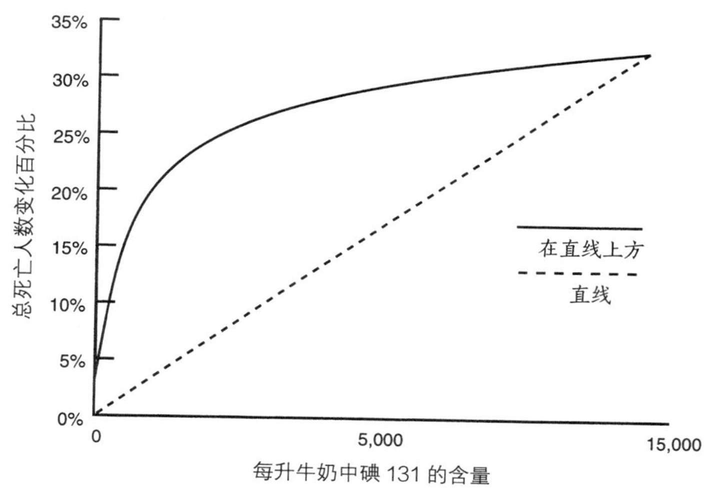

剂量反应曲线：饮用遭受辐射污染（碘 131 浓度）的牛奶，人的死亡率增加的百分比。

粒子的分布固定不变，而且其效应也是可以预期的。但是，正如许多人主张的，此一假设并不正确，事实是环境对于辐射污染影响的敏感度很可能远远高于我们原先所认定的，而且也足以用来解释流行病学研究所观察到的现象：不管外泄量多少，只要某个地方有规律的辐射外泄状况，人类与动植物的死亡率都会增高。

柯内莉亚在周末版《每日新闻报》发表那些文章后，毋庸置疑，主张低放射性物质也会产生严重影响的人士早就能预见专家们会有什么反应。科学家只是重申官方立场：切尔诺贝利核灾的辐射落尘数量太少，因此不足以引发突变。他们宣称，必须用别的理由来解释突变的现象。他们主张，柯内莉亚的方法论并未适切地把杀虫剂与寄生虫等其他控制因素列入考虑。她并未提供一个可以比较的底线，也就是她并没有对未受污染的栖息地进行研究，所以没有那些物种的一般突变比率可以作为参照基础。她其实并不认为自己的主张具有普遍性，但他们刻意忽略这一点，指出她并未提供任何数据来说明造成突变的辐射量，或者畸形的发生率。[13]科学家忽略她的证据，不愿用他们的专业来帮助她，也不再像平常那样偶尔会展现出没有戒心的兴趣，而且对此也未做出任何解释。后来她一再遭遇这样的状况：

我把我的虫子与果蝇拿给先前曾经共事的所有教授看。我甚至拿了一小管活生生的畸形果蝇给动物学研究所所长，他是基因学的教授。那位所长连看都不看，只跟我说，做那种研究所需的时间与经费都太多了。他说，因为已经有人证明了少量辐射并不会导致外形的变异，所以花那种钱根本就不值得。[14]

当然，从表面来看，理由实在太明显了：因为她只是个业余人士，又是个女人，同时这个问题也太过敏感，而且核能又是一个相对封闭的产业。质疑她的问题总是那几个：她有什么资格宣称自己发现了造成生物畸形的原因？她有什么资格断定那些突变现象是辐射造成，而非任何生物族群中都可以看到的自然畸形？她有什么资格建构自己的方法论？她有什么资格让已经因为切尔诺贝利核灾而歇斯底里的民众变得更为恐慌？她有什么资格反驳那些学者专家？在她发表那些文章后，提契诺州已经爆发了一阵堕胎潮，她不会因而感到良心不安吗？

但是，科学界之外的人士并未敌视她，很重要的是，甚至少数几个已经开始同情反核运动的科学家也看重她。她上了一些广播电台节目，也收到大量为她鼓气的信函。她的第一篇文章发表之后，在野的德国社会民主党（SPD）呼吁政府调查切尔诺贝利核灾对于各地造成的影响。第二篇文章发表后，瑞士政府被迫响应舆论所施加的压力，同意赞助一篇博士论文，详细研究瑞士境内各种盲蝽的健康情形。

尽管如此，科学家的敌对态度仍让她感到不安，而且我们也别忘了，切尔诺贝利核灾发生后，核能在欧洲是一种充满争议性的能源。瑞士的反核运动形成了一股很大的声音，也产生了许多政治效应。柯内莉亚在媒体发表那些震撼世人文章的当下，为了发起第三次限制核能产业规模的公投，反核人士根据法律规定，正在收集 15 万个签名。前两次公投分别于 1979 年与 1984 年举行，两次都以些微的差距被否决掉，但这一次于 1990 年 9 月举办的公投却顺利过关，将所有新建反应堆工程都暂停十年。想要为这个问题贡献心力却又想同时保持中立是不可能的。然而，看来柯内莉亚好像仍然把自己当成科学界的一分子：虽然没有被公开承认为真正的科学家，但她至少也是个与科学家同行的旅人，在科学探索的旅程中贡献自身的绘画技巧。也许她确实超出了科学社群对于一位插画家的期待，但是，如果科学就是一个关于调查与理解、有几分证据说几分话人类共通的愿景，她的作为不正是响应了科学研究的本质？

她发现一只蝉从膝盖长出另一只可怕的脚，把它拿去给一位教授看。她写道："多年前，我曾因为大学里开设的一些动物学课程而与他一起采集昆虫。我从他身上学会了如何专业地采集昆虫。我之所以会变成一丝不苟的科学插画家，都是他教的。"那位教授承认他未曾看到过那种畸形的状况，但却否认那有任何意义，同时因为她在周末版《每日新闻报》上面发表的文章而用骂小孩的语气教训她。他对她说，你只不过是帮我与同事画了一些插画，可别自以为是位科学家啊。[15]

这种封闭的阶级观让她感到震惊。那些反应象征着一种排他性。那是一个关键时刻，用她的话来说，她似乎再度像是"被附身似的"，满脑子都是某种发自内心的信念与愿景，觉得自己看得见别人看不见的东西：别人无视那些昆虫，但她却看得见这些昆虫身上令人感到害怕的病变。回想起那混乱的几个月，她写道："天降大任，我知道自己必须承担起这个责任。"[16]

我并不想造神。但是，请听听看她做了些什么事。在瑞典时，她发现居然没有任何人调查切尔诺贝利核灾对于动植物的影响，这令她感到惊讶不已。回到瑞士后，她把关于第一篇文章的所有批评都看了一遍。如果像那些科学家所坚称的，低量辐射对动植物不会造成干扰，那些向来以干净著称的瑞士核电站周围当然也就不会受到干扰。带着无法预知结果的心情，她来到瑞士的阿尔高（Aargau）与索罗图恩（Solothurn），徒步探访了两个州境内的五座核设施。畸形的虫子处处可见，也成为她在周末版《每日新闻报》发表第二篇文章的主题，而此焦点所衍生的争议也更胜于第一篇文章。她在结论中写道："我相信，我们必须利用手头最先进与最精密的方法来追查'那些导致干扰现象发生的原因'。此一工作所需的经费将会是我负担不起的。通过制作图画，我只能指出它们的改变。我把那些改变呈现出来。这个研究无非是为了揭露低辐射量人造放射性物质会造成什么影响，此刻我已经指出了一个危机，并且要进一步呼吁世人以科学进行更广泛的厘清工作。我现有的资源并不足以让我继续往下走。但是，更仔细的调查工作是可能而且也是必要的。"[17]

4

这种生长在花园里的虫子（见第 037 页）来自德国的屈萨贝格（Küssaberg），与位于瑞士阿尔高州的莱布施塔特（Leibstadt）核电站很接近。它整个颈部表面的三角区都是扭曲的，位于身体左侧已经膨胀起来的水泡上则长出了一个异常的黑瘤。柯内莉亚的图画相当精美仔细。就颜色而言（虫子身上有各种各样的金黄色），这张完整尺寸为

42 厘米 ×30 厘米的图画，实在美得惊人。

这种有大量留白的构图方式是很常见的。白色的背景平淡无奇，她想强调的是昆虫宛如建筑的身体特质：结构分明而巨大，表面有很多饰纹。虫子的姿势经过摆放，明显看得出很不自然。为了把畸形的部分露出来她特意调整腿部与翅膀的位置。基于同样的理由，她通常会刻意略去肢体或身体的部分，或者是粗略地把它们画出来。

她的解释是，这与制作科学插图时所采用的“光影”技巧（light and shadow）不一样，而是用了画家塞尚（Cézanne）与一些立体主义者首创的色彩透视法（color perspective），利用不同颜色之间的关系来创造空间效果（利用颜色饱和度、温度与明暗度的对比），同时也跟歌德、鲁道夫·斯坦纳（Rudolf Steiner）与约瑟夫·亚伯斯（Josef Albers）一样注意彩色视觉的主观性与相对性。她说，“光影”技巧是“历史性的”，它会把某个特定的时刻捕捉下来，光线被冻结了，时间也随之被冻结；色彩透视法则相反，它是一种没有时间性，外在于时间的技法。接着她一边画画，一边让我看她是怎样移动显微镜底下的昆虫，因此最后画出来的图画是各个不同角度组合在一起的，再次让人想起了立体主义的风格：把各个不同角度的画面同时呈现在一个平面上。

这些水彩画很有真实感，但并不符合博物学的原则。她笔下的昆虫都欠缺生气，只有少数作品例外。它们的外形特征显得很突出，带着样本特有的光环。每一幅画都是肖像画，每一只昆虫都是一个主体，一个特定的个体。她跟我说：“我喜欢让昆虫呈现出自我的特色。这就是为什么我选择把它们的个别样貌画下来。例如，我可以把某个地区出现过的 5 种畸形样态都画在同一只虫身上。但我没有那样做。因为我想要展现出个别性。”她挂出来展示的虫看起来都很大，巨细靡遗的程度令人吃惊，同时还辅以标签，标明其采集日期与地点，还有昆虫身上的畸形之处，如此一来，一幅原本外在于时间的画作就有了时空与政治的脉络。这些画作跟生物科学的大部分视觉语法一样，看起来是如此沉静而冷漠，毅然展现出一种纪实的风格。但是，它们又同时如此地与世界相连，充满着情感张力。

柯内莉亚曾跟我说过她初次看见那只畸形盲蝽的情景：小小的虫身上居然有那么多缺损之处，看来却又是如此无足轻重，因此她无法思考，失去了既有的洞察力，还有对于大

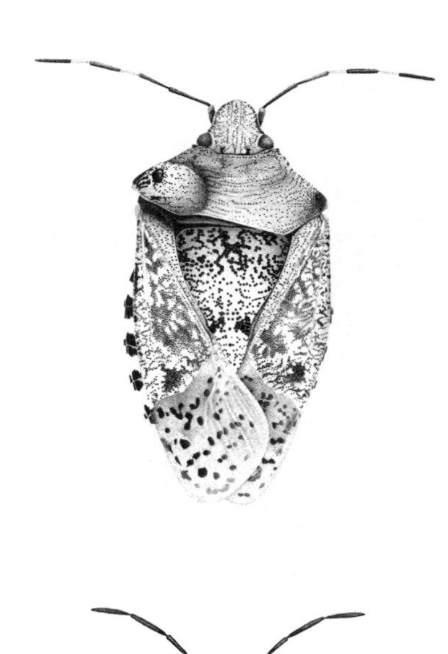

柯内莉亚运用“光影”技巧画出的核电厂附近畸形的昆虫。

小与比例的感觉。在那片刻之间，她已经不确定她到底是在看自己，还是在看那一只昆虫。讲到一半她停了下来。“谁在乎那些盲蝽？”她说。“它们什么也不是。”她想起了早年自己还是个青少年的时候，她爸妈都是有名的艺术家，她形容自己总是退缩在阴影里，没有人注意她，而爸妈则忙着招呼马克·罗斯科（Mark Rothko）、山姆·弗朗西斯（Sam Francis）、卡尔海因兹·施托克豪森（Karlheinz Stockhausen）等等来自纽约、巴黎与苏黎世的才智之士（她说："甚至没有人会看见我或者认得出我……我从来不会去烦他们。"）。还有，她也想起了自己的丈夫有二十年的时间从未造访过她的画室，还有当她儿子出生时，医生走进她的房间，用画图的方式通知她，说她儿子有一只脚是畸形的，她在瑞典看到的第一只畸形昆虫也是跛脚的。她还跟我说过，当她初次看见那一只跛脚的昆虫时，因为那些经验实在太过惊人，完全出乎意料，害她差一点吐出来，但她勉强忍住了。

片刻过后，在她那一间位于苏黎世的公寓里，下午的阳光已经逐渐消退，她说："说到底，我的图画就是一切。没有任何人看得到昆虫本身。"这次换我顿了一下，因为我不太清楚她是什么意思。她的语气听起来像是悲叹，像是失望，因为她所看到的影像太快被转化成图画；太容易就从世人没有看见的角落跳出来，成为严肃的问题；太过有效地表达出人类的恐惧；太轻松就让赏画者的忧虑浮上台面，以至于她抓到的一只只昆虫（如她所说，发现那些昆虫时她有一种“置身天上人间”的感觉，但“它们移动的速度实在好快”！），在被她用三氯甲烷赐死后（她说："我总是告诉自己，这是我最后一次做这种事。"）钉起来贴上标签，成为她那成千上万的收藏品之一，最后还被她用显微镜与画笔清楚呈现出来，虽然它们也有个体性，但却似乎一再遭人忽略。

但是，我也记得接下来柯内莉亚跟我说，如果她不是像现在这样有一股冲动，不得不画那些畸形的昆虫；如果她可以自由地选择作画的主题，也就是说她的人生并未因为去了一趟奥斯特法内博而出现重大转折，她就会画出更多像突变种的果蝇眼睛那样的作品。如此一来，我才恍然大悟：她并不只是为了那些昆虫失去了个体性而悲叹。另一个理由是，因为她的画并未把昆虫当成一种存在物或者主体，而是当成完全相反的东西——昆虫对她来讲成为了一种美学的逻辑，一种形式、颜色与角度的混合物。之所以会有这种作品，显然是因为她个人在具体主义的历史中占有一席之地：这种美学流派是一种于第二次世界大战后从苏黎世开始发展起来的国际运动，她父亲戈特弗里德·霍内格（Gottfried Honegger）所属的团体就是其中的显赫代表，所以她一开始接受的美学训练也是具体主义［至于柯内莉亚的母亲娃雅·拉瓦特（Warja Lavater）也是个极具创新性的知名艺术家，有许多平面设计作品，也帮许多艺术家制作过书籍］。

具体主义画作的诸多特色包括几何形的图案，具有强烈对比的色块，光亮的画面，同时也拒绝采用比喻性甚至暗喻性的元素。若要说具体主义运动有一份发起宣言的话，首推卡西米尔·马列维奇（Kazimir Malevich）那一幅具有高度发展性的作品：于 1918 年问世的《白上白》（*White on White*），是一个画在白色背景上的白色方框。麦克斯·比尔

（Max Bill）、理查德·保罗·洛斯（Richard Paul Lohse）以及其他具体主义的创建者把自己定位为美学的激进分子，与具象艺术（representational art）的保守主义决裂，师法苏俄的建构主义（Constructivism）、蒙德里安（Mondrian）与荷兰风格派（De Stijl）的几何状画作，还有包豪斯的形式主义。麦克斯·比尔在1936年发表了他的艺术宣言，也就是《具体形构》（*Konkrete Gestaltung*）一文，他表示：我们之所以说那些艺术作品是具体的，是因为它们的存在取决于天生本有的形式与规则，完全不从自然现象中取材，也没有将那些现象加以转化；换言之，它们不是抽象的。[18]

抽象艺术所追寻的是一种以象征与暗喻为基础的视觉语言，它们仍是一种"有对象的画作"（object painting），也就是说它们与它们所临摹的对象密切相关，也仍然在追问着"那个东西是什么"的问题，并且试着去理解与表达它们所面对的东西。对于具体主义的艺术家来讲，艺术作品所阐述的应该就只有作品本身。除了作品本身外，艺术作品不该指涉任何其他东西。作品应该让欣赏者保有完整的自由诠释空间。作品中所包含的符号包括形式、颜色、数量、平面、角度、线条与纹理，而这些符号所指涉的对象应该就是它们自身。

从20世纪40年代开始，这个被称为具体主义的艺术团体就以苏黎世为主要发展据点，因为那里是具有批判精神的知识分子在战时的避风港。受其影响的地方包括欧洲［最显著的是以布里奇特·莱利（Bridget Riley）与维克托·瓦萨雷里（Victor Vasarely）为代表人物的欧普艺术（Op Art）］、美国［包括色域绘画（Color Field painting）与极简主义（Minimalism）]，还有拉丁美洲 [特别是丽吉雅 · 克拉克（Lygia Clark）、何里欧 · 奥迪塞卡（Hélio Oiticica）与切尔多 · 梅雷莱斯（Cildo Meireles）等几位巴西的具体主义和新具体主义艺术家]。此运动的发展极为多样化，但在初期就呈现出一个共同风貌，也就是想要追求一种能够表达出纯粹逻辑的视觉与触觉形式（就像比尔所说的，“在我们这个时代的艺术里面，那是一种数学式的思考方式”）。[19] 这种艺术可以说是把人类的智性予以具体化，并且排除了诠释的可能，它直接攻击的是诉诸潜意识的超现实主义。然而，事实证明，主体性是一种非常顽固的存在物。具体主义的画作与雕刻作品其实也是艺术家自己通过任意选择而获得的创作成果。唯有通过可能性、机巧与随意性才能够解决这个问题，因此对具体主义的艺术家而言，他们最关切的莫过于把上述三者融入艺术创作的过程。

我花了很久的时间才了解这些美学问题对于柯内莉亚有多重要。就一方面来讲，她着重的是从感官的角度来呈现那些昆虫，似乎已经明显违背了具体主义的基本前提，也就是马列维奇所坚持的那种“非对象性”原则，彻底断绝艺术与物质对象之间的关系。然而，通过我们之间的对话，我发现柯内莉亚在作画时所看到的是形式与颜色，而非独立的对象。她的画作之所以会充满形式感，之所以一再让那些昆虫摆出同样的姿势，绝非偶然。一切都是几何式的，她都是用系统的方式把昆虫画在网格线上。她的方法一方面精确无比（因为她会画出什么东西完全取决于她通过显微镜看到什么），但也非常随兴。完成画作后，她常常发现昆虫畸形的模样是她先前没有注意过的。她坚称，她的绘画方式是要让图像中完全看不出她的环保主义政治立场还有她对昆虫寄予的同情，如此一来那些画作就不会有她的影子存在。她跟我说，“我的任务只是用画笔把昆虫呈现出来，而不是去评断它们”，而此一说法的确也呼应了麦克斯·比尔的主张。她说，赏画者必须摆脱她的信息，自己去寻找画作的意义。

但是，令我怀疑的是，既然她那反核的政治立场如此鲜明，对昆虫又那么入迷，每一幅画作也都带有描述性的说明，而且画作充满了争议性，不管是她或者赏画者，怎么可能避免评断的态度？“我的确认为那是可以避免的，”她如此回答我，“当我坐在那里画画时，我所追求的就只有尽可能精确。那不只是政治立场的问题：我对于大自然中可发现的各种结构有浓厚的兴趣。”但是，既然她的作品如此仰赖对象，她又怎么可能不违背“非对象性”的艺术原则？借用她自己的话来说，她的作品有可能同时“深深植根于这个世界”，同时又完全不论及作品自身以外的东西吗？她一方面是因为想要了解昆虫的个体性才会持续作画，但基于美学的形式逻辑，又必须让那些昆虫消失于她的作品。换言之，这两种作画的动机难道不是相互冲突的吗？她毫不犹豫地说，的确，她所画的既不是具体主义，也不是博物学的作品。而且，就像许多人所说的，那既不是科学，也非艺术。她笑道，也许这就是为什么她很少试着兜售自己的作品！

那天晚上很晚的时候，我们俩都已经快要没有声音，对话也快要进行不下去了，于是她又回到了同样的问题。本来我们正在讨论她对反核运动的参与，还有世界自然基金会（World Wide Fund for Nature）帮她在各个被选为核废料处理场的地区举办的巡回画展，她却出乎意料地换了一个话题。“那是个艺术的问题……”她突然说，“如何把我发现的东西的结构表现出来。”那不只是政治立场的问题，但是，当一切都如此泛政治化[①]，而且绘画又远比它表面上看起来还要复杂时，她要怎么做到这一点呢？接着，在挫折之余，并且因为她实在筋疲力尽了，她的音量降低，用近乎呢喃的声音说：“那些水彩画的焦点总是如此集中……”

5

自从在周末版《每日新闻报》发表那些文章之后，为了了解欧洲与北美各地核电站附近盲蝽的健康状况，柯内莉亚开始全心投入调查工作。她采集昆虫的地方包括英格兰西北部的塞拉菲尔德 [1957 年温斯凯尔（Windscale）核电站核灾的发生地] 与法国诺曼底的阿格核废料再处理厂，还有美国华盛顿州汉福德镇（Hanford，曼哈顿计划所属铈元素工厂的所在地），以及位于内华达州的核武器试验场，位于宾州的三里岛，同时在 1993—1996 年的每个夏天都到阿尔高去（第 044 页的图是她根据采集到的 2600 只昆虫绘制出来的），也曾受邀于 1990 年去参访切尔诺贝利核电站周遭的地区。她到处讲学，在研讨会上演讲，与环保团体一起帮她的作品举办画展，而且还与一个叫作“斯特罗姆

① 泛政治化：指过分政治化。

原子”（Strom ohne Atom）集团一起进行大规模的调查计划，把 11 种畸形样态［包括完全没有或者畸形的触角，翅膀长度不一致，不正常的壳多糖，还有畸形的小盾片（scutellum）以及脚部等］的分布地点记录下来，而这些都是她在德国境内 28 个地点通过采集 50 种盲蝽而得到的观察结果。

她已经成功地与科学家建立起一些重要的关系。例如，贝桑松大学（University of Besançon）的生物统计学兼流行病学教授让 - 弗斯索

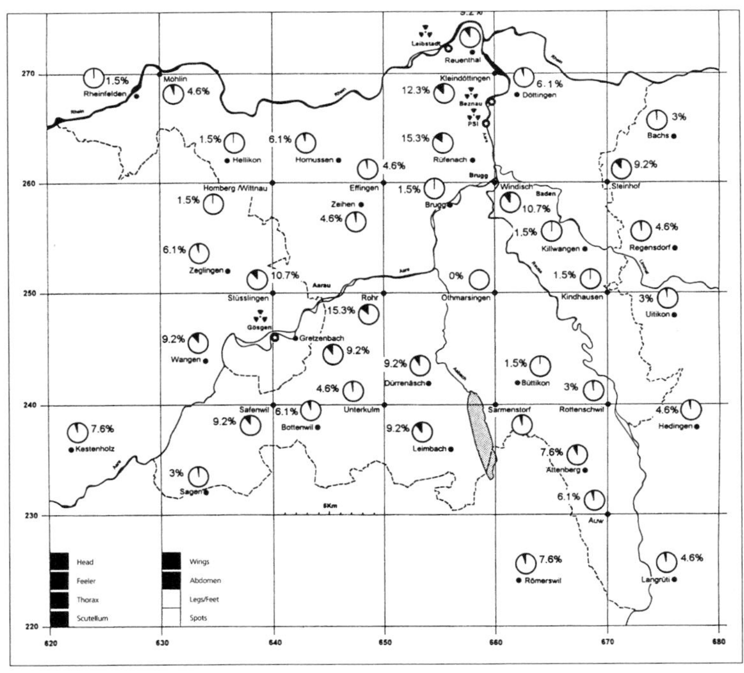

柯内莉亚绘制的德国境内 50 种盲蝽的分布地点图。

瓦·维尔（Jean-François Viel）就利用她的收集成果进行统计分析，进而研究阿格当地居民白血病病例群聚的情况。但如今她对与专家合作抱持比较否定的态度，而且已经有办法通过她自己的研究设计来回应那些批评者，只因她收集的数据已经更为有系统，她的记录更为严谨，她的画作也不再像最早几次只是在仓促之间素描出来的图画。在接受访问与发表文字作品时，她已经开始明确地讨论方法论的问题，主张地球在核武器实验活动与核电站辐射外泄而饱受全面性低辐射污染的情况下，就不会有可供参考的无污染之地；同时她也谨慎地指出，她所记录的是体细胞（somatic cells）因为外在影响而造成的畸形，而非可遗传的突变。（就像她跟我说的，“我不能提出证明，所以我也不能说那些现象是突变，正因为无法证明，所以我就不能乱说。”）她借此强调了自己的专业性，持续扩大参与那些非科学领域的活动，让自己的才能获得肯定，通过环保组织、大众媒体与文化机构来宣传自己的发现。

这些策略让柯内莉亚得以扮演环保运动人士的角色，让她不用受限于“科学证据有效与否”的争论，只因世界有这样一个预警原则的存在：只要人们对于潜在的危险有充分的理由感到恐惧，就足以成为反对某种政策、活动或科技的根据。她因此不用活在科学的阴影下，不用被迫遵循种种一开始总是由学术机构订立，她不可能达成的方法论与分析标准。而真正认可那些标准的，都是一些曾获得必要认证的人（像是拥有博士学位），或者隶属于某个学术单位或专业网络，或者是曾经获得经费赞助，出版过学术作品等等。当然，讽刺之处在于，没有人比柯内莉亚更加了解她并不符合科学的标准。而且，从她早期那些文章的语调以及对教授们提出的恳切呼吁来看，也没有人像她那样甘愿接受业余人士传统上的配角角色，乖乖当个科学专家的女仆。在我看来，随着她越来越了解自己工作的重要，她的工作态度也变得越来越锲而不舍。而且，她之所以更加了解自己的工作很重要，是因为她发现这世上只有她致力于让世人了解低辐射对于昆虫与植物的影响。如果没有面对过那么多对她有敌意，或者拒绝她的人，真不知道如今她的成就会有多少？“这实在是我不了解的事，”她在苏黎世跟我说，“因为，即便我只是发现了一只脸部畸形的盲蝽，我也有充分的理由追问是不是出了什么问题。”然而，尽管过去她曾遭遇那么多困难，如今的确出现了改变的征兆。或许是因为目前大家都把核能当成一种“绿能”的态度，让她的信息因此新增了某种急迫性，又或许这是因为她不屈不挠的付出终于开花结果，总之最近她达成了一项出乎意料的成就：她成功地在《化学与生物多样性》（*Chemistry and Biodiversity*）这本同行评议的专业期刊，发表了一篇声望很高而且有许多精彩插图的论文——而且，可以预期的是，她肯定是有话直说，不会有任何保留。

但是，可别以为艺术圈对她的接受度就会比较高。画家兼评论家彼得·苏钦（Peter Suchin）在一篇表态支持她的文章里面曾写道：“有些人会因为‘艺术性太高’而不认同她，但对于另一部分人来讲，艺术性却又不够高。”在这个领域里，她的作品风格显然太过写实，插画的成分太高——对此，苏钦继续评论道：“许多人都宣称那不是‘艺术’，只是技术，一种形式化的记录制作手法，大致上而言并没有如一般艺术作品需要具备的创意、批判性以及可变性。”[20]

柯内莉亚不愿拘泥于科学与艺术之间的学科边界，这似乎同时让科学家与艺评家都感到很不安。她的画作坚持要传达的信息是：打破边界不是问题，真正的问题在于边界本身，也就是说，科学与视觉艺术应该是合而为一的，就像伽利略那些跃然纸上的月影画作足以说明的，科学与视觉艺术之所以会被分隔开来，是因为在历史发展的过程中，知识专业化的倾向越来越强烈，学科之间的模糊地带越来越少。她宣称盖斯纳、梅里安与伽利略都是她在科学界的先辈，他们全都非常了解科学研究的基础是通过画画与绘图来进行主动观察，也知道经验主义的方法源于艺术家对于大自然的仔细观察，进而发展出一套关注的模式。

但是，科学研究所需要的不只是用眼睛观察，用感官感知，还有全神贯注。在周末版《每日新闻报》上面发表了第二篇文章之后，柯内莉亚去了一趟英格兰北部的塞拉菲尔德。众所皆知，那里受到核反应堆的严重污染，因此她本来以为会看到比阿尔高更多的身形受损昆虫与更严重的畸形问题。但是两地之间的差异却不大。不久后，她前往切尔诺贝利，当地昆虫的严峻生活环境令她感到惊骇不已，在惊讶、难堪与失望之余更发现，即便是在那里，昆虫受到影响的程度跟在瑞士差不多。接下来的一段时间里，她开始自省，此刻她与她在动物学研究所受到的科学训练背景似乎更是渐行渐远了：

原本，我的目标是找出一个比例关系，也就是要证明，低辐射污染的地方遭受损害的程度小于辐射污染程度较高或者非常高的地方。我读了一些关于放射性物质的数据，也知道所谓佩特考效应（Petkau

Effect）① 是什么，但是不知道该怎么解读意见分歧的现象。而且我也无法援引其他科学研究的成果，因为没有人做过那种研究。此刻，我进入了一个新领域。在英格兰的时候，我坐在房里，闷闷不乐，不得不承认自己所进行的工作仍然是以苏黎世那些科学家的信念为依归，认为辐射的影响可以被画成一条线性的等比增强曲线。我真是被蒙蔽了。先前我只是在寻找证据来印证我自己的种种假设。[21]

解决问题之道就在于回归具体主义的原则，诉诸它与科学之间的相近性：除了两者都以理性为依归，特别重要的是它们对于任意性（randomness）之理解。柯内莉亚的绘画活动与美学里早已融入了任意性的思维。这种思维的关键性在于，它让柯内莉亚得以努力把一只只昆虫的个体性如实呈现出来，而不是将它们矮化成她自己的艺术表现媒介。置身英格兰北部房间里的她闷闷不乐地紧盯着显微镜，发现她所观察到的证据一再抵触了她对于那一片遭辐射污染景观的既有定见。俯拾之间，她总能看到一些偶然的现象：

实际状况是不一样的。每一座核电站所泄露出来的放射性物质成分都不尽相同。就气象与地形条件而言，每一片土地也都各有其特色，因此会有不同反应。瑞士的天气因为有逆温（inversion）② 的特色，这就足以避免（或至少能够减少）核废料与放射性物质在大气层的散布，

---

① 佩特考效应：是关于辐射暴露的线性效应假设的一个早期反例。

② 逆温：指地面上的温度随着高度越高而增加，与正常状况下高度越高温度越低的天气现象相反。

与常常有强风在乡间横扫的地区相较，情况实在是大相径庭。[22]

这其中充满着既令人满意又令人绝望的完美对称性：每个地区与每一只昆虫都具有偶然性，由机遇所主导的具体主义美学，加上人工放射性物质所造成的影响也是随意的。这就像某种由偶然与机遇组合而成的随意性，如今它不只是一种可以被分析的现象，也是一种美学：

如果你想要有系统地探究个别事物之间的关系，就不应该希望自己能够发现某种因果关系的等式。你不能再以为真相会自我彰显。所有的事物都需要一点空间才能把自己表现出来。在一个群体里，每一个个体所具备的特殊性（或者不同特殊性的组合）都有办法证明自身的与众不同。

这当然不是什么革命性的发现。每一个统计调查活动都是立足于不同特色的随意分布。但是，在我看来，这个重点不只适用于科学与统计学，艺术亦然。我认为，在艺术实验的领域，机遇已经变成一种越来越重要的成分，因为艺术表现活动之所以具有力量，就是因为它把每一件事都当成独一无二的事件。[23]

因为她与主流的科学观渐行渐远，与反核运动则是越走越近，随之而来的不只是她倾向于把核科学批评为一种堕落的产业，同时她也对科学的知识论局限有了一番新的认知。这种个人转变的理由之一在于她强烈地意识到盲蝽、果蝇与树叶所构成的世界有多么脆弱。另一个理由则是她自己对于科学希望的幻灭。第三个理由则似乎与她在20年前曾多次聆听过奥地利物理学家兼哲学家保罗·法伊尔阿本德（Paul Feyerabend）的演讲有关，因为法伊尔阿本德最有名的就是反对僵化的科学方法，同时也主张我们应该可以通过各种平等的方式获得知识。[24]当她跟我说科学家的思考方式太过线性取向时，我发现她的论调与法伊尔阿本德所谓“知识论的无政府主义”的反传统精神有异曲同工之妙；让我有同样感觉的是她的另一番说法：科学家眼里都只有一个个分离而不相连的对象，他们让自己研究的一个个问题独立而不相干，同时也帮自己省去了思考政治问题的麻烦，好像这世界并不存在系统性的随意连接，好像原子的问题与洁净用水与空气的问题，与森林垂死的问题，与有毒食品的问题都没有关系，好像科学只是关于知识的问题，与生活无涉。

6

上了双层火车后，我在上层找到一个靠窗的座位。苏黎世在晨间阳光下闪闪发亮，所有的颜色是如此鲜艳，阴影如此深邃，空气清新。湖面上波光粼粼。云朵已经散开。这里的群山第一次在我眼前露面。火车发出轰隆隆声响，正开往机场。

柯内莉亚最后跟我讲的事情之一是：“我想我没办法把自己的整体展现出来。”她拿出一张先前我没看过的图画，摆在我们俩面前：出现在画面上的都是一些色彩鲜艳的剪纸，白色背景中只见一个个特大号昆虫残缺肢体的剪影。都是一些被肢解的昆虫。它们呈现出某种本质，包括颜色、形式与数量。

被她用“残忍”两个字来形容的，是其他画作。但是随着高楼林立的城市消逝，平坦的郊区出现在我眼前，窗外物体变得模糊起来，一个念头开始在我脑海中浮现：真正残忍的，应该是那些比较具体的画像。毕竟，与其说那些画作画的是昆虫，不如说呈现出了柯内莉亚自己，呈现出她弃绝了与一只只个别昆虫的亲密关系，找到一个让自己在情感上不与它们有所牵连的方式。

但是那些画作，那些残忍的画作让她感到不满意。因为它们太过有效地表达出人类的恐惧，太轻松就让赏画者的忧虑浮上台面，它们让赏画者出现了不该有的反应。她说，人们只看见昆虫的外形，而不是个别的昆虫本身。他们看见了一种具有传达信息功能的生物，可悲而美丽，是一个警告标志，一个末日预言。人们既看不见个别的昆虫，也看不见她的画作：一种不以现实存在物为对象，仅仅指涉着自身的画作。

然而，她的画作也达成了一种“跨界”（doubling）的效应，打破了人类与动物之间的边界。这种画作看来极度直截了当，但它们的背后深植着人们对于某种不可见毒物与大企业可怕力量的恐惧，而它们之所以能够打破人与动物之间最极端的距离，是因为始终坚持呈现出所有生物最基本的共同性质（所有生物的身体都很脆弱，而且都是会死的），同时又借着某种复杂的美感而令人感到谦卑。不管是她的昆虫画，还是那些画作引发的争议，都迫使人们超越物我差异，认识人类与动物所共有的命运，一样都见证着过去所发生的一切，同时也都是受害者。这种情况实在令人感到不安：画家与赏画者目光所及之处，不只是科学，也是一种移情现象；主客之间，人虫之间，还有亲昵感与距离感之间的差异已经不再像以往那样稳固不变。

每次到某处进行实地调查，柯内莉亚都会把记录下来的详细数据制作成几本螺旋装订的书。多年来，那些书的内容越来越精细，如今甚至还包含了造访地点的照片，还有她的画作的彩色影印本、地图、统计附录以及详载所有畸形状况的昆虫标本名录。这一切数据都夹在她的日志里，日志中记载着每天调查过程中所遇见的人、植物与昆虫。那些书里面的资料都很漂亮，而日志则是轻松而个人化，里面写满了一个个小故事，以及她自己的反省与私语。她还记得自己曾去过美国爱达荷州的莫斯科镇（Moscow），两个到镇上来看美式足球赛的十几岁女孩走进她的房间，看着她的显微镜与收集设备，其中一个问她是不是女巫，握着她的手，感受到强烈的心灵交流，柯内莉亚也感受到了。“她问我，要怎样才能成为像我这样的人。我跟她说，一定要时时聆听自己的心声，不要把任何一个人当作崇拜的对象。如果她想寻求心灵慰藉，她找的对象必须是动物或者树木。”

前往附近华盛顿州探查汉福德核废料处理厂的时候，她在康奈尔镇与一个帮她打扫旅馆房间的女人交好。那个女人与其家庭成员（连同宠物）都曾生过一些病，那个女人认为病因来自于废料处理厂的放射性物质，只是还没人能确认。但是，“她丈夫、邻居，甚至她那二十二岁的儿子都说她疯了。她很高兴找到像我这样愿意听她讲话，也赞同她的人。我永远忘不了唐娜。对我来讲，她所代表的是所有受害者，让他们受苦受难的不只是放射性物质，还有那些残忍的专家，因为他们宣称健康问题只是想象出来的，或者源自营养不良。没有人相信那些受害者的感觉，如果每个专家都说他们已经疯了，他们怎么还有办法相信自己的感觉？”[25]

她曾去过位于法国诺曼底的奥蒙维尔小村（Ormonville la Petite），在那里她曾试着劝告某个男人，要他别去阿格的高杰马公司（COGEMA）核电站工作：

“他应该为自己的老婆与小孩着想，也该想想自己有可能生病，到时候科杰马公司根本不会付他任何薪水。我跟他说，瑞士都雇用外国人来做危险的工作，而且让他们领上三个月的丰厚薪水后就离开。没有人知道他们之后的遭遇，也没有人关心。同样的事情也曾发生在切尔诺贝利核电站那些负责清理工作的工人身上，他们就是所谓的善后者（liquidators）……我想那个年轻的非洲人把我的话听了进去，而我也希望他有勇气能顾及自己的安危。但是，当一个失业的父亲获得一份薪水优厚的工作时，他能怎么办？”[26]

她在日志里记载自己收集昆虫的情况。她在美国犹他州锡安山国家公园（Mt. Zion National Park）的边界处找到了十七只螳蝽（ambush bug）。“当我对它们下麻药时，它们释放出一种甜味，伤了我的眼睛，让我几乎晕倒。它们真的会试着保护自己，但是，还好我比它们坚强。”[27] 几周后，在抵达康奈尔镇的时候，她写道：“像这样不断寻找昆虫，然后把它们杀掉，实在是令人厌烦不已。”

下页照片是她在汉福德镇那座废弃反应堆入口处的留影。她把这张照片放在日志的最后面。她对于自己所遭遇的敌意很小心，因此她说那是“一份文件，必要时可以取信于人，让他们知道我真的

柯内莉亚在汉福德镇一座废弃反应堆入口处的留影。

去过那里。”

在照片中，她看来是如此快乐，身为“科学艺术家”的她对着入口处的警卫露出微笑，最佳留影角度就是那个警卫帮她选的。她在做的确实是一件重要的事，她为此很投入，也为此承受种种失望与矛盾，觉得自己与万物相关联，并由此充分而完整地活出自己，生机盎然。

1 在英语中，这些昆虫都被归类为半翅目（Hemiptera）的亚目，也有“蝽象”（true bugs）之称。

2 Cornelia Hesse-Honegger, *Heteroptera: The Beautiful and the Other, or Images of a Mutating World,* trans. by Christine Luisi (New York: Scalo, 2001), 90.

3 柯内莉亚 · 黑塞 - 霍内格曾发表过一些短文来回顾自己的职业生涯，另外也写过两本书：Hesse-Honegger, *Heteroptera and idem., Warum bin ich in Österfärnebo? Bin auch in Leibstadt, Beznau, Gosgen, Creys-Malville, Sellafield gewesen...*（为什么我会去奥斯特法内博村？我也曾去过莱布施塔特、贝茨诺、戈约斯根、克雷伊斯 - 玛尔维尔和塞拉菲尔德……）(Basel: Editions Heuwinkel, 1989). 近来她曾发表过一篇短文，里面收录了 4 张高画质彩图，请参阅：*Grand Street* vol. 18, no. 2, issue 70 (Spring 2002): 196-201. 关于她对生平的自述，还有一些有用的批判性介绍文，请参阅两本印刷精美的画展目录：Cornelia Hesse-Honegger, *After Chernobyl* (Bern: Bundesamt für Kultur/Verlag Lars Müller, 1992) and idem., *The Future's Mirror,* trans. by Christine Luisi-Abbot (Newcastle upon Tyne: Locus+, 2000)。感谢史蒂夫 · 康奈尔（Steve Connell）帮我把所有德文翻译成英文。

4 Hesse-Honegger, *Heteroptera,* 24.

5 Hesse-Honegger, *After Chernobyl,* 59.

6 Hesse-Honegger, *Heteroptera,* 9.

7 Galileo Galilei, *Sidereus nuncius, or The Sidereal Messenger,* trans. by Albert Van Helden (Chicago: University of Chicago Press, 1989), 42；转引自：Hesse-Honegger, *Heteroptera,* 8.

8 Cornelia Hesse-Honegger, “Wenn Fliegen und Wanzen anders aussehen als sie solten,” *Tages-Anzeiger Magazin no.* 4 (January 1988): 20-25.

9 Hesse-Honegger, Heteroptera, 94-6.

10 同上。

11 柯内莉亚 · 黑塞 - 霍内格曾在上述的一些作品中讨论过这一份数据。更多详细说明可参阅：Ernest J. Sternglass, *Secret Fallout: Low-Level Radiation from Hiroshima to Three Mile Island* (New York: McGraw-Hill, 1981); Ralph Graeub, *The Petkau Effect: The Devastating Effect of Nuclear Radiation on Human Health and*

the Environment (New York: Four Walls Eight Windows, 1994); Jay M. Gould and Benjamin A. Goldman, *Deadly Deceit: Low Level Radiation High Level Cover-Up* (New York: Four Walls Eight Windows, 1991); and Jay M. Gould, *The Enemy Within: The High Cost of Living Near Nuclear Reactors* (New York: Four Walls Eight Windows, 1996). On activist alliances between scientists and community groups, see, for example, Steven Epstein, *Impure Science: AIDS, Activism, and the Politics of Knowledge* (Berkeley: University of California Press, 1998); Phil Brown and Edwin J. Mikkelson, *No Safe Place: Toxic Waste, Leukemia, and Community Action* (Berkeley: University of California Press, 1990); and Sabrina McCormick, Phil Brown, and Stephen Zavestoski, "The Personal is Scientific, the Scientific is Political: The Public Paradigm of the Environmental Breast Cancer Movement," *Sociological Forum* vol. 18, no. 4 (2003): 545-76. 特别感谢阿朗德拉·尼尔森（Alondra Nelson）的指点，我才知道去参考菲尔·布朗（Phil Brown）的书。

12 关于巴斯比提出的“二度攻击理论”，请参阅：Chris Busby, *Wings of Death: Nuclear Pollution and Human Health* (Aberystwyth: Green Audit, 1995) and <http://traprockpeace.org/chris_busby_08may04.html>.

13 例如，请参阅一些相关的报纸与杂志文章：Cornelia Hesse-Honegger, *Warum bin ich in Österfärnebo?* 93-101.

14 Hesse-Honegger, *Heteroptera*, 99.

15 Hesse-Honegger, *Heteroptera*, 127.

16 Cornelia Hesse-Honegger, "*Leaf Bugs, Radioactivity and Art*," *n.paradoxa* vol. 9 (2002): 49-60, 53.

17 Cornelia Hesse-Honegger, "*Der Verdacht*"（疑虑）, *Tages-Anzeiger Magazin* no. 15 (April 1989): 28-35, 34.

18 Max Bill, *Konkret Gestaltung[Concrete Formation] in Zeitprobleme in der Schweizer Malerei und Plastik,* 展览手册，转引自，同上，82。

19 Max Bill 转引自 Margit Weinberg Staber, "Quiet Abodes of Geometry," in Marlene Lauter, ed., *Concrete Art in Europe After 1945* (Ostfildern-Ruit: Hatje Cantz, 2002), 77-83, 77.

20 Peter Suchin, “Forces of the Small: Painting as Sensuous Critique,” in Hesse-Honegger, *The Future’s Mirror.*

21 Hesse-Honegger, *Heteroptera,* 132.

22 同上。

23 同上，179。

24 尤其可以参阅：Paul Feyerabend, *Against Method: Outline of an Anarchistic Theory of Knowledge* (London: New Left Books, 1975).

25 Cornelia Hesse-Honegger, *Field Study Around the Hanford Site in the States Washington and Idaho, USA* (Zurich: Unpbd manuscript, 1998-99).

26 Cornelia Hesse-Honegger, *Field Study in the Area of the Nuclear Reprocessing Plant, La Hague, Normandie, France, 1999* (Zurich: Unpbd manuscript, 2000-03).

27 Cornelia Hesse-Honegger, *Field Study in the Area of the Nuclear Test Site, Nevada and Utah, USA, 1997* (Zurich: Unpbd manuscript, n.d.).

D

死亡
Death

一个孩子在不经意间也能杀死一只蚂蚁

勤勉 Diligence

多年前的某个夏天，我在伦敦郊区一家餐厅找到一份厨房的工作。第一周上班时，有天我早早就到了，在经理的带领下，我们走到室外的一个开放庭院。他把挂锁打开拿掉，光线昏暗不明，我们站着等待眼睛调适光线。渐渐地我看到了一间小小的储藏室，里面堆满了各种食材：一盒又一盒的油与罐装蔬菜，还有装满了面粉的麻袋。地板上到处黑黑白白，过了一阵子我才发现为什么我们要像那样站在门槛前，好像站在天空一片漆黑的海边，此刻心里感到一阵惊恐。经理跟我说，没有人愿意干这件差事。你需要一把扫帚，还有那几罐漂白剂。

——

跟许多令人心生反感的工作一样，一旦刚开始的惊吓感退去后，随之而来的就只有强烈的厌恶了。一方面是因为我想赶快把那件事做完，另一方面则是因为那件事让我的脑袋一片空白，像喝醉似的，整个人晕头转向，失去了思考的能力。我只顾着努力干活，数以千计，数以万计的蛆虫，“黏黏滑滑，每只都像手指头一样长”[1]，白色的蛆虫在地上扭来扭去，亮亮湿湿的。一个小时后我才把事情做完。储藏室打扫干净了，地板用水刷洗过，也保住了自己的工作。

犹豫 Doubt

一个孩子用手在不经意之间也能杀死一只甚至许多蚂蚁。苍蝇的话就远比蚂蚁棘手了——不过，苍蝇一旦被捕获，生还的机会也不大。还有，如果没有被鸟类抓到，蝴蝶通常能活到自然死亡；除了收藏家外，很少人会刻意杀死那种美得令人惊叹的昆虫。

——

它看来总是那么好斗。甲虫善于藏身，总是躲在地面。诗人辛波丝卡（Wislawa Szymborska）在一条泥土路上发现一只死掉的甲虫，她说它的“三双脚……整整齐齐地缩在肚子上”。她停下来凝视。“现场不怎么恐怖，”她写道，“也不令人感到悲伤。”但还是引发了她的一点疑虑：

为了让我们心里好过一点，我们不会说动物辞世了，它们只是用一种看来更微不足道的方式死去。面对死亡它们失去的情感较少，对世界的眷恋也较少——我们宁愿如此相信，看起来，或许它们所退出的，是一个较不令人悲伤的舞台。[2]

不凡的感知能力。几乎像是个初次目睹死亡的孩子，以模拟的修辞方式犹豫地搭起一座理解之桥。充满犹豫。诗人感到犹豫。之所以能写出这首诗，是因为她深知，为了存活下去，我们或多或少必须欺骗自己。

有别 Difference

三年前，莎朗与我走进蒙特利尔昆虫馆（Montreal Insectarium）入口的那一扇门，沿着弯曲的楼梯走向一个开放式的展厅，几分钟过后我们已经开始全神贯注地欣赏那些展品。单是那个地方的昆虫就让我们觉得馆方必须处理的是多如牛毛的类别，想到“昆虫”两字其实含藏着数不清的类别，也想到“昆虫”两字的负面意涵，这让我们不能好好了解它们，这实在很不幸。但是，为了促进大众理解而采用分类法，本来就有这个缺点。这种地方实在肩负着重责大任。

蒙特利尔昆虫馆展出的昆虫。

——

但是没过多久，我们发现其他所有人，不分年纪大小，也一样全神贯注，我们则开始觉得许多策展人、设计师、教师还有其他工作人员把分内工作做得很好，因此才能“鼓励访客们从比较正面的角度去看待昆虫”。令我们印象深刻的是，有些展览主题是比较熟悉的（“昆虫生物学”），有些则比较不熟悉（“人类与昆虫在文化上的关联”），两者杂糅其中。每个展览都是经过深思熟虑的，也很有趣，说明文字充满巧思，没有说教的意味。展出的种类繁多，引人入胜。

后来，像是突然想起什么，像《圣经》中所说，那像鳞片的东西从扫罗（Saul）① 的双眼脱落，如大梦初醒，也像药效退去（或者，也可以说像是药效发作）似的，我们俩似乎在同一时刻发现自己其实是待在一座陵墓里面，墙上布满一具具死尸，那些根据特定美学原则（与颜色、尺寸、形状与几何图形有关的原则）而漂漂亮亮地钉在上面的样本，不只是令人目眩神迷的物体，也是一具具小小的尸体。

——

我们怎么会把那些昆虫视为美丽的物体？这真是一件怪事：死后

① 扫罗：以色列联合王国的第一位君主，在以色列颇有声望。《圣经》中形容扫罗健壮又俊美。

是如此美丽，生前它们却只会在木质地板上疾行，躲在角落里与长椅下，飞进我们的头发或者衣领里，从我们的袖子往上爬……想象一下，如果它们死而复生，情况会有多混乱。即便那里是博物馆，大家还是会有一股想要把它们打死敲碎的冲动。但如果你看到展示间里那些人仔细欣赏一个个柜子，你会立刻发现许多昆虫（不见得一定是那些最大的，也不一定是那些脚最长或者触角最细长的）蕴含着一股强烈的精神力量。能够明显看出这一点的地方，包括大家（连我在内）在各个展区之间游走的样子，每个人都是有点犹豫地在那一排排柜子之间移动，然后突然停下来，有时则是忽然往后退。我们的行径之所以有点奇怪，是因为那些昆虫都已经被关在展示柜的亚克力板后方；就算它们曾经有危险，也早已完全不危险了。好像那些昆虫除了看起来很漂亮外，也有办法进入我们的内心深处，某种像禁忌一样的东西吸引着我们。尽管它们已死去，但却能进入我们的身体，让我们因为恐惧而颤抖。其他还有什么动物对我们有如此的影响力？

——

还有很多有关于昆虫的事情是我们还不明了的，然而我们却掌握着它们的生杀大权。仔细看看那些墙面。据普里莫·莱维（Primo Levi）的观察，即便是最美丽的蝴蝶，也有一张“像魔鬼一样，如同面具的脸庞”。[3] 我们的不安情绪是如此根深蒂固，觉得不熟悉又不安。因为我们就是无法在那些生物身上找到与自己相似之处。我们越是仔细端详，就越觉得不了解。它们不像我们。对于能够引发爱意、怜惜或懊悔等情绪的行为，它们无动于衷。那比漠不关心还要糟糕。那是一个如深渊般的死寂空间，没有交流与相互认可，也没有救赎的可能。

击败 Defeat

圣奥古斯丁（St. Augustine）曾写道："苍蝇，是上帝为了惩罚人类的自大而创造出来的。"1943 年住在汉堡市的人对此是否应该特别心有所感？当时，每当联军对该市的空袭行动出现空当，汉堡民众总是在冒烟的废墟中蹒跚而行，在一个个躲避空袭的处所，只见尸体旁边到处是苍蝇在飞舞着，"一只只闪耀着绿光，前所未见的大苍蝇"；地板上到处是蛆虫，被派往收尸的工作团队必须先使用火焰喷射器才能够靠近尸体。[4]

接下来，虚弱不已的市民，立刻要面对饥饿与疾病的问题，每个人都目光呆滞，苍蝇停在眼角，待在布满一层污垢的嘴角与鼻子上觅食。不管是幼童还是成人都太过衰弱，惊魂未定，因此无法不停举手赶苍蝇。各种动物，不管是狗、牛、羊、马，也都一样。苍蝇变成了老大，它们进驻汉堡市，准备传宗接代，产卵后等待幼虫出现，饱餐一顿。它们带来了局势变化的信息，只是宣布的时机有点太早了。

1 Hans Erich Nossack, "Der Untergang," in *Interview mit dem Tode* (Frankfurt am Main, Germany: Suhrkamp, 1963),238 。 转引自 W. G. Sebald, *On the Natural History of Destruction*, trans. Anthea Bell (New York: Random house,2003), 35.

2 Wislawa Szymborska, "Seen From Above," *in Miracle Fair: Selected Poems of Wislawa Szymborska*. Trans. Joanna Trzeciak (New York: W.W. Norton, 2001), 66。在此特别感谢迪利普·梅农（Dilip Menon）与劳拉·雅各布（Lara Jacob）向我介绍辛波丝卡的作品，尤其是这一首诗。

3 Primo Levi, *Other People' s Trades,* trans. Raymond Rosenthal (New York: Summit Books, 1989), 17.

4 Hans Erich Nossack, "Der Untergang," in *Interview mit dem Tode* (Frankfurt: Surhkamp, 1963), 238。引自：W.G. Sebald, *On the Natural History of Destruction*. Trans. Anthea Bell (New York: Random House, 2003), 35.

E

进化

Evolution

昆虫一生的故事也是法布尔一生的故事

1

有“昆虫诗人”之称的让-亨利·法布尔（Jean-Henri Fabre）曾以极度敬畏的语气写道：“蛆虫是这世界上的一股力量。”让他深思熟虑，说出这一番言论的是各种苍蝇，包括反吐丽蝇（bluebottle）、丝光绿蝇（greenbottle）、蜂虻（bumblebee fly）以及肉蝇（grey flesh fly），只因它们有能力“涤净这世间因为死亡而带来的不洁，让死去的动物可以再度成为一种生命的瑰宝”。[1] 他所思考的，是四季的韵律与生死的循环，当时他刚刚搬到普罗旺斯奥朗日镇（Orange）附近一个叫作塞利尼昂（Sérignan du Comtat）的村庄，正在新家四周探险挖宝，发现了许多腐败

法布尔称自己在普罗旺斯的新家为“*L' Harmas*”（“荒石园”）。

的鸟尸、带有恶臭的下水道管线，还有已经坏掉的黄蜂蜂巢，都是一些能让大自然施展炼金术的隐秘物品。当时法布尔把他那带有一个大花园的新家称为“L' Harmas”（“荒石园”），在普罗旺斯的方言里，是指一大片未经开垦，布满小圆石，长满百里香的土地。如今他家已经变成了一座国家博物馆，经过 6 年的重新装修后，最近才再度开放了。[2]

那是一座美丽的宅邸，高大而气派，在夏天的阳光下，闪耀着粉红色光芒，用厚厚的高墙来抵挡密史脱拉风（mistral）①，屋子带有淡绿色的百叶窗。在当地人口中，这座漂亮的房子向来被称为“城堡”。[3] 迁居当地时，法布尔已经五十六岁。没过多久，他就在宅邸的主楼加盖了两层楼。他与园丁在一楼的地上种了各种植物，一方面是绿植，另一方面也是为了进行生物学研究。他大多待在楼上的博物学实验室里。此庄园位于村庄的外围，法布尔首先着手的事情之一，就是在占地一公顷的庄园四周加盖了 1.8 米高的石墙，让他家更为与世隔绝。的确，正如博物馆馆长安 - 玛莉 · 史莱泽（Anne-Marie Slézec）跟我说的，尽管村庄只有几百米之遥，但法布尔在这里的 36 年却不曾去过。

在被派来荒石园当馆长之前，史莱泽本来是一位从事研究的真菌学家，于国立自然历史博物馆（Muséum national d'Histoire naturelle）任职。如今在普罗旺斯待了六年之后，任务已经完成，她热切地期待能够重返巴黎。

选一位真菌学家来当馆长的确有充分的理由：该馆拥有大量贵重

① 密史脱拉风（mistral）：从法国北部往南部吹的干冷强风。

珍宝，其中包括600幅以当地真菌类为主题的鲜艳水彩画，而法布尔创作那些细致画作的动机是，那些菌类一旦经过采集后，很快就会变得跟还活着的时候不一样，这令他致力于保留它们的颜色与形体。那些画作之所以远近驰名不是没有理由的，它们似乎在某方面可以说是法布尔毕生心血之结晶。那些画作的气势惊人而写实，绘画手法平铺直叙，致力于描绘出当地生态的整体，借此传达出大自然之美以及神秘的完美面貌。法布尔凭借着惊人的观察力画出了那些作品。他的才能大致上可说都是自学而来，而且画面流露出法布尔对真菌的极度熟悉与亲近。

但是，与其说史莱泽女士所肩负的是一个真菌学家的任务，不如说她的身份是个文物研究者。她到任不久就展开调查。为了重建法布

史莱泽女士为法布尔重建的书房。

尔的书房，馆长开始收集各种老照片，并且从亚维农市（Avignon）某位图书馆馆员那里得到一个关键线索——一张在当时拍的照片，借此着手从不同面向来重建法布尔的书房。她设法取得法布尔所使用过的那些东西，包括框画、书籍、时钟（她还把时钟修好）、地球仪、椅子、摆放在一旁的蜗牛、化石与贝壳，还有天平。她还修好法布尔那张著名的书桌：那是一张只有 80 厘米长的桌子，实际上是学校教室里用的书桌，正因为不够坚固沉重，所以可以任由法布尔拿起来，依其需要四处搬动。她让那张照片里的一切重返人世。或者应该说，她把照片里的一切带回现在，重现法布尔的书房，在此过程中他的书房已经变成纪念馆，唯一不在场的只有法布尔他自己（而且照片里也看不到他）——尽管阳光仍然从花园的窗户洒进那个承载着他的辉煌人生的房间，一个让他得以活出完满人生的空间。

建筑物之外的庄园其他部分就是另一个截然不同的挑战了。法布尔于 1879 年抵达当地，他发现自己所持有的那片土地曾是个葡萄园。在耕种的过程中，大多数“原始植被”都被移除了。“百里香没了，薰衣草没了，一丛又一丛的胭脂虫栎（kermes-oak）也没了。”他曾如此悲叹。[4] 结果，他的新花园里只剩一堆蓟花（thistle）、鹅观草（couch-grass），还有其他繁茂的新植物。他把那些植物都拔掉，重种别的东西。国立自然历史博物馆在法布尔最后幸存的一个儿子于 1967 年辞世后，取得其庄园的所有权；等到史莱泽女士赴任时，大部分土地已经被馆方变成一个植物园了。史莱泽女士仔细研究法布尔的笔记本、手稿与通信记录，还有老照片里庄园的各个角落，想要尽可能通过各种蛛丝马迹，搞懂法布尔在世时曾希望此地在他死后保持什么面貌，并且实践他的想法。生前他最钟爱的就是那一片冯杜山（Mt. Ventoux）的山景，于是她把挡住视野的矮树丛移除掉。那座山是法国境内阿尔卑斯山的支脉，法布尔追随着诗人彼特拉克的著名山径足迹，也常常去那里爬山。她重新引进了各种植物，包括竹子、连翘、玫瑰与黎巴嫩橡树，并且保护整理那些仅存的北非雪松（atlas cedars）、地中海松、欧洲黑松以及那条从大门一直延伸到屋子的优雅紫丁香花步道。

她的结论是，园区曾被分成三个区块来种植植物。在房子正前方那个具有装饰功能的巨大池塘周遭，法布尔布置了一片中规中矩的花园。他曾在那里接待为数不少的访客：包括当地知识精英；到了他快要辞世前，更有一些远道而来的达官贵人与仰慕者。那片花园再进去，是所谓的“荒地”（庄园名字之由来），整个区域都种满了各种原生种的灌木丛与树木，种下去之后稍经养护，然后就任由它们生长，只给予最小程度的照顾。最后，“荒地”再过去则是一大片被他称为“树园”（parc arbore）的树海，一样还是任其自由生长，他很少去管它们。后面这两个区域是他所谓“活生生的昆虫学实验室”，也就是他进行昆虫研究的地点。[5] 如果与花园相较，那两个区域看来是如此粗野而未经驯化，但是，从花园造景的浪漫主义传统脉络来讲，这种浑然天成的景象却像一种艺术作品，是努力经营的结果。

法布尔从 1879 年开始住在荒石园，直到 1915 年以 92 岁高龄辞世。他那篇幅多达十卷，拥有广大读者群，同时也让他美名远播的《昆虫记》（*Souvenirs entomologiques*），有九卷就是在这里完成的。他认为，他

帮助法布尔完成《昆虫记》的“树园”。

努力完成的作品能够证明“万物背后的神秘之处总是散发着知识的光芒”，而且也足以驳倒他所反对的“变种说”（transformism）：此一学说主张植物与动物一样，都是有相同的先祖，但为了适应环境而导致变种。不管是达尔文或者名气与达尔文一样响亮的法国学者让-巴蒂斯特·拉马克（Jean-Baptiste Lamarck）都是进化学说（变种学说）的代表性人物。[6]法布尔就是在“荒地”与“树园”与那十卷《昆虫记》里记载的所有昆虫邂逅，帮他完成此一使命，包括黄蜂、蜜蜂、甲虫、草蜢、蟋蟀、毛毛虫、蝎子与蜘蛛，它们的所有举动都已化为书中那些栩栩如生的细节。同时，法布尔也是在这里，在他所谓的“极乐伊甸园”里，带着一双经过传统训练的眼睛，“与昆虫独处”。[7]

2

荒石园的花园与周遭的乡间堪称博物学家的天堂，而且法布尔的兴趣非常广泛，他的知识仿佛是一部百科全书。他研究鸟类、植物与真菌。他收集化石、贝壳与蜗牛。但最令他感到入迷不已的，还是昆虫。不过，迷人的事物并不总是能让人爱到心坎里。他家前门外面那两棵法国梧桐树上面住了数百只蝉，到了夏日，他每天都要听它们不停鸣叫。“啊！疯狂的动物啊！”迁居该处不久后他就在绝望中表示，“那真是我住处的虫害，本来我还以为这里很平静的！”他曾考虑用砍树来摆脱那些蝉。在这之前，他则先把池塘里的那些青蛙都清除掉了（但他也承认，“也许我使用的方法太过残酷了”）。[8] 史莱泽女士说，如果办得到，他肯定也会设法让那些唱歌的鸟都闭嘴。

“蝉真的是一种折腾人的东西。”[9] 但是就像自然界里的所有东西一样，对于它们来说也是一种机遇。法布尔小时候就对拉封丹（La Fontaine）所写的《寓言》（*Fables*）印象深刻——他不是把《寓言》当成一本探讨复杂道德问题与讽刺社会的书，他惊讶的是，自然世界也可以成为道德教化的媒介。自然无所不在，时时刻刻都能向人类丢出问题或者提供教诲。昆虫尤其如此，不管在角落里还是阶梯下，到处可见。昆虫的秘密也是如此。它们总是不停挣扎努力，有时成功，有时失败。它们的一生充满戏剧性，有时可歌可泣，有时平凡无奇，它们一样也有个性、欲望、偏好、习惯与恐惧。事实上，它们的一生跟他自己的人生很像。发掘昆虫一生的遭遇除了是某种探索未知的探险之旅，更有深一层的含义：在这一趟所有人都受邀参加的旅程中，法布尔是向导也是主角。“法布尔对于昆虫一生的说明，”敏锐的历史学家诺玛·菲尔德（Norma Field）写道，“除了是一出说明他的发现过程的戏剧，也透露出他在发现过程中所体验的戏剧性……昆虫一生的故事变成了法布尔一生的故事。”[10] 菲尔德认为，法布尔的作品之所以特别铿锵有力，是因为其叙事结构让人虫融为一体，极具说服力。而且，也许被说服的不是只有他的读者。从本体论的角度而言，这种带有混淆效果的叙事作品让人、虫两者深具亲近性，无异于混淆了人虫之别。此刻我们也许会自问：要付出什么，才能够成为一个真正的昆虫诗人？

法布尔将科学知识写得平易近人，让所有人都能通过阅读参与其中。科学研究必须以专业化的技巧，还有耐性以及独创性为基础，但是，研究的成果却可以写得亲切易读。每只昆虫都是人类的神秘邻居，其真正的身份为何，唯有靠昆虫传记作家无比的耐性与创新才能揭露出来。等到研究完成时，每只昆虫就把自己的秘密泄露出来了，让自己一生的故事呈现在他眼前。此外，法布尔也坚称，这种像在写传记一样的研究方法比任何科学方法都更能获得确切知识，因为他不是把死去的昆虫钉在卡片上，用显微镜加以检视。对于那些在大都市里做研究的精英理论家来讲，也许外形上的相似性是有意义的，但是对于隐居穷乡僻壤的他而言，重点在于行为：谁对谁做了什么，以什么方式采取行动，还有理由何在。

当时，世上各家研究自然历史、植物学与动物学的机构都越来越专注于分类的问题。法布尔认为，不管是这一类研究活动，还是那种以疏离的方式来对待自然的新趋势（至少在他看来是如此），把自然当成对象、标本与肖像，简单来讲就是会“让人类走入死胡同”。[11] 昆虫无所不在，但我们却几乎不了解它们。如果我们能效法拉封丹，用耐心与专心来观察它们的行为，我们所获得的道德教化与科学教育效果可能是无与伦比的。就连蝉也是。就连蛆虫也是。也许，特别值得一提的，就连黄蜂那种并非群居、隶属于膜翅目的残忍猎手也是。

3

法布尔与家人在 1879 年抵达荒石园，不久后庄园四周的高墙工程就开始进行了，但是工程进度慢得令人感到挫折。然而，对于博物学家法布尔而言，工程延迟却是意外的收获。建筑商在花园里留下了大量石头与沙子，而那些建材很快就变成了蜜蜂与黄蜂的家。其中两只黄蜂，一只沙蜂（bembex），还有一只朗格多克飞蝗泥蜂（languedocian sphex），是法布尔早就熟识的老朋友。它们以沙石为家，而他则花了很多时间观察与记录它们的行为。

法布尔真的很爱黄蜂。除了甲虫之外，占据《昆虫记》最多篇幅的就属黄蜂。（他对蚂蚁与蝴蝶的记录则较少。）他爱黄蜂，主要是因为人类对它们的了解很有限。另一个理由则是他觉得它们跟他一样，都有决心克服自己的最大障碍。他也喜爱它们讲求精确的特性。最重要的是，它们容许他把它们那些极度复杂的行为公之于世，因此他爱它们。接下来他像是个魔术师一样揭发真相：不管那些行为看起来多么像是解决难题的创新之举，实际上并不能借以说明昆虫有智性可言，这是他与达尔文完全相反的地方。他喜欢黄蜂，是因为这种昆虫正好可以完美地显现出本能有时是一种"智慧"，但也是一种"无知"，因此黄蜂可说是与他并肩对抗"变种说"的伙伴。

他总是能找到黄蜂。他深知它们的习性，总能发现可能的黄蜂栖息地：无论是一座沙丘、路边的一片陡坡、树丛下的一小片空地、一道面向南边的花园墙壁，或是一个厨房的壁炉，都是他守株待"蜂"之处。他看着各种黄蜂用特殊的方式筑巢。他曾写道，铁爪泥蜂（bembix rostrata）挖洞的方式就像小狗一样（"腹部下方的沙石不断往后面拨，穿越拱形的后腿，像流水一样不断涌出，画出一道抛物线，在

法布尔记录黄蜂捕捉其他昆虫后将其拖回蜂巢。

大约七八英寸的地方落下来”)。[12] 还有一小群栎棘节腹泥蜂（cerceris tuberculata）堪称“勤奋的矿工”，“它们有耐性地用上颚把碎石一点一点移开坑底，然后将整批沉重的碎石往坑外推”。[13] 此外，一些黄翅飞蝗泥蜂（sphex flavipennis）则像“一群乐于工作，彼此加油打气的同伴”（“沙子飞舞着，尘土落在它们那振动的翅膀上；碎石太大块就必须一点一点移开，滚到距离工地很远的地方。如果有碎石太重而无法移动，这种昆虫起身时就会发出一阵尖锐声响，让人联想到樵夫用力时总会大叫一声‘呜’。”)。[14] 唇蜾蠃（eumenes）制作的蜂巢拥有“极其优雅的曲线”，它们利用蜗牛壳与小圆石细心加以装饰，让它“成为碉堡兼博物馆”。[15]

蜂巢完成后，黄蜂就会飞走。法布尔等待着，他的耐心永远无穷无尽。最后，它们还是回来了，带着即将在蜂巢中孵化的幼虫所需之食物。一只节腹泥蜂带着散发金属光芒的吉丁虫（buprestis）降落。一只多毛沙泥蜂（hairy ammophila）回来时带着一大只鳞翅目昆虫（lepidoptera）的幼虫回来。另一只泥蜂（pelopæus）的双腿之间则夹着一只蜘蛛。某只黄翅飞蝗泥蜂则拖着身形远远超过它自己的蟋蟀。

法布尔的脸面对着地面，手里拿着放大镜，尽可能贴近他的沙地，不容许自己遗漏任何细节，耗费了不知道多少时间。他像是个对小人国充满好奇心的巨人。有时候，因为急于有所发现，他会采取进一步措施，把蜂巢拿走，用刀子把它撬开。也许里面会有一只受害的昆虫躺着无法动弹，虫脚微微摆动着，但是刚好碰不到它肚子上的那一颗黄蜂卵；也许蜂巢里有好几个受害的昆虫，全都堆在一起，或者以前后有致的方式摆放着，最新鲜的昆虫距离黄蜂卵最远。

“观察可以提出问题，”他写道，“实验则能做出解答。”[16] 有时候他会对黄蜂施以临场的考验。有时候，黄蜂降落地面去查看蜂巢，暂时没有看守着它抓来的昆虫，他会趁机迅速地把无法动弹的昆虫偷走，屏住呼吸，观察黄蜂焦躁不安的表现。他也可能让黄蜂把抓来的昆虫摆在蜂巢里，偷偷伸手进去把昆虫拿走，看看黄蜂是否还是会跟平常一样把卵摆好，然后将入口封起来（不然就是他会自己封好）。

有时候他会小心翼翼地把蜂巢带回屋里。他也常常把抓来的昆虫带到实验室，创造出一个他可以控制，便于观察昆虫行为的环境，开始进行更为复杂，时间也更长的实验。或许，当他除了昆虫心理学，也想做解剖研究的时候，他会把昆虫用三氯甲烷麻醉，然后解剖。

第一次解剖的经验让他有所体悟，促使他决定放弃数学教师的生涯，开始用他自己真正热爱的自然史谋生。当时法国的局势很乱，一场政变就在爆发边缘，第二共和政权即将被革命势力推翻，由拿破仑三世（Napoleon III）来建立新的帝国。当时年仅 25 岁的法布尔正在科西嘉岛阿雅克肖镇（Ajaccio）的一所大学教物理学，当地的美景令他陶醉不已（“此刻我脚下是闪闪发亮的广袤大海，头顶上是一片又一片令人敬畏的花岗岩壁。”），一如哥伦布当年踏上美洲新大陆。[17]

先前他曾在卡庞特拉镇（Carpentras）任教，但迫不及待离开了那里（他说，“那里真是个该死的渺小洞穴。”）。[18] 距离他辞掉卡庞特拉学校的教职才几个月的光景，他发现自己心里始终愤恨不平，因为曾被学校排斥，不管他的成就再高，心里的阴影总是挥之不去。那是有关当年他被学校赶出来的陈年记忆：他爸妈都是普罗旺斯的农民，曾经数度尝试在一些城镇开餐馆维生（但都失败了），他们缴不出学校的月费。令他备感挫折的是，年轻时他谋取教职不断碰壁，苦无机会可以展现自己的能力，只能去当兴建铁轨的工人（1848 年 9 月，他曾写信给自家兄弟斐德希克："发了两张教师证书给我，但却只是要我教一群捣蛋鬼怎么做动词变化，这种不公平的情况实在是前所未闻。"）。[19] 有十年的时间他也曾做过提炼洋茜（一种军服用的红色染料）的生意，借此让自己在做学术工作时能有收入（当时，学术研究是一种无薪俸，因此理应是有钱人的工作），但却失败了，令他失望透顶。拿破仑三世进行的教育改革遭到教育行政体系强烈反弹，导致他被解雇（当时他获准为女学生提供免费的理化课程），不仅他感到苦恼，也让他的家人陷入贫困。此时接济他的人是他的密友，英国自由主义理论家约翰·斯图亚特·密尔（John Stuart Mill）——密尔后来迁居普罗旺斯，并且与其妻——女性主义先锋哈莉耶特·泰勒（Harriet Taylor）并肩长眠该地。[20] 法布尔的不幸遭遇之所以让人备感凄苦，是因为有权势的人看不出他有多艰苦，看不出他在获得种种成就之前，必须克服那些巴黎科学界精英难以想象的重重困难 [除了文学与数学学士学位之外，他还有数学与物理学的教师执照，一个理学博士学位，以及两百多种出版物，包括教科书，而且在"科普"这种文体几乎不存在时他就已经写出来的许多科普著作，再加上一些重大科学发现：他是第一个证明动物有反射动作以及甲虫有过变态现象（hypermetamorphosis）存在的人]。更凄苦的是，等他走到漫长人生的尾端，终于受到认可时，向他致敬的并非大学学界与科学家，甚至也不是昆虫学家，而是当代的文豪们，例如雨果曾称他为“昆虫界的荷马”（the Homer of Insects），还有《大鼻子情圣》（*Cyrano de Bergerac*）的作者埃德蒙·罗斯丹（Edmond Rostand）不愿被比下去，给了他“昆虫界的弗吉尔”（the insects’ Virgil）这个封号，罗曼·罗兰（Romain Rolland）说法布尔是“我最欣赏的法国人”，而普罗旺斯诗人弗里德里克·米斯特拉尔（Frédéric Mistral）则曾四处游说，希望法布尔能获得 1911 年的诺贝尔奖提名——请注意，是文学奖而非科学奖。[21] 他的长子在 16 岁时骤然辞世，后来他两个年纪尚小的女儿，还有前后两任妻子也都死了，接踵而来的悲剧令其人生蒙尘，让他感到无助又愤怒。但我们也必须承认，正是因为他被烙上了毕生受苦受难的印记，才会变成一则克服万难，力争上游的故事：一个自学有成的天才，一位贫困潦倒如同隐士的科学诗人，在花园中与他的昆虫独处，生活如此简单，牺牲奉献，极度天真无邪，在他晚年这是一个让巴黎文化界感动不已的故事，许多人纷纷南下来到他们不熟悉的塞利尼昂与他见面。

只因法布尔反对进化论，长期以来他的教科书都被教育界排斥，也让他再次陷入贫困。所以，通过以下这段文字，法布尔希望让一群他想象中的科学精英知道他怀抱着强烈热忱，强烈到足以让他暂时原谅那些喧闹的蝉：

“你们肢解动物，我研究活生生的它们；你们把动物变成可怕与可悲的东西，我让它们受到喜爱；你们在折磨动物的房间以及解剖室里埋头苦干，我在蔚蓝天空下观察动物，周围是蝉的叫声；你们把细胞与原生质拿来做化学实验，而我则研究动物凭借本能而有的非凡表现；你们探究死亡，我探究的则是生命。”[22]

他的意思当然是指他所研究的是活生生的生物，那是生物的真正形态，是上帝希望它们呈现出来的样貌，一种有精神与明确目标的神秘存在物，一种无法通过理论与抽象，只能通过实际体验与近身接触才能理解的存在物。

但是，如我们所知，他并不排斥研究死掉的生物。而且，据帮他写过传记的友人，身兼医生与政治人物双重身份的乔治·维克托·勒格罗（Georges Victor Legros）表示，他一生的故事其实应该从阿雅克肖镇讲起，当时他第一次有机会做动物解剖。居住在科西嘉岛期间，他与年纪比他大 20 岁，住在图卢兹市的植物学教授阿尔佛雷德·莫昆-坦顿（Alfred Moquin-Tandon）交好。莫昆-坦顿是一位用普罗旺斯方言写作的诗人，他曾说过，即便要写生物学著作，熟练的方式还是非常重要。每逢晚餐时，莫昆-坦顿总是随意从他的针线篮里挑东西临时充当工具，用来解剖蜗牛。勒格罗写道:“在那之后”，法布尔“就开始不只是收集死掉，不会动或者已经脱水的虫尸来当作研究材料，以满足好奇心为目标；他还开始热衷于过去不曾做过的解剖工作。他把他的小小宾客们装在碗橱里；从此以后就专注在那些比较小的生物上面。”没过多久，法布尔从科西嘉岛写信跟弗里德里克说:“我所用的手术刀，是自己用细针改造而成的迷你匕首；我用小碟子充当大理石板；我把我的囚犯们装在旧的火柴盒里，一盒可以装十几只；最微小的事物往往最伟大（maxime miranda in minimis）。”[23]

法布尔的照片。

最微小的事物往往最伟大。在接下来的几十年里，他即将目睹许多奇迹，其中最神奇的莫过于狩猎蜂。他在黄蜂身上所观察到的一些事，有些是世人之前已经知晓的，但也有全新的知识。为昆虫学奠立基础的知名学者列奥米尔（Réaumur）是多达六册的《昆虫史忆往》（*Mémoires pour servir a l' histoire des insectes*，于1734—1742年间出版）的作者，书中以许多篇幅描述一种名为盾蜾蠃（odynerus）的黄蜂，但就连他也不知道黄蜂并不是直接把卵下在捕获的二十几只“还在动来动去”的象鼻虫幼虫堆里，而是（跟唇蜾蠃一样）把卵吊在从蜂巢圆顶上垂下来的一条细线上面。[24] 法布尔屡经尝试，苦心经营多年，终于得以亲眼目睹。他承认，那是“让他内心备感喜悦的许多时刻之一，饱尝懊恼与疲累的滋味后终于获得了补偿”。蜾蠃幼虫沿着细线往下移动觅食（“它们的头朝下，钻进毛毛虫的柔软腹部。”），然后，等到被它当成食物的毛虫开始骚动不安，它才又往上爬，全身而退，毛毛虫碰不到它。[25]

4

他所观察的每一只昆虫都能证明本能的威力。他说，表面看来，那些昆虫也许就像知道自己在做什么似的。也许它们那些惊人的行为看来就像内心世界的外在表现。但那完全是错误的。它们所做的都是无意识的行为，不知道自己在做什么，它们只是遵循它们那个物种问世以来就已经具有的本能而已；本能是盲目、严格而天生的，不是通过后天学习获得，而是出生后就已经完备的，完美而不会有错误，每一种本能都有特定功能，而且不同物种也有不同本能。这些本能具有某种“智慧”：本能能够产生毫无缺陷的行为，帮助昆虫解决最复杂的生存问题。然而，只要遇到法布尔以实验的手段干扰，在压力之下，本能就变得全然“无知”；只要熟悉的状况出现改变，昆虫就会不知如何应对。[26]

跟许多创世论者（creationists）一样，他一遍又一遍地诉说这个故事，主张“本能”就是进化论的弱点，“本能”足以证明物种是固定不变的，从创世开始就是如此。他的论证就是那么简单：因为，这种行为异常复杂，而且需要高度的精确性，怎么可能会有过渡阶段的存在？他说，想想看黄蜂的例子，它们的表现若非一百分，就是零分：“为幼虫准备成长环境是一种只有大师才创作得出的艺术，不可能处于笨拙的阶段。”[27] 他说，如果不能确保捕获的昆虫无法动弹，昆虫会反过来毁掉卵或是幼虫；如果捕获的昆虫因为伤势过重而死去，卵虽然可以孵化成幼虫，但它却会因为食物腐化而饿死。昆虫必须聪明到什么程度才能够屡屡精算无误，使得猎物没有知觉，但所有的生命机能却完好无损？当他看见多毛沙泥蜂（hairy ammophila）麻醉猎物的过程，他发现自己所目睹的是最深奥的生命真相，是谜中之谜，即便是成熟的科学界人士看了也会想哭：“动物依从它们的强大本能，根本不知道自己在做什么。如此崇高的灵感到底从何而来？各种有关返祖现象（atavism），有关物竞天择的理论能够提供合理解释吗？对于我与我的朋友而言，这依然有力地显示出某种无法说明的逻辑，它不仅主宰着世界，也以绝妙的法则引导着无知者。这种如灵光乍现的真理触动了我们的内心最深处，一股难以言喻的情绪让我们俩都热泪盈眶。”[28]

他所观察的任何一种昆虫都能够带着他走到这一步。但是他深信，唯有黄蜂是最有力的证据，足以用来反驳达尔文的观点：本能是一种用来适应环境的遗传行为；就像达尔文在《人类的由来》（*The Descent of Man*，1871 年出版）一书里主张的，动物之所以能够拥有复杂的本能，是因为“比较简单的本能行为发生了改变，然后通过自然选择”

而获得，而且“那些具有非凡本能的昆虫当然就是最聪明的”。达尔文所说的本能当然是动物通过遗传而获得的，而且绝非固定不变也非完美的。本能让动物能适应环境，而不是有预知能力。他认为，总而言之，“以智力为基础的行为在经过几个世代的实践之后，会转变成一种本能，变成是可以遗传的”。[29]

黄蜂就是法布尔用来反驳这种异端说的最大筹码。同时也是因为黄蜂，他才有资格提出以下的断言:“我反对关于本能的现代理论。”他为进化论冠上了“现代理论”这个贬义词，并且认为它“是那些安坐室内的博物学家所提出的精巧游戏，他们凭着自己的奇想来描绘这个世界的样貌，以此为乐。但是对于观察者，真正面对现实的人而言，完全无法用来解释眼前所见的一切”。[30]

多毛沙泥蜂选择的猎物是鳞翅目昆虫黄地老虎（agrotis segetum）的幼虫，这种生物的体重最多可以达到多毛沙泥蜂的 15 倍。法布尔最为人知的一段文字，就是他对于小黄蜂如何斗倒这种大灰虫的描写。他写道:“在关于本能的直观科学研究里，没有任何事物比这件事更能让我感到刺激。”

他在他家附近与友人散步，偶然瞥见一只躁动不安的多毛沙泥蜂。他们两个大男人“立刻趴倒在地，与它干活的地方非常接近”，接近到事实上那只黄蜂还曾暂时停留在法布尔的袖子上——这听起来好像

"杜立德医生"① 的故事情节。[31] 他们看见它把一小块地面清理干净，那显然是猎物会经过的路径。然后，那只不知死活的幼虫出现了。像猎人一样的母黄蜂立刻现身，从幼虫的颈部把它抓住，尽管幼虫挣扎着，黄蜂死都不放手。黄蜂停靠在巨大幼虫的背上，把腹部一弯，不慌不忙，像个外科医生一样仔细彻底地把病人的身体结构摸熟，把蜂针戳进幼虫身体每一个部位的表面，毫无遗漏。虫子身上的每一节全都被戳过；不管那一节上面有没有脚，都依序被戳了一针，前面戳完换戳后面。[32]

注意他观察到的重点：那只黄蜂总共戳了九针，每一针都戳在那只虫身上某一节的特定部位。还应该注意的是，它戳针的方式是前后有序。接下来，法布尔的解析似乎能够证明那只黄蜂的深谋远虑。它的每一针都像医生下刀一样准，每一针都把幼虫的一个神经节废掉。但最精彩的还在后面：

幼虫的头完全没有受伤，大颚仍保有其功能，意思是幼虫在被搬运的过程中能够轻而易举地随意抓住地上的任何东西，有效阻止强迫它移动的黄蜂；大脑作为主要的神经中枢也许还是能下令顽强抵抗，这将会让身负重物的黄蜂陷入尴尬的处境。但黄蜂就是有办法巧妙地避开这些阻碍。因此，它必须让幼虫陷入一种麻痹的状态，连一点自我防卫的念头都没有。多毛沙泥蜂的做法是咬啮幼虫的头部。它刻意

① 杜立德医生：美国作家赫夫·罗弗庭系列童话故事中能够听得懂动物语言的医生角色。

不用蜂针：它不是个笨拙的家伙，深知如果把颈部神经节弄伤了，就会立刻杀死幼虫，这是绝对应该避免的。它只是用大颚去挤压幼虫的脑部，每次用力都拿捏好力道；而且，每次都会停顿一下，确定效果如何，因为它必须做到的是某种程度的麻痹，但是又不能太过头，否则幼虫就可能死掉。它就这样让幼虫进入了必要的昏睡状态，让幼虫因困倦而失去了所有意志。如今幼虫已经无法抵抗，也无心抵抗，黄蜂抓着它的颈背，拖回蜂巢。这些事实本身就已经是有力的证明，多

多毛沙泥蜂捕捉黄地老虎幼虫的全过程。

余的评论只会减损其说服力。[33]

心理学家理查德·赫恩斯坦（Richard Herrnstein）[后来世人多半对他印象不佳，只记得他是《钟形曲线》（*The Bell Curve*）① 的作者] 在 1972 年发表的一篇论文如今已经成为经典，该文认为法布尔“把本能视为一种直观”。而赫恩斯坦对此立场的评论恰如其分，认为直观论是“统整于敬畏之情之下的一连串否认”。[34]

在此我们所论及的是一场在达尔文出现之后，从 19 世纪末持续到 20 世纪初的激辩，谈的是人类与动物行为的本质与源起，本能则是其中一个至关重要，常被拿来争论的哲学与经验科学概念。直观论的立场认为本能是一种与智力有别，无法定义的特殊“适应能力”（capacity for adaptation），[35] 但这只是几种南辕北辙的主要论调之一。赫恩斯坦把各种学说分为三种论调，认为与法布尔的立场针锋相对的是一种他所谓的“反射论”（reflexive view），而被归类在这种论调之下的包括各色各样的人物，像是赫伯特·斯宾塞（Herbert Spencer），心理学家雅克·洛布（Jacques Loeb），早期的 J. B. 华森（J. B. Watson），以及坚称自己的立场与法布尔迥然有别的心理学家兼哲学家威廉·詹姆斯（William James）。詹姆斯认为，先前那些关于本能的著作根本都是破坏一切的无用废话，因为它们居然都在惊讶之余指出动物具有比人类更优越的洞察与预知能力，而且认为是慈善的上帝给了它们这种天分。但最重要的是，请注意，慈善的上帝也给了它们神经系统，光是知道这一点就足以让“本

① 《钟形曲线》：该书的立场被认为有种族歧视之嫌。

能”立刻变得跟其他生命现象一样，没有什么比较神奇或者比较平凡之处。[36]詹姆斯认为，与其把本能当成一种直观，不如说它只是某种复杂而有许多种类的反射动作［借用斯宾塞的名言来说，本能无异于是一种“复合的反射行动”（compound reflex action）］。

赫恩斯坦所归类出的第三种论调被称为“策动心理学”［hormic psychology，其中 hormic 一词是从 hormonal（激素的）而来的］，像反射论一样，主张本能取决于天择的压力，在很多方面类似于形体上的特色，主要的支持者是威廉·麦克杜格尔（William McDougall）。麦克杜格尔认为，本能具有高度的可塑性，容易受到环境影响，但是它有一个稳定的核心作为最后依据，核心的驱动力则是一股想要达成明确目标的企图心（例如建造一个蜂巢，把猎物关起来等等）。麦独孤写道，本能是“一种心智力量，它足以维持与塑造个人与整个社会的生活”。[37]

自从行为主义于 20 世纪 20 年代兴起后，心理学家再也不流行以本能来解释动物行为，直到 20 世纪 50 年代，因为一些动物学家备受欢迎［其中又以康拉德·劳伦兹（Konrad Lorenz）与尼可拉斯·丁伯根（Nikolaas Tinbergen）为最］而重获世人关注——这些动物学家虽然也是达尔文主义者，但却特别强调本能与学习是截然有别的。法布尔与这些最近的动物行为学家虽然相隔数十年，但是却一脉相承，双方的相似处在于：都会在自然环境中进行简单的行为实验，以近身观察为方法，而且他们的科学研究也都夹杂着一种惊叹。他们不因法布尔对进化论的敌意而设限，反而继承其遗留下的东西，学习他那种诉诸大众的教学法。就是因为这种大众化的风格使得劳伦兹、丁伯根与他们的同事卡尔·冯·弗里希（Karl von Frisch）培养出一大群死忠的读者，三个人还拿下了前辈始终无法企及的诺贝尔奖。

这些都超出了原本的影响范围。法布尔的黄蜂起飞后，飞向许多出人意料的方向，在关键时刻降落。它们飞离科学，例如，让许多创世论者的心中浮现跟法布尔一样的惊叹情绪，而有时候还会出现在一些更为引人入胜的地方，像是深具影响力的20世纪初期哲学家亨利·柏格森（Henri Bergson）就非常仰慕法布尔（勒格罗在1910年举办了一个庆祝活动，宣告荒石园这个位于普罗旺斯的隐居地终于获得世人迟来的注目，柏格森就是活动的嘉宾之一）。柏格森注意到法布尔把多毛沙泥蜂描述为外科医生，在猎物身上戳了九下，同时也借用18世纪博物学家居维耶（Cuvier）的概念，把动物当成带有"梦游意识"（somnambulist consciousness，"从智性的角度而言，一种不知道其自身目标为何的意识"）的梦游者，发展出他那特别的形而上学①的进化论。[38]

柏格森的本能也是属于直观论，他把本能视为一种"直觉的感通"（divinatory sympathy），而且他像法布尔一样，认为本能是与智力相对的。但是造成这种相对性的基础并不相同。法布尔认为智力是人类优于动物的特征，但是对于柏格森而言，智力却是一种备受局限的悟性，是冷冰冰而外在的。法布尔把本能视为机械的，是一种肤浅的惯性，柏格森却认为本能是一种深刻的悟性，是一种能够引领我们"走向内

---

① 形而上学：是哲学的一个门类，对科学以外无形体、不可证明的事物的研究，是脱离实践的。

在生命”的知识，带着我们回溯黄蜂与鳞翅目昆虫幼虫共有的进化史，回到它们还没被生命之树分开之前，回到一种两者都互相了解对方的直觉，因此多毛沙泥蜂才会不经学习就知道如何麻醉鳞翅目昆虫的幼虫，如此一来，它们的种种表现“也许就不取决于外在感觉，而是因为多毛沙泥蜂与鳞翅目昆虫的幼虫一起出现，它们不该再被视为两种有机体，而是两个不同的活动”。[39]

然而，就像伯特兰·罗素（Bertrand Russell）早在 1921 年就特别指出的，“就连法布尔这样仔细的观察者，像柏格森这样杰出的哲学家也会因为太过喜爱奇迹般的事物而被误导。”[40] 法布尔搞错了很多有关多毛沙泥蜂的事，而且显然他对于天择理论所提出的大部分批评都早已被人有效地驳倒了。看来，那毕竟不是一种只有一百分或零分的游戏。一般而言，黄蜂的确会用蜂针在黄地老虎幼虫身体的每一节都戳一下。但它们的行动并不具有奇迹般的准确性，而且也不是那么始终如一，或许真的总以同样的次序进行。甚至，幼虫并不总是会存活下来。有时候黄蜂的幼虫就是以黄地老虎幼虫的腐尸为食物；有时候黄地老虎幼虫的身体激烈摆动，因而弄死了黄蜂的幼虫。此外，就像反射论与策动心理学都主张的，黄蜂也会调整它的行为，借此响应种种外在刺激，像是气候、是否有食物，以及猎物的状况与行为等等。而且它也会随时改变它的行事顺序与“逻辑”（如果想要用一个比较好的词语来描述，我们的确可以用这两个字），改变出于有时清楚有时令人费解的理由。有人曾观察到某些黄蜂螫了 40 只不同的昆虫幼虫，结果却选择把第 41 只——没有被它麻醉的幼虫拖回蜂巢里。根据某些记录显示，它们的确会将猎物麻醉，但事先并没有筑巢。也有人看到它们以随机的方式螫虫，有机会就下手，显然只是因为试着确保成功的概率。还有，如今我们也已经发现它们不只是用蜂针螫虫，也把毒素注入幼虫的体内，除了立刻让对方无法动弹，长期来讲也有抑制腐化的效果，让虫体保持柔软：猎物感受的冲击不大，但体内却起了化学变化。[41]

这实在是很荒诞。荒诞的不只是黄蜂，赫恩斯坦指出了法布尔的理论核心自有其荒诞之处，这的确没错。赫恩斯坦深知直观论最有力的遗留，就是读者们从法布尔身上所看到的那种“隐约的惊叹”。但这也有一个怪异之处。法布尔恳求世人了解的是，那些动物的行为是盲目而习惯性的，不以意志或者意图为依据。但是，为了说服大家，他却沉醉在动物的行为里，深信动物行为看起来越复杂，越理性，那么一旦他能证明所谓行为只是一种盲目本能时，就越具有杀伤力，随后他对“变种说”提出的批评也就越强烈。在他的论述中，那些黄蜂变成了能够“精确算计”与“确认伤势”的“外科医生”。它们的猎物则是会“进行抵抗”。但效果是始料未及的。法布尔深深着迷了。黄蜂变成了主角。他是它们的宿主。它们通过他发言，在他身上获得另一种生命形式。他的作品并未让我们觉得那些昆虫有缺陷，反而对它们的能力留下了深刻印象，除了黄蜂的能力，也包括法布尔的能力。尽管他坚称神奇的是动物本能，但真正神奇的应该是动物本身。

5

尽管法布尔在晚年出了名，但在他去世后，其名声没过多久也随之消逝。科学界不太可能接受他，而且因为文学潮流的改变，他作为一位自然书写作家的地位也很快就不保了。如今，法国与讲英语的世界几乎都已经遗忘他了。就连创世论者也不援引他的说法了。只有在日本，法布尔才是个家喻户晓的名字。他的作品不但是该国小学课程的重要部分，而且往往通过介绍他来带着孩子初次了解自然世界，后来孩子们更会因为要做暑假作业而去采集昆虫，从而见识到生动的大自然。等到小孩长大变成父母，当他们跟自己的孩子解释自然史多么有趣，他们的童年有多无忧无虑，多爱昆虫，还是常会提到他的名字。（曾当过 26 年学校教师的法布尔曾经这样跟科学界批评他的人说："我主要是为年少的读者们写作，我希望让他们爱上自然史，你们则是要让他们恨它。"）[42]

如同我们可以预期的，他是会出现在日本各大昆虫馆的固定人物。但有时候他也会在一些难以料想的地方出现：例如目前在 *Big Comic Superior* 这本畅销漫画双周刊上连载的作品《名侦探法布尔》（*Insectival Crime Investigator Fabre*）里，他就化身为足智多谋的少年英雄；而在《超能 R.O.D.》（*Read Or Die*）这一系列总共三集的动漫作品里，法布尔变成了复制人，是一个有办法借由控制昆虫来攻击人类文明的邪恶天才；还有在全日本各地的几千家 7-11 便利店，曾经推出一系列名为"昆虫记"（Souvenir Entomologique）的促销用免费公仔，里面除了有蝉、金龟子与多毛沙泥蜂等最受欢迎的昆虫外，也有法布尔本人的公仔；另外，在 ANA 这家航空公司的豪华广告里，他则变成一种象征：一个四海为家的男性，充满知识上的好奇心，在精神上有所渴求。[43]

法布尔的《昆虫记》出现在日本 ANA 航空公司的豪华广告上。

但法布尔的身影不只是出现在学校、各大自然博物馆以及高度商品化的日本流行文化中。尽管其所有作品的英译本都是杂乱不堪而且年代久远，但最近的一项统计显示，从 1923 年到 1994 年，单是《昆虫记》，日本学者就翻译出 47 个日文全译本或者节译本。[44] 奥本大三郎创设了新成立的东京法布尔博物馆并担任馆长，同时具有文学教授与昆虫收集家身份的他表示，那些译本的起源非常有趣。[45] 第一个系统把法布尔的作品翻译成日文的，是知名的无政府主义思想家，曾说过“乱中有美”这句著名具有颠覆性格言的大杉荣①，本来他想完成《昆虫记》的全译本，但他在

① 大杉荣：日本近代思想家、作家、社会运动家。译著有克鲁泡特金的《互助论》，达尔文的《物种起源》，法布尔的《昆虫记》，都收录于《大杉荣全集》中。

1923 年关东大地震过后的宪警镇压行动中遭到残杀，计划因而告终。大杉荣大概是在 1918 年左右初次看到法布尔的作品，当时他写道:

我喜欢有精神的东西。但是一旦它们被理论化，就会让我感到厌恶。在理论化的过程中，它们会变得与社会现实同调，充满奴化的妥协，虚伪不真。[46]

尽管大杉荣信奉达尔文主义 [他早已翻译了《物种起源》（*Origin of Species*）]，但还是在法布尔身上找到与自己相近的精神。令他深深着迷的除了法布尔的文风，还包括科普教育的可能性，而且他也极为认

日本人因热爱法布尔而推出法布尔《昆虫记》主题公仔。

同法布尔对于理论化所持有的敌意。充满领袖魅力，身兼作家与无政府主义运动家身份的大杉荣深信，理论的问题不在于它欠缺说服力，而是在于它总想要建立秩序；不在于它充满了想要理解这个世界的野心，而在于它选择诉诸分析方法，而非经验观察。想要建立秩序的冲动是一种想要束缚一切的冲动，其背后的动力是一种想要主宰万物，想要在知识上与实践上当主人的欲望。他主张，若将理性的地位予以提升，就会危及理解的可能性。法布尔曾写道："想要把整个宇宙化约成一个简单的算法，进而用理性的规则来主宰真实世界，实在是大而无当的计划"，其实并不伟大。[47] 尽管两人都持有一种戒慎的态度，但法布尔之所以怀疑通则式解释[①]方式，他所根据的是常常在大自然中重新发现上帝的手笔，但大杉荣似乎对这种差异不以为意。[48]

奥本大三郎主张，法布尔之所以能吸引大杉荣，是因为两人都一样叛逆；尽管不知道这是否正确，但是我很喜欢这种说法的启示。就像奥本大三郎所说的，大杉荣身为一个具有革命理念的工人领袖，他从学校教师法布尔身上所学到的，包括拒绝权威的教学方式，坚持女学生也应该跟男学生一样接受教育，而最重要的是他对于分类法的态度。（当法布尔在《昆虫记》里提到分类学家拒绝将蜘蛛归类为昆虫时，他大声惊叹："这真是系统化的恶果啊！"）[49] 法布尔深爱做研究时所带来的感官享受，同时他拒绝权威，态度亲民，这一切都深深吸

① 通则式解释：一种社会学的解释类型，通常将影响事物的原因概括为一个大类，了解程度相对肤浅。

引着大杉荣——也吸引着奥本大三郎，他甚至把法布尔与如今在日本家喻户晓的知名博物学家兼民俗学家南方熊楠（1867—1941）相提并论，两人都因为叛离权威以及具备独立精神而受到尊崇：气质非凡的两人都是自学成才，他们不曾将自己的思想简化成规律与公式。有人批评他们欠缺有力而连贯的理论，但他们却持续追寻这个世界的多样性，以新奇的眼光看待万物。他们的确是诗人兰波（Rimbaud）所谓的“先知”。[50]

奥本大三郎在其他地方写道：“喜欢昆虫的人是无政府主义者，他们讨厌遵守别人的规则，如果不是试着自己创造出类似的‘规则’，就是根本不在意那种东西。”[51]他说，昆虫爱好者会从昆虫的视角，从昆虫的内心世界，还有从昆虫所属的微小世界来看待我们的世界。他们所探求的是生命，而非死亡。

另一个有助于我们进行理解的昆虫爱好者是今西锦司：他身兼生态学家、登山家与人类学家，是日本灵长类动物学的创建者，关于“博物学”的写作都很畅销，当他于20世纪30年代展开其研究生涯时，是在京都的鸭川研究蜉蝣的幼虫。今西锦司是个进化理论学家，他所采取的并非法布尔那种研究途径。不过，他也不是个达尔文主义者。跟大杉荣的偶像、伟大的无政府主义者彼得·克鲁泡特金（Petr Kropotkin）一样，今西锦司认为合作是进化的动力，否认天择的基础就是各个物种自身与不同物种之间的竞争。今西锦司强调生物之间的关联性与和谐互动，但也坚称真正有意义的生态单位是社会，个人不能独立于社会而存活。个人群聚不是为了繁衍下一代，而是因为大家有共同的需要，因此要通过合作来满足那些需要。他的博物学把焦点摆在合作的群体上，而非相互竞争的个别生物，因此他说他提出的是一种日本式的进化观，截然不同于达尔文那种深植于西方个人主义意识形态传统的达尔文体系。[52] 与法布尔一样，今西锦司的理念让专业生物学家感到带有反科学与反达尔文主义的意味，因此在欧洲与北美引发了许多批评。但他们俩在日本却普遍受欢迎。[53] 尽管他的思想架构与法布尔的自然历史神学很少有重叠之处，但却具有明显的相近性。今西锦司于 1941 年写道：

这个世界上有人一辈子都穿着白色工作服，未曾走出实验室。有些知名学者甚至没有看过动植物存活于自然界中的样子。我不能忍受把那种人跟我这一类人混为一谈，因为我们一辈子都待在大自然里，提出的自然概念与他们当然不同；这种感觉也许就像一股潜流，潜藏在我著作背后的某处。即便没有自然科学，自然仍会存在。不管自然科学装出一副多么伟大的样子，它所了解的永远只是自然的一部分。把自然予以切割分化，成为某个领域的专家，你也只是某一部分自然的专家而已。学校里没有教我们的是，除了部分自然外，还有一个整体自然。让我知道有整体自然存在的，是山脉与探索山脉的活动。[54]

从“反科学”的立场排斥机械论，强调观察者与被观察者之间具有一种直观的联结性，还有人与世界之间的深刻亲近性，他的人生与毕生工作就是这样开展的。别忘了法布尔也是这样：单纯而有耐心，过着勉强糊口的生活，远离充满魅力的大都市，企图对生物进行全盘的掌握，讨厌威权主义，离群索居，做个讲求道德的学者与教师。这都是一些老少皆宜的课程，而且同时适用于激进分子与保守派。此外，不管是今西锦司还是奥本大三郎都认为，在其他地方也可以看到法布尔这种通过观察昆虫来追求神性的态度。这种观察自然的方式很容易与日本的大自然爱好者（还有对日本的自然观进行评论的那些外国人）的理念相互融会贯通，因为他们也是试着去解释，为什么民族主义者、浪漫主义者、新世纪运动参与者还有其他人，常常认为日本对于自然，特别是对于昆虫具有一种独特的亲近感：不管是主张万物皆有灵的神道教还是后来的日本佛教，其观念都是神性“含藏于自然界的一切之中，人类因此敬畏自然，怀抱灵性”，“自然是神圣的”（nature is divine），自然本身就是神（nature itself is divine）。[55][但我想强调，这些并非法布尔所强调的那种“自然是至高神的表现”（nature is an expression of th Divine）。]

再来就是“弦外之音”的问题了。大杉荣与奥本大三郎都揭示的一个要义是，阅读时只专注在字面意思上，是不合适的。他们提醒我们，若想了解法布尔与他的呼吁，就该倾听他著作里的另一种语言，而不是拘泥于语言哲学家J.L.奥斯汀（J. L. Austin）所谓的“表述意义”（constative meanings）：不要只是看到他那不具说服力的本能理论，还有他在反驳变种说时拙劣的辩驳；我们要注意的是他的诗学：他的叙事诗学，他的写作诗学，常常出乎意料地敦促我们借由手持放大镜，设法去观察马蜂窝的内部。他自身遭遇的诗学，他将充满挫折的一生转化成圆满结局的诗学，还有与自然亲近的诗学，他的昆虫诗学，都让我们体认到，存在于你、我以及所有那些看似最普通却也最奇怪的他者之间，那种似亲非亲、捉摸不定的同命运之感。[56]

6

进化生物学家兼科学史家史蒂芬·杰伊·古尔德（Stephen Jay Gould）曾在《自然史》（*Natural History*）月刊上发表过许多名作，其中一篇提及黄蜂的寄生行为（包括住在活生生的猎物内部，从里面开始吃的体内寄生行为，以及法布尔笔下那种从外面开始吃的体外寄生行为），给18、19世纪的西方神学家们丢出了震撼弹：恶的问题。如果上帝如此慈善，他所创造的一切将充分展现他的善性与智慧。令这些神学家感到烦恼的是，“为什么在动物的世界里却充满了痛苦、磨难与无意义的暴行？”[57] 我们不难理解，若想在自然界存活，能否扮演猎食者的角色是一大关键。但为什么慈悲的上帝任由黄蜂在猎物身上做那么可怕的事？怎能“让黄蜂的幼虫寄生在猎物身上，任其慢慢死去”？一种让受刑者生不如死的可怕死法，而且显然猎物是有意识的，古尔德说这些让神学家联想到“古代英国人对叛国者施加的凌迟与五马分尸之刑，而且为了使折磨的效果最大化，过程中受害者仍是活着而且有感觉的”。

古尔德写道：“就像国王的刽子手把受刑人的内脏拿出来烧掉，黄蜂的幼虫一样也把肥大虫体与消化器官先吃掉，让最重要的心脏与中枢神经系统保持完好无损，借此让猎物存活下来。”[58]

几乎已不具原创性的一个论点是，长期以来，我们无法不把大自然视为人类处境的缩影，自然法则被视为上帝的法则，所有自然现象都带有道德教诲，自然界的“社会”则被视为一种返璞归真的人类社会。观察到这种可怕而无法理解的黄蜂寄生现象，我们有两条路可以走。一条是在痛苦之余承认大自然的邪恶之处，接下来不可避免的是，我们必须下决心超越动物性，以善行实践人性的承诺；另一条是过去数百年来更常有人走的一条路，而且与现代进化理论的后续发展更为相符，其要点是把大自然的道德面具摘下来，主张人类以外的生物或者现象事实上根本没有道德可言，用古尔德的话来说：大自然“是非道德的”，“毛毛虫受苦受难的目的并非要让我们学会什么，它们只是落居下风而已”（而且，尽管目前不太可能，也许毛毛虫与其他受害者有一天能够反过来将黄蜂一军）。

但是，身为寄生者，黄蜂的存在目的并非成为让自然露出真实面目的工具。只是因为有了它们，我们的观察结果才会如此戏剧化。古尔德指出，“我们不能把这一小部分自然史变成故事以外的任何东西，结合可怕与魅力等等主题，最后结论与其说是同情毛毛虫，不如说是崇拜黄蜂。”[59]

可怜的法布尔也像是被寄生者利用了！他的确是个好宿主。如果他能够看清这一切，也许就不会跟我们说那么多有关多毛沙泥蜂与飞蝗泥蜂，还有其他昆虫的事。也许，在他详述那些捕猎策略（特别是它们那些如同外科医生的技巧）之前，他会三思而后行。但重点当然在于他根本情不自禁。就在他为了沙泥蜂而流泪之后，一切都不可能改变了。对昆虫的臣服正是他失败，也是他成功之处。等时机一到，他让那些动物说出自己的故事。就此而论，至少他的本能绝对是正确的。

1 Jean-Henri Fabre, "The Greenbottles," in *The Life of the Fly*, trans. Alexander Teixeira de Mattos (New York: Dodd, Mead and Company, 1913), 232; ibid., "*The Bluebottle: The Laying*," in idem, 316. 关于法布尔的作品之批判性完整介绍，请参阅：Patrick Tort, *Fabre: Le Miroir aux Insectes* (Paris: Vuibert/ADAPT, 2002)。另外也可以参阅：Colin Favret, "Jean-Henri Fabre: His Life Experiences and Predisposition Against Darwinism," *American Entomologist vol*. 45, no. 1 (1999): 38-48; and Georges Pasteur, "Jean Henri Fabre," *Scientific American* vol. 271 (1994): 74-80. 通常来讲，为法布尔立传的人都跟他自己一样，对于讲述他的生平较有兴趣，忽略了他在理论方面的种种企图。例如，请参阅：Yves Delange, Fabre – *L' homme qui aimait les insectes* (Paris: Actes Sud, 1999)。法布尔"授权"的传记是由他的朋友兼仰慕者乔治斯·维克多·勒格罗（Georges Victor Legros）撰写，请参阅：G.V. Legros, *Fabre: Poet of Science*, trans. Bernard Miall (Whitefish, MT: Kessinger Publishing, n.d. [1913]).

2 Jean-Henri Fabre, "The Harmas," in *The Life of the Fly*, trans. Alexander Teixeira de Mattos (New York: Dodd, Mead and Company, 1913), 15.

3 Tort, *Fabre*, 64.

4 Fabre, "*Harmas*"，同上，16。

5 Tort, *Fabre*, 27.

6 Jean-Henri Fabre, "The Odyneri," in *The Mason-Wasps*, trans. Alexander Teixeira de Mattos (New York: Dodd, Mead and Company, 1919), 59.

7 Tort, Harmas, 18.

8 Jean-Henri Fabre, "The Fable of the Cigale and the Ant," in *Social Life in the Insect World*, trans Bernard Mial(New York: Century, 1912)，6；Tort, Harmas, 24.

9 Fabre, "The Song of the Cigale," in *Social Life in the Insect World*，36.

10 Norma Field, "Jean Henri Fabre and Insect Life in Modern Japan," manuscript, n.d., 6. 在此特别感谢诺尔玛·菲尔德（Norma Field）把她这一篇吸引人的论文寄给我。

11 转引自：Delange, *Fabre*, 55.

12 Jean-Henri Fabre, "The Bembex," in *The Hunting Wasps*, trans. Alexander Teixeira de Mattos (New York: Dodd, Mead and Company, 1915), 156.

13 Jean-Henri Fabre, "The Great Cerceris," in *The Hunting Wasps,* 12.

14 Jean-Henri Fabre, "The Yellow-winged Sphex," in *The Hunting Wasps,* 36.

15 Jean-Henri Fabre, "The Eumenes," in *The Mason-Wasps,* 12, 13, 10.

16 Jean-Henri Fabre, "Aberrations of Instinct," in *The Mason-Wasps,* 109.

17 转引自：Legros, *Fabre,* 14.

18 转引自：Legros, *Fabre,* 13.

19 同上。

20 法布尔的传记作者帕特里克·托赫（Patrick Tort）表示，法布尔与密尔两人"因为都很博学，都有同理心，都承受过痛苦的经验，所以惺惺相惜"。他们曾经一起进行过培育沃克吕兹植物（Flora of the Vaucluse）的计划，但并未完成。请参阅：Tort, *Fabre,* 57.

21 Romain Rolland, letter to G.V. Legros, 7 January 1910，转引自：Delange, *Fabre,* 322。那一年的诺贝尔文学奖得主是剧作家莫里斯·梅特林克（Maurice Maeterlinck）。梅特林克是个对昆虫学很有兴趣的作家，而不是像法布尔那种充满文学气息的昆虫学家，不过他也是法布尔的仰慕者。

22 Fabre, "The Harmas," in *The Life of the Fly,* 14.

23 Ibid., 16-17; Tort, *Fabre,* 25-26.

24 Jean-Henri Fabre, "The Odyneri," 47.

25 Fabre, "The Eumenes," 25; idem., "The Odyneri," 46.

26 完整讨论请参阅：Tort, *Fabre,* esp. 205-40.

27 Fabre, "The Modern Theory of Instinct," in *The Hunting Wasps,* 403.

28 Fabre, "The Ammophilae," in *The Hunting Wasps,* 271.

29 Charles Darwin, *The Descent of Man, and Selection in Relation to Sex* (London: Penguin, 2004), 88, 87。另外，也可以参阅：Daniel R. Papaj, "Automatic Learning and the Evolution of Instinct: Lessons from Learning in Parasitoids," in Daniel R. Papaj and Aleinda C. Lewis, eds., *Insect Learning: Ecological and Evolutionary Perspectives* (New York: Chapman and Hall, 1993), 243-72.

30 Fabre, "The Modern Theory of Instinct," in *The Hunting Wasps,* 411.

31 Fabre, "The Ammophilae," in *ibid.,* 269.

32 Ibid., 270.

33 Fabre, "The Ammophilae," 377-78.

34 R.J. Herrnstein, "Nature as Nurture: Behaviorism and the Instinct Doctrine," *Behavior and Philosophy* 26 (1998): 73-107, 83; reprinted from *Behavior* 1, no.1 (1972): 23-52.

35 R.J. Herrnstein, "Nature as Nurture: Behaviorism and the Instinct Doctrine," *Behavior and Philosophy* 26 (1998): 73-107, 81.

36 William James, *The Principles of Psychology,* vol. II (New York: Holt, 1890), 384; 引自：Herrnstein, ibid., 81.

37 William McDougall, *An Introduction to Social Psychology* (London: Methuen, 1908), 44.

38 Kerslake, "Insects and Incest: From Bergson and Jung to Deleuze," *Multitude: Revue Politique, Artistique, Philosophique*, October 22, 2006, 2.

39 Henri Bergson, *Creative Evolution,* trans. Arthur Mitchell [New York: Dover, (1911) 1989], 174. 有趣的是，经由柏格森这个联结点，黄蜂持续在 20 世纪欧洲大陆哲学中占有一席之地：德勒兹（Deleuze）与瓜塔里（Guattari）继承柏格森之遗绪，在《千高原》（*A Thousand Plateaus*）一书中提出"生成动物"（becoming-animal）的范畴，主张黄蜂与兰花在相互拥抱的当下已经相当程度地交融在一起，而这"既是黄蜂又是兰花"的状态极为知名，灵感似乎来自于一样有名的跨物种关系：沙泥蜂与法布尔的相互交融。

40 Bertrand Russell, *The Analysis of Mind* (London: George Allen and Unwin, 1921), 56；转引自：Kerslake, "Insects and Incest," 3.

41 Tort, *Fabre,* 232-35.

42 Fabre, "The Harmas," 14.

43 在此我要感谢加文 · 怀特劳（Gavin Whitelaw）慷慨地送了一套日本 7-11 便利商店推出的法布尔公仔给我！同时也要感谢人类学家佐冢志保帮我找到一本很受欢迎的法布尔漫画传记，书名是《法布尔：昆虫探险家》（ファーブル—こん虫の探検者；东京：学研出版社于 1987 年出版），作者是漫画家横田德男。关于这本传记的讨论，请参阅：Field, "Jean Henri Fabre," 4.

44 此数字引自：Pasteur, "Jean Henri Fabre," 74.

45 引自奥本大三郎，《博物学巨人亨利 · 法布尔》（博物学の巨人アン

リ・ファーブル；东京：集英社，1999 年出版），第 27 页。引自该书的所有日文，除非另行注明，否则都是铃木茂（音译）翻译成英文的。也可以参阅：Field, "Jean Henri Fabre," 18-20。

46 Ōsugi Sakae, "I Like a Spirit," in Le *Libertaire Group, A Short History of The Anarchist Movement in Japan* (Tokyo: Idea Publishing House), 132.（译者注：此为英译的大杉荣文章。）

47 Jean-Henri Fabre, *Souvenirs entomologiques,* vol. III, 309; 转引自：Favret, "Jean-Henri Fabre," 46.

48 大杉荣仰慕克鲁泡特金，也是最早把他的作品翻译成日文的人之一。克氏曾以有力的方式主张：进化的基础并非竞争，互助合作才是。不过，怪异的是他仍被视为社会达尔文主义者，那是一种当时在日本非常流行的哲学思想。达尔文主义于 19 世纪 70 年代与西方科学一起传入明治时期的日本，其内涵是赞颂竞争，把它当成人类存续的原动力，跟斯宾塞一样贬低合作的行为。请参阅：Field, "Jean Henri Fabre," 19 and 27 n.80。大杉荣于 1923 年被杀，与他一起遇害的，还包括其妻伊藤野枝（是个女权主义者）以及大杉的 7 岁大外甥橘宗一。

49 Fabre, *Souvenirs entomologiques,* vol. VIII；转引自：Favret, "Jean-Henri Fabre," 46。

50 奥本大三郎，《博物学巨人亨利·法布尔》，189。

51 养老孟司、奥本大三郎与池田清彦合著，《向昆虫学习智慧的三个家伙》(三人寄れば虫の知恵；东京：洋泉社，1996 年出版)。书中所有日文全都是由铃木 CJ 翻译成英文的。

52 Imanishi Kinji, *The World of Living Things,* trans. Pamela J. Asquith, Heita Kawakatsu, Shusuke Yagi, and Hiroyuki Takasaki (London: Routledge Curzon, 2002)（译者注：此为今西锦司《生物の世界》一书的英译本。）; ibid., "A Proposal for Shizengaku: The Conclusion to My Study of Evolutionary Theory," *Journal of Social and Biological Structures* 7 (1984): 357-368.

53 那些对于今西锦司提出的攻击，只能说充满种族歧视偏见，请参阅：Beverly Halstead, "Anti-Darwinian Theory in Japan," *Nature* vol. 317 (1985): 587-9。至于较为睿智的回应，请参阅：Frans B. M. de Waal, "Silent Invasion: Imanishi's Primatology and Cultural Bias in Science," *Animal Cognition* 6 (2003): 293-99.

54 Imanishi, "A Proposal for Shizengaku," 360.

55 Arne Kalland and Pamela J. Asquith, "Japanese Perceptions of Nature: Ideals and Illusions," in Arne Kalland and Pamela J. Asquith, eds., *Japanese Images of Nature: Cultural Perceptions* (Richmond, Surrey: Curzon, 1997), 2。同时也可以参阅：Julia Adeney Thomas' fascinating *Reconfiguring Modernity: Concepts of Nature in Japanese Political Ideology* (Berkeley: University of California Press, 2001)。

56 J.L. Austin, *How To Do Things with Words* (Cambridge, MA: Harvard University Press, 1962). 也可以参阅：Alexei Yurchak, *Everything Was forever, Until It Was No More: The Last Soviet Generation* (Princeton: Princeton University Press, 2005)。

57 Stephen Jay Gould, "Nonmoral Nature," in *Hen's Teeth and Horse's Toes: Further Reflections in Natural History* (New York: W. W. Norton, 1994), 32-44, 32.

58 同上。

59 同上。

F

发烧 / 做梦

Fever/Dream

每年全世界有 150 万人死于疟疾

1

那个早上太热，没有可以遮阴的地方，挂在船外的电动机已经被推到了极限。先开进一条河，接着是另一条，亚马孙河流域有数不尽的河流。没想过这世上有哪个地方可以这么远，担心油料不够，担心从水中的树木上掉落，担心时间，在前往医疗站的航程中，船上载着的是可怜而悲伤的莲娜，一头短发原本是她为了反抗疯癫之名而剪，众人却反过来以此证明她的疯癫。她的丈夫马可，脸色木然，俯瞰着仰躺在船舱椅下的她。船身不断震动，莲娜的身体却一动也不动，生气全无，但也还没死——疟疾是一种让病人的外表看来毫无生气，但体内却变化不断的病。它随着莲娜的血管蔓延全身，胀大了莲娜的肝脏，还烧灼着她原本就不太清楚的可怜脑袋。

2

每个人都生病了。即便家家户户已经遵照公卫传单所倡导的，将房屋四周的丛林都清除掉，疫情也没有改善。即便每一户的门柱上都用整齐的笔迹注明号码，以确认已经喷洒过 DDT 杀虫剂，也没用。每个人都生病了，有些病情比其他人严重，而最脆弱的小孩与老人总是情况最糟糕的。等轮到我生病时，我只是躺在吊床上，身体发烧发冷，不停颤抖，身体从头到脚都歪斜着，眼睛无神，觉得百般倦怠，完全依赖好心人的照顾，但他们也知道自己无力帮我，只能等病好。每天等到夜幕降临，我的病就又发作了。事后到了早上，我感到一阵虚弱，但也觉得像禁欲苦修一样高兴，好像我的身体被净化，被清理过一样，通过了检验和锻炼。但是我内心深知，自己的身体已经宿命似的摆脱不掉每天循环的那种节奏，而且有了一种先前并未预期到的新模式出现。与其他人相较，我的病情算不了什么。多拉是我在那里最好的朋友，她年轻力壮，但却差一点死掉。她跟我说，跟莲娜一样，先前她曾经得过大家最害怕的恶性疟原虫（plasmodium falciparum）。她生病时我刚好不在，这让她有机会用最为戏剧性的方式跟我述说她的病况，但那的确是她危急存亡的时刻。她说，那是“três cruzes”，意思是“三个十字”，尽管她跟我一样未曾搞清楚那是什么意思。一个十字，两个十字，三个十字。有人说那指的是感染的严重程度。我们俩从镇上诊所那儿拿到的诊断单上印着三个拉丁文病名［不过，寄宿在人类身体上的疟原虫（Plasmodium protozoa）其实有四种才对］，每个病名旁边都留有一个空格可以画上一个小小的十字。我的单子上只画了一个十字，“恶性疟原虫”旁边的那个格子是空白的。莲娜与多拉两人的单子上都画了三个十字，这代表其中一个十字必定落在“恶性疟原虫”那一格里——她们染上了会从血管里一路游进脑袋的寄生虫。

3

就算我们按照传单上面吩咐的，把房屋四周的植物都清除掉，也不会有什么效果。情况有可能更糟。拜托，那里可是亚马孙河流域的泛滥平原，房屋都盖在河岸上，等到潮水退去时，到处都是积水。每年有几周时间大批蚊子会在黎明与薄暮来临之际肆虐，家家户户都会在室内烧木头，希望浓烟可以驱散那些可怕的蚊子。被熏得泪流不止的我们不断拍打我们的大腿、手臂、躯体侧边，甚至还有脸，当看到别人身上有蚊子时也会帮忙打，像无声电影里面那些笨蛋警察一样跳来跳去，试着吃晚餐，但大多数时候都只能放弃不吃。想坐下是不可能的，甚至也没办法保持不动的姿势，要不是被蚊子叮像打针一样痛，也许我们还会觉得那很好笑。几分钟内，我们躲进安全的蚊帐里，或是用棉被把自己整个盖起来，难受不已，又痛又饿。

城里头有很多驱赶蚊子的装置。但这里没有电力，我们只能用烟。不管什么方法都没用，蚊子把我们搞得筋疲力尽。我不曾跟谁说过自己的感觉，但实际上那些蚊子让我以为自己是个闯入者。不过，那种感觉不同于我当初闯入别人的生活中，他们还得招待笨拙的我（他们是宿主，我成了寄生虫）。当时，我们奔走躲避那一大群蚊子与浓烟，觉得痛苦恼怒，但显然我跟招待我的人都是入侵者，侵犯了那一片森林及其中各种生活形态。

4

尽管三日疟原虫（P. malariae）可以寄宿在各种灵长类动物身上，但是恶性疟原虫与其他原虫却只会住在人类身上。疟原虫寄生在母疟蚊（anopheles）身上，以一种优雅又具毁灭性，而且坚忍不拔的方式过生活，令人赞叹不已。1658 年 9 月，奥利佛·克伦威尔（Oliver Cromwell）因为在爱尔兰感染上疟疾[①]而身亡。如今欧洲人都知道了，疟疾是一种在热带才会出现的病，与贫穷、偏僻与未开发等因素息息相关，是一种没有任何好处的病。根据世界卫生组织的统计，每年全世界有 150 万人死于疟疾。所幸莲娜并非受害者之一。至少当时不是。卫生站的人员帮她打针，给了一些药片，我们带她回家，回程的速度比去的时候慢，心里也没那么焦虑了。

有那么多问题，全都如此急迫，该从哪一个开始着手解决呢？附近没有卫生站，没有下水道，夏天时食物也不够，他们在健康、寿命与福祉等各方面都是分配不公正的受害者，情况让人难以忍受。真是一种羞辱感，如此强烈的羞辱感，一切变得没有意义。巨大的厌倦感压过了莲娜的不安，莲娜只好把她的家人带往僻壤中的僻壤。那天我去与他们道别，莲娜与女儿们待在那栋有两个房间的木屋里，她们四个都还不到十岁，负责照料她。我跟马可坐在屋外一根树干上，眺望着小河还有他的玉米田。他抽着烟，耐心地听着我最后一次说谎，跟他说我要出远门，而且承诺我很快就会再回来。

① 疟疾：是经按蚊叮咬或输入带疟原虫者的血液而感染疟原虫所引起的虫媒传染病。

G

慷慨招待（欢乐时光）
Generosity (The Happy Times)

上海的斗蟋蟀比赛

1

在前往参加“斗蟋蟀”比赛的路上，吴先生塞了一张纸条给我们。那看起来像是一张购物清单。“数字更多了。”小胡说。他念给我听：

三反①

八畏②

五不选③

七忌④

五德⑤

吴先生是在回答我的问题——那天稍早我们到上海西南方郊区的巨大工业城镇闵行区去，在富贵园餐厅楼上那个烟雾缭绕，墙壁贴着金黄壁纸的包厢里吃饭，我在那里问了他一个问题。但他的答案出乎我们的意料。小胡说我可以问他任何事，而我也以为当时的气氛够轻松了。负责说好笑故事的是孙老板以及来自南京的童先生，满脸通红，

① 三反：雌虫雄背一反也；赢鸣输不鸣二反也；过蛆则灵三反也。

② 八畏：一畏油；二畏盐；三畏酒；四畏醋；五畏疟疾；六畏新丧；七畏妇人；八畏檀麝各样香味臭味。

③ 五不选：战须短细不选；翅色油滑不选；背空肋细硬不选；腮短薄窜溜不选；色不纯正不选。

④ 七忌：头忌扁浅脑重皮黄；项忌浅勒薄破；翅忌松薄不皱；足忌短小焦枯；肉忌粗松不润；腿忌短瘦薄软；尾忌黑粗弯曲。

⑤ 译者注：除了“五德”之外，其他也可以参考以下网址：http://www.ququ5.com/html/zzdt/zzqs/2456.html。

身躯肥大的杨老板则是默默不语，我们在敬酒时互祝身体健康，为我们的友谊干杯。但是当我跟吴先生说我不懂什么叫作“三反”时，他直视着我，脸上没有笑容。

小胡在上海一间大专院校读书，抽空出来当我的翻译。但是他很快就开始跟我密切合作了起来。我们俩一起试着尽可能探索有关斗蟋蟀比赛的一切，还有大家说比赛再度兴盛起来的状况。白天我们在城里四处赶行程，前往我们俩都没去过的一些地方，与蟋蟀交易商、训练师，甚至赞助者、昆虫学家以及各种专家见面。等到我们在富贵园坐下来吃饭时，我们已经知道其中的“两反”是什么意思，而且猜想如果问他第三反是什么，应该是个可以用来打开话匣子的无争议轻松话题。但吴先生可不这么想。他跟许多我们在上海碰面的人一样，希望我们能了解中国的斗蟋蟀文化有多深奥——而我们的问题实在太肤浅了。

2

大家都知道上海这个都市的发展与变迁速度有多惊人。才不到十几年的光景，原先可供蟋蟀栖息的那些田野都已经不见了。如今，一片片密密麻麻的高耸公寓大厦林立，每一栋都像是一个带有巴洛克或者新古典主义风味雕饰的长形盒子，一片片粉红与绿色建筑往四面八方延伸过去，到了新建上海地铁路线的尾端也还没看到尽头，甚至过了郊区公交车路线的终点站也一样。浦东地区水岸的一盏盏霓虹灯光

上海浦东新区的东方明珠电视塔。

壮观无比，它们象征着上海搭上了一辆前往未来的列车，但是那些灯也才装了不到20年，就已经要改头换面了。上海东方明珠塔的突兀与华丽令我惊叹，它那多种颜色的火箭宇宙飞船造型充满动感，是五光十色天际线的主角，而且我想若是在纽约，想要盖一个如此大胆，但却充满奇想的东西，根本就是不可能的。小胡跟他的大学同学们都笑了。他说:“事实上，我们已经有点看腻它了。”

但他们也有一股怀旧之感。也不过才几年前，上海似乎还是另一个世界，他们会帮助父亲与叔舅们在他们家附近收集并且饲养蟋蟀，与挚友们一起做这件事，在彼此的家户与旁边的巷弄之间穿梭来去，共享一种在公寓大厦林立之后已经一去不回的日常生活方式。市中心一些尚未重建或者还没开发的小块地区还能看见那种生活方式的遗迹。

从站体庞大的上海地铁莘庄总站搭上拥挤的公交车，15 分钟后就可以抵达距离市中心 18 公里的七宝镇，那是个风格完全不同的地方。七宝镇是官方划定的名胜古镇，被视为国家民俗文化资产，崭新而优雅的镇上到处是运河与桥梁，被规划成行人徒步区的窄街上矗立着一排排重建过的明清时代建筑，小店店头把各种小吃点心、茶饮以及手工艺品卖给本地人与其他地方来的旅客。在精细的改建过后，几间样板建筑物变身成为生动的文化展示场所，其中包括带有汉唐与明朝建筑特色的庙宇、纺织工坊、仿古茶馆、知名的酿酒厂各一间，还有一栋房子本来是为了让清朝乾隆皇帝用来斗蟋蟀而盖的，如今已经改为大上海地区唯一一家以斗蟋蟀为展览主题的博物馆。

博物馆馆长方大师说，所有的蟋蟀都是从七宝镇抓来的，他站在一张上面摆着几百个灰色陶罐的桌子后方，每个罐子里都装有一只用来斗蟋蟀的公蟋蟀，有些里面也放着它们的配偶。他跟我们说，七宝镇的蟋蟀闻名东亚，它们是当地肥沃土壤的产物。但是，自从田地在 2000 年被拿来建屋后，蟋蟀就越来越难找了。方大师的两位助手身穿白色制服，他们用滴管帮蟋蟀的小小水碗装水，而我们几个人则高兴地喝着大师用七种草药配方特制，带有涩味的茶饮。

方大师气宇非凡，头上那一顶白色帆布帽帽边突出，看来很潇洒，身上戴着翡翠垂饰与指环，目光炯炯，讲起故事来兴高采烈，开怀大笑的时候令人感觉到来自喉咙的震动。小胡跟我很快就被他吸引住，仔细聆听着他的话。据他的助理赵小姐表示，“方大师是一位斗蟋蟀的大师，他有 40 年的经验。没有人比他更懂得如何教人斗蟋蟀。”

博物馆里的每个人都在忙着筹备七宝金秋蟋蟀节。为期三周的活动内容包括一系列表演赛与一场冠军赛，所有的比赛过程都会通过监控监控转播。活动目标是推广斗蟋蟀，提醒人们它具有深刻的历史与文化内涵，并且让斗蟋蟀变成一种不是只能吸引 40 岁以上男性的活动。

每个人都跟我说，20 年前，当时城区还是由一块块田野与房舍构成的，人们与动物之间的关系较为密切。许多人喜欢与会鸣叫的昆虫为伴，把它们养在竹笼或者可以放在口袋的扁盒里，而且不光是中年

上海唯一一家以斗蟋蟀为展览主题的博物馆。

人，就连年轻人也玩蟋蟀，学会如何辨认三种等级，以及“五黄八白九紫十三青”等 72 种类别的蟋蟀，还有如何判断哪一只具有冠军相，如何训练蟋蟀，让它们将潜能发挥到极致，如何用细如铅笔的刷子（通常以蟋蟀草或者老鼠胡子为材质）刺激蟋蟀下巴，激发它们的战斗欲望。他们必须学会所谓“三要”的精髓，那是每一本教人斗蟋蟀的手册之基本架构：选、养、斗。

尽管维持斗蟋蟀风气所需的民众基础越来越小，最近却又掀起了一股热潮。尽管斗蟋蟀在年轻族群之间已经不再像计算机游戏与日本漫画一样受欢迎，老一辈人对此却兴味大增。然而，这只是一种前景并不明确的发展，只有少数蟋蟀迷觉得非常庆幸。因为，即便蟋蟀的市场蓬勃兴盛，相关文化活动越来越多，斗蟋蟀的场所有增多之势，但是大多数人在言谈之间还是用一种怀旧的态度来面对此事，让人感觉到斗蟋蟀跟很多日常生活的事情一样。

方大师从他身后的架子上拿下一个与众不同的蟋蟀罐，用一根手指去触摸那几个蚀刻在罐子表面上的文字。他用有力的声音开始吟咏，声调带着古代演说术所强调的那种夸张的抑扬顿挫。他宣称那就是所谓的“五德”：只有战斗力最强的蟋蟀才具备的五种人类特质，此五德是蟋蟀与人类共有的。

第一德：“鸣不失时，信也。”

第二德：“遇敌即斗，勇也。”

第三德：“重伤不降，忠也。”

第四德：“败则哀鸣，知耻也。”

第五德:“寒则归宁，识时务也。”

蟋蟀的小小肩上承载着历史的重量。忠不只是一般的忠心，而是对于皇帝的效忠，愿意牺牲性命，决不逃避自己的最终责任。同样地，勇并非一般的勇气，而是随时准备好牺牲自己的性命，并且视死如归。它们不只是古代的德行，而是一种道德规范，一种事关荣誉的规则。大家都认为，这些蟋蟀是战士，其中的冠军则被称为将军。

方大师那一只罐子上的文字引自于被蟋蟀迷奉为天书，由贾似道于13世纪完成的《促织经》。[1]贾似道（1213—1275）不只是个蟋蟀迷，如今他被视为中国古代的“蟋蟀宰相”。

史家熊秉真对于贾似道写道:“他在中国史上已经奠立了游艺之神的不朽地位。几百年来，不知道有多少关于蟋蟀的书在封面上用了他的名号，不管那些书叫作选集、史册、字典、百科全书或者任何你想得到的书籍形式，里面所写的无非是捕捉、保存、喂养蟋蟀的一切细节，除了怎样斗蟋蟀之外，当然还包括蟋蟀的博弈之道。”[2]

我们可以来看看贾似道的《促织经》。这本书奠立了世人对于蟋蟀的知识基础，当每个人（包括方大师、吴先生与孙老板）跟我说蟋蟀文化的学问很深时，虽然大都没有明讲，但所指的都是《促织经》这本古书，它是他们知识的直接来源。如果用一种学术性的语言来说，《促织经》不只是现存历史最为悠久的蟋蟀迷手册，甚至可以说是全世界第一部昆虫学的著作。[3]

历史上最早从唐代（618—907）开始就有斗蟋蟀这种活动的文字记录。但是一直到贾似道的《促织经》出现，因为其中关于蟋蟀的知

除了贾似道的《促织经》，蒲松龄的《促织》也是传至今日描写蟋蟀的著作。

识实在是巨细靡遗，我们才能确定当时斗蟋蟀已经成为一种普遍而高度发展的休闲活动。事实上，就是从贾似道的南宋期间到明朝中期这300年间，蟋蟀的市场才持续发展，日趋组织化。[4]蟋蟀市场在清朝（1644—1911）发展到极致，在商业与文化两方面将城乡联结起来，一种特别的物质文化应运而生，各种美丽的工具与容器纷纷问世。[5]斗蟋蟀在几百年间成为一种不分年纪与社会阶级都喜爱的活动，显然也反映在许多绘画与诗词作品中。还有一些经典故事，例如蒲松龄的《促织》就是一个以人与蟋蟀之间神秘形变为主题的知名故事，深奥而细腻，我在上海认识的每个人都耳熟能详，而且我在某旧书摊还找到一本 20 世纪 80 年代初期以蟋蟀为题材的漫画（过去中国曾很流行用漫画来呈现故事，而日本与墨西哥到今天还是如此），画得非常漂亮。[6]

但是，可别在此处就把贾似道略去不论。他的书实在太重要也太有趣了。该书的论述横跨哲学、文学、医学与口传知识，以及可以被归类于 19 世纪自然史的那种知识（尽管如今已被视为充满局限），而且包含的范围广阔，足以让人联想到其他于现代初期问世的伟大昆虫手册，例如乌利塞·阿尔德罗万迪（Ulisse Aldrovandi）所著《论动物》（*De animalibus*，1602 年完成）一书的第七卷，还有托马斯·莫菲特（Thomas Moffet）的《昆虫剧场》（*Insectorum sive minimorum animalium theatrum*，1634 年完成），它们都是欧洲最早的昆虫专书（而且，需注意的是，两者都是在《促织经》成书将近 300 年后才出版的）。

贾似道的企图心与欧洲的博物学家有所不同，而且他的写作动机不像他们那样对收集充满了无限的热情，并且想用自己的方式掌控自然界：相反地，他没有什么雄心壮志，只想写给跟他一样喜欢斗蟋蟀的人参考。跟阿尔德罗万迪与莫菲特写的书一样，《促织经》也是一本编撰而成的系统性著作。但是，尽管阿尔德罗万迪与莫菲特的百科全书因为充满幻想，所以长期遭人忽略，但是贾似道的方法充满严格的经验主义精神，同时完全吻合其他蟋蟀爱好者的需求（不过，如今的蟋蟀迷族群却有人抱怨贾似道不够科学，犯了一些小错），他对于善斗蟋蟀的外形之描述至今仍然是所有蟋蟀知识的基础。方大师与其他专家试着让我了解如何光凭外观就能看出罐中蟋蟀是否具备战斗的潜质，他们所使用的仍是《促织经》首次提出，后来又经过增修的分类方法，几百年来未曾被推翻过。

他的分类系统非常复杂。以虫体颜色为起点，贾似道指出体色有“黄、红、黑、白”四个等级，被蟋蟀爱好者视为权威的“蟋蟀网”（网址：xishuai.com）又加上了紫色与绿色（说到绿色，喜爱蟋蟀的人向来都使用“青”这个古代用词），但是并未区分等级。相较之下，曾与我在上海对谈的专家都只讲究三种颜色：黄、青、紫。黄色蟋蟀在三者中向来有最为好斗之名，但不一定是最厉害的，因为青色蟋蟀尽管比较安静，却较有策略，所以从“宗谱”（年度冠军蟋蟀的清单）可以看出有较多青色蟋蟀夺得将军头衔。

颜色是第一种用来分辨蟋蟀等级的判准，“色”反映出特定的行为与特质。在这些比较粗略的分类之下，还可进一步区分为各种总数高达 72 种的“个性”。[7] 对于许多昆虫学家来讲（例如我的朋友金杏宝教授），这些个性只是个别的，因此从分类学的角度来讲没有意义，而蟋蟀之间的差异仅限于几种数量有限的正式品种。用她偏爱的林奈式术语（Linnean terms）① 来讲，大部分上海人斗蟋蟀时所使用的不是迷卡斗蟋［（Velarifictorus micado）一种黑色或暗棕色蟋蟀，身长约 13 毫米到 18 毫米，地域性非常强，若是野生的就极具攻击性］，不然就是数量较少、一样也很好斗的长颚斗蟋（V. aspersus）。[8]

---

① 林奈式术语：指 18 世纪瑞典学者卡尔 · 冯 · 林奈（Carl von Linné）所采用的二名法（拉丁化的属名加上种小名），为生物学研究的沟通基础，此法改善了当时博物学家纷乱的生物命名系统，统一了生物命名的方式并奠定了生物分类学的基础。

因为金教授的分类方式可以厘清不同类蟋蟀的繁殖数量与进化关系，因此从保育的观点来讲是非常必要的。然而，我想她应该也不至于否认她的分类方式对于重视“冠军相”的蟋蟀训练师来讲没有太大帮助。训练师的分类系统立基于各种各样的身体特征与复杂特性[9]，包括身长、形状，蟋蟀脚部、腹部与翅膀的颜色，全都经过系统性的分析，还有头型（根据现有的手册，至少有七种头型），以及那一条位于头顶，由前面往后延伸的“斗线”（线条的数量、形状、颜色与宽度都代表不同特性）。专家还会审视蟋蟀的触角是否有力，“眉毛”（与触角的颜色应该刚好相反）的形状与颜色为何，下颚的形状、颜色、透明度与力量，颈部表面外壳的形状与大小，前翅的形状与收起来时的角度，尾端翘起来的角度，腹部的毛发，胸甲与脸部的宽度，脚的厚度，还有蟋蟀整体的体态。蟋蟀的“皮肤”也必须是“干的”，也就是说身体能够透光，不只是反映出表面的颜色，而且必须像婴儿皮肤一样细致。蟋蟀走路的脚步必须又快又轻，不得摇摇晃晃。总体而言，力量比大小更为重要。下颚的特质是关键性的。

有无数的手册全都致力于帮人挑选特别好的蟋蟀。许多专著里的彩色插图上有一只只令人望而景仰的蟋蟀，全都被取了特定名号：紫头金翅、熟虾、铜头铁背、阴阳翅与强者无敌。但是就像金教授所说的，那些都只是理想的类型，是集各种优点于一身的个别蟋蟀，不太可能会有完全同类的蟋蟀出现。

从自然科学的角度看来，这种方法最大的特色就是不够精确，就分类学来讲是混淆不清的，但深究起来，却比乍看之下更近似于动物学的分类。蟋蟀迷的分类系统首重实效，目标在于找出可以辨认战斗力的特征，并且以民主而充满学识的精神让所有的蟋蟀迷都熟知那些特征。此外，那也是一种特有的道德系统，一种也许反映出古代阳刚特质的手册（不过，如果你以为长得像蟋蟀一样的男人也会受到尊崇，那就太愚蠢了）。任谁都可能需要数十年光景才能熟悉那些知识，不但要浸淫书本，也要实地观察研究；那是一种无所不包，同时讲求直观的系统，初学者几乎不可能窥见其深奥内涵。科学的分类法虽然较晚问世，目标也不相同，但仍有许多相似之处，同时也是以模式标本（所谓模式标本，就是指某特定范畴中第一批被采集到，并且被加以描述的那些个体；往后有其他个体出现时，都是以这些模式标本为参照对象）为研究基础。此外，两种系统都不会将某个范围内的个别差异列入考虑。

分类工作不只需要判断力才能进行，而是分类的过程本来就是一连串的判断。而且，如果想在初秋时节取得最棒的蟋蟀，分类方法扮演了关键角色。不断有人对麦克与我表示，判断蟋蟀的特质是一种很深的学问。然而，判断只是三种关于蟋蟀的基本知识之一，对于方大师而言，它的重要性并不如仲秋时节那两周进行的训练工作（收集工作结束后，从白露这个节气开始训练，结束于秋分，接下来就是斗蟋蟀活动正式开始的时候了）。

方大师对我说，训练师的任务在于利用蟋蟀既有的天性，刺激它们的“斗心”。蟋蟀的斗心到底如何，只有等到它们真正上场才能见分晓。尽管某只蟋蟀各方面看起来都具冠军相，尽管对其身形特色的判断都没出错，结果它还是有可能缺乏斗志。方大师坚称，关键不在于蟋蟀的个别秉性如何，而是在于如何饲养照顾它。训练师的任务包括，根据每一只蟋蟀的不同成长阶段与个别需求提供食物，为它治病，培养它的身体技能与德行，帮它克服讨厌光线的天性，让它习惯与过去有别的新环境。方大师说，基本上训练师必须创造出一个能让蟋蟀感到快乐的环境。蟋蟀感觉得到自己是被爱护与好好照顾的，它会以忠心、勇气、顺从、满意而沉静等特性响应。就实际的角度看来，这是一种"一报还一报"的关系，因为快乐的蟋蟀比较经得起训练，而且，在训练师的照顾之下，不但它的健康状况、技巧与自信都有所提升，斗心也是。

方大师一边向我解释这一切，描述他怎样满足蟋蟀的性需求，简述该注意的蟋蟀病征，出示他提供的净化饮用水与自制食物，还有他的许多罐子，并且解释道，这一切都仰仗沟通，而院子里的草是他跟蟋蟀之间的"桥梁"（换言之，他和它们相互了解的方式已经超越了语言），一边打开某个罐子的盖子，以强调的口吻响应我那一连串越来越没有想象力的问题，并拿起一根草，对着蟋蟀大声下令，就像把它当成士兵（"这边！这边！这边！这边！"）。而令我与小胡感到极为讶异的是，蟋蟀也毫不犹豫地有所反应，先左转再右转，接着又左转与右转。方大师最后向我们解释，这种练习方式可以增强蟋蟀的灵活度，让它柔软而有弹性，也反映出人虫之间能够通过下命令与其他方式了解彼此。

训练蟋蟀时应该注意的包括营养、卫生、医疗、身体治疗以及蟋蟀的心理状态。贾似道的《促织经》提及了以上的所有方面，而且就跟那些判断蟋蟀的准则一样，都在蟋蟀迷之间代代相传，经过不断改善、补充与修订。如今，营养、卫生与医疗的基础除了包括中医的种种原则（必须用药浴与食疗的方式来改善体内五行不平衡的问题），还有科学化的生理学，也就是不只要让食物冷却与加热，例如为了增加蟋蟀外骨骼的强度，也要提供富含钙质的东西。

这就是方大师在与我们最后一次见面时所说的。他说，野生的蟋蟀总是比在家里孵出来的蟋蟀更优质。当我问他理由何在时，他说野生蟋蟀会从其出生地的土壤里吸收某些物质。我立刻发现他所说的，是一种我也赞同的野生性质，一种无法用逻辑加以解释的不可见整体特质。他的论调让我联想到瓜里巴河的伊加拉佩村［（Igarapé Guariba）我就是在那个亚马孙河流域的村庄里目睹金黄色夏蝶满天飞的景象］，也想到每当塞乌·贝内迪托生病时，他总是会把自己准备的药物放进盖好的汽水瓶里，摆在河边几天，借此吸收晚间的空气。这让我印象深刻，因为我觉得既然瓶盖是关起的，没有任何东西能进去，但是对于塞乌·贝内迪托而言，那些天空变幻不测的日子也是关键的药材，跟药里任何植物的根与叶一样重要。但是当我询问方大师，蟋蟀从其生长环境里吸收到的究竟是什么时（它们是否因为必须抵抗恶劣的天候与贫瘠的土壤而变得比较坚强？环境里是否有什么灵气足以强化其斗心？），他的回应一点也不深奥：最优质的蟋蟀并不生长于土壤最糟的环境里，而是生长于最有营养的环境里，幼时所吸收的营养有助于培养出各种体力特质，因此在抓蟋蟀前必须先了解土壤，应该先掌握它们的生长环境，根据不同环境提供不同的药浴以及补给品。

还有，每当话题越来越专业化时，偶尔小胡与我会发现专家们的意见并不相同。刚刚去过山东省，完成一年一度抓蟋蟀之旅的小傅解释道，华北的蟋蟀比较强壮，因为它们必须克服艰难的干燥环境。张先生慷慨地花一整天带我们到城里各大蟋蟀市场去，其讲价技巧令人大开眼界，同时也与我们共享丰富的蟋蟀文化知识，他偏好野生蟋蟀而非自家养出来的，但据其解释，野生蟋蟀的“精气神”取决于其生长环境的土壤、空气、风以及水。

几个月后，当我在阅读贾似道的《促织经》时，我发现他用一些难懂的词汇来探讨蟋蟀与土地之间的生态关系，他的说法为各种观点保留了存在空间，但是就跟与我们谈过的大多数人一样，他也坚称生长环境对于蟋蟀的战斗特质很重要。帮他编书的现代编辑也同意他的观点，不过编辑也毫不犹豫地批评那些有800年悠久历史的文字犯了一些不科学的小错，并且在书中加入了自己的见解：事实上，蟋蟀的各种生长环境绝对不止贾似道指出的那些——但编辑并不愿就此评断贾似道，而这无疑是明智之举。

3

蟋蟀在8月初来到上海，一直待到11月。小胡常说这三个月是所谓的“欢乐时光”，但我过了一会儿才发现，那四个字不是他直接从我们与那些蟋蟀迷的对话里翻译出来的，而是因为他听见他们所说的一切洋溢着愉悦之情。这是一个深具感染力的翻译，远胜于我惯用的英语式措辞“蟋蟀季节”。“欢乐时光”无法反映出大家有多焦虑，那种情绪被许多人视为重点，甚至有时被视为年度大事，但却能精确掌握蟋蟀文化中无可否认的乐趣：玩乐与同伴情谊，对于难解知识的精通，与另一个物种之间的亲密联系，自愿沉迷其中的感觉，有流传几百年之久的广博学问为后盾，还包括金钱的流通与种种可能性。与“欢乐时光”紧密相连的，是历法中日月运行的律动，那些律动本身则与昆虫的生命息息相关。立秋这个 8 月初的节气是秋季的起点，在华东，也是蟋蟀第七度（也是最后一次）蜕变的时刻。此刻它们已经成熟，交配活动活跃，公蟋蟀能够鸣唱，随着外形变黑，接下来的几天里也越来越强壮，随时都能投入战斗中。

此时，“欢乐时光”正式开始。我自己并未亲眼目睹，但是通过一个个故事不难想象：在月光下，全村的人都涌入田野中，不分男女老幼把手电筒绑在头上，倾听虫鸣，在墓碑之间找蟋蟀，用棍子戳刺土地与砖墙，洒水，在光线之中压住那些像受惊兔子的蟋蟀，收集在小小的网子里，或关进竹节中，小心翼翼，唯恐伤及它们的触角，带回家后按照不同特质把它们分类。经过几天几夜的收集，一个家庭能够抓到几千只蟋蟀，随时可以卖给直接来访的买家，或是拿到当地与区域性的市场去卖。

立秋后，是许多城市都开始警觉起来的时刻。不管是上海、杭州、南京、天津或北京，对于数以万计的蟋蟀迷而言，每逢立秋就是他们该到火车站去的时候了。他们把前往山东的火车挤爆，因为过去 20 年来山东已经成为华东的收集蟋蟀重镇，出产许多最优质的好斗蟋蟀，向来以侵略性、恢复力与聪慧著称。谁知道到底有多少人回应蟋蟀的呼唤，花 10 小时从上海搭车前往山东？黄先生一边在他的临街理发店里帮客人整理头发，一边跟我们说，在那段时间里想要弄到火车票几乎是不可能的事。小傅坐在他的古董店门口，把他收集的罕见蟋蟀罐拿给我们看，其中两个来自天津（罐身很厚，而且只有口袋大小，让人可以借由体温帮蟋蟀保暖），他估计那些上海的蟋蟀迷人数最多可达 10 万。

去山东的都是哪些人呢？如果，你跟黄先生与小傅一样，喜欢观看每一场斗蟋蟀比赛你就可能会去。小傅说，他跟大多数蟋蟀迷一样，他每年在山东花费的 3000 到 5000 元可说是一大笔钱。但是，如今搭车前往山东的那些蟋蟀迷里面，不乏愿意为购买一只将军而丢下 10000 元的百万富翁。越来越多到山东去的人都开着租来的车过去，今年小傅也不例外，他与朋友们开车前往宁阳县，往来于乡间路上的许多村庄之间，避开了人山人海的泗店镇大型蟋蟀市场。

他说，通常像他这样的买家来到偏僻乡村后，做的第一件事就是花 5 元要一张桌子与凳子，一些茶叶，热水瓶与杯子各一个。接着，坐定后没多久，他们身边就会挤满把蟋蟀罐推到他们面前的村民，每个人都大声叫着:“看看我的！看看我的！”有些人的蟋蟀显得“高贵”而好看，其他则都是一些小孩与老人，他们手里只有一些普通的蟋蟀。[10]

比较成功的卖家往往能与买家搭上线，维持关系，也许能邀请买家来村里进行交易，甚至暂住他们家里。有些访客也许是像小傅这样的，或者是希望大量收购蟋蟀的上海商人。又或者某些比较有钱的农人，抑或做小生意的附近城镇与村庄居民，他们设法跨越随意兜售的门槛，进入泗店镇或上海的市场（也可能两者皆是）去卖蟋蟀。也许，他们是一些山东商人，专门在城市的市场里把蟋蟀卖出去显然，这些村民们每年之所以抓蟋蟀，是为了赚取急需的现金收入，这对他们来讲是真实的机会，但我们也能看出，能在这种经济体系中大发利市的，都是那些本来就有钱的人，还有，蟋蟀交易虽然对于山东、安徽、湖北、浙江与其他华东省份的乡村经济而言不无小补，但却也是一股社会分化动力，会加深本来就日益扩大的贫富差距。

山东的蟋蟀市场于 20 世纪 80 年代与 90 年代期间兴盛了起来，宁津县本为最受买家欢迎的地方。但是经过十几年的大肆搜捕之后，明显可以看出蟋蟀的质量开始下滑，最后其领先地位被邻近的宁阳县取而代之，而宁阳如今就是以“中国的斗蟋蟀圣地”来营销自己。然而，近年来宁阳县的蟋蟀又被过度捕捉，因此收购蟋蟀的当地人（还有像小傅这样的访客）被迫把范围放大，把收购地点扩及方圆一百多千米以内的乡间与村庄。一位当代的评论者写道，像这样迫于压力而无节制地搜捕蟋蟀，“无异于大屠杀”。[11] 原本村民们夜里抓蟋蟀的时间是晚九朝四，如今离家后却要到中午才能回去。

立秋后过一个月，8 月的温暖月夜不再，9 月的清晨开始变冷，乡间的田野里开始降下白色露水，此时白露来临，象征着捕抓蟋蟀的季节结束了。蟋蟀感觉空气变凉，不再现身，回到土壤里，用有力的下颚挖土，下颚这种最珍贵的战斗工具因而变弱，它们也就失去了商品价值。最后一批上海人仔细打包他们的战利品，循原路回家，不过这次与他们同样搭火车的，还有一些要到上海去做生意的山东商人。

在上海，最大的“花鸟鱼虫市场”叫作万商市场，市场里卖蟋蟀的大多是一些妇女，她们坐在大厅中间，身前整齐地摆放着一个个用铁铝罐改造而成，带有盖子的蟋蟀罐。位于市场周边的一些常设摊位，则都是上海人开设的，他们也是刚刚才回来，桌上摆着许多陶罐，蟋蟀的产地用粉笔写在罐子后面的黑板上。

全市各地的蟋蟀市场都是按照这个模式运作的。上海的卖家们有桌子可坐，而兜售蟋蟀的各省份民众只能在他们的特定区域里坐在矮凳上，把蟋蟀罐摆在地上。

尽管市场里那些来自各省份的卖家并不打算长居上海，尽管在乡间他们可能是相对来讲还挺富裕的人（有些人是农夫，也有整年都在兜售各种东西的卖家，例如跟我闲聊的某男人就是卖手机的），一旦进入城市之后，他们就变成了“移民”，很可能会被骚扰歧视，被人赶来赶去。不过，对于那些已经在这里定居的人而言，这仍是“欢乐时光”。上海的卖家不卖母蟋蟀。母蟋蟀不会打斗或鸣叫，唯一的价值就是为公蟋蟀提供“性服务”。只有其余各省份卖家大量贩卖，他们依据蟋蟀的大小与颜色把每三只或十只母蟋蟀塞进竹节里，越大只越好，而且有白色腹部的是最好的。母蟋蟀很便宜，因此乍看之下这些卖家显然在市场里是屈居下风的，不管公母，他们卖的似乎都只是便宜货。

摆在山东卖家们身前的标语写着，公蟋蟀每 10 元，有时候则是两只 15 元。买家们一个个从那些蟋蟀罐旁边经过，冷静地浏览那一排排罐子，偶尔打开盖子往里面看，拿起一根草，刺激蟋蟀的下颚，又或者拿出一只手电筒来判断蟋蟀身体的颜色与透明度，他们评断的不只是蟋蟀的身体特质，还有那较难外显，但却更为关键的斗心。尽管他们故意表现出一副漠不关心的样子，却通常会被吸引，很快地开始讲价，价格可能只有 30 元，但如果买家是个“大腕”，甚至可能高达 2000 元。看来，只有小孩、像我这样的新手、老人认为斗蟋蟀只是好玩，还有相信自己的眼光比卖家还锐利，四处寻找便宜货的人才会买那些便宜的蟋蟀。

但是，如果你没看过蟋蟀打斗的情景，怎么知道它们的斗心如何？上海人的摊子旁边有许多人围观，小胡和我不够高，也不够矮，所以无法从人们肩膀之间或者腿部之间的缝隙一窥究竟。最后，有人动了一下，让我们也可以看一看：两只蟋蟀在桌面上的蟋蟀斗盆里用下颚锁住了对方。摊商把蟋蟀当成真正的比赛选手一样照顾，自己就像训练师。但他们坐在椅子里，身边堆着一个个蟋蟀罐，比赛进行过程中他们喋喋不休。

被打败的蟋蟀会立刻被丢进塑料桶里面。赢家必须再度上场打斗，也许就会被打败或者受伤。但是有个女人热情地挥手，要我们过去，她用手里的小小汤匙把米舀进像娃娃屋一样大小的盒子里，跟我们说有些人在购买之前总是坚持要看到蟋蟀打斗的实况。我开始觉得，城乡之间的分野好像不只在于市场的空间安排上（这让市场成为社会的缩影），也反映在两个群体的不同销售行为上，因此买家在逛市场时，总是在两个截然有别、界线清楚的世界之间进进出出，两者的规定、审美观与经验都各自不同，甚至就像两个不同种族。

“山东人不敢拿蟋蟀出来斗，”她接着说，语调似乎吻合我们身边四处可见的那种歧视态度。活泼的她有话直说，也很慷慨，邀我们共享她的午餐，同时送我一个蟋蟀罐当纪念，对于我不买蟋蟀感到失望，她喜欢对我们传授知识，她那暴躁的丈夫正看着自己的蟋蟀，数度抬头朝我们这里大喊，要她闭嘴，但也没有用。她大力抨击邻近的山东

热衷于斗蟋蟀的人们在观看“蟋蟀大战”。

卖家们。“他们把蟋蟀当成没有打斗过的来卖。”此话不经意脱口，我们几乎没有注意，多亏了小胡的敏锐与她丈夫的暴怒反应，我才发现她的意思是，那些蟋蟀是在整个市场里流通的，跨越了社会与政治上的分界。她解释道，蟋蟀不只是由卖家移转到买家手里，也在卖家与卖家之间流通，彼此之间没有任何成见。还有，当它们在这拥挤的空间中流通时，身价也越来越高，甚至也可能恢复已经失去的身价，它们宛如重生，输家成为没有打斗过的、便宜的蟋蟀，突然变成抢手货，从而改变了自己的特质、过往与身份。因此买家自己要小心。

但令人感到入迷不已甚至鼓舞的是，在这高度空间化的市场里存在着一种活生生的族群差异政治学实例，与社会的期待如此吻合（结果，因为太过吻合了，演变成一种虚虚实实的骗局），这反映出的不只是一种阴暗的社会逻辑，也包括一种创造出互赖与团结关系的为商之道。接着我又想到那些让这一切成为可能的蟋蟀：它们被关在罐子里，实际上宛如奴隶与财产一样，在不同的摊位与蟋蟀斗盆之间到处流动，可能最后又回到原来的买家手上，或是打破疆界，形成新的关联性，获得新的经历与生活，过程中也无可避免地促成自己的死亡。

城里的“欢乐时光”并不局限于任何一个地区，只要有蟋蟀的地方，就有“欢乐时光”。在被工人阶级占据的街角里，一群人挤在一个蟋蟀斗盆四周，看着比赛进行。报纸对于这种事有各种看法，有些视之为高雅文化，有些说它是底层人生的一部分。“欢乐时光”让各种文化事件与地区性的锦标赛都有可能出现。随之开张的，是贩卖蟋蟀用品的商店，它们贩卖精致工具：装食物与水的迷你盘子（也许是一整套的，上面还有佛教菩萨的图样）、木制过笼[①]、可以放一只公蟋蟀与一只母蟋蟀的“交配盒”、各种等级的蟋蟀草、逗蟋蟀用的鸭绒刷子、长柄的铁制小饭铲，还有其他清洁用具、可以随身携带的大木盒、滴管、秤（有传统秤也有电子秤）、技术手册、蟋蟀专用的食物与药品，当然也有种类庞杂的新旧蟋蟀罐，大多为陶罐，但也有一部分瓷罐，大小不一，有些上面刻有铭文、座右铭或故事，有些纪念着与蟋蟀有关的特殊事件，有些的图案精美，有些则是非常简单。

欢乐的时光又降临了。这段期间，四处都有钱流与人流，蟋蟀也在各地流通。那是一段充满可能性的时间，那是许多计划得以进行与许多人的人生可能改变的大好时机。尽管那段时间充满激烈变化，但也很短暂。蟋蟀成虫的寿命有多长，“欢乐时光”就有多长。

4

我们曾经在方大师的博物馆里看到蟋蟀打斗，也在万商市场与其他市场里看到卖家让蟋蟀“试斗”。但我开始有一种在看戏，但主角迟迟未上场的感觉。

方大师绝非卫道之士，他说，斗蟋蟀是一种讲求灵性的活动，一种关于人虫的学问。此外，大部分人都完全不了解蟋蟀，对它们本身也没兴趣。

---

① 木制过笼：一种用来把蟋蟀放进斗盆里的特殊容器。

方大师的话之所以具有权威性，不只是因为他经验老到，而是因为他的言谈充满了说服力，纯粹的精神（他充满大师级的严格精神）与热情（他的乐趣完全寓于蟋蟀本身与它们的戏剧性，不受任何其他因素影响）兼具。

但是，也许只是因为时候未到才让人有这种感觉。两周后，当七宝镇的锦标赛到了最后决赛阶段，在博物馆外的院子里通过监控观赏比赛的，就算没有几百，也有几十人。而当我在写这段文字时，我也想起了张先生带我们去了不少蟋蟀市场的那个周六，他说 20 世纪初，他的叔父曾经是为了个人荣辱而斗蟋蟀，当年的冠军训练师总是对自己能够获颁红色缎带而感到光荣。我刚刚抵达上海时，因为时差与可怕湿度的双重影响而憔悴不已。小胡与我在翻译上也不够顺畅，两个人的伙伴关系还太过薄弱。尽管黄先生提供了很多信息，也很客气，但我们在理发店里的一席对话却不太投机，谨慎的他并未轻易与我们建立起进一步的关系。“那并不方便。”他用坚决的口气说。

我们的另一个门路小傅就比较热情了。他哥哥老傅跟小胡的父亲是老同学，我们四个人很快就熟了起来。小傅熟知各种关于蟋蟀的事，也大方与我们分享专业知识。我们在他的古董店见面时，他带了几只精选的蟋蟀与其所用的各种用品，耐心地解释所谓“三要”的许多方面。小傅跟黄先生一样，以前的生活也不好过，但幸运的是他有老傅这个哥哥当靠山，他对于中国古董的专业知识能让小傅做生意，他自己也实现了当年对母亲的承诺，让弟弟经济无忧，生活稳定。决定不带我们去看的并非小傅，投下反对票的是他们那个圈圈里的其余成员，同时也把婉拒我们的尴尬任务交给了他。

最后，是吴先生为了实现对朋友的承诺（他的朋友是我一位加州朋友的朋友），才帮我们安排的。我们前往闵行区，在莘庄工业区里一间滚珠轴承工厂对面的黑街角落与他碰面，他挤进我们的出租车——一辆款式为奇瑞 QQ 的小车，带着我们穿越一个个矗立着破旧公寓的街区，从敞开的前门进入侧边那个只能摆一台电视、一个水族箱与一个金黄色塑料情人座的小房间。

吴先生是孙老板父亲的密友，而孙老板就是当地一间蟋蟀馆的庄家。孙老板不只提供斗蟋蟀场所，他还负责确保有裁判能力主持比赛，并且安排了一个安全而有组织的会馆。他跟他的合伙人杨老板因为提供了这一切而向赢家收取 5% 的收入。吴先生是一个头号蟋蟀迷，而且我们很快发现他有辨识蟋蟀形体的天分。

不过，孙老板就很轻松，也欢迎我们。他身穿运动裤、T 恤与塑料拖鞋，戴着一条金项链，灰白的头发剪得很短，指甲也经过仔细的修剪，但大小拇指的指甲留得特别长、特别尖。“就当自己家里吧，”他说，“想问什么都可以。”但吴先生不断抽烟，紧张不安。我还记得他在出租车里是怎样交代我们的：观看斗蟋蟀时别抽烟，别喝酒，别吃东西，别洒古龙水，身上不能有任何味道，别说话也别出声。“我们会像空气一样。”小胡向他保证。

但是想要保持低调却很难。我发现孙老板非常亲切，他坚持要我们坐在狭长桌子的主位，也就是裁判身边视线最好的地方，而且直接面对着唯一一扇门。斗蟋蟀的场所简简单单的，刷上白漆的房间里什么都没有，简单的风格也表示着一切都透明化。蟋蟀迷们进门时，可以一眼就看尽整个房间与房里所有人。

几天前，小胡和我曾看到一个揭秘斗蟋蟀场所的节目，里面装了很多隐藏式摄影机，画面上受访者被马赛克处理，所以我们还以为那会是一个黑暗的地窖。但是杨、孙两位老板的场所却是用日光灯照亮每个角落，桌上铺有一条白布，塑料的透明蟋蟀斗盆两边整整齐齐地摆着各种消毒过的器具（蟋蟀草、鼠须刷、绒毛球、蟋蟀过笼、两副棉质白色手套，全部都只有场所员工可以接触）。

但是透明化与安全措施（窗边都塞着厚厚的垫子，让声音无法进出）也许只是最起码的条件。场所里的一切都很严格，但斗蟋蟀也是一种娱乐，一种男性专属的娱乐。孙老板与房间里所有人寒暄闲聊，充满一种顾盼自得的魅力，裁判则是迷人而机敏。此刻房里已非常拥挤，他对所有人都很尊敬，移动所有东西时动作都迅速无比，每逢有人发生争执，他总能以幽默不已的话语化解。

训练师们的动作慢而小心，非常专注。他们已经事先把白手套戴上了，打开罐子的盖子，看看自己的蟋蟀，用蟋蟀草逗逗它们，谨慎地把它们放进蟋蟀斗盆里。其中一个男人在把蟋蟀从过笼中放出来时动作有一点笨拙犹豫，微微出汗。灯光下，蟋蟀出现了，每个人都往前靠，想要挤到最接近斗盆的地方，急于目睹蟋蟀把它们的精神、力量与训练成果展现出来的那一刻。

拥挤的房间开始喧闹起来，裁判的声音比谁都还大声，他开始吹捧蟋蟀。有些人大声评论蟋蟀，其他人则只是看着。

接下来，在裁判命令训练师把蟋蟀准备好时，四周突然陷入一阵沉默，似乎连整个房间都在屏息以待。两位训练师开始再次用蟋蟀草轻轻逗弄蟋蟀的后腿、腹部与下颚。蟋蟀还是没有动作。如果你靠得够近，就能感受到它们的心跳。

最后，蟋蟀开始鸣唱，表示它们已经准备好了。裁判大叫一声，“打开闸门！”接着拿起那一块把斗盆分为两半的板子。桌子四周，所有人的身形都僵硬了起来，比刚刚更安静了。我跟小胡立刻看出这两只蟋蟀远比我们之前看过的更具战斗力，或者说，更像是战士。它们看来就像是被调教过，已经准备好了。突然攻击，飞奔，扑向对手的颚部或腿部，房间里的人都不禁深深倒抽一口气。拥挤空间里的所有能量全都聚焦在眼前这一出迷你的戏码上。那是独一无二的。在那一刻，我发现自己置身其中，完全专注于当下。眼见小胡挤在我身边，

斗盆中准备“战斗”的蟋蟀。

看得出他也很专注，所有的焦点都在那两只昆虫身上。

接着斗盆的闸门被打开了，蟋蟀立刻狠狠地用下颚锁住了对方，扭打在一起，把对方翻倒，一遍又一遍，它们的身体极度轻盈，交缠在一起，围着对方转圈圈，然后再扑上去。然后，好像突然失去兴趣似的，它们分了开来，走进两边的角落里，不管训练师再怎么刺激，也不愿继续打架。为了试着刺激它们，裁判设法让刻意摆在斗盆旁两个罐子里的两只蟋蟀鸣唱起来，但也没有用。结果这一局是罕见的平手，此一结果让吴先生感到极为不屑，我们听见他自言自语地说，上好的蟋蟀会斗到筋疲力尽，尽管这两只体力惊人，也打得很精彩，但是欠缺训练。

事后，在看完斗蟋蟀后我有一种大梦初醒的感觉。直到那时我才想到那是多么壮观但却暴力的事，想到需要多大的本事才能够让另一种生物做出罕见的行径，想到那有多么残忍，还有想到——没错，想到在那当下我为什么没有这种想法。也许你可以说，那种姑且被我称为“伦理思维的悬置”的状态一点也不令人感到惊讶，而且我与那些蟋蟀之间毕竟欠缺一种发自内心的亲近感；它们毕竟只是昆虫，没有红色的血，体内没有软软的组织，没有发出惨叫，也没有表情——它们非狗非鸟，就连公鸡也不是，当然也非两个扭打的拳手，足以反映出赤裸裸而残忍的种族与阶级关系。

然而，小胡与我之所以能体验到斗蟋蟀时自己专注地“置身其中”，是因为对于蟋蟀怀抱着根深蒂固的同情心，感觉起来那种情绪比我们对于任何悲惨动物的同情都还要深刻。也许是因为我们沉浸在弥漫整个房间的紧张气氛里。即便如此，我们感受到的氛围是一种具有高度认同感的氛围，其形成的原因就是我们从方大师、吴先生与其他人身上学到的文化涵养。这一点是毋庸置疑的。

我在上海待的时间才不到两周，时间虽短，但我已经无法把蟋蟀再当作只是蟋蟀，我总是着眼在它们的社会性上面（包括它们的德行、性格，还有它们是怎样流行起来与四处流通的），而且至少我自己已经觉得那些比赛是属于它们自己的比赛，它们是戏码的主角。但有一点是我必须说清楚的：尽管我们总是不禁把蟋蟀迷的精致文化与蟋蟀本身联结在一起，尽管这种联结往往让那些讲求人虫有别的人觉得好像是自然世界暂时失序（令他们感到困惑的是那些昆虫既不是客体，也不是受害者，甚至也没有反映出人类的渴望），但这一切之所以可能，是因为昆虫本身并非只是促成文化的一种机会，而是文化的共同塑造者。（此刻，我又感觉到语言，或者至少说英语并不能适切地达成其任务：因为，即便我只是用文字去描述蟋蟀与其文化性的“关联”，都是很荒谬的。如果蟋蟀不在文化中占有一席之地，它在这种情况下扮演的是什么角色？如果没有蟋蟀存在，这种文化又会有什么样貌？）

如果蟋蟀看起来累了，如果它们畏缩不前，对打斗失去了兴趣，或者其中一只转身而去，没有斗志，裁判会把闸门放下，将两者分开，把定时器重新设定到倒数 60 秒，让训练师照顾它们的选手。他们就像拳赛时擂台角落的教练，必须设法恢复蟋蟀的斗心，此刻必须拿出不同的刷子来测试它们的本领。但通常蟋蟀都会像遭重拳痛击的拳手，因为失去斗志或受了伤，只会萎靡不振，它的对手则是精神抖擞，开始唱歌，于是裁判就会宣布胜负已定。然后，突然间场所里又恢复了鼎沸人声。

那蟋蟀呢？赢家被小心翼翼地放回它的罐子里，准备打道回府，或者再次回到会馆里进行另一场比赛。不管输家的表现有多英勇，不管它多么符合“五德”的标准，不管它是不是毫发无伤，它的选手生涯都已经结束了。裁判把它放进网子里，丢到桌子后方的一个大塑料桶中，准备接受大家所谓“放生”的命运，而小胡特别跟我说那没关系，我不该担心，蟋蟀不会有事的，因为不管是谁伤害被打败的蟋蟀，都会受到诅咒。

5

在“欢乐时光”逐渐来到 11 月的高潮之际，越来越多的蟋蟀罐子被放上斗盆，大家也越斗越晚。但我们初次造访孙老板的场所那一晚是在 9 月底，没有几场比赛。结束后孙老板问我们想不想去看看会馆。会馆的功能是用来反制传闻中某些蟋蟀训练师常用的不正当伎俩。其中，最耸人听闻的莫过于下药，一种叫作“摇头丸”的迷幻药。[12] 任何服用过迷幻药的人都可以想象，如果蟋蟀被下药的话，就很可能变成赢家。然而，真正能确保胜利的，也许不是陡生的力气与自信，或者是蟋蟀会变得更有魅力，或更具吸引力。真正的目标其实是对手。蟋蟀对于任何刺激物都非常敏感（所以会馆里有不能抽烟与身上不能有味道的规定）。因此只要对手身上有化学物质的味道，它们可以立刻察觉到，马上做出明显的响应：逃跑弃赛。

离开场所后，车子穿越五光十色的市中心，新种的行道树在荧光灯的照射下显得闪闪发亮，宽阔的大道空荡荡，一间间工厂都在沉睡，办公大楼一片漆黑，餐厅仍然灯火通明，卡拉 OK 店的霓虹灯令人目眩神迷，一些夜间营业的摊子兜售着蔬菜、DVD 与热饭热菜。经过那些我早已见怪不怪的 24 小时工地，我们进入一条只有一部分地面是铺好的边街，旁边应该是往日的运河遗址，接着抵达一栋破旧的公寓，走进另一扇毫不起眼的门。

车子滑过寂静街道时，我很喜欢那种有所期待的感受。我又想起了杨老板与南京童先生当天稍早在富贵园餐厅的那一席话：成功会馆的要素为何？童先生为了避开南京的圈子才来到这里，他说那个圈子太小也太专业，蟋蟀太厉害，竞争太激烈。他跟杨老板说，他在闵行区的赢面大多了，而且与上海市中心的斗蟋蟀局相较，赢面也是较大，言谈间全无尴尬神情。

对于童先生而言，完美的斗蟋蟀场所应该令人感到舒服，场所里充满一种吸引人的氛围。

会馆是个令人印象深刻的地方。它一方面是个安全的场所，另一方面则是个诊所，预计要到孙老板的场所里比赛的蟋蟀都必须去那里戒毒至少五天，以防事先被下过药。他说，这种会馆在上海有好几千家，他已经经营过多年。

会馆是一间没有任何装潢，但经过改建的四房公寓。其中 3 个房间有好几道锁上的铁门。第四个房间是交易厅，里面有沙发、椅子、电视与游戏机，刷上白漆的墙壁上装饰着几张蟋蟀的彩色特写照，照片充满魅力。没有人喝酒或吸烟。两个有门的房间是上锁的储存区，里面一排排架子我想应该是用来摆放蟋蟀罐的。第三个房间没有上锁，里面灯光很亮。孙老板带我们走进去，我看见一张长桌与一排人，他们是主人与训练师，来这里照顾蟋蟀，每个人都顾着一个罐子。两个助手是我之前在比赛中看见过的，他们分别站在长桌的两侧。其中一个人从身后的柜子里拿出贴有标签的蟋蟀罐，另一个人则仔细盯着访客们。但是，眼前景象之所以令人感到震惊不已，暂时有点迷惑甚至觉得脱离现实，是因为，正在桌边静静地照顾蟋蟀的那些人都穿着同样的白色手术袍，也戴着相称的白色口罩。

生物安全（biosecurity）是最为重要的。训练师只能喂食蟋蟀会馆提供的食物与水，在会馆中也只能使用庄家提供的器具。大家都知道有些训练师会在蟋蟀草上面蘸人参或其他物质的溶液，它们就像拳手在擂台角落使用的嗅盐，即使是最憔悴的蟋蟀也能活过来。也有人试着在另一只蟋蟀的食物与水里面动手脚，或试着用毒气对付它们。甚至也有人在蟋蟀草里面藏小刀，或者在指甲上下毒，企图接近对手。

尽管如此，会馆里仍会发生作弊的事。当蟋蟀初次进去时就有一个设计上的漏洞。它们被喂饱后还用电子秤测量了体重。体重就写在罐子的侧边，还有日期与主人的名字，这也成为找出要比赛的蟋蟀之依据。为了让比赛尽量公平，他们花很多工夫为蟋蟀做配对的工作。上海人特别用“斟”这个单位来衡量蟋蟀的体重，如今全中国也都比照采用。一斟大概相当于 0.2 克，而参赛双方的体重差距不得超过 0.2

斟。许多训练师觉得这是个机会，因此学会了如何在蟋蟀的体重上面动手脚。过去，在称重前，他们会像蒸桑拿一样把蟋蟀身上的水分蒸掉。如今比较常用的手法则是脱水药物，不但不可能被察觉出来，据说也没太多副作用。一旦接受喂食，称过重，住进会馆后，蟋蟀至少有五天时间会接受会馆员工的照顾，训练师会趁来访时帮它们恢复体力，如果一切按照计划进行，对手的体重会远远低于它们——你可以想象一下迈克·泰森（Mike Tyson）大战舒格·雷·伦纳德（Sugar Ray Leonard），就是这么一回事。

我们搭最后一班火车回城里时，我想起了午餐时杨老板与童先生的谈话。杨老板坚称，最重要的莫过于比赛应该建立起公平的名声，如今我已经了解为什么。毕竟，只有庄家与他的员工能够在没有人监督的情况下接触蟋蟀。他们能轻易地以各种难以察觉的方式来影响比赛，例如聘请一个偏心的裁判，找实力不相当的蟋蟀来比赛，故意不好好照顾某些人的蟋蟀，或者是对某些蟋蟀特别好（包括庄家自己的蟋蟀，像孙老板自己很喜欢在这里斗蟋蟀）。我还记得杨老板曾严词为自己的员工辩护，拒绝吴先生的要求，吴先生原本希望他的蟋蟀不用先去住会馆。我当然可以看得出这种事绝不能有例外。如果对庄家的廉洁不是有绝对的信任，那就不会有他们这个圈圈，也不用办活动与斗蟋蟀，也少了乐趣，更别谈什么蟋蟀文化了。

6

在古代中国人的生活中，蟋蟀的鸣叫总是能引发很多想法，它们每年都会在家家户户出现，令人不会感到寂寥，它们也因而获得了特殊的地位，直到过了不知道几个世纪以后，才有人想到要把蟋蟀装进罐子里，以及利用蟋蟀草来斗蟋蟀。以下这首诗歌选自大概 3000 年前编撰完成的《诗经》，据其描绘，蟋蟀会找人做伴，设法进入家庭生活的核心：

七月在野，

八月在宇，

九月在户，

十月蟋蟀入我床下。[13]

“蟋友”的历史悠久无比，指的是因为喜爱蟋蟀而成为朋友的人，而蟋蟀本身也成为人的朋友。不是只有小傅跟我说蟋蟀是他的朋友，他试着让它们感到快乐，也能看出它们是否快乐，他还说蟋蟀能分辨他是否关心它们，而且他也依循贾似道的建议，比照母亲喂食婴儿的方式，用嚼过的芝麻喂食蟋蟀。但蟋蟀毕竟是朋友，不是婴儿。而这是所有蟋蟀爱好者都不可能忘记的（跟某些宠物爱好者不一样）。因为，除了“五德”之外，他们还有所谓的“三反”。

还记得能够反映出蟋蟀很像人的那“五德”吗？它们是五种源自于古代的德行：忠、勇、信等，五种古代英雄们具备，像你我一样的普通人都能效法的模范德行。“五德”揭示出人类与蟋蟀之间具有一种本体论[①]层次的深刻关联，一种人虫共享的存在方式，人类也因而对蟋蟀充满依恋与认同，进而让斗蟋蟀维持那么多世纪。“三反”则反映出当代的现实情况：蟋蟀与人类之间的绝对差异。

本体论：探究世界的本原或基质的哲学理论。

第一反：斗败的蟋蟀不会抗议打斗之结果；它只会离开斗盆，不会咆哮抱怨。

第二反：蟋蟀在打斗前需要性的刺激才能有更好的表现；比赛前的性行为并不会影响蟋蟀的运动表现（但根据此一原则，人类就会受到影响），反而会提升其体力与注意力，令其斗兴更浓。

第三反：蟋蟀做爱时，母蟋蟀趴在公蟋蟀背上，此一体位对于人类来讲是办不到的（除非有复杂的器具辅助）。此外，昆虫学家 L. W. 西蒙斯（L.W. Simmons）对于第三反所提出的评论，也许是最具关键性的：“因为蟋蟀做爱时，母蟋蟀必须爬到向它求偶的公蟋蟀背上，因此公蟋蟀胁迫母蟋蟀就范的机会就算存在，应该也微乎其微。”[14]

就像“五德”一样，“三反”是同时具备经验性与象征性的，它们都是通过近身观察而来，指出现象以外的大道理。它们包含心理学、生理学与解剖学的内容，是系统、全面且经济的。合而论之，“五德”与“三反”让我们有办法与其他动物建立关系，接受它们与我们既相似又不同的事实——而且不是在某些普遍而抽象的方面，而是一些具体而特定的方面是可以当成关联性与同理心的基础，但是在某些部分

① 本体论：探究世界的本原或基质的哲学理论。

却又没有任何关联。我觉得，不管你是通过什么而爱上蟋蟀，都没有关系。我想，“五德”“三反”“五不选”与“七忌”，还有其他很多东西，都是能够让我们进入蟋蟀世界的门径，那是一个被“我们非我们”这种二元律则主宰的地方，在那里，“相似差异”就是一种既存事实，并非一个需要解决的问题。

我最后一次看到孙老板时，他邀请我明年跟他一起去一趟山东。他说，我们会在那里花两周时间收购蟋蟀。他的人面很广，与当地政府的关系也很好。他的提议让我心痒难耐。如果能够再度体验所谓的“欢乐时光”，那实在太棒了。能够再度与蟋友们为伍（不管他们是人是虫），岂不乐哉。即便只是暂时性的，但能够身处于那个人虫之间似亲非亲、既有相同也有所不同的空间里，确实很美妙。小胡一样兴味浓厚。他说，也许我们一整季都可以跟蟋蟀为伍。我们都同意，如果真能那样，实在是值得让我们回去。

1 贾似道的《促织经》收录在坊间一部很普及的作品：孟昭连辑注，《蟋蟀秘谱》。天津：古籍书店，1992 年出版。

2 ibid., 17。周尧在《中国昆虫学史》里面就对贾似道有较多批判，他认为通过贾似道的种种行径可以看出封建社会统治者骄奢淫逸，置国家与民族之存亡于不顾。参阅内地学者王思明翻译的英文版《中国昆虫学史》（Chou Io, *A History of Chinese Entomology*. Trans. Wang Siming. Xi' an: Tianze Press,1990.），177.

3 关于昆虫生活的各种零星描述通常出现在诗歌作品里，当然更早就出现了，例如可以参阅《尔雅》（完成于公元前 5 世纪到 2 世纪之间），这作品很可能比亚里士多德的《动物志》（*Historia animalia*）更早，是世界史上第一本具有分类学概念的自然史书籍。关于中国古代昆虫知识的详述，请参阅周尧的《中国昆虫学史》。关于蟋蟀在中国文化史上的地位，则可以参阅：Liu Xinyuan, "Amusing the Emperor: The Discovery of Xuande Period Cricket Jars from the Ming Imperial Kilns," *Orientations* vol. 26,no. 8 (1995), 62-77；Yin-Ch' I Hsu, "Crickets in China," *Bulletin of the Peking Society of Natural History* vol. 111, part 1 (1928-29): 5-41; Berthold Laufer, "*Insect-Musicians and Cricket Champions of China,*" *Field Museum of Natural History Leaflet*(*Anthropology*)22 (1927): 1-15 [reprinted in Lisa Gail Ryan, ed., *Insect Musicians & Cricket Champions: A Cultural History of Singing Insects in China and Japan* (San Francisco: China Books & Periodicals, Inc., 1996)]；Jin Xing-Bao, "Chinese Cricket Culture," *Cultural Entomology Digest* 3 (November 1994), <http://www.insects.org/ced3/chinese_crcul.html>；还有，Hsiung, "From Singing Bird to FightingBug."

4 Hsiung, "From Singing Bird to Fighting Bug," 17.

5 Liu, "Amusing the Emperor," passim.

6 Pu Songling, "The Cricket," in *Strange Tales from Make-Do Studio*, trans. Denis C. and Victor H. Mair (Beijing: Foreign Languages Press, 2001), 175-187. 关于蒲松龄《促织》的民族史背景，请参阅：Liu, "Amusing the Emperor," 62-5.

7 所谓七十二种个性，只是常被人引述的那一些，而且之所以会是七十二种，也许是因为这数字在民间普及的道家信仰中别具意义，而且 16 世纪问世的《水浒传》里面也有"七十二员地煞星"。

8 金杏宝与刘宪伟著，《常见鸣虫的选养和观赏》（上海：上海科学技术出版社，1996 年出版）。Thomas J. Walker and Sinzo Masaki, "Natural History," in Franz Huber, Thomas E. Moore, and Werner Loher, eds., *Cricket Behavior and Neurobiology* (Ithaca: Comstock Publishing/Cornell University Press, 1990),1-42；这本书的第 40 页也提出相同主张，只是列出来的种类不同，作者写道："尽管中国人写的蟋蟀手册里列出了六十几种斗蟋蟀时用的蟋蟀，但其实全都隶属于四个种类［长颚斗蟋（Velarifictorus aspersus）、污头眉纹蟋蟀（Teleogryllus testaceus）、白缘眉纹蟋蟀（T. mitratus）与黄斑黑蟋蟀（Gryllus bimaculatus）］"。关于公蟋蟀之间相互攻击的科学论述很多，不过我不知道是否有研究聚焦在相关种类的蟋蟀上。例如，请参阅：Kevin A. Dixon and William H. Cade, "Some Factors Influencing Male-Male Aggression in the Field Cricket Gryllus integer (Time of Day, Age, Weight and Sexual Maturity)," *Animal Behavior* 34 (1986), 340-46；根据这一篇文章指出，已经性成熟的公蟋蟀之间有较为显著的相互攻击现象。有趣的是，另一篇文章结论则是："每一只蟋蟀的竞争力都取决于……它们过去的战胜经验（也就是信心）"（第 567 页），请参阅：L.W. Simmons, "*Inter-Male Competition and Mating Success in the Field-Cricket, Gryllus bimaculatus (de Geer),*" *Animal Behavior* 34 (1986): 567-69.

9 这方面的权威李世钧教授把各种特征特性列了出来，请参阅他主持的蟋蟀同好网址：http://www.xishuai.net。另外也可以参阅：吴桦，《虫趣》（上海：学林出版社，2004 年出版），168.

10 Li Shijun, "*Secrets of Cricket-Fighting,*" *XinMin Evening News (Shanghai)*, September 25, 2005, B25。［译者注：李世钧教授在上海《新民晚报》上发表的文章，中文篇名不详。］

11 吴桦，《虫趣》（上海：学林出版社，2004 年出版），165。

12 On "head shaking," see James Farrar, *Opening Up: Youth Sex Culture and Market Reform in Shanghai* (Chicago: University of Chicago Press, 1998), 311-12.

13 这一段《七月》的引文出处是《诗经》，我引自 Liu, "*Amusing the Emperor,*" 63；该文之原始出处则为：陈奂，《诗毛氏传疏》（上海：1934 年出版），10-76。相关讨论请参阅：Hsiung, "*From Singing Bird to Fighting Bug,*" 7-9 and Jin, "*Chinese Cricket Culture*".

14 Simmons, "*Inter-Male Competition,*" 578.

H

头部及其使用方式
Heads and How to Use Them

最完美的基因实验用动物——果蝇

1

我想念那些蟋蟀。我想念它们的朋友。打开《纽约时报》后，我更想念他们了。

黑腹果蝇是最完美的实验用动物，它对于现代科学史的重要性可能更胜于老鼠。下面几张从影片撷取下来的图片惊心动魄，是 2006 年在南加州某间脑神经科学实验室拍摄的。图中两只昆虫在打架，通过国家科学基金会（National Science Foundation）赞助大笔金钱的美国政府正在赌哪一只会赢。[1] 镜头下，蓝色的竞技场看来非常漂亮。

国家科学基金会在镜头下记录两只黑腹果蝇的打斗场景。

神经科学研究院（Neurosciences Institute）位于圣迭戈市，在院里负责带领研究人员繁殖好斗果蝇的，是赫尔曼·狄瑞克（Herman A. Dierick）与拉尔夫·格林斯潘（Ralph J. Greenspan）。他们对《纽约时报》的记者尼古拉斯·韦德（Nicholas Wade）表示，野生果蝇好斗而具有强烈地域性，一旦被捕后就不像以前那样性格激烈。狄瑞克与格林斯潘在罐子里装满了果蝇的食物，鼓励公果蝇保卫自己的食物。他们称此为“竞技场考验”。他们以“好斗特质”来帮果蝇分级，判断标准有四个：打架的频率、是不是很快就进入战斗状态、两只果蝇打斗的时间，还有打斗的激烈程度（“看它们做出几次像是抓住对方或是把对方摔出去等激烈动作”）。

狄瑞克、格林斯潘与同事把最好斗的果蝇挑出来，由它们来进行繁殖。他们表示，经过 21 代的繁殖后，就“好斗特质”的差异性而言，那些好斗果蝇比对照组的一般实验室果蝇还要强三十几倍。“因为好斗程度很可能深受脑部影响。”所以他们把第 21 代果蝇的头部切下来磨碎①。他们想知道这些好斗果蝇的头部基因是否与它们新发展出来的好斗行为有关。“格林斯潘博士表示，若我们能够了解果蝇的基因如何影响其行为，我们可能就有办法进一步了解刺激果蝇或人类的机制”，韦德写道。[2]

2

果蝇很能适应实验室里的生活。也许适应得太好了，它们的繁殖速度很快（母果蝇能在 10 天内完成其繁殖周期，繁衍出 400 只甚至 1000 只后代）。它们的遗传结构相当简单（只有 4 到 7 个染色体）。而且，跟所有的有机体一样，它们也会基因突变。

1910 年，哥伦比亚大学的基因学家托马斯 · 享特 · 摩尔根（Thomas

---

① 译者注：《纽约时报》的报道在此：http://www.nytimes.com/2006/10/10/science/10flies.html?_r=0。

Hunt Morgan）于偶然间发现果蝇身上会出现极其明显的突变现象，而且突变的地方很多。果蝇也因而几乎立刻就不再只是在曼哈顿上城于夏天期间穿门侵户，到处闻来闻去，有可能留下来或离开的恼人小虫。就像帮果蝇立传的罗伯特·柯勒（Robert Kohler）所说，它们变成了“同事”。[3]没多久摩尔根的实验室就变成了果蝇的实验室，也就是国际知名的“果蝇屋”（Fly Room），摩尔根与其他研究人员也很快就成为钻

国际知名的“果蝇屋”——摩尔根的果蝇实验室。

研果蝇的科学家，还自诩为“果蝇人”与“果蝇学家”。

很快地，果蝇也就成为世界各地基因实验室的标准配备。的确，如同柯勒写道，要不是果蝇有办法扮演“生物繁衍反应器”的角色，

并且在身上出现大量的突变现象，现代基因学可能就不会那么早就诞生了。[4]

早年，当摩尔根与他的“果蝇人”把果蝇纳为实验对象时，他们发现果蝇的突变能力实在太厉害，让他们有点招架不住。突变果蝇大量出现，多得不得了。因为新数据的数量实在太大，他们必须采用新的实验方法，一种以高效能为特色的方法，而这种被称为“基因图谱”（gene mapping）的新方法也立刻就成为基因研究的新特色。紧接着，受限于新方法，他们需要一种新的果蝇，一种很稳定的果蝇，好让他们能够很有信心地拿来与其他果蝇做比较。它不能像实验室以外的果蝇那样具有天然的高可变性特色，凡是它身上出现的变异，就一定是通过实验而产生的突变，就像柯勒写道，“他们将那种小小果蝇予以重新设计，打造成一种活生生的全新实验室利器，就像显微镜、电流计或分析试剂一样。”[5]

一种蝇类就此诞生。只要它不跟其他比较不标准的亲戚混种，它就是一种新的动物。研究人员发现，那种最具吸引力的变种果蝇比较适合用来繁殖，它们的身躯庞大，交配欲望与生殖力都强，而且与“果蝇屋”外面那些飞来飞去的其他果蝇显然不同。摩尔根注意到，这些果蝇“不会让自己淹死或被食物困住，或是拒绝从培养瓶里面出来，诸如此类会让实验者不开心的行为。”[6]

新品种的果蝇非常合作，它们乐于接受实验，配合度高，能够交出各种精确的数据。它们与实验室外那些只在黎明与黄昏时出现的远亲们越来越不像，整天都很活跃，而且繁殖很准时。它们大量繁殖，因此可以被用来进行各种各样的大量实验。若用最大化的数字来估计，为了在1919—1923年完成一般果蝇的基因图谱，摩尔根与同事“麻醉、检视、分类与处理过的”果蝇数量，大约在1300万到2000万之间。[7]如此不精确的数字同时说明了果蝇地位的低下和这个数字之巨大。

也许你会说：果蝇在进入实验室之后，它们的生活获得保障，过得轻松而不缺食物。它们不再需要觅食或躲避掠食者，幼虫也不会遭到侵扰。直到进入实验室之前，果蝇始终跟狗、老鼠、蟑螂与一些家中常见的昆虫一样，都是在夹缝中求生，它们是人类的伙伴，与人类

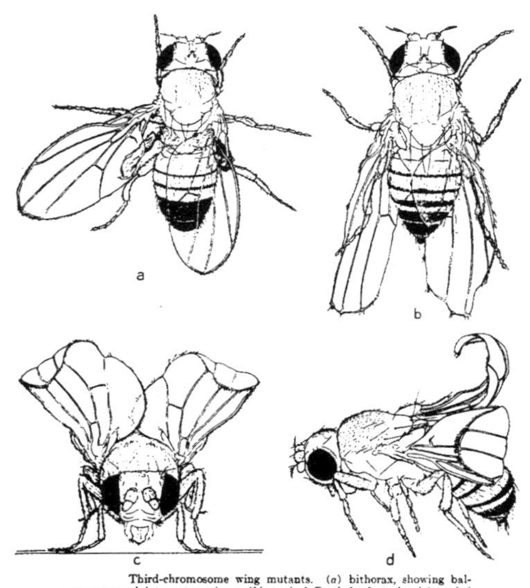

柯内莉亚笔下绘制的接受过诱发性突变实验的畸形果蝇。

共享历史，在我们旁边和我们之间建立它们的家园，既不是全然野生，也非居家的昆虫（也许“共生”一词比较适合它们），在我们吃饭的地方吃饭，在人多的地方繁殖，而且无疑，就算我们死了，它们也能活下来。

但是要在实验室里讨生活也不容易。自从摩尔根时代以来，数以万计的果蝇曾接受过诱发性突变的实验。就像柯内莉亚·黑塞-霍内格所见证的，它们身上长出来的器官不是太多就是太少，有的是畸形，有的则长在不该长的地方（从眼睛长出脚，或者脚上面再长出另一只脚，反正就是那么一回事）。只要略施小技，就能让它们罹患亨廷顿氏舞蹈症、帕金森氏症或者阿兹海默症。它们睡得不好，记忆大乱。它们也会对乙醇、尼古丁与可卡因等物质上瘾。简而言之，就像柯内莉亚所体悟到的，它们肩负的任务是帮我们实现健康与长寿的美梦，同时也帮我们承受种种梦魇般的痛苦。

3

实验室的果蝇变得越来越标准化，与它们那些野生远亲的差别也越来越大，而就在它们逐渐成为哥伦比亚大学果蝇研究室的产品时，摩尔根与其手下的果蝇专家也越来越喜欢与敬重它们，甚至跟遗传学家J.B.S. 霍尔丹（J.B.S. Haldane）一样尊称它们为“高贵的动物”。有鉴于他们在繁殖果蝇的工作上投注那么多心力，与它们朝夕相处，而且双方合作无间，他们会把果蝇拟人化，实在一点也不令人感到意外。但是，尽管如此，像他们那样残杀自己喜欢的动物，也是一件有点奇怪的事，不过我们也别忘了，高贵的行径往往涉及牺牲，而且双方可说是携手踏上了一趟伟大的科学发现之旅，而这些牺牲原本就是故事的核心。[8]

也许这点奇怪之处可以让我们了解另一个更奇怪的地方：为什么这种果蝇能够与人类如此相似，似乎让我们理所当然地把它们当成人类在生物研究上的替身，同时却又与我们截然不同，因此我们也可以如此自然而然地随意摧毁它们，不会有任何悔恨与顾忌？[9]

果蝇打架的影像令人感到困惑。我们实在没想到，在与上海相距那么远的地方，这次不是蟋蟀，而是果蝇被当成一种纯粹的实验工具。果蝇居然会与一种没有昆虫相斗文化的文化有所牵扯，被拍摄下来，还丢了脑袋。上海人在玩蟋蟀时有很清楚的界限，他们与蟋蟀的关系暧昧，喜爱它们，但也很清楚它们就只是蟋蟀。在圣迭戈这里，界线也很清楚，果蝇就是果蝇，也没有暧昧的关系。圣迭戈的实验室里，人虫之间的相似性是可以量化的。即便数字并不是那么精确无误，但人类与果蝇之间事实上有很多共同的基因；就细胞的层次而言，人类与它们有很多一样的新陈代谢与传递信息的通路；而且，很多脑神经科学家都愿意承认，人类与果蝇有很多相同的行为，（而且他们也同意）两者有很多相同的分子机制（molecular mechanism）。[10]

这件事实在不怎么美好。动物实验就只是一种工具而已。通过实验将生物予以模式化，理由在于我们想要将身体与灵魂加以分离，同时也分离了生物学与意识，还有物理学与形而上学。如果我们能确认人虫之间的相似与相异之处并不属于同一个层次，就会比较容易下手。也就是我们必须用不同的基础来分辨相似性与相异性，很清楚人与虫的相似之处存在于基因里，而相异之处则根本是不证自明的：断定人虫差异的标准来自于远古的亚里士多德时代，如今已成常识，显然根本不须多加思索。我们大可以说它们就只是昆虫，人虫之间的差异毋庸置疑，我们也因而可以任意处置它们。伊利亚斯·卡内提（Elias Canetti）深谙此道理。他曾写道，昆虫是“法外之徒”。

即便在人类社会里，摧毁那些小小的生物也是唯一一种不会遭受惩罚的暴力行径。它们的血不会让我们有罪，因为那种血与人血不同。我们不曾凝视它们的呆滞眼神……至少在西方世界里，它们也不曾因为我们越来越关心生命（不管此趋势是否有实效）而获得好处。[11]

荷兰哲学家兼人类学家安玛丽·摩尔（Annemarie Mol）曾研究过动脉粥状硬化症（atherosclerosis）的社会性，那是一种会让动脉变窄，阻碍血液循环的疾病，一开始出现在腿部，接着会转移到心脏去。摩尔是个敏锐的观察者。她曾经旁观动脉粥状硬化症患者被解剖的过程，其中许多死者都是在医院的疗护之下病逝的。她注意到，当病理科医师把厚厚的肉体划开，进入尸体的循环系统时，总是会稍候片刻，拿一块布把尸体的脸部遮住。[12] 根据此动作，摩尔认为，事实上尸体所代表的是两种存在物：身体只有一个，但却蕴含两种存在意义。被切割的身体是生物学上的身体，与人性的形而上学无关，是一块可以随意肢解，无名无姓的肉；但被切割的身体也是另一种存在物，它是一种具有社会性的身体，它有过去的种种经历，有亲友，一种曾经爱过也受苦过的身体，需要他人的谦逊对待，还有尊重与关注。摩尔的重点并不在于我们该去讨论解剖桌上的身体是哪一种身体，而是要凸显出两种身体其实都在，用布遮脸的举手之劳尽管简单，也是对于身体社会性的确认。

也许她所提到的那一块布正足以指出，尽管两者都会打斗，但上海的蟋蟀不同于圣迭戈的果蝇。也许两者之间具有一种存在意义上的差异。在上海，每一只蟋蟀都与许多蟋蟀同在，它们弹性的身体都承载着许多经历，许多朋友。它们的身体让许多人怀抱梦想，许多计划就此展开与落空。如果它们是斗士，我们也是。至于圣迭戈的那些果蝇，只是科学性的，是一种“活生生的实验室利器，就像显微镜、电流计或分析试剂一样”，其目标明确，角色也有清楚定义，不管死活都无关宏旨。

1 Nicholas Wade, "Flyweights, Yes, But Fighters Nonetheless: Fruit Flies Bred For Aggressiveness," *The New York Times*, October 10, 2006, F4；Herman A. Dierick and Ralph J. Greenspan, "Molecular Analysis of Flies Selected for Aggressive Behavior," *Nature Genetics* vol. 38, no. 9 (September 2006): 1023-1031. 也可以参阅：Ralph J. Greenspan and Herman A. Dierick, " 'Am Not I a Fly Like Thee?' From Genes in Fruit Flies to Behavior in Humans," *Human Molecular Genetics vol*. 13, review issue 2 (2004): R267–R273.

2 Wade, "Flyweights" .

3 Robert E. Kohler, *Lords of the Fly: Drosophila Genetics and the Experimental Life* (Chicago: University of Chicago Press, 1994).

4 曾有学者把路易·巴斯德（Louis Pasteur）描绘为"把动物当成试管来使用"。那学者写道，"因此，细菌学与免疫学研究也就难免把动物当成一种文化媒体"。请参阅：Anita Guerrini, *Experimenting With Humans and Animals: From Galen to Animal Rights* (Baltimore: Johns Hopkins, 2003), 98.

5 Kohler, *Lords of the Fly*, 53.

6 Thomas Hunt Morgan，转引自：ibid., 73.

7 Ibid., 67.

8 关于这一点，请参阅：Rebecca M. Herzig, *Suffering for Science: Reason And Sacrifice in Modern America* (New Brunswick: Rutgers University Press, 2005) .

9 Erica Fudge, *Animal* (New York: Reaktion Books, 2002)。在此特别感谢加州大学圣塔克鲁兹分校的丹尼·所罗门（Danny Solomon），与我针对这个问题进行过一席有趣的对谈。

10 Greenspan and Dierick, " 'Am Not I a Fly Like Thee?,' " R267.

11 Elias Canetti, *Crowds and Power*, trans. Carol Stewart (New York: Farrar, Straus and Giroux, 1960), 205。特别感谢德扬·卢基奇（Dejan Lukic）告诉我这一页的文字。

12 Annemarie Mol, *The Body Multiple: Ontology in Medical Practice* (Durham: Duke University Press, 2003), 126.

I

无以名状
The Ineffable

在最微小的事物中可窥见整体

1

我在约瑞斯·霍芬吉尔（Joris Hoefnagel）的自然史经典之作《四大元素》（*The Four Elements*）第一卷《火》（*Ignis*）里面看到了最美丽的昆虫图像，该书是这位来自法兰德斯的微型图画画家所创作的世界动物手册，完成于1582年。[1]

霍芬吉尔的水粉画很细致，栩栩如生，全都画在约15厘米×18厘米的78张羊皮纸上面，他笔下很多昆虫都像是保持不动，但随时都会有动作，每一只都仿佛屏息以待，它们的阴影看来好像会在平淡的白色地面上晃动似的。其他昆虫则是被他画在一个简简单单的金黄色圆圈里，仿佛有魔法，能够把它们圈在里面。也有一些蜘蛛从画框垂降下来。有时它们似乎知道彼此的存在，有时似乎不知道。有时候它们会彼此接触，但通常不会。有时候它们看起来是那么近，似乎就存在于赏画者的时空里面，我在美国国家艺术馆（National Gallery of Art）亲眼看到如此珍贵的作品时就有这种感觉，令我不禁屏息惊叹——拿画给我看的人是“绘画大师①版画与素描画”部门的管理员格雷格·耶克曼（Greg Jecmen）。

我会那么诧异，我自己也感到奇怪。在那片刻间，我把自己想象成16世纪的人，因为看到霍芬吉尔的作品而倒抽一口气，因为对于当时的人来讲，昆虫很可能还是低级而讨人厌的，在亚里士多德所建构

① 绘画大师（Old Master）：指18世纪以前的画家。

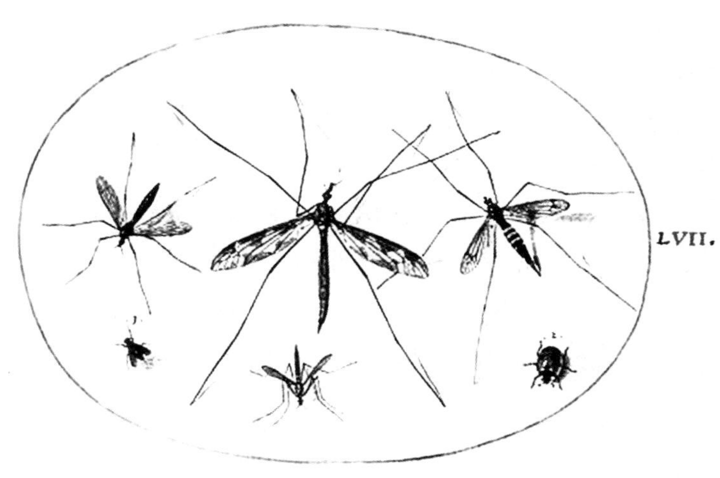

华盛顿特区国家艺术馆珍藏的霍芬吉尔笔下的昆虫水粉画。

的自然层级里，它们是被掩埋在黑暗粪土与腐尸里的最低等动物，不值得动脑筋去思考它们——直到霍芬吉尔的作品出现才改观，因为它们在他笔下是如此惊人而完美，而这肯定也是他的创作意图。

2

“In minimis tota es.”（在最微小的事物中可窥见整体。）伦敦内科医师托马斯·莫菲特在他的《昆虫剧场》一书中如此写道，那是一本研究昆虫生活与知识的百科全书，与《四大元素》都是在同一年发想与开始写作，但是直到 1634 年才出版问世。[2] 莫菲特笔下的昆虫在很多重要的方面都是典范。它们勤奋而繁茂，表现得很有秩序，尊敬年老的昆虫，也悉心照顾后代。它们的蜕变不只是一种转变，而是重生。它们的神奇表现令人敬佩。它们虽小但却完美，让人想要高声疾呼："主啊！你的作品多么美好！"[3]

《昆虫剧场》是第二本伟大的昆虫百科。第一本是波隆那博物学家兼收藏家乌利塞·阿尔德罗万迪写的《论动物》（1602年出版），该书深具权威性与目的性，也为昆虫打开了一扇大门，替昆虫进入自然史的学术研究领域铺路。[4] 以上两本书都是在霍芬吉尔的《火》问世不久后随之而来的，这让《火》不但变成"为昆虫学奠基的里程碑之一"，也成为第一本把昆虫界"当成一个个别王国，而非附属于其他主要动物纲"的专著。[5] 因为新大陆的探险与航海事业的扩张以及横跨大陆进行贸易，活络与丰富了扩及整个欧洲大陆的早期现代自然历史研究，这三本书在这波研究中占有一席之地。通过无远弗届的信件往返网络与危险的旅游，学者、商人与赞助者得以互通声息（三者的功能常常有所重叠），布拉格、法兰克福、罗马与其他文艺复兴晚期的学习中心因而连成一气。

莫菲特之所以坚称"在最微小的事物中可窥见整体"，并非只是在为自己辩护。他其实也是诉之于一种被时人广为接受的柏拉图式宇宙论，主张大与小之间的关系就是大宇宙与小宇宙之间的关系，每件事物都包含着能够生出整个宇宙的种子。[6] 这个概念多么适用于昆虫的研究啊！昆虫的小小世界之所以令人惊诧，不只是因为其中包含着极其复杂细微的社会性、生物性与象征性生活，最重要的是因为我们可以看出一个极大与极小的对比：在那极小的世界里充斥着如此密集的活动与丰富的意义，而且它与那极大的宇宙之间也具有一种精确而神秘的相应关系。若想要了解大宇宙的结构，有什么研究对象更胜于那最为迷你的小宇宙？有鉴于神奇的现象的重要特色之一就是充满怪诞，莫菲特有充分的理由可以主张，微小的昆虫世界里到处充斥着满满的神性，在这方面它远胜于自然界中其他更为显眼的现象。这种思维模式强调大宇宙与小宇宙之间的对比，它不但被这些博物学家所隶属的人文学圈遵奉不渝，甚至霍芬吉尔的最后一位赞助者，神圣罗马帝国皇帝鲁道夫二世（Rudolf II）也是根据此原则在布拉格筹建他那一间全欧洲最大的奇珍收藏室（Kunstkammer）——此处就是《四大元素》一书的最后收藏地。[7]

然而，这里有复杂的动机。尽管莫菲特、霍芬吉尔与阿尔德罗万迪都想要让昆虫更有德行，他们也同时发展出一种聚焦于观察的实作，如同艺术史家托马斯·达科斯塔·考夫曼（Thomas DaCosta Kaufmann）写道，“都是要导向对于物质的研究，导向一种把自然世界的种种过程当成目的自身的研究。”[8]在画昆虫的同时，霍芬吉尔也发展出一种补充性的绘画技巧，后来并因此成为世俗静物画发展史上的重要人物。霍芬吉尔与他所在的荷兰人文主义学圈的成员一样，看来都是支持新斯多葛主义（Neo-Stoicism），在政治上走的是温和路线，在宗教立场上也比路德教派更为温和，并且自觉地反对当时各教派间由于无法兼容而遂行的宗教暴力事件，例如他就亲眼看见家乡安特卫普市遭到西班牙士兵洗劫，他的商人家族因而失散流离，他自己也踏上了漂泊各国的旅程，行经慕尼黑、法兰克福与布拉格，最后到了威尼斯。

尽管如此，如果你把霍芬吉尔想象成现代的世俗科学插画家，那就错了。他所遵从的工作伦理背后有非常深的宗教意涵，但也因为身处于基督教教派林立的后宗教改革时代，他同时希望能有一个让各教派和平相处的和解方案。[9] 在《四大元素》一书的大多数画作上面，霍芬吉尔的确都附上了一些赞颂神启与神旨的《圣经》警语。然而，这些圣经警语背后所传达的虔信，对今日的我们来说却理解不易。我们对于神圣、世俗以及如今所谓的神秘领域虽然有明确界线，但当时却不那么清楚。[10] 那几十年恰好是研究的现代模式刚要成型的关键时期，但同时也有许多欧洲知识分子欣然拥抱许多秘教知识传统，宣称其相应的自然哲学与艺术将能揭露世界的深层秩序。早期现代的学者利用神秘主义实验、命理学、徽章符号学以及各种魔法来填补“观察表象与直观潜藏真相”之间的鸿沟，借此把自然的秘密揭示出来。[11]

昆虫是如此渺小，外观奇异，繁殖力如此惊人，对欧洲知识分子来讲，各类昆虫之间的差异是非常深奥而令人困扰的，一方面很自然，没什么特别，像上帝给定的，但另一方面又不可解。也许这种怪异的本质足以用来说明为何当时的人都喜欢研究昆虫，同时也能解释为何昆虫的研究活动会在自然哲学的领域里引发那么多紧张关系。以弗朗西斯·培根的自然史著作《林中林》（*Sylva sylvarum*，1627 年出版，他的最后一部作品）为例，他对于“繁殖现象”（vivifaction）的解释就深具亚里士多德式的风味。培根是大家广为接受的经验哲学之父（也许这种看法太过简单），他之所以把该书第七部分的绝大多数篇幅都用于论述昆虫，是因为“渺小的事物通常能更完善地反映出万物的本质，而非较大的事物来反映本质。”

“针对昆虫进行思考，已经结出了许多美妙果实。”培根写道：首先是发现了繁殖现象的起源；其次是发现了形态生成之起源；第三是在完美生物的本质中发现了许多事物，但那些生物还涵藏了更多有待发现的东西；第四则是通过解剖来观察昆虫，进而影响对于完美生物的研究。[12]

他对昆虫本身并无太大兴趣。它们的价值在于能够透露出有关更高等生物的秘密。即便在这短短的段落里，我们也可以看出他对于研究对象抱持着一种超然态度，与霍芬吉尔的亲近态度截然不同。但是，昆虫可以说是自然界中更大生物的缩影，这种“同中有异”的紧张关系让培根得以把所有生物的生理现象普遍化，主张有很多基本特色是一样的。就此看来，他一方面愿意把昆虫当成一种值得认真研究的对象，但却又进一步贬低它们，视之为废物与不完美的生物（就像亚里士多德学派主张许多昆虫是自然生成[①]的一样），这刚好显现出莫菲特、霍芬吉尔与其他爱虫科学家所面临的障碍。此一争端在整个18世纪始终持续着，让启蒙运动时代的学者，例如简·施旺麦丹（Jan Swammerdam）与瑞内·安端·费肖·雷奥米尔（René Antoine Ferchault de

① 译者注：这就是所谓自然发生说（spontaneous generation）的概念，就像中国古代有腐肉生蛆与腐草化萤之说，亚里士多德认为昆虫与其他小生物是池底与溪底的泥沙生成的。

Réaumur）等第一代的专业昆虫学家都备感困扰：尽管他们的科学地位显赫，但是却常因为把学术研究的心血投注在如此微不足道的对象上而遭人奚落。[13]

面对这样的情况，莫菲特的策略是呼吁大家应该针对事实来进行思考：必须借由事实、逸事、观察与例证的大量累积，通过证据的力量来强化说服力，因为经验将引领我们发现更多奇妙难解的自然现象，而非如培根可能以为的，经验就能提供解答。莫菲特一再通过惊人的日常语言来说明奇妙的昆虫世界令他感到诧异不已。某个非常典型的例子是（就在他建议应该使用放大镜之前），他提出了一个似乎非常令人难以置信的主张［至少对于不熟悉老普林尼（Pliny，古罗马学者）的人而言应该是这样］，而且他的做法是使用简单的模拟式语言，强调昆虫无所不在，而这也是它们极为神奇的特性之一。“你可以在蜜蜂身体上，”他用很激动的语调写道，“找到放花蜜的小瓶，它们的脚上沾满了黏性极强，可以用来制作蜂蜡的沥青……”[14]

与莫菲特的昆虫一样，霍芬吉尔的昆虫是令人同时觉得既熟悉又陌生的。我越是花时间去欣赏他的《火》，就越觉得他显然就是要把自己的全部心力投注其中，力求将那些昆虫变成奇妙的生物。在其画笔之下，无论是甲虫、飞蛾、蟋蟀、蚂蚁、蝴蝶、蜻蜓、一只蚊子、三只蚊鹰①、一只毛茸茸的黑色毛毛虫、一只瓢虫、许多蜜蜂、大量蜘蛛（尺寸与外观各异），甚至还有一些鼠妇，都被转化成足以引发文艺复

① 蚊鹰（mosquito hawks）：可指蜻蜓、豆娘或大蚊等昆虫。

兴晚期所谓“赞奇之感”的主角。那是一种特殊的感知经验，一种结合知识与感觉的“认知的热情”（cognitive passion）。[15] 在 16 世纪的欧洲，适时地知道何时以及如何“赞叹奇妙”正是一个人教养的展现。

史学家洛林·达斯顿（Lorraine Daston）与凯瑟琳·帕克（Katherine Park）曾把所谓“奇物”（会在人们心里引发反应的对象物）描述为“最高贵的自然现象”。通过认同与收藏奇珍收藏室里面那些奇物，欧洲的文化精英阶层才得以定义自身。[16] 然而，每隔几十年，原本奇特的物品却会变得粗俗不堪，没有人想收藏，太过俗丽，太过不可靠而情绪化，因此无法满足那逐渐高涨的理性鉴赏标准。[17] 但是在霍芬吉尔的时代，人们依然四处寻求各种能够把“超凡”与“世俗”两个不同层面结合起来的东西，不管是自然界的事物，或者是拟仿自然界的巧妙手工物都无所谓（像是霍芬吉尔的那些昆虫），因为它们都可以显现出人类与自然界之间那种相互夹杂交缠的联系。通过引发赞奇之感，奇物让人类进行哲学式的反省，进而导引出对于真实的洞见，而这一点是亚里士多德在其著作中早就主张的。[18]

刚开始，我以为霍芬吉尔的画作之所以吸引我，是因为他的笔触精细敏锐，美不胜收。但是一旦我回过神来，开始从一个比较平凡、世俗与现代的方式去反省，我所思考的是：我之所以出现那种反应，难道不是因为过去通过学习，我早已熟知当代所重视的生物多样性美学，以及与其相关的保育伦理①？接着我开始认识到，霍芬吉尔所做

① 保育伦理：提到资源的使用、分配和保护，重点在保持健康的自然环境和生物多样性。

的是另一件事。他要求我不能只是用眼睛去看，去注视观察昆虫，而是要用一种全新的视角去面对它们。对于人与虫在生物构造上的巨大差异，以及昆虫在人类社会中的极度边缘性，我必须学习直接面对并且（既不忽视也不张扬地）安住其中，才有办法进而找寻同理的可能基础。我开始了解他希望我尽可能与那些昆虫近距离四目交会，直接交锋，并且愿意在此人虫相遇的过程中被改变。[①]

3

《四大元素》的书名已经讲得很清楚：动物的世界可以分成四种。每一种被作者写成独立的一卷，每一卷都与某种元素息息相关，每一种元素也都有象征性的意义。《土》之卷写的是四只脚的动物与爬虫类，《水》之卷是水里的鱼类与软体动物（mollusk），《气》之卷是鸟类与两栖动物，而第一卷《火》则显现出他有意让人大吃一惊：因为他并未把火与蝾螈联想在一起（据说蝾螈可以穿越火堆而丝毫不会受伤），而是把该卷命名为“理性动物与昆虫之卷”，借着这个全新的分类范畴把昆虫与充满聪明才智的人联结起来，因为两者都是既奇妙又非主流的动物。

① 译者注：作者的意思是，西方的现代性对于人虫的差异，一直无法妥善处理，不是（负面的无视与）抹消，就是（正面的想要）代言。作者试图借由这几章，通过异文化（如蟋蟀）或者现代性降临之前的欧洲文化（如文艺复兴），看见对人虫差异的不同理解的可能。

霍芬吉尔不像培根那般忠于亚里士多德，但他还是把他自己的动物学学说追溯回亚里士多德。但也许这种说法有所误导，因为现代早期的欧洲自然哲学（natural philosophy）① 与亚里士多德学派的思想向来有密不可分的联系。[19] 亚里士多德主义的结构式宇宙论都早已被推翻，但亚氏生物学的主要学说却一直到 18 世纪中叶以后仍流行于欧洲，没有多少人出面挑战他。而且，对于刚刚才起步的昆虫学来讲，亚里士多德非常重要，他提供了各种关于昆虫的观察与分类法。亚里士多德写了《动物史》(*History of Animals*)、《动物构成论》(*Parts of Animals*）与《动物生成论》(*Generation of Animals*)，其学生泰奥弗拉斯托斯（Theophrastus）后来写了一本有关动植物互动的书，而老普林尼在其《自然史》(*Natural History*）一书的第十二卷也收录并且扩充了亚里士多德。亚里士多德在其分类法里面首创了一个叫作“entoma”的范畴，意指有凹口或体节的动物（animals with notches or segments），也因此成为意图有系统地为昆虫进行分类与描述工作的史上第一人。[20] 在这之前，能够获得自然史学者注意的只有那些（主要是在医学上）具有危险性或功用性的昆虫。

亚里士多德从观察到的形态特征推演出分类学上的特色，再加上层次不同的差异，借此构成层级更高的分类阶元（taxa)。[21] 然而，他并不像林奈（Linnaeus）那样严格地只从形态上的特征去做区别，而是

① 自然哲学：自然哲学向来被视为自然科学的前身，是一种思考人类与自然的关系的哲学。

聚焦在动物的灵魂上，也就是把它们的主要功能当作为其自身下定义的特色，而非依其身体下定义。而且，尽管他有时的确会采用二分法，例如把昆虫区分为有翅膀与没翅膀，但是他辨别昆虫的原则是去寻找各种独有的特色，而非二元对立之处。此外，他的分类方法源自于他的本体论学说，两者都是构筑在一个宇宙论信念之上：自然背后的驱动力是一种目的性，能够印证这一点的，是一个不断趋近于完美的层级结构，而位于其中最上层的，理所当然，就是人类中的男性。史家劳埃德（G.E.R. Lloyd）曾对此提出清楚的解释，此一庞大的层级结构所默认的是，动物的体液性质、繁殖方式与完美程度之间有密不可分的关联。劳埃德写道：

“亚里士多德根据动物的感觉官能、移动方式与繁殖方式来区别不同类别的动物。在他看来，与这些能力密切相关的是动物的某些基本性质，像是冷、热、湿、干。因此他区分了胎生动物、卵生动物（卵生动物主要还分成两种，一种是可以生产完美的卵，另一种的卵则是不完美的）以及生产幼虫的动物，三者构成了一种趋向于“完美”的层级结构，而且越热越湿的动物就越完美。”[22]

昆虫是又冷又干的，它们是四大类无血的动物之一。有些有翅膀，而且全都至少有四只脚，也全都有视觉、嗅觉与味觉，有些有听觉。如同劳埃德指出的，最重要的是，它们的繁殖方式是所谓的“自然发生”——在亚里士多德的四种繁殖方式中，是最不完美的一种。例如，家蝇是从粪便中生成的，跳蚤也是，而虱子则源自于肉，虫子从累积多时的雪里长出来，飞蛾来自于又干又脏的羊毛，其他昆虫则来自于露水、泥巴、木头、植物与动物的毛发。这些例子说明，在没有透镜的帮助之下，亚里士多德使用的是近距离观察法，并且还采用了一种有点武断的理论工具。据其观察，这些小动物都有性别，但它们的子孙都是比较劣等，比较不完美的有机物：例如，苍蝇与蝴蝶的后代都是小虫。[23]而且因为没有演变，昆虫无法改善自身，无法从“粪堆”演变成完美的“以太”①（ether）。就每一方面而言，亚里士多德都认为昆虫（唯一的例外是备受他重视的蜜蜂）是所有动物里面与完美距离最远的一种。[24]

《火》展现出一种反抗亚里士多德式阶层理论的精神。早期的艺术家都聚焦在那些最具象征性的昆虫身上，例如锹形虫、蜜蜂与草蜢，或者把朝圣过程中遇见的当地物种记录下来，写入纪念性质的泥金装饰手抄本中（illuminated text），霍芬吉尔却是用《火》一书来提升昆虫这一类动物的地位。[25]在霍芬吉尔笔下，昆虫变得如此重要，昆虫界的凝聚力如此强大，而且他还隐然主张各种昆虫之间的平等概念（不管是讨厌的蚊子或平凡无奇的鼠妇，还是勤奋不懈的蜜蜂，他都一样重视），借此坚持他所谓“insecta”这一类动物的整体价值。

为了支持自己的论点，他求助于亚里士多德的物理学原则。根据流行于文艺复兴时期的宇宙观，宇宙可以被区分为两个领域：位居上面的，是完美而不可能遭毁坏的“以太”，其律动完美而一致，可称为天堂；而在下面的则是与月球毗邻的地界，流动不居，由火、土、气、

① 以太：亚里士多德假想出来的在水、火、气、土等物质元素以外的媒质。

水等四大地上原质构成。在这四大元素里，火是地界的表层，它充斥于最高的自然界之中。因为不受任何阻碍，火总是会自然而然地往上冲向天堂，因此就这方面而言，它是与完美最接近的。[26]霍芬吉尔把昆虫跟火联结在一起，而此举无异于把它们融入了一种最特殊的元素，这种元素与生灭息息相关，是最为变化多端，充满动力，深不可测的，而且对于早期现代欧洲的人而言，也是最奇妙的。还有，最重要的是，与《四大元素》一书其他几卷的逻辑有所不同，火并非昆虫居住的环境。火所代表的是昆虫所具备的特质。[27]

4

然而，《火》的卷首所描绘的并非昆虫，而是一对人类的夫妻。画面上那个男人的眼神凝视前方，他老婆把手搭在他的肩膀上，像是保护他的动作，他名为佩德罗·冈萨雷斯（Pedro Gonzales），是霍芬吉尔笔下第一个“理性动物”。

有人在特内里费岛（Tenerife）上发现冈萨雷斯后，将他带回法国，在宫廷接受人文教育，根据霍芬吉尔在画上的提词显示（也有其他历史文件记录此事），后来他成为欧洲社会知名的文人。从服装与举止看来，他非常有教养，但是从他的多毛症与他那几个出现在下一页，看起来也很忧郁的孩子看来，他向来是被视为荒野之人——能够进而印证这一点的，是他们在画里面也置身于蛮荒景色中。那景色强化了他们夫妻俩的孤寂感，那一个把他们围起来的金色圆圈看来则像是

霍芬吉尔绘制的“理性动物”冈萨雷斯夫妇，收录在《四大元素》的《火》之卷中。

在讽刺两人的文明之路。受到因冈萨雷斯生理特征而来的盛名之累，这对夫妇无疑过着十分孤寂的生活。如同画像下方所引的《乔布记》（*Book of Job*）诗文所言：（这是一位）“妇人所生之人，其生也短，其涯也悲。”[28]

但是，是哪一种人？出现在整本《四大元素》里面的理性动物，就只有冈萨雷斯与其妻女（还有在第三页里面只有文字描述，没被画出来的巨人与侏儒）。他们位居人性的边界上，但因为终究算是人类而更彰显出奇特性，将理性（足以定义人类的特性）与动物性（与人类定义相对的性质）结合在一起，自然层级的概念也因而被动摇了。就身体的层次而言，他们立刻被认定为是所谓“野人”与怪物的一员——这种生物在文艺复兴时期欧洲人的想象中，比比皆是，而且时人认为往往只有通过与人类相对的怪兽才能真正了解人类的内涵。不过，就文化的层次而言，毫无疑问地，冈萨雷斯的确是人类，而且霍芬吉尔在其说明文字里也说得很清楚，他是位人文学者。而正是在这关键的一点上，冈萨雷斯的“理性”恰好对当时“人类是理性的动物”此种通说抛出了深刻的挑战。与此相呼应的是差不多同时的蒙田（Montaigne）《论食人族》（*On Cannibals*）这篇论文中提出的观点：当巴西原住民与欧洲人在法国宫廷相遇时，同样对欧洲人的文明优越性抛出了挑战。[29]

当时，冈萨雷斯一家人的“珍奇感”普遍被意识到。很多人帮他们画了重要的肖像画。许多显赫的内科医师也被找来看诊。阿尔德罗万迪就曾亲自检视过这一家人，并且在他写的《怪兽志》（*Monstrorum histori*）一书里面摆了他们的画像。[30]但是，在所有的评论里面，霍芬吉尔所说的是最为深入的。如果这一家人是受害者，他们的悲惨处境可说是针对“不宽容”所提出的控诉，而且如同艺术史家李·亨德里克斯（Lee Hendrix）所说，当我们通过这幅作品而认识他们，也应该会想起当时遍及全欧洲、使霍芬吉尔也沦为受害者与难民的宗教迫害。[31]如果这一家人确实是受害者，那么他们也正如同宗教迫害的牺牲品一样，都饱受世人误解。而这些受害者或许包括所有的受害者在内，也都曾经引发世人的赞奇之感。他们在浴火后自然而然地摆脱尘世的一切，往天堂高升。那实在是一种深具震撼力的影像，自从我在华盛顿特区的国家艺廊看过一眼后，始终铭记在心。这位奇人的凝视充满穿透力，紧紧盯着我这位赏画者。那个悲伤但却镇定的女人并未看着她丈夫或者画家，而是用茫然认命的眼神看着前方某处，也许她才是画中最令人挥之不去的角色：因为她选择跨越人兽之间的界线，自愿受苦，肩负起调解真正的人类与理性动物之间的差异，但是没有人为她留下只言片语，她的名字与生平似乎在所有的记录中都付之阙如。

为何霍芬吉尔要把冈萨雷斯一家人与昆虫一起摆进他所设想出来的全新自然层级？或者用更精确的方式说来，为什么他要用这些奇人来为其关于昆虫的著作定调与起头？答案也许就在奇人与昆虫的共通

在没有显微镜之前，人类用绘画和拍照的方式记录昆虫。

之处：两者都是如此奇妙，但却被残酷地误解为不完美的生物，被迫处于自然界的边缘。如果说冈萨雷斯的位置是在人性的边界上，那么昆虫也是同时站在自然的边界上与可见世界的边缘。在那隐而未显，但却充满真理的世界里，它们指向自身以外之处，通向未知的深处，带着显微镜发明以前的人类踏上一趟“没有人探寻过的视觉之旅”。[32]

5

詹姆斯·弗雷泽爵士（Sir James Frazer）熟知早期人类学的各种发展，他曾提到“像顺势疗法的魔法”：一种以“相似律”[（Law of Similarity）也就是所谓的“龙生龙，凤生凤”]为基础的共感魔法；但我却过了好一阵子才意识到，《火》这一卷的内容就是这种魔法。[33] 先前我就已经知道这位早期现代自然哲学家想做的，就是以“魔法”（ars magica）来消除可见世界与直观宇宙之间的鸿沟。[34] 但为什么我这么慢才看出《火》与其中的昆虫本身其实就是一种魔术的道具？

也许是因为弗雷泽所举的例子虽然难以胜数（只不过他所举的例子都带有 20 世纪初社会科学的帝国主义偏见，例证之一是他的这一段话：“毫不令人感到意外的，对文明的进展与扩张做出最大的贡献的，就是那些征服世界的伟大种族”），但却没有一个与《火》相符。[35] 霍芬吉尔看起来并不像那一个“欧吉威族印第安人”（Ojebway Indian）能够借由“把针插进敌人的木头雕像的头部或心脏”来遂行魔法。他也无法让我联想到那些“秘鲁印第安人把脂肪与木头混在一起，制造出塑像，外形与不喜欢或害怕的人相似，在他们会经过的路上焚烧塑像，借此加害他们。”[36] 霍芬吉尔所画的那些昆虫如此逼真，因此完全不像那些由木头与脂肪制成的魔法道具：根据弗雷泽的说法，它们与被害者在外形上的相似性极为薄弱，有时只是在姿势上具有抽象的相似性，甚至毫不相干。

尽管有所疑虑，但弗雷泽还是同意，如果意图清楚明显，那么“模拟的魔法”（Mimetic Magic）是可以成立的。其实这一点早该让我有所体悟，如果我不先入为主地认为模仿注定是悲剧，也不认为模仿者总是无法真正成为模仿对象而注定一再失败，那我更早就会注意到弗雷泽的话了。我还是可以把霍芬吉尔当成一位（大幅超前其时代的）超写实主义者，而他的模拟方法其实是一种干扰战术，一种故意让赏画者情绪不稳的方法，目的是制造出能够有所体悟的心理状态。但也许不只是这样？弗雷泽的用词让我想起了瓦尔特·本雅明（Walter Benjamin）写的那一篇奇文《论模拟机能》（*On the Mimetic Faculty*）：他主张，模仿者的企图并非总是白费。根据本雅明对于模拟的了解，任何模拟都是可能的，以人类学者迈克尔·陶西格（Michael Taussig）的话来说，如果时机正确的话，对象“会从外在的变成内在的……模仿变成一种内化。”[37]

不只《火》里面画的那些昆虫是奇观，《火》这册画卷本身便是奇观。通过那些具有高度启发性的画面，我们可以看出霍芬吉尔具备一种让画作栩栩如生的惊人能力。即便如此，跟同一时代的大多数画家一样，他也是临摹其他画家的作品，只不过众所皆知的是，他有能力超越单纯的模仿。在他的笔下，就连德国画家杜勒（Dürer）名画中的

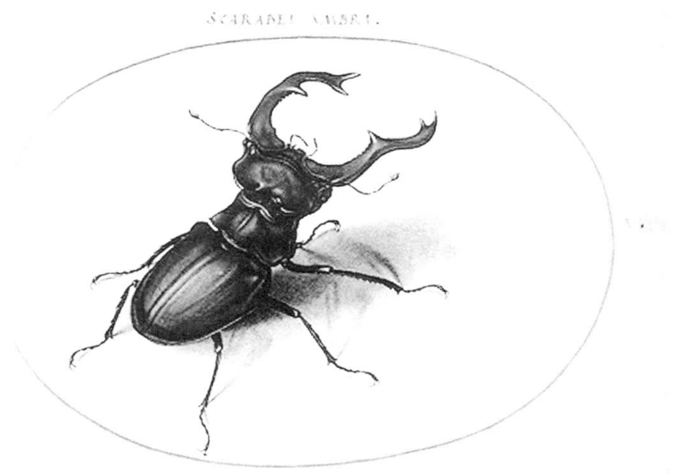

霍芬吉尔临摹的德国画家杜勒的名画锹形虫。

锹形虫也获得了新生命，其鲜活的外观让赏画者得以惊人地大幅逼近一个未知的世界。[38]

请试着不把这种复制看成只是模仿，而是把它视为一种为了更伟大与更神秘的东西而实践的哲学性艺术活动。它当然表现出一种虔信之意，因为那些都是上帝创造的生物，但也表达出一种想要往深处探究的相关意图，想要跨越表象与真实之间的鸿沟，还有羊皮纸与颜料和昆虫之间，主体与客体之间，人与神之间，还有人与动物之间的诸多鸿沟。霍芬吉尔所创造出来的相似性与弗雷泽的例子不同，并非要对被模仿者产生影响，而是要让我们能够认同那被临摹的对象。这是一种以内化为企图的模仿，通过同感（empathy）达成目的——通过创造移情的情绪来产生同感，而这些移情之感又是来自于霍芬吉尔许多高超的、令观者吃惊的绘画技法（这些手法让我把霍芬吉尔想象成早期现代的超写实主义者）。

关键在于赏画时必须保持霍芬吉尔所要求的积极心态。任谁也不可能忽略他笔下那些昆虫。就像佩德罗·冈萨雷斯的凝视眼神让我们无法忽视他，也吸引了我们的目光，坚持要求我们把他当成一个主体（当成一个人，一个公民，一个主题，还有一个受害者），霍芬吉尔把那些昆虫画得如此巨细靡遗，精确无比，其目的无非在于把它们的个体性呈现在我们眼前，让我们专注在那些生物本身，就像镜头的作用一样，引领着我们进入一个神秘而充满活力的大自然生物界。

戏剧性的呈现手法加强了此种效果：画作的背景通常是一片空白，产生一种既深邃又平面的感觉（请注意那些精细的阴影），同时又把那些容易让人分心的脉络去除掉，让昆虫能够置身于一个独立而无特色的空间里——在我看来，那是一个本体论的空间，而非如今很多人可能会认为的生态或历史的空间。仿佛就在倒抽一口气的瞬间，这些深邃又平面的空间突然将我们带进这些微小生物的世界里。我们好像都穿过了霍芬吉尔所提供的镜子，也都变小了。昆虫之间的身形大小差异（从最小的苍蝇到最大的蜘蛛都有）令人感到讶异、惊骇，但也兴奋。他强调它们的运动，它们的目的性，带我们临近它们那充满驱动力的智能。而这样的赞奇之感让我们由衷地谦卑。昆虫让我们意识到，人类的理解力是如此局限，而我们习以为常的生存状态又是如此贫乏。霍芬吉尔的“拟虫魔法”引领他的观者一步步深入一个秘密之境。越来越深，越来越近，来到一个难以言传、无以名状的境地。

6

保罗·盖蒂博物馆与研究院（J. Paul Getty Museum and Research Institute）位于可以眺望洛杉矶的某座山丘上，它收藏着霍芬吉尔的另一部大师级作品，《书法宝典》（*Mira calligraphiae monumenta*）：这本手工书籍异常美丽，内容包含了令人难解的隽语。原稿是书法大师乔治·博克斯凯（Georg Bocskay）于1561—1562年完成的。30多年后，在神圣罗马帝国皇帝鲁道夫二世的要求之下，霍芬吉尔开始为内文字体进行美化工作，在博克斯凯原有的字迹上加上水果与花卉，他笔下的各种完美小虫在精美的字母之间爬来爬去，待在字体的顶端，从尾端往下滑，穿越字体的花饰，啮咬着线条交会之处，一方面取笑博克斯凯通过华丽字体展现的精湛技艺，另一方面也传达出霍芬吉尔的信念：视觉影像可以表达文字无法表达的信息。[39]

尽管《书法宝典》给人一种轻快的感觉，但霍芬吉尔却很认真地深信，影像有能力把极其深奥的东西表达出来。就此而言，他让我联想到本雅明：因为本雅明一样也意图改变人类与他们在其中移动的世界之关系，勉力找出各种词汇来勾勒出他的“辩证意象”（dialectical images）——一种能掌握生命中所有矛盾，把表象世界轰出一个大洞的意象。[40]在第二次世界大战前夕的欧洲，本雅明发现身为一个犹太人与马克思主义者（虽然他是个非典型的马克思主义者）是很危险的，然而他依然虔信文字的力量，相信高度精练的文字意象足以引爆现实而展现真理。也许有人会认为这想法不太可靠。但我相信这些人是错的。即便文字的力量来自于意象，即便最勇敢的文字对于世界的影响都是脆弱且暂时的，但此概念依然坚持：没有什么是文字的魔法所不能突破的。[①]

尽管霍芬吉尔与本雅明对于文字与意象之间的关系有不同的观念，但我宁愿相信，他们应该能够了解彼此对于哲学家任务的看法。由于他俩各自深受基督教与犹太教虔信传统之启发，对于他们来说，批评的工作就是揭露真相的工作。而若想揭露真相，就得以激烈的改变手法来颠覆日常生活。我们或许可以把这种揭露真相的方法称为模仿性的震惊（mimetic shock）：通过高超的艺术拟真手法，而引发观者在瞬间产生心理位移。

几百年后的今天，霍芬吉尔的昆虫已经不如当年具有震撼力了。如今能打动赏画者的，是那些画作引人入胜的美，不是通过意料之外的视角所展现出的差异性。当年造访国家艺廊的那个早上，在格雷格·耶克曼帮我翻书之际，用不了多久我就意识到自己为什么会倒抽一口气：令我惊叹的是霍芬吉尔的才华，而不是因为我看见了那些昆虫的全方位具现——而我想，这不会是当初霍芬吉尔所设想与预期的

① 编者注：作者的意思是，“文字可以拯救我们免于苦难”的信念寄托于希望和信念，但想想 20 世纪的困境，这样的信念实在没有说服力，更遑论本雅明将文字的潜在转化力局限于“辩证意象”。但作者仍然愿意跟随本雅明，投注希望在文字语言上，作者并不想一笔勾销那样的梦想和可能性。

读者反应。让我铭记在心的是他以完美的笔法重现了那些生物，而不是因为那些生物本身让我感到震惊。而且一开始我并不了解他是把拟真视为一种改变世界的魔法。也许，正如本雅明所预见的，对于拟仿物与复制品的熟悉，已经让我们对原作的魔力感到麻木了。[41]

然而，霍芬吉尔为自己设定的任务是如此的困难！他所致力的，不只是要完美地再现那些昆虫，还要捕捉它们更深刻的特质，一种难以捉摸而且不可见的特质，但是他知道那特质确实存在，同时也深信可以通过模仿的艺术将其呈现出来。这是多么艰苦的工作啊！画着如此微小的昆虫，不只力求逼真，还要创作出比真实还要更为真实的作品（甚至比他所临摹的作品还要真实），这让他得以超越他所能看见的领域，走入一个未知的内在世界，跨越物种之间的障碍，在模仿的尽头，他也被带往一个人虫之间的差异已经泯灭的内化境界。

他成功了吗？他的模仿魔法真的是如此强大，足以跨越表象与真实之间，羊皮纸、颜料与奇妙生物之间，人神之间，还有人虫之间的鸿沟吗？也许光是看到成功的可能性，看到那种美丽画面曾经拥有过的力量，那就足够了。也许吧。但我猜想，霍芬吉尔并不以此为满足。

耶克曼又翻了一页，我们俩都注视着这页。他以为我并没注意到，便用他的手指向画面上较低处那两只蜻蜓身上残破的翅膀。他跟我说，那是真的，是真正的翅膀——霍芬吉尔从他的昆虫标本上取下来，极其小心谨慎地贴在画作表面上的。于是我发现，这些翅膀确实有所不同。经过反复地摩擦与分解，翅膀已经腐烂了，与中间那只蜻蜓身上那一对用画笔临摹出来的翅膀相较，反而没那么栩栩如生。许多中世纪手稿都有这种把发现的实物贴上去的传统，像徽章、贝壳或者压花之类的，它们象征着真实的事迹。那些物品可以说是某种遗迹，证明作者曾去过某个圣地朝圣，或者是想借着它们来唤醒自己的记忆。[42]但这翅膀有所不同。我相信霍芬吉尔是借着此举来凝望自己的失败，凝望所有艺术再现的极限，同时也凝望所有无可名状之物。我仿佛听见莫菲特的惊叹:“主啊！你的作品多么美好！”但与其说是欢呼，不如说是一声叹息。“主啊！你的作品多么美好！”我仿佛听见霍芬吉尔附和着，“但我自己的作品是如此无用啊！”

霍芬吉尔将真实的蜻蜓翅膀与画作相结合。

1 Joris Hoefnagel, *Animalia Rationalia et Insecta (Ignis)*, manuscript, 1582。这一份稿件目前收藏于美国国家艺术馆（National Gallery of Art）。在这一章里面关于约瑞斯·霍芬吉尔的部分，我有很大一部分论述都是源自洛杉矶盖蒂博物馆（Getty Museum）素描画策展人李·亨德里克斯（Lee Hendrix），她是研究霍芬吉尔的专家，请参阅她的出色论文："Of Hirsutes and Insects: Joris Hoefnagel and the Art of the Wondrous," *Word & Image 11*, no. 4 (1995): 373-90. 此外，还有她的未出版博士论文：*Joris Hoefnagel and The Four Elements: A Study in Sixteenth-Century Nature Painting* (Princeton University, 1984)；还有她与人合著的：*Lee Hendrix and Thea Vignau-Wilberg, Mira calligraphiae monumenta:* A *Sixteenth-Century Calligraphic Manuscript Inscribed by Georg Bocskay and Illuminated by Joris Hoefnagel* (Malibu: J. Paul Getty Museum, 1992). 还有，也有人把霍芬吉尔与其子雅各布·霍芬吉尔（Jacob Hoefnagel）放进相关脉络去讨论，请参阅：*Thea Vignau-Wilberg, Archetypa studiaque patris Georgii Hoefnagelii (1592): Nature, Poetry and Science in Art Around 1600* (Munich: Staatliche Graphische Sammlung, 1994).

2 转引自：Vignau-Wilberg, "Excursus: Insects," in *Archetypa*, 37-43, 42, n.14。托马斯·莫菲特（Thomas Moffet）《昆虫剧场》一书的素材来自于瑞士博物学家康拉德·格斯纳（Conrad Gesner）的昆虫学笔记，还有伦敦医生托马斯·佩尼（Thomas Penny）与伦敦动物学家爱德华·沃顿（Edward Wotton）的研究成果。请参阅：Edward Topsell, *The History of Four-Footed Beasts and Serpents,* vol. 3: *The Theatre of Insects or Lesser Living Creatures by Thomas Moffet* (London: 1658; reprinted New York: De Capo, 1967). 写完《动物史》（*Historia animalium*）第五卷之后，盖斯纳原本打算继续写以昆虫为题材的最后一卷（第六卷），但只写了一小段就在 1565 年去世了。关于莫菲特，请参阅：Frances Dawbarn, "New Light on Thomas Moffet: The Triple Roles of an Early Modern Physician, Client and Patronage Broker," *Medical History* 47, no.1 (2003): 3-22.

3 Topsell, "Epistle Dedicatory," in Moffet, *Theatre of Insects*, 6，感谢 Albigail Winograd 的推荐。

4 Max Beier, "The Early Naturalists and Anatomists During the Renaissance and Seventeenth Century," in Ray F. Smith, Thomas E. Mittler, and Carroll N. Smith, eds.,

History of Entomology (Palo Alto, CA: Annual Reviews, Inc., 1973), 81-94. 关于阿尔德罗万迪，请参阅以下书籍里引人入胜的大篇幅讨论：Findlen, *Possessing Nature*；关于昆虫研究的部分，可以参阅：Vignau-Wilberg, "Excursus: Insects".

5 Hendrix, "Of Hirsutes and Insects," 382.

6 Vignau-Wilberg, "*Excursus: Insects,*" 39. 东亚也曾出现这种关于微小世界的讨论，只是出现的时间更为久远，请参阅：Rolf A. Stein, *The World in Miniature; Container Gardens and Dwellings in Far Eastern Religious Thought,* trans. Phyllis Brooks (Palo Alto: Stanford University Press, 1990)。还有，François Jullien, *The Propensity of Things: Toward a History of Efficacy in China*, trans. Janet Lloyd (New York: Zone Books), esp. 94-98.

7 请参阅：R.J.W. Evans, *Rudolf II and His World: A Study in Intellectual History 1576-1612* (London: Thames and Hudson, 1973)；Thomas DaCosta Kaufman, *The School of Prague: Painting at the Court of Rudolf II* (Chicago: University of Chicago Press, 1988).

8 Thomas DaCosta Kaufmann, *The Mastery of Nature: Aspects of Art, Science, and Humanism in the Renaissance, 48*. 强调的部分是我加上去的。

9 就此而论，我们可以把霍芬吉尔视为基督教的"宗派整合者"(eirenist)。请参阅：ibid., 92-3。

10 16世纪末，许多与现代观念矛盾的昆虫学学说同时并存着，请参阅学者对于约翰·迪伊（John Dee）的精彩讨论：Stephen Greenblatt, *Sir Walter Ralegh: The Renaissance Man and his Roles* (New Haven: Yale University Press, 1973)。也可以参阅弗朗西斯·叶茨（Frances Yates）与安东尼·格拉夫顿（Anthony Grafton）等人对于迪伊的讨论。Frances Yates, *The Occult Philosophy in the Elizabethan Age* (Chicago: University of Chicago, 1991)；Anthony Grafton, *Gardano's Cosmos: The Worlds and Works of a Renaissance Astrologer* (Cambridge, Mass.: Harvard University Press, 1999).

11 Evans, *Rudolf II and His World,* 248. 我把原本文字中强调的部分移除了。

12 Francis Bacon, *Sylva sylvarum: or a Naturall Historie or a Naturall History in Ten Centuries* (London, 1626), century vii, 143. 曾有学者以非常有说服力的方式主

张，培根的“经验论革命”其实不算是一种实质内容的革命，而是一种风格革命，不过他的确带来很大的影响。请参阅：Mary Poovey, *A History of the Modern Fact: Problems of Knowledge in the Sciences of Wealth and Society* (Chicago: Chicago University Press, 1998), 10-11.

13 Lorraine Daston, “Attention and the Values of Nature in the Enlightenment,” in *The Moral Authority of Nature,* ed. Lorraine Daston and Fernando Vidal (Chicago: University of Chicago Press, 2004), 100-26；Hendrix, “Of Hirsutes and Insects.” 自然奇观与南北美大陆探险有何关系？有关此问题的讨论，请参阅：Stephen Greenblatt, *Marvelous Possessions: The Wonder of the New World* (Chicago: University of Chicago Press, 1991)。伊丽莎白女王期间，英格兰地区发生的自然（或非自然）事件往往会被认为带有某种预兆，相关说明请参阅：E.M.W. Tillyard, *The Elizabethan World Picture* (London: Chatto & Windus, 1943)；还有下列书籍的前几章：Keith Thomas, *Man and the Natural World: A History of the Modern Sensibility* (New York: Pantheon, 1983).

14 Moffet, *Theatre of Insects*, “Epistle Dedicatory,” 3.

15 Lorraine Daston and Katherine Park, *Wonders and the Order of Nature, 1150-1750* (New York: Zone Books, 1998), 1.

16 Daston and Park, Wonders, 167。也可以参阅：inter alia, Oliver Impey and Arthur MacGregor, eds., *The Origins of Museums: The Cabinet of Curiosities in Sixteenth-and Seventeenth-Century Europe* (New York: Clarendon Press, 1985)；Pamela H. Smith and Paula Findlen, eds., *Merchants and Marvels: Commerce, Science, and Art in Early Modern Europe* (New York: Routledge, 2001)；Paula Findlen, *Possessing Nature: Museums, Collecting, and Scientific Culture in Early Modern Italy* (Berkeley: University of California Press, 1994).

17 不过，之所以会有这种差异，可别以为它就是新科学与旧迷信之间的差异，能够印证这一点的，就是霍芬吉尔对于形态学的专注与精确要求，他已经充分展现出科学精神。关于这个问题的讨论，可以参考下列近作，虽然简短但很有用：Steven Shapin, *The Scientific Revolution* (Chicago: University of Chicago Press, 1996).

18 亚里士多德曾在书中写道：“自然之物，均有绝妙之处。”请参阅：

Aristotle, *Parts of Animals,* trans. A.L. Peck (Cambridge: Harvard University Press, 1937), I. v. 645a 5-23.

19 请参阅：Edward Grant, "*Aristotelianism and the Longevity of the Medieval World View,*" *History of Science* 16 (1978): 95-106。我们甚至可以把这种说法套用在炼金术士身上——不过，就像罗伯特·约翰·韦斯顿·埃文斯（Robert John Weston Evans）所说的，"那些炼金术士心中的'亚里士多德'是个神秘的智者"，请参阅：Evans, *Rudolf II and His World,* 203, n.2.

20 John Scarborough, "*On the History of Early Entomology, Chiefly Greek and Roman With a Preliminary Bibliography,*" Melsheimer Entomological Series 26 (1979): 17-27. 尽管在当代系统分类学里面找不到与"entoma"相应的范畴，但亚里士多德提出的这个范畴与"昆虫纲"（Insecta）没那么接近，而是近似于现代的"节肢动物门"（Arthropoda phylum）。除了蠕虫这种异常生物，"虫豸类"还囊括了现代的昆虫纲、蛛形纲与多足纲（myriapoda，包括蜈蚣与马陆），但排除了甲壳纲（crustacea）。这方面的概述请参阅：Günter Morge, "Entomology in the Western World in Antiquity and in Medieval Times," in Smith et al., *History of Entomology*, 37-80；还有：Harry B. Weiss, "The Entomology of Aristotle," *Journal of the New York Entomological Society* 37 (1929): 101-109；以及：Malcolm Davies and Jeyaraney Kathirithamby, Greek Insects (Oxford: Oxford University Press, 1986). 林奈分类法出现以后，形态学把蠕虫、蜘蛛、蝎子、蜈蚣、马陆与其他生物从昆虫纲剔除，让它们隶属于其他纲类。关于亚里士多德与林奈提出的分类学标准之详细讨论，请参阅：Scott Atran, *Cognitive Foundations of Natural History: Towards an Anthropology of Science* (Cambridge: Cambridge University Press, 1993).

21 Ibid., 38.

22 G.E.R. Lloyd, *Science, Folklore and Ideology: Studies in the Life Sciences in Ancient Greece* (Cambridge: Cambridge University Press, 1983), 18.

23 这些例子的来源请参阅：Morge, "*Entomology in the Western World*".

24 1688年，弗朗西斯科·雷迪（Francesco Redi）做了一系列知名实验：他在几个长颈瓶里面摆了肉，瓶口加了各种覆盖物。结果，只有苍蝇能够进去的长颈瓶里有蛆虫出现，这对于"自然发生论"来讲可说是一大打击，但并未把它彻底打垮。事实上，即便在显微镜普及之后，这个问题还是争论了很久。一直到巴斯德（Pasteur）在 1859 年进行了实验之后，这个问题才从哲学争论变成了一个以实验为基础的争论。

25 Kaufman, *The Mastery of Nature,* 42; Vignau-Wilberg, "*Excursus: Insects,*" 40-1.

26 Grant, "Aristotelianism," 94-5.

27 Hendrix, "Of Hirsutes and Insects," 380-82.

28 Ibid., 378.

29 Michel de Montaigne, "Of Cannibals" (1578-80) *in The Complete Works,* trans. Donald M. Frame (New York: Everyman' s Library, 2003), 182-93.

30 阿尔德罗万迪的《怪物志》于他去世后才在 1642 年出版。请参阅：Hendrix, "Of Hirsutes and Insects," 377。殖民时代，曾有很长一段时间各种异常人类从殖民地被运送到欧洲去展出或进行医学检查；就这方面而言，冈萨雷斯一家有其历史地位。这一类知名案例甚多，有用的相关说明请参阅关于所谓"霍屯督维纳斯"（Hottentot Venus），也就是原名莎拉·巴特曼（Sara Bartman）的异常女性之讨论，请参阅：Londa Schiebinger, *Nature' s Body: Gender in the Making of Modern Science* (New York: Beacon, 1995)；Phillips Verner Bradford, *Ota Benga: The Pygmy in the Zoo* (New York: St. Martin' s Press, 1992).

31 Hendrix, "*Of Hirsutes and Insects*" .

32 Lee Hendrix, *The Writing Model Book,*" in Hendrix and Vignau-Wilberg, *Mira calligraphiae monumenta,* 42.

33 弗雷泽爵士提出他所谓的"接触律"（Law of Contact），并据此区分顺势魔法（Homoeopathic Magic）与接触魔法（Contagious Magic）。在施展接触魔法时，必须先从想要施展的对象身上取得头发或指甲屑等材料，而不是针对与对象相似的某个东西下手。请参阅：James George Frazer, *The Golden Bough: A Study in Magic and Religion,* vol.3. (London: MacMillan, 1911-15), 55-119.

34 对此，罗伯特·约翰·韦斯顿·埃文斯曾做出下列解释："这种哲学的宗旨不只是要描述大自然的潜在力量，也企图控制那些力量，因为接受这种哲学的人不只了解那些力量，也知道怎样把力量发挥出来。这是一种对于魔法的追求（之所以称为追求，是因为这种哲学的提倡者未曾停止他们的解释工作），但不是‘黑魔法’，而是‘自然魔法’，理由在于促成这种魔法的灵感是神圣的，而非邪恶的。”请参阅：Rudolf II and His World, 197.

35 Frazer, *Golden Bough,* vol. 3, 118.

36 Frazer, *Golden Bough,* vol. 3, 55, 56.

37 Michael Taussig, *My Cocaine Museum* (Chicago: University of Chicago Press, 2004), 80. Walter Benjamin, "*On the Mimetic Faculty,*" in Reflections: Essays, Aphorisms, Autobiographical Writings, ed. Peter Demetz, trans. Edmund Jephcott (New York: Schocken Books, 1986), 333-36. 更多详细且具有深远影响力的讨论请参阅：*Taussig*' s *Mimesis and Alterity: A Particular History of the Senses* (New York: Routledge, 1993).

38 Thomas DaCosta Kaufmann, *The Mastery of Nature: Aspects of Art, Science, and Humanism in the Renaissance* (Princeton: Princeton University Press, 1993), 79-99. 另外有一篇文章对于这幅画的讨论方式截然不同，将它摆在现代初期人类对于甲虫的概念脉络里，请参阅：Yves Cambefort, "*A Sacred Insect on the Margins: Emblematic Beetles in the Renaissance,*" in Eric C. Brown, ed., Insect Poetics (Minneapolis: University of Minnesota, 2006), 200-22.

39 Hendrix and Vignau-Wilberg, *Mira calligraphiae monumenta.*

40 引自本雅明的文章《历史哲学论纲》（*Über den Begriff der Geschichte*）与《单向街》（*Einbahnstraße*）。

41 引自本雅明的文章《机械复制时代的艺术作品》（*Das Kunstwerk im Zeitalter seiner technischen Reproduzierbarkeit*）。

42 Kaufmann, *Mastery of Nature,* 38-48.

J

犹太人

Jews

虱子与“除虱”

1

历史学家亚历克斯·贝因（Alex Bein）认为，在寄生虫这个形象于现代被人与种族结合在一起以前，它就已经存在了。[1] 在古希腊喜剧里面，他发现寄生虫早已是个固定的角色：某个利用机智与主人和宾客斗嘴，故意让人羞辱，借此换取一顿温饱的穷人。接着贝因持续追溯，在近代早期人文主义兴起、学者回归希腊罗马经典后，寄生虫这个形象如何进入欧洲各地方言。在这几百年之间，原有的喜剧特质逐渐消失，“寄生虫”重现后变成一个贬义之词，用来形容那些对有钱人摇尾乞怜的家伙，或者是借由让别人做苦工而获利，但自己不需出力的人。于是，在 18 世纪，各种科学纷纷接受了“寄生虫”一词，先是植物学，继而是动物学，最糟糕的是到后来连人文科学也加入了，并为这个词添上道德评价的含义。

首先把“寄生虫”一词引介到欧洲政治哲学里面的，是重农学派（18 世纪中叶的自由派政治经济学家）。他们把社会整齐地区分成三种阶级：从事农业的是生产阶级（classe productive），地主是有产阶级，还有不事生产的不生产阶级（classe stérile），主要包括商人与制造商。

“寄生虫”吸走了国家赖以维生的血液。但是，为了要让这种陈词滥调具有杀伤力，必须先出现一个关键性的转化过程：必须要有一群人先成为实际上的害虫，而且在暗喻的角度也是。[2] 就像唐娜·哈拉维（Donna Haraway）所说的：“所有生物都是可以被杀害的，但只有人类被杀害才叫作谋杀。”[3]

2

雕塑家诺西格创作出的“流浪犹太人”看来充满自信，但是他的作品却“很快就被遗忘”。诺西格并不只是一位雕塑家。他是个知名的哲学家、政论家、诗人、剧作家、文评家，写过一部歌剧剧本，也是记者与外交官，博学的他曾在利沃夫（Lvov）、苏黎世与维也纳等地方分别接受过法律与经济学、哲学以及医学的训练，就像史学家舒莫·阿尔莫格（Shmuel Almog）所说的，他是一个“各种伟大计划的构思者”。[4]

诺西格的文字作品引发轰动。但不是因为他惹火了大家。反而是因为他提出一个明确的呼吁：欧洲犹太人问题的唯一解决之道，就是让犹太人在巴勒斯坦重新建立家园，这也让他成为最顶尖的犹太复国主义辩论家，名气与 1896 年出版了知名宣言《犹太国》（*Der Judenstaat*）一书的西奥多·赫茨尔（Theodor Herzl）相当。但是，现在回想起来，真正能够点出问题的，反而是那一种当年遭人忽视的东西。

这一切都像电影那样上演。包括诺西格被逮捕，速审速决，遭到秘密处决。19 世纪末尽管还有其他关键词，但其中最重要的莫过于以下四个：退化、科学、国族与种族。那是关于犹太人、波兰人与德国人之间的纠葛。很快地，欧洲与各国的殖民地就会遍地烽火，战事频发。所谓的“犹太人之争”（Judenfrage）[①] 也是“犹太人问题”（the Jewish Problem），而且新的解决方案已经渐渐露出曙光。诺西格将会周游列

① 犹太人之争：也就是关于犹太人的社会、政治地位，以及该怎样对待他们的相关争辩。

国。在他回到肮脏的犹太隔离区遭人处决以前，他曾在欧洲各地读书、雕刻、写书、创作剧本、编辑期刊、创办博物馆、展览与研究机构、成立一家犹太出版社，并且试图成立一家犹太大学，在巴黎、维也纳、伦敦、柏林与其他许多地方的会议与研讨会上演讲，成为知名的社会主义自由派分子，积极倡导和平，也尽力宣传犹太人应该移居巴勒斯坦的理念。

他把巨大的精力投注在文化与政治的激进主义活动，强调所谓“介入此世”（Gegenwartsarbeit）的精神，也就是着重各种可以改变当下情况的实践工作。到了快要 40 岁的时候，他已经是同时代犹太人里面最有名气的。但是他最后的下场却连“历史的脚注”都几乎算不上，他的名字永远与最糟糕的三个字脱不了关系:“通敌者”。还有谁的命运比他更糟糕吗?

诺西格曾与土耳其人、英国人、德国人和波兰人谈判协商。他把自己塑造成一个没有任何人喜欢或信任的神秘人物，也许带有恶意，但是谁也说不准。大家都知道他很有干劲。只是没有人了解他之所以充满干劲，是受到什么东西的驱使。看起来他好像能感觉到大难即将临头的样子。（但是真的有人感觉到大难即将临头吗？）

大家都不知道该怎么看待他。他有一种没有人喜欢，也无法让人信任的神秘特色。[华沙犹太隔离区犹太议会（Judenrat）的主席亚当·塞尼亚考（Adam Czerniakow）称他为巫师（Tausendkünstler），意思是他仿佛有三头六臂。[5]] 每当他出现在隔离区时，他总是沉默不语，一副高傲自大的模样。（“想听他开口讲话，实在是难上加难。”[6]）

无论诺西格是什么样的人，总之他在现代的社会科学里占有一席之地。他坚持掌握事实的完整面貌。他似乎觉得，如果能够了解真相，就能抵挡任何灾难的降临。他希望犹太人能够更深入自己的民族以及生活方式，让犹太人从堕落里重生。

所以那时出版了许多关于流亡生活的研究，提供统计数据。这就是所谓的“介入此世”。而且诺西格很快就领悟到，犹太人是否能够生存下去，是个必须从社会卫生学（social hygiene）角度去解答的问题。最重要的关键词就是退化、科学、国族与种族。

3

诺西格善用他的组织天分，在 1902 年成立了犹太统计学协会，同时他也是该会最早出版物《犹太统计》（*Jüdische Statistik*，1903 年出版）的编辑；来年，他又成立了犹太统计局（Büro für Statistik der Juden）。在纳粹时代以前，犹太统计局曾经是德国犹太人政治圈与知识界的要角，“直到 20 世纪 20 年代中期以前，一直都是欧洲犹太人社会科学活动的焦点。”[7]

历史学家约翰·艾弗隆（John Efron）曾经非常简洁地描述过此现象：问题的核心在于如何解释犹太人与德国人之间的身体、文化与社会差异。最重要的议题是，既然犹太人早已于 1812 年普鲁士王国时期获得解放，随后融入了德国社会，他们也接纳了德国文化，但为什么还是一个如此截然有别，可见度很高，很容易被辨识出来的族群？为什么他们没有办法摆脱既有的犹太人特色？无法摆脱那种很少有人能够描述得清楚，但却常常可以观察得到的本质？[8]

优生学，还有当时德国人用来取代社会卫生学的所谓“种族卫生学”（Rassenhygiene），如今回想起来，我们实在很难看得出这种形式的社会工程具有任何理想性。同样地，我们也不太可能相信种族卫生学的悲惨后果有其偶然性。达尔文主义不见得一定会转变成一种粗糙的竞争社会学；优生学不一定必须以建立完美国族或是分出种族的高下为目标，而只是单纯地希望从科学的角度来改善某些人口的身体条件。[9] 但是在这个发展过程中，最令人震惊的是这些意识形态能够结合在一起，继而把政治转化成某种形式的生物科学，而且此趋势居然如此势不可挡，许多人因而被带领着进入令人紧张不安的境地。

4

退化、科学、国族与种族。1897 年的第一次犹太复国大会（Congress of 1897）之后，诺西格持续在犹太复国组织里面待了 10 年。他全心投入犹太复国运动。到了 1908 年，诺西格终于离开了犹太复国组织，因为他越来越不满该组织的民族主义太过极端且无犹太特色，也不满他们在面对巴勒斯坦的阿拉伯人的时候，采取一种“拳头至上”

（cult of power）的态度①，不但会产生恶果，也不道德。[10] 同时，他也深信该组织忽略了屯垦行动，所以另外建立了一个有很多人共同参与的全新殖民组织，名为全犹太殖民组织（Allgemeine Jüdische Kolonizations-Organisation，简称 AJKO），希望它能够与犹太复国组织分庭抗礼。此刻，许多犹太复国主义者希望在奥斯曼土耳其帝国的政治架构下建立一个"犹太人的家园"，让他们感到欢欣鼓舞的是，土耳其政府也在发展某种政策，让境内某些不同宗教与种族的群体得以取得有限的区域自治权。[11]

第一次世界大战爆发之前的那几年，诺西格大动作争取土耳其人的认同，希望奥斯曼帝国能接受"全犹太殖民组织"，因为当时他还无法预见奥斯曼帝国的崩溃与巴勒斯坦落入英国人手里。尽管德国境内的犹太人团结一致，在第一次世界大战期间与轴心国站在同一边，但诺西格仍被视为德国间谍，因为他的激烈行动实在是太高调了——诺西格是德国间谍的耳语一直都在该地区的英美外交界与犹太复国组织内部流传着，而且等到这个谣言在 20 年后重新浮现时，对他更是产生了极度不利的影响。

随着国际局势在 20 世纪 30 年代持续恶化，诺西格也投身提倡和平，他甚至组织了一个以年轻犹太人为主力的和平运动。但是，最后他终究觉得不得不离开柏林，前往布拉格，再次投身于雕塑创作中。

① "拳头至上"的态度：作者指的是，犹太人不顾当地巴勒斯坦人的处境，想要强行建国。这不但有愧于巴勒斯坦人，也让犹太人屯垦区的安全堪虑。

欧洲的环境对于犹太人而言越来越不安全，但他还是设法在纳粹时代的柏林市举办了一次公开展览：因为他计划在耶路撒冷的锡安山兴建一个纪念碑，他先在柏林把纪念碑的等比例模型展示出来。那是一个叫作“圣山”（The Holy Mountain）的作品，其中包含了二十几个大型的圣经人物雕像，如今已经遗失了，但我想他所雕刻出来的人物应该会像他的“流浪犹太人”那样充满活力而果决。

此刻诺西格已经七十几岁，而且就像阿尔莫格所说的，因为他是“资深的犹太复国主义者”，巴勒斯坦为他提供了政治庇护。[12] 但是他没有去。这位毕生都致力于犹太人移民工作的老人不愿离开他的雕塑作品。接下来，世人听到他的消息时，他已经前往华沙，成为难民。

5

华沙犹太隔离区的犹太反抗组织指挥官马雷克·爱德曼（Marek Edelman）认为，如果要“让犹太族群摆脱一个具有敌意的环境”，那就不得不处决“恶名昭彰的盖世太保间谍阿尔弗雷德·诺西格博士”。[13] 让我觉得有趣的是，爱德曼一方面使用的是极其军事化的语言，但却又以博士的头衔尊称诺西格，形成的对比透露着不安的信息。但这也很有可能是他讲话时总是官腔官调。

很特别的是，爱德曼并未在起义行动中捐躯。犹太平民区遭到肃清之后，隔几天他和少数几位憔悴的同志一起从藏身的下水道现身，他搭乘一辆有轨电车，穿越车水马龙的华沙市雅利安人地盘，发现眼前出现了自己的图像。那是一张在起义行动爆发后立刻贴出来的海报，一看到海报，爱德曼就发现自己马上浮现一个念头，“真希望自己是个没有脸的人”。[14]

我们已经知道在这种恐惧情绪背后有一段段阴暗的历史，不堪回首。我们也知道虱子和它的生物机制。还记得不久前，像爱德曼与诺西格，他们继承了欧洲的科学与人文。但我们不知道的是（尽管不知道，但当然也不会太意外，是不是？），面对随着工业化而来的社会

在华沙市雅利安人的地盘，随处可见以虱子和艾德曼为主题的海报。

与种族退化现象，为了响应社会大众的恐惧情绪，德国内科医生阿尔非德·普洛兹（Alfred Ploetz）在1895年[也就是诺西格出版《社会卫生学》（*Social Hygiene*）那一年]出版了《论我们的种族体能与如何保护弱者》（*Die Tüchtigkeit unsrer Rasse und der Schutz der Schwachen*）一书，他在书中提出警告："传统医疗照料护理可以帮助个人，但却会危害种族。"[15] 我们也不知道，在1904年与1905年（这也是诺西格与他的同事们发起犹太统计协会，并且出版许多著作的时候），普洛兹医生于柏林创立一本期刊，还有一个用来推动全新种族卫生运动的组织。

众所皆知的是，奥斯维辛（Auschwitz）集中营的囚犯在死前还被精心设局。即将遭到处决的囚犯被带往所谓的"除虱设施"，里面装了许多假的莲蓬头。他们被带进更衣室，领了肥皂与毛巾。有人跟他们说，消毒后他们就有热汤可以喝。尽管他们对疾病心怀恐惧，也想把身体清理干净，但他们还是觉得极其痛苦，想要抵抗。对于生病的人来讲，除虱意味着疗愈，意味着他们可以重返社会，重新做人；对于虱子而言，它们却会被毁灭。等到囚犯发现自己只是虱子的时候，已经太晚了。

在此，生命的政治学等同于死亡的政治学。生命已经被剥夺了所有人性。（尽管在把人类变成虱子的同时，虱子也变成了人类。）这就是主权与医学专业人士结合的时刻。当然，我所说的并非诺西格（与爱德曼）之类的医生，而是在他们之前，早就一样以科学方式来争论国族生存问题，论述与他们相似但又不同的其他人。[16]

希姆莱的语言包含了隐喻与委婉的措辞方式，而且我怀疑，在某个层次上，那些话其实是他的信念宣言。纽伦堡大审判时，被律师们翻译成“除”（“除虱非关意识形态”的“除”）的那一个字，德文原文是 entfernen，亦即“排除掉或者把某个东西拿远一点”，这反映出希姆莱讲话时习惯使用委婉措辞，让语意含糊，刻意避开“杀掉”一词，而是改用“死亡率”“特别待遇”“移民”与“既有任务”等比较守法的字眼。[17]

那的确是一种隐喻与婉语，表达出希姆莱的信念，而且也可以说他的寄生虫反映出一种最具物质性的历史。在这种历史中，从体外（包括个人的身体、政体与别人的身体）进入体内的东西与总是留在体内的东西（体内的寄生生物）之间的区别终于消失了。人类与昆虫之间终于不再有区别；因为没有区别，所以可以把人类当虫子一样杀掉。

6

在所有的现代黑死病里面，最令人害怕的一种就是由虱子引起的斑疹伤寒，因为它总是突如其来，死亡率甚高，即便是到了 1900 年，斑疹伤寒“已经几乎绝迹”的时候，那种威胁感还是非常明显，而且也的确有病例存在：在犹太人、罗姆人（Roma）、斯拉夫人，还有其他与“东方”有关的低等族群身上都还可以找到。[18]

细菌学的兴起只是让德国人更害怕疾病而已。即便罗伯特·科赫（Robert Koch）（德国细菌学的先锋，曾于 1905 年因为霍乱与结核病的研究而获颁诺贝尔奖）拒绝宣称病原体来自于某些种族（他强调传染的观念)，但是他的研究与种族卫生学这种新出现的意识形态还是完全兼容，而且他也主张一种消灭细菌的逻辑，在后来的几十年内始终获得广大回响。

在这方面，科赫最重要的遗产是他建立了一套权威性的作业流程，包括强制检测、检疫以及挨家挨户消毒，这些都是他在德国的非洲殖民地发展出来，并且予以实施的。例如，1903年他在德属东非（German East Africa）打造了一个用来隔离昏睡病（sleeping sickness）病患的“集中营”。尽管他为后世带来各种影响，但影响最为深远的，莫过于他主张应该用铁腕管制民众。[19] 克劳斯·席林（Claus Schilling）是科赫手下的助理之一，后来还成为科赫麾下汉堡研究院（Hamburg Institute）热带医学部门的主管，最后席林因为利用达豪集中营（Dachau）的囚犯进行疟疾实验而被处死。[20]

并不是只有德国曾经开发各种控制病原（包括细菌、寄生虫与昆虫）的技术，并且有所突破。显然，许多殖民帝国都非常关心各种既竞争又合作的医疗科技研发工作。为了确保殖民地垦拓人员与其牲畜、作物的健康无忧，研究人员才会进行卫生学的调查，试图了解人类、动物与植物疾病的共同病原。

与此同时，欧洲人与美国人因为传染病的疑虑而加强边境管制，对于某些特定社会族群进行严苛的检查程序。因为疾病，政府对于某些特定族群的医疗介入与社会控制变成必要的，而且也更为容易。犹太人与其他族群显然非常容易感染疾病，由此可以看出他们在文化上比较原始，不需加以证明。[21] 因此，我们也许可以认为这种卫生介入手段表现出某种传教士式的现代性。但是，对特定族群施加的种种清洁措施感觉起来却像是一种惩罚，而非救赎。这暗示着疾病是某种天生的特色（至少就这些寄生性的人口而言），而不是一种可以治愈的症状。

第一次世界大战于 1914 年爆发后，难民、部队、战俘之间很快就纷纷传出大规模流行病疫情。塞尔维亚突然爆发斑疹伤寒，6 个月内夺走了超过 15 万难民与囚犯的性命。[22] 卫生成为政府必须优先解决的问题，相应的公共卫生措施也变得更加严格。战俘营里的死亡率高得吓人，这个问题被归咎于俄国士兵，而非营里面的恶劣环境。“东方民族”被贴上了病原携带者的标签，而不是被当成受害者。政府的一切措施都是为了保护平民免于遭到感染（俄国囚犯只会交由俄国医生来照顾）。

大战前不久，虱子才被确证为斑疹伤寒的病原，此关键科学发现导致除虱产业的发展及其平民化。历史学家保罗·温德林（Paul Weindling）曾经论述过此史实。

据温德林的描述，德国的消毒人员在该国占领的波兰、罗马尼亚、立陶宛境内大规模采取上述措施，借此压制大战期间爆发的斑疹伤寒疫情。他在书里面提及犹太人与其他低下的种族逐渐被视为应该为疫情负责。在波兰境内，犹太人的商店被迫关闭，必须等到老板除虱之后才能继续营业。在犹太人口众多的罗兹周围则设置了 35 个拘留所，用来囚禁疑似遭感染的人。[23]

但是，德国在 1918 年战败后，情况彻底逆转。德国的卫生主管单位发现他们不再需要往那些已经被净化的前殖民地扩张，主管的区域大幅缩小，仅限于本国境内。另外，他们也发现国内出现了难民潮（大多是各个不同族裔的德国人和来自东方的犹太人），还有返国的大量伤病军人，形成难以控制的危机。《凡尔赛条约》签订后的几年内，为了保护再次变得很脆弱的"国民"（Volk），避免他们染上来自东方的传染病，德国政府实施高标准的移民管制措施以及严苛的检疫程序。[24]

尽管德国政府采取了上述种种措施，而且俄国内战期间又发生许多可怕事件（1917—1923 年[25]，俄国出现了 2500 万个斑疹伤寒病例，死亡人数最多高达 300 万人），日趋明显的是，真正的危机不再是来自于外部。最早在 1920 年，柏林与其他城市的警方就开始采取"卫生管控措施"。

为了消灭疾病，德国出现了各种关于卫生学的论述（全都是结合了优生学、社会达尔文主义、政治地理学与害虫生物学的混合物），而且也发展出各种特别的科技和人力，并且建立特殊机构，而这一切很快就转变成用来消灭人民的手段，两者仿佛无缝接轨。斑疹伤寒被消灭后，同时也能达成将种族与政体予以净化的效果（到了 20 世纪 30 年代中期，种族与政体之间已经被画上了等号），一个日益明显的趋势是，不管是就功能或者本体论的角度而言，疾病的患者与带原的虫媒已经越来越密不可分了。

自从 1918 年以来，此发展趋势促使德国国内政界与医学界加速形成一个保守共识，基本上都认为感染与退化现象有直接关联，在凡尔赛会议遭到羞辱后，德国的国体受损，国民健康变差，受到致命疾病感染，疾病已经长驱直入德国民族的核心，唯有将传染病的幽灵消灭，才是唯一解决之道。最令人震惊的是，两次世界大战期间德国的政治哲学与医学彻底融合在一起，如此一来，犹太人小区变成了隔离区，可以让外面的德国人免于被传染疾病，同时因为隔离区里的环境恶劣，不可避免地被当成疾病丛生的地方，社会大众害怕被从隔离区里逃出来的人传染，所以都非常焦虑。至于其他情形我想都已经是众所皆知的，无须于此赘述。

7

华沙犹太隔离区犹太议会主席亚当·塞尼亚考的日记里常常提到当时年纪已经老迈的阿尔弗雷德·诺西格。那些日记都写得艰涩难懂，看得出塞尼亚考被惹恼了，甚至有点鄙夷诺西格。塞尼亚考提到诺西格从隔离区街上跑去找他闲聊，说他缺钱，说他不断写信去烦德国人，还曾经一度被他们赶出办公室。[26]这一切都让人怀疑，诺西格真的老糊涂了吗？[27]塞尼亚考形容他总是用“恳求”的语气说话，话说得“含糊不清”。他说诺西格有很多“古怪的动作”。他还曾经出言“告诫”诺西格。[28]

1940年11月，华沙犹太隔离区被封了起来，但是诺西格却被指派担任该区的艺术文化部部长。这似乎又是一个荒谬的职务。但是，在委员会的第一次会议上，年迈的诺西格跟以往一样振振有词，大谈艺术。据说他在会议上表示:“艺术意味着干净。”借此他又暂时提起了过去那些关于社会卫生措施的残酷历史。他坚称:“我们必须把文化带到街头。”他认为，隔离区必须保持清洁，“如此一来我们才不会在访客面前丢脸。”[29]

1 Alex Bein, "The Jewish Parasite: Notes on the Semantics of the Jewish Problem with Special Reference to Germany," Leo Baeck Institute Yearbook 9 (1964): 1-40. 也可以参阅：Michel Serres, *The Parasite*, trans. Lawrence R. Schehr (Minneapolis: University of Minnesota Press, 2007).

2 Bein, "The Jewish Parasite," 12.

3 Donna J. Haraway, *When Species Meet* (Minneapolis: University of Minnesota Press,2008), 78.

4 Almog, "A Reappraisal," 1.

5 *The Warsaw Diary of Adam Czerniakow*, ed Raul Hilberg, Stanislaw Staron, and Josef Kermisz, Trans. Stanislaw Staron and the staff of Yad Vashem(Chicago: Elephant/Ivan Dee in association with U.S. Holocaust Memorial Museum, 1999), 84.

6 Michael Zylberberg, "The Trial of Alfred Nossig: Traitor or Victim?" *Wiener Library Bulletin* 23(1969): 44.

7 Arthur Ruppin, *Memoirs, Diaries, Letters, ed. Alex Bein*, Trans. Karen Gershon (New York, Herzl Press, 1972), 74-76; Mitchell B. Hart, *Social Science and the Politics ofModern Jewish Identity* (Palo Alto, Calif.: Stanford University Press, 2000), 33.

8 John M. Efron, "*1911: Julius Preuss Publishes Biblisch-talmudische Medizin, Felix Theilhaber publishes Der Untergang der deutschen, and the International Hygien Exhibition Takes Place in Dresden,*" in Yale Companion to Jewish Writing and Thought in German Culture, 1096-1996, ed. Sander L. Gilman and Jack Zipes (New Haven,Conn.: Yale University, 1997), 295.

9 这里的重点是，从19世纪到20世纪初，优生学的逻辑不但足以被反战阵营拿来当作论据（在战争中丧生，无法繁衍后代的，都是一些强健的年轻男子），而且优生学的论述也被福利国家提倡者引用，他们那些与阶级密切相关的社会议题讨论都是以优生学为基础。这方面可以参阅：Robert A. Nye, "*The Rise and Fall of the Eugenics Empire: Recent Perspectives on the Impact of Biomedical Thought in Modern Society*," *The Historical Journal* 36 (1993):687-700.

10 请参阅：Alfred Nossig, *Zionismus und Judenheit: Krisis und Lösung* (Zionism and Jewry: Crisis and Solution) (Berlin: Interterritorialer Verlag " Renaissance," 1922), 17.

11 请参阅：Israel Kolatt, "The Zionist Movement and the Arabs," in Shmuel Almog,ed., *Zionism and the Arabs: Essays* (Jerusalem: Historical Society of Israel, 1983), 1-34.

12 Almog, "*Alfred Nossig*," 22。此政治庇护提议的根据，可能是《哈瓦拉转移协议》(*Ha' avara Transfer Agreement*)。根据该协议，从 1933 年 11 月到 1939 年 12 月之间，有 6 万个犹太人可以离开德国 [也就是说，在不久之前，纳粹的亲卫队 (SS) 已经直接接管了犹太人移民的业务]。根据此协议，犹太移民可以把他们的一部分财产换成德国货物（据说是以等值的方式进行转换），转移到位于巴勒斯坦的犹太事务局 (Jewish Agency)。

13 Marek Edelman, "The Ghetto Fights," in Tomasz Szarota, ed., *The Warsaw Ghetto:The 45th Anniversary of the Uprising* (Warsaw: Interpress Publishers), 22-46, 39.

14 Krall, *Shielding the Flame*, 15. 爱德曼的回忆录于 1977 年出版后，波兰人才得以重新评价大屠杀的历史。回忆录初版印刷的 1000 本在几天内就售罄，爱德曼不情愿地发现自己成为名人，而后来他又成为波兰团结工联（Solidarity）的成员。

15 Alfred Ploetz, *Die Tüchtigkeit unsrer Rasse und der Schutz der Schwachen: ein Versuch über Rassenhygiene und ihr Verhältniss zu den humanen Idealen, besonders zum Socialismus* (Berlin: S. Fischer, 1895). The phrase is Procter' s, *Racial Hygiene*, 15.
德国的种族卫生学有很复杂的政治背景，因此我不想宣称它从一开始直截了当地就是个带有种族歧视目标的计划，否则就有简化之嫌。研究那一个时代的所有学者都曾大声疾呼，想让世人了解优生学有其弹性，因此隶属于政治光谱上不同区段的思想家都深受优生学吸引。当时德国进行的优生学计划一开始或多或少都带有传统优生学的特色，跟当代欧洲其他地区进行的优生学计划相似，都是为了"改善"人口质量。也就是说，优生学想要提升的是整个人类的质量，而不只是针对某些种族。从优生学的早年发展看来，性别政治的含义较为浓厚（也就是关于生育的问题），反而比较不像是有意针对某些特定种族。尽管如此，跟英国一样，显然德国在运动的最早阶段也隐约带着一种北欧的特色（也就是通过制度性的组织化手段进行，同时也着重理论）。此外，诺西格强调国家在改善健康照护的工作上必须扮演正面的积极角色，但相反地，普罗兹却提出负面的政策逻辑，建议政府不应继续为那些体弱多病而且相对来讲素质较差的人提供医疗支持。到了 1918 年，德国的种族优生学运动已经被那些保守的民族主义者接手了，而他们也在后来成为纳粹政府各级医疗体制的成员。欲了解更详细深入的说明，请参阅：Götz Aly,Peter Chroust, and Christian Pross, *Cleansing the Fatherland: Nazi Medicine and Racial Hygiene*, trans. Belinda Cooper (Baltimore: Johns Hopkins University Press, 1994)；Proctor, *Racial Hygiene*; Weindling, *Health, Race, and German Politics*; Sheila Faith Weiss, "The Racial Hygiene Movement"; *Race Hygiene and National Efficiency:The Eugenics of Wilhelm Schallmayer* (Berkeley: University of California Press,1987). 与德国人类学的关系，则可参阅：Proctor, " From Anthropologie to Rassenkunde ; " and Massin, "From Virchow to Fischer" .

16 这题材的主要来源是韦恩德林那一本无所不包的《流行病与种族大屠杀》（*Epidemics and Genocide*），而接下来这一整段的剩余部分也是参考那一本书。

17 Pierre Vidal-Naquet, *Assassins of Memory: Essays on the Denial of the Holocaust*, trans. Jeffrey Mehlman. (NY: Columbia University Press, 1992), 13；Richard Breitman, *Architect of Genocide: Himmler and the Final Solution*, 6.

18 Hans Zinsser, *Rats, Lice and History: Being a Biography, Which After Twelve Preliminary Chapters Indispensable for the Preparation of the Lay Reader, Deals With the Life History of Typhus Fever* (Boston: Atlantic Monthly Press/Little, Brown, and Company,1935);Weindling, *Epidemics and Genocide*, 8.

19 "集中营"这个概念滥觞，也许是西班牙人于 1896 年在古巴所建立起来的"再集中"体系（reconcentrado system），后来成为南非殖民地时代的特色。"集中营"的名字源自基奇纳勋爵（Lord Kitchener）用来关押布尔人（都是老百姓）的营区，但是德国集中营恶名昭彰的程度更甚于南非集中营：最早的例子是用来关押赫雷罗人（Herero）的营区，成立于 1906 年，后来因为自由派教会团体与柏林的社会民主党（SDP）施压，才在 1908 年废除。关于集中营历史的简要说明，请参阅：Tilman Dedering , " 'A Certain Rigorous Treatment of All Parts of the Nation' : The Annihilation of the Herero in German South West Africa, 1904," in *The Massacre in History*, Mark Levine and Penny Roberts, eds. (New York: Berghan Books, 1999), 204-

22. 上述文章作者 Dedering 很谨慎，而我想他是正确的：他把那些劳动营与纳粹灭绝营（extermination camp）区分开来；他还指出 1904—1906 年期间驻扎在纳米比亚的德国安全部队（Schutztruppe）执行的种族大屠杀任务与 20 世纪 40 年代期间纳粹特别行动队（Einsatzgruppen）在东欧各地追捕杀害犹太人的行径有种种关联。然而，在提及赫雷罗人时，恶名昭彰的洛塔·冯·特罗塔将军（General Lothar von Trotha）总是喜欢用“灭绝”（vernichtung）一词，这也显示出，因为科赫的应用生物学变流行了，这个词汇才会变成一般用语，“东、南”两地（东欧与南非）才会产生密切关联，因为它们都是德国进行种族大屠杀的地方。关于赫雷罗人历史的详细说明请参阅：Jan-Bart Gewald, *Herero Heroes: A Socio-Political History of the Herero of Namibia 1890-1923* (Oxford: James Curry, 1999). 类似的论证请参阅：Paul Gilroy, “Afterword: Not Being Inhuman,” in Bryan Cheyette and Lyn Marcus, eds., *Modernity, Culture, and ‘the Jew,’* (Stanford: Stanford University Press,1998), 282-97. 上述文章强调各个殖民地发生的种族大屠杀事件，借此矫正某些坚持大浩劫只发生在欧洲本身的说法，这种说法有可能会让大浩劫脱离它原本的历史脉络。

20 Weindling, *Epidemics and Genocide*, 19-30.

21 案例之一，是一部分德国人努力推动废除犹太教的女性洗礼(Mikveh)，运动参与者里面甚至包括一些已经现代化的犹太医生。请参阅：Weindling, *Epidemics and Genocide*, 42-3。然而，后来我们看到论述的方向改变了：重点变成德国人无法抵抗感染，而根据某些人的主张，“东欧犹太人”则是从小与疾病共存，因此本来就有抵抗力。

22 Zinsser, *Rats, Lice and History*, 297.

23 Weindling, *Epidemics and Genocide*, 102.

24 采取这类政策措施来应变的，不光是德国。英国曾于 1919 年通过《外国人法案》(*The Aliens Act*)，规定对入境的外国人实施“净化”(decontamination)。丘吉尔在 1920 年那一次关于俄国内战的演讲以华丽的词藻痛批苏俄，为自己支持白军（the Whites）的决定找理由，这也让我们能稍稍感受当时的氛围，他说：反布尔什维克的白军抵御欧洲，对抗的是“已经中毒，被感染，瘟疫缠身的俄国，俄国大军用来发动攻击的武器不是只有刺刀大炮，伴随而来或在最前面当先锋的，还有一群群身上带着斑疹伤寒病毒的寄生虫，它们危害人体，部队带来的政治教条则是摧毁国族的健康，甚至灵魂。"请参阅：Weindling, *Epidemics and Genocide*, 130, 149.

25 Zinsser, *Rats, Lice and History*, 299. 韦恩德林所观察到的一件事很重要：殖民时代结束后，德国的热带疾病科学家们刚好欠缺医学研究对象，但是俄国的严重流行病与饥荒的灾情刚好为他们提供了绝佳的实验室。请参阅：*Epidemics and Genocide*, 177-8.

26 *The Warsaw Diaryof Adam Czerniakow*, 228, 226, 236.

27 Almog, " Alfred Nossig," 22-4.

28 *The Warsaw Diary of Adam Czerniakow*, 103, 104, 226.

29 转引自：the diary of Jonas Turkov by Zylberberg, " The Trial of Alfred Nossig, " 44.

K

卡夫卡
Kafka

只有不到 1% 的毛虫能成功蜕变成蝴蝶

现在我愿意说了，说出身体如何改变，变成另一种身体。

——特德·休斯（Ted Hughes），

《奥维德故事集》（*Tales from Ovid*）

1

这故事是家喻户晓的。毛刺沙泥蜂（ammophila hirsuta）抓住一只黄地老虎（turnip moth，agrotis segetum）的幼虫，使其瘫痪。它把幼虫拖回巢穴，在软软的虫腹上产卵，幼虫持续挥动虚弱的脚，而卵刚好产在幼虫脚无法碰到的地方，产完卵后它就退出来，堵住身后的巢穴。卵孵化了，刚出生的毛刺沙泥蜂幼虫开始以黄地老虎的幼虫为食物，越长越肥壮。那毛虫尽管无法使劲动来动去，但却仍分辨得出形状与阴影，感觉得到环境中大气与化学的变化，也体验得到痛苦，它逐渐被吃掉，先从那些不重要的虫体组织开始，接着是重要器官。

2

今天早上我在书里面发现一件事：只有不到1%的毛虫虫卵能够活到成虫的阶段。它们必须面对凶猛的掠食者：鸟类、爬虫类、大大小小的哺乳类；寄生蜂、苍蝇、蚂蚁、蜘蛛、蠼螋与甲虫；病毒、细菌与真菌。更别提那些园丁了。这可以用来解释为什么毛虫的身体具备了各种惊人的防卫机制：它们的肉有毒，能够喷出化学物质，声音极具侵略性，身上长满刺毛，色彩鲜艳，嘴巴可以用来咬掠食者，还可以吐丝逃生，气味不佳的体液在它们身上反刍着，也可以散发出恶心的臭味，它们身上的斑纹看来就像眼睛、角、脸，或是具有保护色，毛发带刺，能够摆出各种用来退敌的姿势，抑或与蚂蚁结盟。[1]

尽管如此，还是只有不到 1% 的毛虫长大变成成虫，很少能够像罗贝托·波拉尼奥（Roberto Bolaño）所说的那样，在重获新生的那一刻“露出无畏的微笑”。[2]

3

只有不到 1% 能活到成虫阶段？要确证这个事实肯定很难，理由是原本就没有合理的数字可供估算，更何况每一只毛虫在蜕变期（幼虫在化蛹之前必须历经的五六个阶段）的每个阶段看来都不太一样。

简而言之，鉴于我们很难用统计的手法来确证有关毛虫的事实，就像生态学家丹尼尔·詹曾（Daniel Janzen）前不久说的，毛虫是“地球上最后一个我们还不了解的庞大群体”。[3]

4

上述那种主张隐含了两个问题：如何把存活下来的虫卵予以量化？如何将成虫这件事概念化？如果说第一个问题困难重重，第二个问题就更是棘手了。

教科书上都是这么写的：毛虫是鳞翅目昆虫的幼虫，所有蝴蝶或蛾都必须经历这种生命循环，在孵化后与化蛹之前，它们就是毛虫。走完这个阶段之后，它们就会变化，变成成虫，在这期间有些虫的体积会变成刚出生时的1000倍，而且每次经历一个蜕变期，它们就会脱一次皮。

史学家兼博物学家儒勒·米什莱（Jules Michelet）思忖这个想法：昆虫的漫长蜕变过程有如其他动物从"胚胎期到独立生命"的发展历程。他在1867年出版的《昆虫》（*L' insecte*）一书中写道，与哺乳类动物不同，会蜕变的昆虫"最后迈向的目的地不仅截然不同，而且是相反的，形成强烈对比"。他说，蜕变"不只是状态的改变"，也不只是为了达到成熟而采取的"温和策略"。通过蜕变，昆虫仿佛重获新生：笨重变成轻盈，只能在路上行走变成能飞，原本急着躲进阴影里变成受光线吸引，原本啮食树叶变成靠吸花蜜为生，原本生殖器受限制变成性行为频繁。"脚不再是脚……头不再是头。"米什莱写道。据其所见，这种蜕变是"令人困惑，而且几乎让我们的想象力受到惊吓"。[4]

无疑地，米什莱知道"larva"（幼虫）这一个词被罗曼语族（Romance languages）采用时，本身就带有一些较为古老、较为邪恶的关联性。当时，自然现象与日常生活之间常有许多含义丰富的关联性，人们常在石头与风暴中寻找迹象，"larva"一词令人想起没有身体的幽灵、鬼魂、鬼怪与妖怪，突然间附身于昆虫之上，找到形体。"larva"一词的歧义性反映出昆虫具有的神秘与模糊色彩。林奈率先坚持应该把“larva”局限在较为现代的“幼虫”含义，也因此造成这个词在意义与语感上的单薄化，到最后变成只是一个教科书上的用词，横亘在当代人与“larva”的诡奇存在之间。

幼虫蜕变成为成虫。对于七卷巨作《法国革命史》(*Histoire de la Révolution française*)的作者米什莱而言，这两种状态之间的蜕变过程蕴含着某种“革命”，是一个“惊人的杰作”。[5] 尽管林奈削弱了“larva”一词的鬼魅含义，但完全无损于它本身真正的力量。

5

“Larva”一词除了很难摆脱原有的妖怪含义，另一个对我们来讲仍然有效的概念是，把“larva”当成某种表象，背后潜藏着关于昆虫的真相。某种生物进入虫蛹，出来时变成另一种。“过往的一切跟着那表象一起被抛弃，”米什莱说，“一切都不一样了。”[6]

《昆虫》一书出版时，米什莱已经 69 岁，年后去世。但他的一生可说是早已被死亡的阴影笼罩着。他的大量历史著作都可以说是“重生”之作，是为了召唤死者而写。而事实上，死者之于他也确实如影随形。

他 17 岁丧母。六年后他的挚友也死去。他在 41 岁丧妻。七年后，与他住同一屋檐下的父亲也死去。51 岁再婚后，他跟第二任妻子只生了一个儿子，但来年他的幼子就夭折了。到了他 57 岁时，他那 31 岁的女儿也撒手西归。[7]

而且他自己的健康状况也很差。1848年，亦即米什莱50岁那年，法国发生二月革命，建立第二共和国。后来夏尔·路易·波拿巴（Charles Louis Bonaparte）成为总统，上台执政后又自立为皇帝，成为拿破仑三世。一连串的政治动荡折磨着米什莱的身心。他期待法国团结，第二共和国的阶级紧张关系让他惊恐不已。但讽刺的是，和法布尔一样，米什莱的人生是在拿破仑三世的复辟后戏剧性地由顺转逆：他不但被剥夺了法兰西学院（Le Collège de France）讲座教授的尊荣，还被迫提前离开巴黎。[8]

死亡已经成为米什莱人生的一部分。他曾于1853年写道："我喝了太多死者的黑血。"不过，"重生"仍是深深吸引着他的主题。[9]当然，正因如此，他才会觉得幼虫是如此引人入胜。

许多人之所以认为蝴蝶比较优越，是因为假设毛虫实现了它自己，变成最具吸引力的动物，就像孩童在自我实现后，就长大成人（但有可能变得更好，或者更坏）。但米什莱不相信这种假设。某种意义上，此假设预告了达尔文式进化目的论的到来：强调生物存在的目的就是为了繁衍后代，所以把性成熟的生物形式当成唯一重要的形式。就另一方面而言，此假设也体现着某种更具有普遍性的进化论逻辑：不成熟的生物有发展的趋向，在进化的进程中会变得越来越好，每个阶段都比前一个阶段更先进，更完美，而这种观念深深植根于政治、文化、个人生活领域以及到处可见的19世纪进步观。不过，通过在政治、文化与个人生活领域的实际体验，我们当代人所体验到的却是，任谁都无法保证会出现某种向前进步的发展。

但是，米什莱主张：也许蜕变所蕴含的深意根本不在于目的论式的进化过程，而是生命“刹那即永恒”的本质。“这辈子的每一天，”他写道，“我都会死一次，也会重生。我历经了许多痛苦挣扎与吃力的转变……曾有许多许多次，我从幼虫变成虫蛹，然后进入更为完整的状态；不久后，在其他状态之下又不完整了，这又促使我完成新一轮的蜕变循环。”许多生命在他身上交会于一瞬。偶尔当他做出某个姿势，或者发出某个声调时，他会感觉到他父亲活在他的体内。“我们是两个生命，或一个？喔！这是我的虫蛹。”[10]

6

早在一个世纪前，1699—1700 年，因为绘制欧洲昆虫图画而闻名的 52 岁画家玛丽亚·西比拉·梅里安（Maria Sibylla Merian）正骑着驴子穿越荷兰殖民地苏里南境内的热带丛林，身为“17、18 世纪唯一为了进行科学研究而专门到处旅行的欧洲女性”[11]，她具备独立的经济能力，但不算富有，曾有过一段 20 年的婚姻，后来到西弗里斯兰（West Friesland）地区，在拉巴迪（Jean de Labadie）建立的神秘主义小区度过五年与世隔绝的苦修生活，但那些都过去了，此刻她身边带着二十几岁的女儿，还有美洲印第安奴隶。

梅里安旅行时都带着奴隶，但是在殖民地的旅人里面，她算是相当仁慈的，不曾批评过殖民地原住民，甚至她还哀叹荷兰来的殖民者虐待当地人，同时也特别坦率地承认当地人对于她的收集工作有重大贡献（不过她只是用一般性的描述带过，并未指出帮手的姓名）。

梅里安出身于一个艺术与出版的世家，她外祖父前一段婚姻的岳父就是版画家特奥多雷·德·布里（Théodore de Bry）（其作品有许多以美洲新大陆为主题，让大批早期的欧洲人旅游书能够因为插图而具有真实感），从小就深受自然研究的吸引，后来也养成了一辈子的研究兴趣。13岁时，她刚开始接触的是蚕（这又是因为另一个家族渊源：她母亲第二任丈夫的兄弟是从事丝织贸易的），但很快就被毛虫吸引，特别是其蜕变现象。

梅里安所绘制的某种蛾的蜕变全过程。

后来她曾写道：蝴蝶与蛾的美“促使我尽可能收集我能找到的毛虫，借此研究它们的蜕变现象”。[12] 对于一个女孩来讲，这挺另类的，但是跟 12 世纪日本故事《虫姬》的女主角一样（这位女主角并未拔眉毛，也没把牙齿染黑，与当时的仕女截然不同），此一癖好也许反映出她的敏锐度与洞见，表示她深具哲学涵养。[13] 尽管那些爬来爬去的生物通常会让人产生不太好的联想，但事实证明大家都能容忍这种怪癖。

梅里安自小成长于书堆中，常常接触艺术家，而且还有门道能利用一座馆藏丰富的自然史插图图书馆。她自己也收集昆虫，从幼虫开始饲养，观察它们的蜕变过程，绘制活虫的素描画与油画。她训练绘画技巧的方式是临摹一些最重要的画册，其中包括备受欢迎的《霍芬吉尔图文集》（*Archetypa studiaque patris georgii hoefnagelii*，1592 年出版）——此书作者雅各布·霍芬吉尔承袭其父约瑞斯·霍芬吉尔的画风，书中收录他的许多版画作品。[14] 但是，时代已经不同了，梅里安也有自己的想法：霍芬吉尔父子档所勾勒出来的昆虫世界灿烂无比，重点是要把它们的小宇宙呈现出来，但是她身处的已经是一个因为显微镜问世而有所不同的新世界，因此新的焦点是把显微镜的观察与分类结果画下来。霍芬吉尔用某种象征性次序来安排他的昆虫，梅里安却帮她的昆虫建立起某种不同的关系，此关系的根据，是她自己对于活体昆虫的研究，并透露出她对于不同昆虫的分布时间、地点，以及相互关系的着迷。

她的昆虫都是色彩鲜艳的，通过她自己的主观观点重现出来，其画册开卷声明要同时献给“艺术爱好者”与“昆虫爱好者”。梅里安把昆虫画得特别大，植物被她缩小，她刻意扭曲比例，不管是昆虫或植物，“可以感觉到看起来似乎很近，但同时却具有很大比例的想象成分，也与我们相距甚远”，好像我们也是通过显微镜去看它们的表面。[15]然而，她的创举是把蜕变的戏码一次性完整地呈现出来。在同一个页面上，她画出了幼虫、虫蛹、蝴蝶，还有毛虫赖以为生的植物。[有时候她也会把虫卵画出来，这证明她认同弗朗西斯科·雷迪（Francesco Redi）于1688年证明的理论：昆虫来自于虫卵，而非亚里士多德所主张的，昆虫的繁殖方式是所谓的自然生成。]昆虫的世界充满动能与互动关系。其原则是蜕变与整体论。摈弃了亚里士多德、阿尔德罗万迪与莫菲特先前提出的分类法，亦即把昆虫分成“爬行”与“飞行”两类，因而于无意间将蝴蝶、蛾与它们的幼虫视为异属。

7

米什莱极其推崇梅里安的画作。他赞同与他一样爱虫成痴的梅里安，尽管两人相隔100多年，他觉得自己与她之间有着极为强烈的关联。他认为，她的画作不只展现出某种他能预期的女性特质（“植物被画得柔软、宽大而饱满，充满光泽，顺滑而新鲜”），非比寻常的是，也呈现出“高贵而生动、阳刚而凝重、勇敢而简单的风格”。[16]

他曾仔细检视《苏里南昆虫变态图谱》（*Metamorphosis insectorum Surinamensium*）（她在1705年于阿姆斯特丹出版的经典之作）里那些徒

手上色的铜版画。每一幅画都充满改变，呈现出昆虫的多变特质，还有相互间的关联。尽管她进行创作的领域是一个通过人为安排而井然有序的科学范畴，却能把东西画得充满活力。

尽管如此，那折磨着他的问题还是无法获得解答。在不同形式的转变过程中，在幼虫蜕变为成虫的过程中，有什么本质是不变的？始终持续存在的是什么？这种生物是什么？这要算是一种，或是多种生物？

许多世纪之前，在日本故事中的年轻“虫姬”每天都在她的花园里收集毛虫，为它们分类，仔细检视它们，欣赏它们，为它们而赞叹不已。相较于那些堪称蝴蝶前身的毛虫，她比较蔑视蝴蝶，因为毛虫让她有丝绸有衣穿。外表不会骗人的东西比较能吸引她。我们愚昧地生活在一个自以为是“真实存在”的世界里，但其实这世界背后的真实面貌，是一个不断改变的状态，这才是令她赞叹的最根本现象。她说，真正令她感兴趣的“事物本质”，是佛教术语中所谓的“本来面目”，在这篇 12 世纪名作的匿名作者笔下，这个概念的意思是某种原初的形式、原初状态，还有原始的表现形式。[17]“人们往往因为喜欢盛开的花与蝴蝶而迷失自我，这实在是愚蠢而令我不解。”虫姬说，“只有诚挚而且能够探究事物本质的人才会拥有有趣的心思。”[18]

但是，为了出版自己的绘画作品而急着骑驴离开苏里南丛林，搭船返回阿姆斯特丹的梅里安对于昆虫的思考与前述想法截然不同。她最厉害的地方是观察力过人，而那些视觉艺术作品可说是她的分析结果。她一定是弃绝了原来热衷的形而上学思考才会离开西弗里斯兰，而且对于隐居这种最彻底的自我否定方式感到厌烦。她的最高原则并非探究万物本质，而是要发现万物之美，还有美是如何被创造出来的，该怎样欣赏，并且沉浸在无以言状的美里面。对于那些苏里南昆虫的版画，她曾经做出许多冷静的评论，其中之一写道："某天我进入荒野的深处，有许多发现，其中之一是某种被当地人称为山楂的树……这种黄色毛虫就是我在树上发现的……我把这毛虫带回家，没多久它就变成了一个淡淡原木色的虫蛹。14 天后，1700 年 1 月底前后，一只漂亮的蝴蝶破蛹而出。它的外表看起来像银质的，光泽动人，身上到处是青色、绿色与紫色的斑纹；它的美难以用言语形容。那种美是无法用画笔呈现出来的。"[19]

米什莱最在意的，是要设法掌握蜕变过程的诗意与机制（尽管他掌握的方式不同），不过最后却发现自己闯入了一个形而上学的幽冥地带。历史常跟历史学家玩奇怪的游戏。去过巴黎市中心的知名市集圣图安跳蚤市场（Puces de Saint-Ouen）吗？你可以在科里尼安古尔门（Porte de Clignancourt）地铁站下车，出站后，前往米什莱大街（Avenue Michelet）与让-亨利·法布尔街（Rue Jean-Henri Fabre）的交叉路口。

无论你的生命走入什么境地，你人生中总有某个部分不愿跟随。但话说回来，无论你往哪里去，却也常会有一些东西不请自来，跟定了你。卡夫卡（Kafka）笔下的知名猿猴"红彼得"（Red Peter）在科学院的集会上对会众们说："这地球上每个人走路时都会觉得脚跟痒痒的。"它被人从原生丛林抓走，用链子锁起来，漂洋过海，有人逼它做出选择，看是要住在动物园，还是加入杂耍团，结果它蜕变成某种新的生物，一部分像人，但却又比人类高大，而且再也无法回顾过去还是猿猴时的种种。[20] 卡夫卡的朋友，在他死后帮他整理出版遗作的麦克斯·布洛德（Max Brod）曾写道："无论你怎么做，总是会有错。"尽管这世上有那么多陈列蝴蝶与蛾的文献，但是关于任何一个地区的毛虫，为什么直到最近才有人出版了权威性的野生观察指南？这实在反映出一个大问题。就概念与分类学而言，毛虫的确是一种让人充满疑惑的存在物。尽管它们身上有许多防卫机制，但能够存活下来成功蜕变成蝴蝶与蛾的，却不到 1%。

1 请参阅：David L. Wagner, *Caterpillars of Eastern North America* (Princeton: Princeton University Press, 2005).

2 Roberto Bolaño, *2666*, trans. Natasha Wimmer (New York: Farrar, Straus and Giroux, 2008), 713.

3 转引自：Andy Newman, "Quick, Before It Molts," *The New York Times*, August 8, 2006, F3-4.

4 Jules Michelet, *The Insect*, trans. W.H. Davenport Adams (London: T. Nelson and Sons, 1883), 111.

5 同上，111。

6 同上，112。

7 在写这一段与下两段文字时，我主要是参考了列昂奈尔·戈斯曼（Lionel Gossman）的精彩论文："Michelet and Natural History: The Alibi of Nature," *Proceedings of the American Philosophical Society 145,* no. 3 (2001): 283-333.

8 戈斯曼的主张深具说服力。他说，米什莱是因为财务困难而把研究领域从史学转换到比较受欢迎的自然史。年纪与米什莱相差二十几岁的第二任妻子艾黛内·米亚拉瑞（Athénais Mialaret）鼓励他，促使他写了一系列销路非常好的自然史著作，《昆虫》就是其中一部。我们不是很清楚他们夫妻俩的合作模式。在戈斯曼看来，好胜心非常强烈的米什莱始终在他们的竞争关系中占上风，妻子艾黛内虽然贡献颇大，但终究只是被边缘化为一个研究助手——不过，丈夫去世后她将会继续努力，在科学写作界建立自己的名声。

9 Letter to Eugene Noël, October 17, 1853. 转引自：Gossman, "Michelet and Natural History," 289.

10 同上，114。

11 Londa Schiebinger, *Plants and Empire: Colonial Bioprospecting in the Atlantic World* (Cambridge, MA: Harvard University Press, 2004), 30. 过去几年来，玛丽亚·西比拉·梅里安受到很多人瞩目，很快就成为自然史研究的弗里达·卡罗（Frida Kahlo）。好几个有用的说明大多是参阅下列书籍：Natalie Zemon Davis, *Women on the Margins: Three Seventeenth-Century Lives* (Cambridge, MA: Belknap/Harvard, 1995). 也可以参阅：Kim Todd, *Chrysalis: Maria Sibylla Merian*

and the Secrets of Metamorphosis (New York: Harcourt, 2007).

12 "Ad lectorum," in Maria Sibylla Merian, *Metamorphosis insectorum Surinamensium* (Amsterdam: Gerard Valck, 1705)；转引自：Davis, *Women on the Margins*, 144.

13 请参阅："The Lady Who Loved Worms," in Edwin O. Reischauer and Joseph K. Yamagiwa, Translations from Early Japanese Literature (Cambridge: Harvard University Press, 1961), 186-95.

14 Charlotte Jacob-Hanson, "Maria Sibylla Merian: Artist-Naturalist," The Magazine Antiques vol. 158, no. 2 (August 2000): 174-83.

15 Victoria Schmidt-Linsenhoff, "Metamorphosis of Perspective: 'Merian' as a *Subject of Feminist Discourse*," in Kurt Wettengl, ed., *Maria Sibylla Merian: Artist and Naturalist 1647-1717,* trans. John S. Southard (Ostfildern-Ruit: Hatje, 1998), 202-19, 214.

16 Michelet, *The Insect*, 361.

17 在此感谢爱德华·卡门斯（Edward Kamens）讨论这一点。也可以参阅：Marra, *Aesthetics of Discontent: Politics and Reclusion in Medieval Japanese Literaure* (Palo Alto, Calif.: Stanford University Press, 1991) , 66.

18 Robert L. Backus, trans., *Riverside Counselor' s Stories: Vernacular Fiction of Late Heian Japan* (Palo Alto, Calif.: Stanford University Press, 1985), 53. 在看过白根春夫教授写的书评之后，我把这译本的译文稍作修正，请参阅白根教授的书评：*Journal of Japanese Studies* vol. 13, no. 1 (1987): 165-68.

19 Maria Sibylla Merian, *Metamorphosis insectorum Surinamensium*, 引自 Schmidt-Lisenhoff, "Metamorphosis of Perspective," 218.

20 Franz Kafka, "A Report to the Academy," in *The Transformation and Other Stories,* trans. Malcolm Pasley (London: Penguin, 1992), 187, 190.

L

语言

Language

蜜蜂有语言但没有话语

为了进行训练实验，每当我想要吸引一些蜜蜂时，我通常都是在一张小桌子上摆几张涂了蜂蜜的纸。然后我往往不得不等个几小时，有时候要等好几天，最后有一只蜜蜂终于发现我要喂他们蜂蜜的地方。但是，只要有一只蜜蜂发现蜂蜜后，短时间内就会有很多只出现——也许多达几百只。他们跟第一只蜜蜂来自同一个蜂巢，显然是他回家宣布了自己的发现。

——卡尔·冯·弗里希（Karl von Frisch）

1

卡尔·冯·弗里希因为发现了“蜜蜂的语言”而获颁1973年的诺贝尔奖。那可说是动物行为学（ethology）大放异彩的一年，因为同一个诺贝尔生理学或医学奖奖项也是颁给动物行为学家康拉德·劳伦兹及其荷兰籍同事尼可拉斯·丁伯根。他们的研究不是那种晦涩难懂的高深理论。1973年的诺贝尔奖颁给了大众化的研究，得奖人都试图解开动物存在之谜，而且进一步针对人类的状况提出深刻而影响深远的发现。

冯·弗里希说，尽管长久以来语言都被认为是人类独有的能力，但蜜蜂那么小，与人类如此不同，却一样也有语言。他利用将近半世纪的时间做了一系列的精致实验，证明蜜蜂会用一种象征语言沟通，沟通方式比人类以外的所有动物都要更为复杂，他们①会根据经验与记忆来互相传达信息给同伴。

他第一次提出这种报告已经是 90 年前的事了，但他的发现至今仍令人感到兴奋不已。而且，冯·弗里希的论述方式让他的发现显得更为引人入胜。他的志向是当个博物学家，也很早就接受了相关训练，但是他在报告里所用的语言与当前基因体学（genomics）的那种技术性语言大相径庭，而是在字里行间充满情感，记录着他对于蜜蜂语言的个人体验。在他笔下，蜜蜂充满目的性与意向性，对读者有吸引力，令人感到熟悉。

冯·弗里希建构的科学让我们了解“动物做些什么，他们的行为模式，以及理由”，而且这种科学把人类与蜜蜂的差异，还有蜜蜂的永恒之谜视为理所当然，但是同样也透露出某种我们比较熟悉的，想要寻求发现事物的科学冲动。[1] 他不讳言自己与蜜蜂很亲近，因此也让读者相信他们能够了解蜜蜂的心理与情绪（就像他让自己相信他能够了解蜜蜂）。他把他的读者变成了动物行为分析师。借此，他在无意之间让达尔文又流行了起来，而这种学说的观念是，除了人类的形态外，在其他动物身上也可以找到人类赖以生存的行为、道德与情感基础。[2] 冯·弗里希为蜜蜂代言。他也让他们讲话。他不只发现了蜜蜂的语言，还翻译了出来。还有比这更令人无法抗拒的吗？

---

① 编者注：作者在这章特别强调卡尔·冯·弗里希将蜜蜂视为“朋友”，故将此章中所有描写蜜蜂的 they，译成“他们”，而非“它们”。

尽管如此，这些人与蜂之间的相近性却也令人充满担忧，毕竟当年动物行为学刚刚诞生不久，却已经漏洞百出。最常被提起的一个漏洞，是聪明汉斯（Clever Hans）的案例：它是一只有名的马，看起来聪明无比，不幸的是它并非数学很厉害，而是对于训练师不知不觉中给予的非口语提示有神奇的感应力。1907 年，聪明汉斯的“假聪明”被心理学家奥斯卡·方斯特（Oskar Pfungst）识破，轰动一时，造成动物的认知能力不具科学正当性。由于心理学的主题仍深具吸引力，动物行为学面临存续的困境。[3]

动物行为的研究有强大的诱惑力，但那些坚决反对心理学方法的行为学家并不会落入这个诱惑。只不过，就像冯·弗里希在自己的书里所说的，某种诱惑让他永远深陷其中，让他把焦点摆在“心理表现与感官的生理作用之间”的互动上。[4]

心理学家奥斯卡·方斯特与聪明汉斯的合影。

因为冯·弗里希爱他的蜜蜂，他的爱带有一种含蓄的热情。他所照顾喂养的蜜蜂延续好几个世代。每当冷冽的空气让蜜蜂的翅膀变僵时，他会把双手合起来，让他们在手心里取暖。他把他们当成自己的“密友”。[5] 这或许就像是早期的人类学者，会把他们曾经居住过的部落视为自己的部落。不管是对于蜜蜂或部落，他们把科学精神、情感与身为所有者的骄傲都混在一起，而且也愿意为研究对象的命运承担起责任。

所以，即便冯·弗里希对于那些小生物的存亡兴衰如此小心翼翼，他还是会做一些伤害他们的事，只是心里带着爱意（另一种爱意），而且痛苦万分（还保有身为科学家的耐性），手法细腻（为了确保蜜蜂的安全）：剪掉他们的触角，把翅膀剪短，削切他们的躯干，刮掉眼睛四周的刺毛，在他们的胸甲上粘上重物，在他们那不会眨来眨去的眼睛上涂虫胶，修正他们的身体，毁坏他们的感官，操控他们的行为，这一切都是为了实验的需求。他兼顾了两方面：一方面他有人类主宰动物那无须明言的自然权力，另一方面他想将人类与昆虫之间的巨大鸿沟填补起来。

冯·弗里希用于实验的蜜蜂。

2

1933 年 4 月，纳粹掌控之下的德国国会通过了《公职恢复法案》（*Law for the Restoration of the Professional Civil Service*）。大学可以依法开除犹太人、犹太人的配偶与政治立场可疑的人士。[6]

那时，冯·弗里希已经是慕尼黑大学动物学研究所（资金由洛克菲勒提供）的所长，也是德国科学界的顶尖人物。根据他在回忆录中所说，多年前他曾在研究所那座有圆柱矗立的景观庭院里“被蜜蜂的魔力深深吸引，毫无抵抗之力”。[7]

他向来称呼那些小东西为他的“同志们”，事实上他在更早之前就已经被蜜蜂迷住了。1914 年，他像个魔术师似的，公开向大众证明一件事（如今这已经是个毫不令人意外的事实了）：尽管蜜蜂有红色盲症，但他们有能力区分几乎所有的颜色（毕竟，他们必须有办法区分各种花卉才能够存活下去）。借由标准的行为研究法，他用食物犒赏蜜蜂，把他们训练成可以分辨出蓝色盘子。然后他把许多正方形的小张色纸摆到蜜蜂面前，兴味盎然地看他们聚集在一起，“好像是在听从他的指挥”，有许多存疑的观众在一旁见证。[8]

但是，蜂群第一次为他跳舞的地方，是在慕尼黑大学的那座庭院里。“我用一盘糖水引来几只蜜蜂，用红漆在他们身上做记号，然后有一阵子都不再喂他们。等到四周平静下来后，我又把盘子装满糖水，我看着一只刚刚喝过糖水的侦察蜂（scout bee）回到蜂巢。我简直无法相信自己的眼睛。那只喝过糖水的侦察蜂在蜂巢上方飞舞绕圈，身边那些被我做过记号的采蜜蜜蜂全都非常激动，那只侦察蜂促使他们全都飞回我喂食糖水的地方。”

尽管几个世纪以来养蜂人与博物学家早已知道蜜蜂彼此之间有沟通能力，可以把食物地点的信息传递出去，但没有人知道沟通方式如何。是用带路的方式去有花蜜的地方吗？还是沿路留下气味？将近 40 年后，冯·弗里希写道：“我相信，这是对我人生影响最大的一个观察结果。”[9]

根据《公职恢复法案》的规定，冯·弗里希与他的学界同事（还有其他德国公仆）都必须拿出可以证明祖先是雅利安人的东西。先前冯·弗里希曾经帮助过许多论文主题与他专长没什么关系的犹太研究生，为此而被人怀疑，新法通过后更是让他陷入了一个非常危险的两难处境。[10] 他那位已经去世的外婆是来自布拉格的犹太人，她的父亲是个银行家，丈夫是位哲学教授。一开始，慕尼黑大学试着保护这位明星级动物学家，为他取得一份安全的分类文件，证明他只有八分之一犹太血统。但是，我们不妨想象一下当时的环境：充满恶意的意识形态与政治野心交杂，开始发酵，再加上学术界的层级界线严明，许多学者尽管受过多年的训练，却因为教职有限而无法享有晋升的机会。1941 年 10 月，反对冯·弗里希的运动成功地迫使他下台。导致他被重新分类为“二级混血”，也就是具有四分之一犹太血统，并因此解除他的教职。

我们都知道冯·弗里希逃过了纳粹的毒手。不过，过程中历经了许多波折。深具影响力的同事为他四处奔走，帮他在刚刚创立的《帝国周报》（*Das Reich*）（周报社论是由纳粹宣传部长戈培尔撰写的）上发表文章，说明动物学研究所对于国家的经济有何贡献，该所的研究工作对于祖国复兴是不可或缺的。[11]尽管过程让人饱受折磨，但最后救他一命的终究还是蜜蜂。一种叫作蜜蜂微孢子虫（nosema apis）的寄生虫先前在德国已经肆虐两年，许多蜂巢因而遭殃。全德国的蜂蜜产量与农作物的授粉都受到威胁。最后有个位居高层的友人出手帮忙，冯·弗里希因而被指派为特别调查员，粮食部已经不知所措，将他从学界除名的命令也就暂缓，宣称要“一直到战后”才执行。[12]

尽管蜜蜂不关心政治，但他们也无法避免自己变成纳粹的战争利器。除了找出微孢子虫疫情的解决之道，粮食部很快就开始进行研究，希望蜜蜂能够帮那些具有经济价值的作物授粉。冯·弗里希多年前就曾实验过气味引导的方式（把蜜蜂训练成只对某种气味有兴趣，让他们在被放出来之后专门找带有那种气味的花朵），但是并未引起业界的兴趣。这次帝国养蜂人协会（Organization of Reich Beekeepers）却急着要赞助他的研究工作，主要是因为战争的大祸将至，全国都对这计划很有兴趣，再加上他们听说苏联也在进行类似的大规模研究计划。

慕尼黑遭逢密集空袭，这让冯·弗里希感到身心俱疲，于是便和合作了一辈子的鲁斯·博伊特勒（Ruth Beutler）撤退到奥地利蒂罗尔（Tyrol）的布伦温克尔（Brunnwinkl）。那里是冯·弗里希童年度过暑假的地方，当年醉心自然史的他还在村里自家房舍旁设立了一个小博物馆。青少年时期的冯·弗里希还把亲友找来当帮手，帮他到邻近森林与海岸线寻找当地植物。他们家在沃夫冈湖（Lake Wolfgang）湖边有一间老磨坊，他就是在那里被舅舅亲手教学［他舅舅是奥地利知名生物学家西格

慕尼黑空袭时，冯·弗里希和鲁斯·博伊特勒回到布伦温克尔继续对蜜蜂进行研究。

蒙德·埃克斯纳（Sigmund Exner）]，学会了古典的观察研究法与操弄昆虫的方式，这两者后来都成为他进行实验研究时的看家本领。

冯·弗里希也是在这里与动物相处时而开始“用尊崇的态度面对未知世界”，而这种态度与其说是正式的宗教信仰，不如说他所坚信的，是某种泛神论式的相对主义。“所有真诚的信念都值得尊敬，”他坚称，“除了那种自以为人类心灵是世界上最伟大的东西的主张。”[13] 他来自一个崇尚自由思想的天主教家庭（当时常有奥地利生物学家因为支持进化论而被排挤，但在学术上他们家还是支持自由的思想），他曾经用一种直接但却常常充满情感的语气表示，他们家在那小村庄建立了一个布尔乔亚的避风港，一个可以好好研究科学，进行艺术创作，实现有教养的文化理念的家园，远离 20 世纪初中欧的纷纷扰扰：他母亲总是精神饱满，父亲虽然稍显沉默寡言，但也关爱家人，此外他还有三个哥哥，这里的时光为他们四人奠定了日后在学术界平凡而尽享尊荣的一生。

在这充满了家族回忆的地方，冯·弗里希躲开了盟军对慕尼黑与德累斯顿进行的疯狂轰炸，远离奥斯维辛的死亡威胁。他与博伊特勒利用纳粹政府提供的特许权力，重新进行已经荒废将近 20 年的蜜蜂沟通方式研究。

冯·弗里希年幼时的家族照片。

通过早期在动物学研究所庭院里进行的研究，冯·弗里希辨认出蜜蜂有两种“舞步”：一种被他称为环绕舞（round dance），另一种则为八字摇摆舞（waggle dance）。当时他得出的结论是，蜜蜂跳环绕舞的时候，表示他们发现了花蜜的来源；跳摇摆舞则表示他们找到了花粉。后来，博伊特勒持续进行研究，开始怀疑他们当初提出的假设。他们俩在 1944 年继续做实验，发现如果喂食距离蜂巢超过 100 米，那么不管蜜蜂带什么东西回去，他们都会跳摇摆舞。所以，他们观察到的不同飞舞方式并非用来描述蜜蜂发现了什么物质，而是一种用来传达更复杂信息的方法，也就是要说明地点。冯·弗里希写道：这种精确描述距离与方向的能力“似乎太过奇妙，根本不像是真的。”[14]

蜜蜂的行为之所以引人入胜，是因为他们非常复杂。如今，我们都知道蜜蜂具有一种错综复杂的社会性（每一个具有自我繁殖功能的“殖民地”里都住着成千上万只蜜蜂），而他们之所以会发展出如此精细的沟通方式，与蜂群的社会性有关，这两者之间的联结没什么了不起的。但是，20 世纪初期的动物学研究仍然以生物学家与心理学家的一个信念为主流，这个信念认为动物行为可以从简单的刺激反应模式获得完整的解释，例如反射动作与趋性（tropism）。过去著名的心理学家 J. B. 华生与雅克·洛布（John B. Watson and Jacques Loeb）认为不可能的事，冯·弗里希的蜜蜂却做到了：他们通过象征符号进行沟通，借由形式来传达信息（在此，所谓形式是指某种可预测的身体运动模式），而形式与它所代表的事物之所以能紧密联结在一起，是因为蜂群具有“社会信念、默契，或某种外显的规范”。[15] 更有甚者，就算他们的飞行结束了几个小时，信息传递的功能仍然存在。这种沟通方式必须靠蜜蜂能记得住详细的飞行，靠蜜蜂的回忆，当然还要把那有意义的信息翻译成舞步，表演出来。此外，这也需要一群看得懂舞步，能够进行有效互动的蜜蜂。向来致力于推广“动物具有意识”，同时也是冯·弗里希于 1949 年美国巡回演讲赞助者的唐纳德·格里芬（Donald Griffin）主张：“蜜蜂多面向的沟通能力，是动物界中除了人类以外目前已知最显著的案例。”[16] 冯·弗里希的主张比格里芬更不加保留。他深信，蜜蜂的这种沟通能力“在整个动物界里是没有任何动物可以与之匹配的”。[17]

研究蜜蜂的当代学者后来又修正了冯·弗里希与博伊特勒在战时提出的跳舞理论。如今，大多数人都相信那两种主要飞舞方式所传达的信息形态并无不同。[18] 两种飞舞方式都是借由摇摆身体来传达关于距离与方向的信息，而且两者也都是借由飞舞的激烈程度来说明食物的质量。相似地，不管是用哪一种方式跳舞，跳舞的蜜蜂身上的香味也会反映出花的种类。

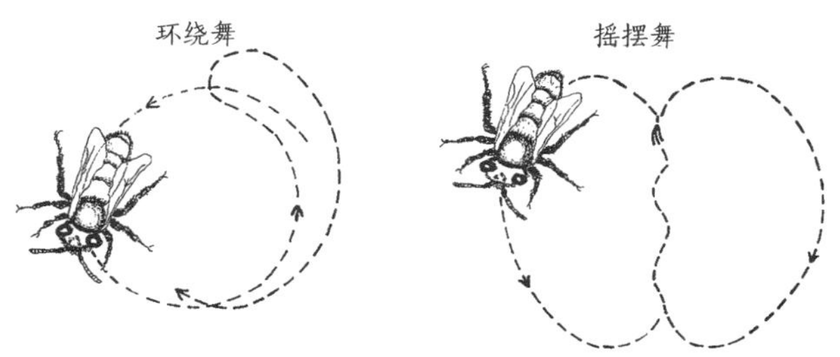

冯·弗里希所研究的蜜蜂舞步：环绕舞和摇摆舞。

冯·弗里希在慕尼黑曾把喂食蜜蜂的地方放在蜂巢旁边，如此一来，他那些负责两种不同工作的助理（一边的助理负责观察蜜蜂飞舞的样子，另一边驻守在喂食的地方）会比较好沟通。然而，当蜜蜂利用环绕舞来表明附近有食物时，身体摇摆的时间非常短，只有在蜜蜂转完一圈，要再转另一个圈圈时身体才会摇摆。冯·弗里希与其团队并未观察出这细微的线索，而且可能那些观看舞蹈的蜂群也没注意，他们只是靠气味来找出摆在附近的喂食盘子。但是，每当食物与蜂巢的距离变得较远［他们大概是把距离改为50~100米之间，而冯·弗里希用来进行实验的是卡尼鄂拉蜂（carniolan bee）］，蜜蜂回到蜂巢时的飞舞方式会多出一系列的步骤，持续进行，包括腹部“激烈摆动”，左右摆动的动作每秒可能会重复13~15次。[19] 这种特别的持续摆动是用来传达重要的信息。返回蜂巢的采蜜蜂在蜂巢里被冯·弗里希称为“舞池”的地方跳起舞来，里面一片黑暗，身体与其他蜜蜂撞来撞去，但有三四只蜜蜂跟随着他们，用头顶触角接收借由跳舞传达出来的信息，运用嗅觉（靠香气来分辨花卉种类）、味觉（借此判断食物的品质）、触觉，还有一种听觉，让他们可以借由空气的振动来听见跳舞蜜蜂的翅膀振动。[20]

跳舞的蜜蜂以太阳为参照点。她在蜂巢入口的水平平台上跳舞，日光洒在她的身上，飞舞的动作具有指示的功能，直接指向前方，“就像我们举起手臂，伸出手指，指着远方的目标一样”。[21] 她在开放的空间里飞舞着，借由调整身体的角度来确认方向，让她的身体之于太阳的相对角度，等同于先前她飞往食物时身体相对于太阳的角度。[22]

但是，蜜蜂主要还是在一片漆黑的蜂巢里跳舞，在蜂巢内部的垂直平面上。这些条件让跳舞的蜜蜂遭遇一连串重大问题，问题的解决之道，是她必须重新调整飞舞方式与食物来源之间的指示关联性。在蜂巢内跳舞时，由于时间与空间都与刚刚不同，故蜜蜂在表达与太阳的角度之际（就是因为有太阳可以参照，在外面跳舞时她才可以模仿自己飞行的方向），她所参照的已经变成了重力。为了成功传达信息，在从蜂巢往外飞之际，蜜蜂必须凭视觉注意到太阳方向与食物来源之间的角度，把这信息记下，精确地把信息转换成一个可以与重力相对照的角度；与此同时，她还必须考虑时间差的问题，因为太阳的运转角度在她刚刚往外飞的时候与跳舞的当下并不相同。[23]

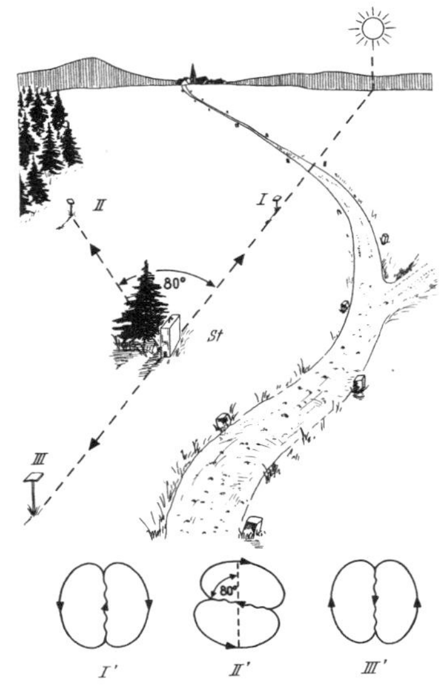

跳舞的蜜蜂以太阳为参照点来确定食物的方向。

如果食物的方向与太阳一样，蜜蜂会沿着蜂巢内部往上飞；如果食物方向与太阳相反，她就会往下飞。举例来说，假设食物位于太阳左边 80°的地方（就像左图下方编号 II，第二种喂食的方式那样），她在摇摆飞动时身体就会指着垂直线左边 80°的方向（也就是编号 II 那一条线的方位），依此类推。[24] 即便太阳被云遮住了，她还是可以借由偏光（polarized light）（人类肉眼看不见的光线）的模式来辨认太阳的方位。[25]

冯 · 弗里希追踪那些飞到蜂巢 11 千米外去采蜜的蜜蜂，发现他们传达距离信息的方式结合了身体摆动的次数、摆动频率、向前飞动的速度，还有摆动持续的时间。[26] 然而，距离可说具有一种“主观”的性质，蜜蜂判断距离长短时所根据的标准，是他们往外飞的时候有多吃力。为了证明这一点，冯 · 弗里希让重量各自不同的东西附着在蜜蜂的身体上，要他们逆风飞行，也曾逼使他们用脚走。每次碰到这种状况，他们向其他蜜蜂报告的距离都会比不受阻碍时要长。[27]

冯 · 弗里希喜欢与“冷静又平静”的蜜蜂合作。[28] 他们非常配合，而他也会回报他们，设计出各种符合蜜蜂需求与期望的实验和工具。蜜蜂会受到风与温度的影响。他们能辨别出的嗅觉与触觉差异非常细微，令人惊讶不已。每当光线的条件改变时，他们也会有主动的反应。他们认得出不同研究人员。蜜蜂的敏感度令他有所警觉：他所观察到的蜜蜂行为，是不是刚好反映出实验的人为特性？他发现自己无法确定答案，为此他被迫不断进行各种各样的实验，筋疲力尽，全力找出能够在自然情况之下重复进行对照实验的方式。等到他觉得发现太过惊人，他甚至怀疑，是不是因为他太过注意蜜蜂，因此创造出“某种科学蜜蜂”。[29]

他所做的第一件事，就是打造出一座可以观察蜜蜂的蜂巢。这蜂巢就是一般养蜂人用的那种，只是外面装上玻璃，如此一来就可以在不打扰他们的情况下进行观察。但他很快就发现蜜蜂的飞舞方式会有所改变，因为阳光明亮，而且他们可以看到一部分的天空。所以，他研发出一种与众不同的蜂巢，蜂巢外面装着可拆卸的板子，让他能够操控实验的外在条件。

他设计出喂食蜜蜂的地方与特别的食物分配器。他还发明了一种

冯·弗里希打造的用来观察蜜蜂的蜂巢。

伪装成花朵的计数器，可以自动计算蜜蜂造访的次数，每当义工不符实际需求，或者没有必要使用义工时，就可以拿出来用。

接下来他研发出一种非常巧妙的代号系统，这让他可以辨认出数

为解放人力而设计的自动计算蜜蜂造访次数的计数器。

百只蜜蜂。他的做法是，趁蜜蜂喝糖水时，用一支非常细的漆笔在每一只蜜蜂身上涂出不同图案。

但是，冯·弗里希真正的天分还是展现在他那些简单、有效而且极度精致的实验上面。（例如，为了把蜜蜂通过跳舞传达的信息翻译出来，一开始他的做法是训练蜜蜂到某个食物来源采蜜，然后逐渐有系统地把蜂巢与食物来源之间的距离加大，接着仔细观察采蜜蜜蜂回到蜂巢时的跳舞方式。）能够做到这一点，除了要有耐性，具备自我批判

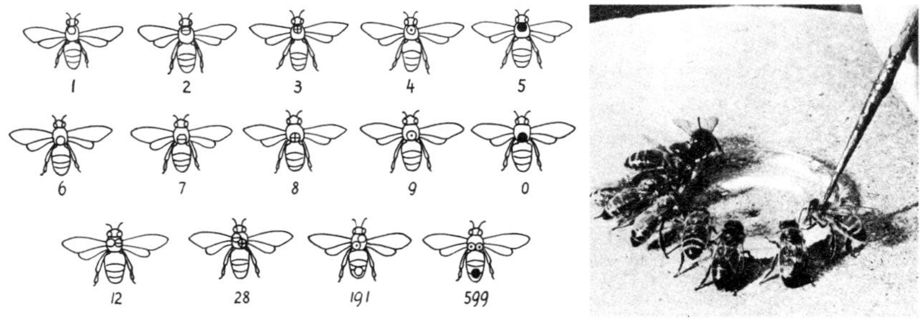

被冯·弗里希用不同图案标记的蜜蜂。

的精神以及有创意的实验方法，最重要的是他能从自然史的角度去观察蜜蜂的生态、性格与习性，以及与蜜蜂本身建立起极其深刻的亲密关系，关切一只蜜蜂的存在（the being of a bee）。

上述一切条件让他能够辨认出蜂巢中蜜蜂的个体性，摸熟他们个别的癖好与性格，他们的情绪改变，还有行为的细微不同。无疑地，他简直把蜜蜂当成人了。他曾说他的蜜蜂“机敏”“急切”“冷淡”，甚至一度还曾展现出某种“阶级意识”。[30] 但是，如果你觉得只凭借着这种拟人化的态度（所谓“拟人化”，在这里指的是我们往往情不自禁，想要从人类的内心世界去比拟其他生物，认为他们与我们相似）就足以了解他的研究成果有何意义，那你就错了。对于冯·弗里希而言，蜜蜂是他自己的朋友，但是他与蜜蜂之间仍有差异，因此蜜蜂也是极为神秘的。而且就是因为这巨大差异与偶尔的跨界（crossing），让他始终对蜜蜂怀有高度的敬意，却又一再以实验控制他们。通过不懈的研究，他仿佛执意追寻某种足以消解人蜂之隔，使人蜂可以相互理解而归于同一的救赎，但为此，他又必须在实验过程中舍得下手来对待他们。

也许这一切与外在世界发生的事件刚好形成某种对照：在那政治上动荡不安，恐怖事件频传，人性荡然无存的历史时刻，却也出现了如此令人兴奋的研究成果，所有的发现都是崭新的。或许我们也可以说这是旧式动物行为学的复活，决心在动物身上找到人类特质。但是，从冯·弗里希自己的评估与研究过程来看，蜜蜂一方面是与他合作，但也受制于他。他用他们做实验，少数几次当他们无法展现出敏锐才能，他也毫不掩饰自己的失望之情。但他们同样也会试验他：他们逼他不得不设计出足够灵敏的实验，借此来接近他们神秘的存在方式。

冯·弗里希躲回布伦温克尔去做研究，这一躲就好像进入了另一个充满光辉与深不可测的世界。根据他自己的回忆："我试着让自己全心埋首研究，尽可能不去注意发生在我周遭的事。"布伦温克尔外面的世界已经失控了。慕尼黑的动物学研究所变成一堆破碎瓦砾，他家也化为"一个大洞"。学界对他充满敌意，也令他不解。他劝妻子把日记烧掉。[31] 还有谁能信任呢？还有谁在看书？谁会倾听他的声音？除了那些蜜蜂……蜜蜂也会"说话"，但他们对政治漠不关心。他们的语言还没受到第三帝国的腐败术语污染。蜜蜂是一种纯粹的动物。他们具有一种可理解的理性。蜜蜂为他提供避风港。

我们不知道鲁斯·博伊特勒有何感想，但根据马丁·林道尔（Martin Lindauer）（最后他成为冯·弗里希的学生里面最出色的一个）自己的描述，原本他在俄国战场前线服役，受了重伤，被送回慕尼黑，他说自己想要研究科学，因此医生让他去听冯·弗里希的一场讲座，主题是细胞分裂。根据林道尔回忆，那场讲座让当时年仅 21 岁的他有所顿悟，他觉得自己可以重拾有意义的正常人生——而在那之前，他一直困惑不已，因为他曾拒绝参加希特勒的青年团，结果被派去达豪集中营挖壕沟；而在更早之前，他曾在高中听过党卫军（SS）军官的演讲，决定自愿加入德军。他说，冯·弗里希是一位严格导师，"对科学充满热忱……无法忍受任何作假……而且非常严格。"[32]

林道尔跟他的老师一样对蜜蜂有很深的情感，也许这一点也不令人意外。当时，集权统治让全国陷入一片混乱，科学界的生存空间也崩坏了，但冯·弗里希在沃夫冈湖湖畔建造了一座避风港，在他的蜜蜂身上找到某种规律性，一种有秩序的存在状态，就像在所有经营完善的研究机构那样，没有人需要为不可预测的生活感到恐惧，没有人需要觉得心神不宁。他们好像又回到了1918年革命之前的德国，通货膨胀严重的魏玛共和国尚未诞生，纳粹也还没夺取政权。他们在奥地利的湖畔回到了当年德国和奥地利共处承平时期的家族研究基地。“我们在希特勒掌权之下过着毫无意义的生活，无论从什么角度来看，一切都是如此邪恶、不真诚而错误百出，但在那之后，”相隔半世纪之久，林道尔曾经这样跟某位访问他的人说，“我之所以能够重获力量，是因为我开始做起了必须正确无误，诚实无欺，而且讲求客观性的工作。我走出了物质与精神的崩坏，远离绝望，在冯·弗里希老师的教导之下，我才有办法建立起一种新的生活方式。蜜蜂成为我新的家人，而那个蜂巢是我们共同的新家。”[33]

3

这不难理解。蜂巢里有几万只蜜蜂每天过着令人惊叹的自律与复杂生活，错综复杂而不停流动的社会关系、交换活动与劳动分工造就出一种带有高生产力的秩序。冯·弗里希在《舞蜂》（*The Dancing Bees*, 1953年出版）一书里首先就告诉我们，蜜蜂是一种守本分的社会动物，他们进行具有高度整合性的任务，因为合作而互相依赖，所以任何一只蜜蜂都不可能在蜂巢外单独存活（他说："最小的单位'就是蜂巢'……一只独来独往的蜜蜂很快就会死去。"）[34]

跟蚂蚁、黄蜂还有其他具有社会性的昆虫一样，蜜蜂生活在昆虫学家所谓的"种姓"社会（caste societies）里，动物学家用这种比拟的方式来说明他们看到一种形态明确无比的职业分类：蜂后负责产卵，许许多多无法繁衍的雌性工蜂负责工作，几百只眼睛大大的肥胖雄蜂只做一件事（就我们目前所知），就是在蜂后飞出来求偶的时候与其交配，最后到了冬天脚步迫近，食物来源紧缩时，这些雄蜂会被工蜂从蜂巢拖出来，赶离蜂巢，任由他们饿死；如果抵抗的话，就把他们螫死。"从那时候开始，直到来年春天，"冯·弗里希写道，"蜂巢里只剩母蜂，过着没有人打扰的平静生活。"[35] 这不禁让我们联想到夏洛特·帕金斯·吉尔曼（Charlotte Perkins Gilman）等作家所提倡的女性主

图中从左到右依次是蜂后、工蜂、雄蜂。

义理想国。

毫不意外的是，真正让研究人员注意的是工蜂。冯·弗里希与博伊特勒把他们飞舞的情况记录分类，对于他们辨识方向的能力也有极其深入的认识。接下来我将在下面描述林道尔承接研究工作后的发现，包括成群飞行的习性、蜂巢的地点，还有选择蜂巢的奇特过程。他们三个人都针对蜜蜂的劳动分工与时间分配进行了详细研究，不过研究做得最深入的还是林道尔，他的做法是追踪一只代号“107号”的蜜蜂的完整生命史。

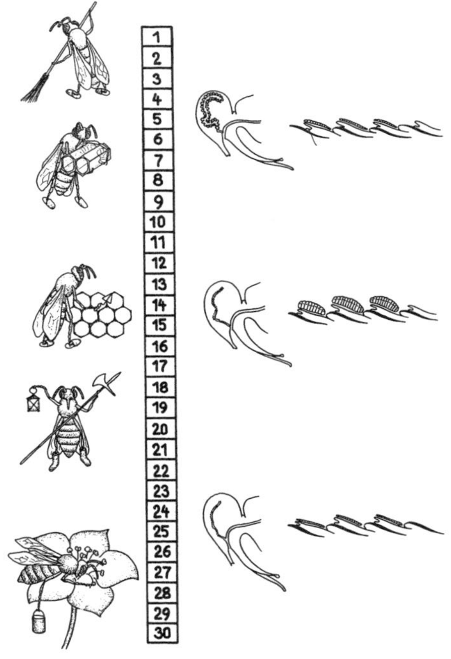

蜜蜂劳动分工方式。

左图是林道尔初次把蜜蜂劳动分工方式画下来的结果。图里面我们可以看到托马斯·西利（Thomas Seeley）所说的，“一种根据暂时性专业化区分而进行的劳动分工”，图片引自林道尔的经典名著《社会性蜜蜂之间的沟通方式》（*Communication among Social Bees*，1961年出版），该书内容是他在美国各大学演讲的讲稿选集。[36] 中间那一排数字显示出蜜蜂出生后的天数。左边一只只拟人化的蜜蜂所进行的活动，与他们年纪大小息息相关（他们做的事包括清理蜂巢，照顾蜂卵，兴建与修复蜂巢，守卫蜂巢，采集花蜜、花粉与水）。画在右边的那些东西，是蜜蜂头部腺体（哺育腺或喂食腺）与腹部腺体（蜡腺）于生命不同阶段的模样。尽管上述劳动状况、生理发展与生命周期之间具有紧密的联系，林道尔也非常了解，如果遇到紧急危难的状况（例如突然间食物短缺），这些关系有可能完全断裂。在这种情况下，蜜蜂的腺体也许就不会继续生长，蜜蜂在预定的日子之前就开始采蜜。蜜蜂的生理发展与行为是有弹性的，能够适应环境条件的改变，做出回应。

但并不只是这样而已。林道尔开始仔细观察“107 号”之后，他发现她不只做一份被分配好的工作，而是花更多时间执行不同任务，而且用来四处晃来晃去的时间也不少（他称之为“巡逻”，在下页这张由他绘制的图里面，用一顶圆帽与手杖构成的符号来代表），而且有大量时间（事实上，有 40% 的时间）看来是什么都没做（他称之为“休息”，即图中用躺椅符号表示的部分）。林道尔设法解释这些观察结果。据其推测，所谓“巡逻”是某种监看蜂巢的方式，这让蜜蜂能够掌握急迫的需求，据此分配时间。他宣称，“闲逛”让蜜蜂里的“后备部队”能够应情势需求，立刻展开行动，不过这说法比较不具说服力。[37]

这两种出乎意料的活动都显示出，在一个缺乏领导者或集中化决策的社会里，蜜蜂与蜜蜂之间的平等沟通是很重要的。蜜蜂之所以有能力维护蜂巢的内部环境（尽管外在环境有所改变，重要资源取得不

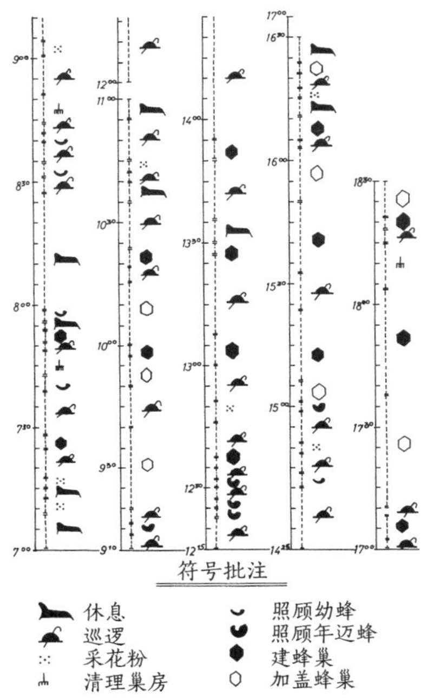

易），都是因为返巢的采蜜蜜蜂与蜂巢内的蜜蜂会相互沟通。例如，假使采蜜蜜蜂很快就把带回来的东西卸下，那表示蜂巢内非常缺乏那种东西。而且，与此有关的并不只是冯·弗里希所辨认出来的那种显然以符号为基础的沟通语言。有一些社会生活中更基本的活动也在进行着。蜜蜂彼此之间常有肢体接触，他们以头部与触角互碰，闻一闻彼此身上的味道，压缩过后的花粉在他们之间传来传去，分享与交换彼此肚子里的含糖物质，感应彼此的身体振动。他们往往是在一片漆黑中交换物质，吸吮反刍，彼此碰触、感觉、闻嗅、品尝与感应。他们在温暖的黑暗中彼此碰触，吸食东西，感觉彼此，然后再碰触，继而闻嗅、品尝与碰触。这一切勾勒出另一种蜜蜂的国度，另一种蜜蜂的语言。

通过某种方式，这种语言与人类将动物拟人化的描述有所关联，包括蜂巢的语言、阶级制度与种族的语言、姐妹与半血缘姐妹的语言、蜂后与工蜂的语言，还有舞蹈的语言。这些为了研究其他动物语言的语言，啊，真是烦死人了！这种语言也没有随着冯·弗里希与林道尔一起逝去。如今，研究蜜蜂的科学家也会论及这种语言，只不过他们常常将这种语言转换成一种生物能量学的机械式语汇。过去拟人化的术语，和如今科学家描绘起来如同机械的生命体之间其呈现方式相差甚大。

如今在科学家眼里，蜜蜂是一种进化中的蜜蜂，在这种观点下，蜜蜂（以及其他所有具有社会性的昆虫）的社会即个体；个体之于社会就像是细胞之于身体的关系，个体本身并不存在个体特性。通过这些暗喻我们可以推演出一套关于蜜蜂进化的论述，深具说服力：物竞天择的压力来自于不同蜂巢之间相互竞争，彼此争夺食物、采蜜区域与其他资源。而能够进一步支持这种论述的事实是，我们在蜂巢内部观察不到紧张关系。[38]

但冯·弗里希所提供的是一种补充性的论述。所有的养蜂人都知道，不是只有蜂巢会展现出不同个性（有些整洁，有些零乱，有些平静安宁，也有些充满侵略性）。根据冯·弗里希的说法，在蜜蜂的社会里，个体与群体之间的交互影响允许个体保有一些可变性，每一只蜜蜂会因为个别能力与天分不同而为蜂群的集体成就做出不同的贡献。在他的论点中，一个蜂巢是几千只不同蜜蜂的合作成果，它表现出某种合作的文化。

4

恩斯特·贝格多尔特（Ernst Bergdolt）是慕尼黑大学动物学研究所的一位生物学讲师，他在 1922 年才 20 岁时就加入了纳粹党。他很有远见，比许多人都更早成为法西斯主义者，1937 年他成为《全自然科学期刊》（*Journal for the Entire Natural Sciences*）的编辑，而这份期刊向来是最积极与各种生物科学搏斗的，希望能够让它们信奉纳粹的意识形态。[39] 想要把冯·弗里希赶出慕尼黑动物学研究所的那一股势力，就是以贝格多尔特为首，当时他也是德国国家社会主义讲师联盟（German National Socialist Lecturers' League）的领导人物。当时他曾写信给教育部长，呼吁解除冯·弗里希所长的职务，以下这段话引自他那封信：

> 冯·弗里希教授特别厉害的一点，是他有能力把研究成果拿来做政治宣传，而我们都知道犹太科学家就是有这种能力。相比之下，他完全没有能力从比较宽广的角度来做他的研究工作，更别说看到他自己的研究与一个浑然天成的政体之间的关联，而且政体似乎是如此不证自明的，因为他是研究蜜蜂的专家，应该很容易就能看出来。[40]

在这之前，贝格多尔特已经试着用虐待动物的罪名来诬陷冯·弗里希，但并未得逞。[41] 在这里他开的第一枪，差不多就是传统上所谓

“犹太科学”的罪名。但第二项指控就比较特别了。尽管蜂巢内部的秩序为冯·弗里希与林道尔提供了一个避风港，让他们免于被卷入纳粹帝国的纷乱扰攘中，但是对于贝格多尔特而言，那种系统性刚好体现了纳粹主义的乌托邦前景。蜜蜂就是人类的明镜。虽说弗里希和贝格多尔特用来形容蜜蜂的语言非常直接易懂，也用人类使用语言的方式去想象蜜蜂的语言，这一切看来都很清楚明白，但蜜蜂的生活却仍有许多模糊不清之处，所以冯·弗里希与贝格多尔特才能够用两种显然互相冲突的方式去想象蜜蜂。不过，在这个情况之下，他们双方的想象都是立足于同一个狂热氛围。

但是，两种关于“秩序”的不同概念并非唯一重点。对于纳粹而言，想要实现秩序，前提是必须用猛烈的手段建立一个具有示范性质的阶层结构。然而，在蜂巢里，阶层结构却是极其模棱两可的。蜜蜂世界不只是在性别关系上与国家社会主义的理念大相径庭，而且“蜂后”这个名义上的蜂巢领袖是否具有自主性，令人怀疑，几乎在各方面都屈从于那些为她服务的工蜂。然而，这些纳粹不愿面对的事实只是细枝末节，对纳粹来讲，真正重要的是，蜂群的秩序具有足以发展为寓言的种种可能性：蜂群严守纪律，愿意信奉“完成大我”的精神，不会繁衍后代的工蜂则是实践了利他主义的自我牺牲。在群体目标挂帅的情况下，个体消失了，而且他们能以极有效率的方式把那些不值得继续存活的蜜蜂处理掉。此外所有蜜蜂也都能全然接受一种蜜蜂文明史诗般的时间性，为此默默付出。还有，蜂巢吸引贝格多尔特的地方，或许也包括那界线明确的世界里强烈的视觉性，自给自足，纪律严明，但却又充满活力，让人一下子就联想到集权主义的美学。

冯·弗里希与和他共同获颁诺贝尔奖的康拉德·劳伦兹截然不同：劳伦兹不只是活跃的纳粹党党员，也是种族政策办公室（Office for Race Policy）的要角。但是正如贝格多尔特看到的，冯·弗里希无意把蜂群拿来比拟人群。[42] 当劳伦兹从种族卫生的观点指出，野生动物被驯化以后的退化就像人类迈入文明以后的衰退，冯·弗里希则通常有所保留，只是赞叹着蜜蜂的感官能力，不将蜜蜂与人类处境相对应。在这段时期，劳伦兹认为"本能"两字有特别的含义，而"本能式的行动"（"instinctive action"），无论对人还是其他动物来说，都是使物种得以存续的本能，而且"物种"即等同于民族。他主张，进化具有某种道德目的论：物竞天择是在社群的层次进行，个体屈从于群体是符合社群利益的，而且社会原本就该淘汰那些"较不具价值"的个体。提倡这些观念的，还有阿尔非德·普洛兹与德国种族卫生学的北欧分支，他们都是纳粹种族政策的保证。劳伦兹的主张更是直接源自于恩斯特·海克尔（Ernst Haeckel）那部非典型的《人类的进化史》（*Anthropogenie oder Entwickelungsgeschichte des Menschen*，1874 年出版），在书中海克尔主张公民与国家之间的关系，就该像社会性昆虫与它们的巢那样。[43] 劳伦兹热切地用他在科学界的权威来支持这种观念，也因而获得适当的回报。[44]

难怪贝格多尔特会对冯·弗里希的蜜蜂论述感到不满。冯·弗里希大可以把"本能"说成种族进步的原动力，但他却只是让本能潜藏在蜂巢里，默不作声。绝大多数时候，他认为蜜蜂的行为不只是基因作祟，而是有意识的介入。[45]劳伦兹则是持续贬低动物的能力（所有看起来具有意向性的行动，最多也只是被他一再地呈现为复杂的机械式反应）。相较之下，冯·弗里希的研究工作则是主要聚焦在个体行为的层次，他的研究动机是为各种行为赋予价值，一方面显示蜜蜂与人类的亲近性，另一方面则是赞叹其行为。（我们可以把他的想法当成一种广义的人文主义精神，范围宽广到足以把非人类的昆虫也包含进来吗？）

冯·弗里希会被视为动物行为学的创始人，主要是因为他以一种深具启发性的方式，为世人探索了动物的感官世界。他的探索成果足以用来质疑过去用“刺激反应”来看待动物行为的简化模式，而且他把对动物认知能力的思考提升为对感官复杂性的讨论。[46]相较于先前的动物行为学家，冯·弗里希注意的是动物的心智，而不只局限在他们的外在行为表现。蜜蜂对他来讲是“最完美的昆虫，具有令人不可置信的纯粹本能”，而且他们是有意识、有目标，有学习能力，也能够做决定的。[47]他对蜜蜂语言的描述绝非偶然形成。几乎毫无疑问地，他认为蜜蜂是一种具有主体性的物种。这句话说来简单，但是却带有极其复杂的深意。如果想进一步了解，最好就是通过冯·弗里希的学生马丁·林道尔所做的关于蜜蜂寻巢过程的知名研究。[48]

每当蜜蜂数量成长，蜂巢变得太过拥挤，蜂巢里有大量花蜜，存粮已满时，采蜜蜜蜂已经无法卸下他们采回来的东西，蜜蜂就会开始准备成群搬移。蜂后不再产卵，照顾幼虫的工蜂先前已经选好要用来替代蜂后的幼蜂，此刻开始喂他们吃蜂王浆。至于采蜜蜜蜂，他们则是不再采集食物，开始向外寻找洞穴，到处查看树上或建筑物上的孔洞，或其他任何有可能用来筑巢的地点。几天内，年纪较大的蜂后会离开蜂巢，有一半的工蜂会跟着她，数量可能高达3万只，林道尔在书中写道：他们把“蜂巢与食物都留给继任的蜂后”。他们通常会迁居附近的树上，群居在一起。[49]

采蜜蜜蜂会飞离这个暂时的家园，到外面去执行任务，仍然在一个广大范围内搜寻，但此时他们会根据一些精确的标准来寻找可能的蜂巢所在地：洞穴的大小适宜，入口要小而且位置恰当，必须免于风吹，与原先蜂巢的距离要够远，干燥、黑暗，而且不会受到蚂蚁侵扰。等到他们找到可能的地点之后，会回去与蜂群会合，就像发现食物来源时那样，他们还是用飞舞的方式来传达自己的发现，唯一不同之处在于，此刻他们是在一大群蜜蜂聚集而成的蜂体上跳舞。

林道尔观察到这个行为，他发现返家的采蜜蜜蜂只会跳舞，他们并未交换花蜜或花粉。他找出那些飞舞的蜜蜂，在他们身上做记号，诠释他们飞舞的方式，把他们表达出来的那些地点画成地图，等到自己去一趟之后，发现蜜蜂并不是在采集花粉花蜜，而是“忙着检视各种位于地面、空心树干上的孔洞，或是老旧墙面上的裂缝”。[50]他发现，那些采蜜蜜蜂现在变成了“寻巢蜜蜂”。他用下列这段文字来描述他们回去与蜂群会合的情形：

如果我们观察那些寻巢蜜蜂的飞舞方式，把他们表达的地点信息记录下来，我们可以得出一个令人非常讶异的结论：他们报告给蜂群的不会只是一个筑巢地点，而是方向与距离不同的许多地点，这意味着有好几个可能地点同时被宣布。例如，1952年6月27日那天，我就注意到有一群蜜蜂通过飞舞表示南边300米外有一个筑巢地点。几分钟后，他们又跳了另一支舞，宣告在东边1400米处有另一个筑巢地点。接下来的两个小时内，他们又宣告了另外5个地点，从东北方、北方到西北方都有，距离各自不同。到了那一天晚间，他们宣告了第八个地点，位于东南方1100米处，是必须去查看的。隔天又新增了14个可能的筑巢地点，所以此刻已经有21个不同地点可供选择了。一眼就能看出那些寻巢蜜蜂去查看过许多地方：有些身上沾满尘土，因为他们曾钻进地洞里；其他则去过一座废墟的洞穴，因此满身红砖粉末；也曾有某次这些寻巢蜜蜂身上沾满煤灰，因为他们在一个夏天未被使用的狭窄烟囱里发现了适当的筑巢地点。[51]

所以说，他们是怎样评估这些选项的？因为只有一只蜂后（也许她又老又弱，难以飞行），蜂群必须聚在一起。为了避免灾难发生，他们不只要做出决定，而且要达成共识。然而这并不总是能办到的。如果找不到适当地点，蜂群可能就会在空旷的地点筑巢，虽然有些会被掠食者吃掉，或死于冬天的第一场霜害，但也只能认命了。话说回来，如果有两个洞穴的好处不相上下，蜂群也可能会分道扬镳，分裂成两个群体，但只有其中一个有蜂后。最后，另外一群也就别无选择，只能让队伍转向，重新加入蜂群，而这通常都是在两群蜜蜂都还没有飞抵新家的时候。[52]

在这危急存亡的时刻，蜂群是否能存活，全都取决于寻巢蜜蜂。林道尔发现，蜂巢的选择还有地点都是由他们来决定。他们同时扮演舞者与追随者的角色。然而，这些寻巢蜜蜂到底是怎样从采蜜蜜蜂中

“脱颖而出”，并且成功说服蜂群追随他们的，至今仍不清楚。[53]

就像在传达关于花蜜与花粉的信息时一样，与飞舞动作强度有直接关联的，是他们找到的东西的吸引力。如果飞舞的动作激烈，那就表示蜂巢地点的质量优异，而且可能持续飞舞好几个小时，飞舞时间与激烈度让一大群寻巢蜜蜂可以看得清楚明白。整个蜂群里持续有蜜蜂在跳舞，这情况会持续好几天（甚至长达两周），被提出的新居选项则逐渐减少。一切顺利的话，绝大多数的跳舞蜜蜂最后会提议同一个地点，剩下的“反对者”就会被大家忽略。[54]接着，整个蜂群激奋起来，大家簇拥着蜂后，一起振翅飞往新家。

但情况不只这样。一开始，随着争辩持续进行，寻巢蜜蜂不断重新查看与描述他们选择的洞穴。他们意见有可能会改变。再度飞回去查看时，也许他们会觉得那地点的吸引力已经不如先前，例如因为下雨而漏水，有蚂蚁搬了进去，或者风向改变导致那地点不利于筑巢。如果是这样，他们飞舞的热烈程度就会下降，而且很可能转而支持另一个选项。

通过观察那些被他做记号的寻巢蜜蜂，林道尔发现，蜜蜂飞舞时的激烈程度如果原本就比较不高，他们很可能会转而支持另一个较受欢迎的地点。寻巢蜜蜂是有弹性、愿意被说服的，他们在做决定时也相当认真。他们不会听信其他寻巢蜜蜂的一面之词，而是会亲自造访好几个地点，自己查看。而且他们也不会只支持那些受欢迎的地点。寻巢蜜蜂会注意好几只蜜蜂跳的舞，亲自造访他们表达出来的洞穴。只有在亲自造访，有了证据与亲眼看过后，他们才会做出最后决定，选出要支持的选项。[55]

对于詹姆斯·古尔德与其妻卡罗尔（James and Carol Gould）而言，这种互动状况说明了“蜂群的某些活动基本上带有民主的特质”。[56]而唐纳德·格里芬则认为，“这些通过跳舞方式进行的沟通交流很像是在对话”。[57]他说，这种交流一来一往，很像委员会开会的方式。在面对这生死攸关的决定时，决策过程如此有效而恰当，心思细腻，往往令我印象深刻。任何人都很难否认，蜂群确实具有决心与确认能力，他们允许改变，也有犹豫怀疑，还愿意重新评估，在仔细算计后决定投入或者做出妥协。他们自有一套比较之道。

但这究竟是哪一种语言？以这语言进行的又是哪一类的对话？我们都知道科学家乐于为蜜蜂发言，然而这些小昆虫能否为自己发言？

5

1973 年冬天，尽管已经 87 岁，冯·弗里希还是亲自前往奥斯陆去接受诺贝尔奖。在颁奖典礼上演讲时，他回顾毕生研究工作（包括他的科学、他的蜜蜂与同事），但完全没有提及他的“语言中的语言”。唯一能看出一点端倪的，是他的获奖词:《解读蜜蜂的语言》（*Decoding the Language of the Bee*）。[58]

这是他典型的沉默。惊叹于蜜蜂的能力之余，他始终对于记录以外的学术工作有所迟疑（他所具备的蜜蜂自然史研究也早就足以让他的蜜蜂成为众人喜爱的对象），而不愿意建立一个较具反思性的理论模式来评估蜜蜂的所有能力，而且结果也可能发现他们的能力有所欠缺。事实上，正是因为他的保留态度，蜜蜂的语言活动才在他的研究中昭然若揭。也正是由于他的沉默，蜜蜂舞蹈与人类语言的比拟才变得如此有效而具体——即便他往往通过把“语言”一词加上引号的方式，表达他对于这种比拟的不确定性。

所以，他是很谨慎的。蜜蜂有“语言”，但没有话语。他的蜜蜂不曾说话（尽管他总是倾听与理解）。林道尔曾以亚非两洲的蜜蜂为研究对象，从进化谱系（evolutionary lineage）的角度去探究蜜蜂的沟通现象，而当冯·弗里希表示，这是一种关于蜜蜂“方言”的“比较语言学”之际，他只是照自己写出来的剧本去走。所谓“比较语言学”这词，在这里是描述性的，因为“比较”始终停留在蜜蜂的世界里。至于他在此选择用 Apis（“蜜蜂”的拉丁文）来表达“蜜蜂”这两个字，看似装模作样，其中却也包含了颇多自我嘲弄的味道。

不过，虽然有时候他看来像是来自前一个时代的科学家，但是他在理论生物学方面也很有成就，想法独到，野心勃勃，并以此处理另一系列的抽象问题。例如，他在 1965 年写完《蜜蜂的舞蹈语言与方向性》（*The Dance Language and Orientation of Bees*）一书，概述了他的研究成果。在此他不得不直接面对一个问题：蜜蜂的语言与人的语言是同一种性质的存在物吗？当时他利用那本书的序言，以毫不含糊的风格确认了这种语言的比拟是有所局限的：“许多读者也许会怀疑，把昆虫的沟通系统称为‘语言’，恰当吗？在这里，我们肯定不能误解‘语言’一词的用法，不要以为蜜蜂能互传信息，就像人类可以交谈一样。

人类语言的概念丰富，表达方式清晰，因此它是属于另一个不同层次的。”他的结论可以说是他在这议题上所做出的最清楚声明：尽管蜜蜂的语言“在整个动物王国里面独一无二”，但那仅属于一种“精确并高度特殊化的符号语言”。[59]

但也许这种局限性实际上并没有表面上看来那么高。冯·弗里希曾经写道，当时许多人认为符号语言是了解非语言性心智活动的关键。根据这种精神，他制造了一只木头材质的假蜜蜂（就像是能帮助他讲蜜蜂语言的“义肢”），放进蜂巢里，操控假蜜蜂的活动，让它看来就像在说蜜蜂的语言，希望蜂群能够有所回应。然而假蜜蜂只让其他蜜蜂感到很好奇，却骗不到他们。“那只模型蜜蜂，”冯·弗里希承认，“显然欠缺某种重要特色，因此蜜蜂才没有把它当真。”[60] 蜜蜂知道它并非同类。他们攻击它，不断螫它。

与此同时，大西洋彼岸专门研究认知发展的夫妻档心理学家艾伦·加德纳与妻子碧翠斯（Allen and Beatrice Gardner）正在准备让一只叫作华秀（Washoe）的黑猩猩住进他们位于内华达州的家，他们打算把她当成女儿一般养育，教她美国手语。语言哲学家维特根斯坦（Wittgenstein）曾有一句名言：“就算狮子会说话，我们也听不懂它在说什么。”——但他们打算通过经验观察来证明这句话是经不起考验的，加德纳夫妇逆转冯·弗里希的程序，着手证明原本不会说话的动物也能学会人类的语言，用语言来与同类和训练师沟通。[61]

但是，就像动物哲学家兼训练师薇琪·赫恩（Vicki Hearne）所说的，维特根斯坦的狮子并不是没有语言，它只是不说话。[62] 它的静默呈现出它与人类之间具有某种无法消弭的差异，一种不愿被驯化的漠然，那是一种完满而非欠缺，就像赫恩所说的，“那是一种我们无法了解的意识”。[63] 但是，这种现象学式的意识深渊就是冯·弗里希想要横越的，只不过他所采用的不是破解密码的方式，而是跟林道尔一样把他们最亲密的渴望投射在蜜蜂身上。因为，当他被迫以科学的语言献上关于蜜蜂语言的秘密时，就连他也只好以密码的方式来谈论蜜蜂语言。

蜜蜂跟维特根斯坦的狮子一样，并不会跟我们讲话。但冯·弗里希教我们窃听他们的语言。他也低声跟我们说，即便他们的“舞蹈语言”展现出一种像密码一样可以加以破解的特质，换言之，即便能掌握他们的符号语言，我们也不该自认已经了解他们所有的沟通活动。

当然，这不只是一个关于“动物说了什么”的争论；这个争论也关乎我们如何定义这些动物，而长期以来语言一直是此一争论的主战

冯·弗里希认为蜜蜂和人类一样，有着自己独有的语言。

场。尽管冯·弗里希并非哲学家，但他非常了解这个争论。自从启蒙运动以后，西方哲学一直都认为，动物就是因为缺乏语言，所以比人类低等（语言不只是动物与人类之间的差异而已），而就此问题而言，这个传统向来都承袭哲学家笛卡尔的立场。[64]冯·弗里希的立场则刚好与此相反，他的“舞蹈语言”概念正是对于上述人类语言优先论的修补，借此呼吁人类应该培养出一种相互性的伦理态度，试着去了解对方，尊重人类以外的动物：无论是一般的动物，还是那些惊人的蜜蜂。

布伦温克尔的实验之后不久，心理学家雅克·拉康（Jacques Lacan）写道：“冯·弗里希花了10年光阴耐心观察，想要解开‘蜜蜂传达的’信息，因为那信息当然是一种密码，或是一种信号系统，它的一般属性让我们无法将它归类为传统的信息。”[65]拉康想要让我们了解的是，密码与语言之间的关系，一如自然与文化的关系，还有动物与人类的关系。蜜蜂的特性源自于基因，具有一种不可变动的强迫性，他们所代表的是某种已经规划好的机械式自然，与人类文化具备的复杂自发性形成生动对比。[66]的确，蜜蜂让拉康在动物与人类、自然与文化之间画下严格的界线。

“动物可以用符号传达信息，但它们不会说谎。”——这论证已属老生常谈。也有人说，它们可以有本能反应，但不能随机应变。[67]它们可以沟通，但没办法进行人类熟悉的二阶元信息传递（second order metacommunication）[①]。它们不能以传达信息的方式进行传达，不能以思考的方式进行思考，就此而言，它们也不能“用跳舞的方式来表达对跳舞这件事的看法”。[68]

以人类为中心的传统论调向来坚称动物没有语言。而且这种论调被局限在人类的框架里，因此不可能有人可以证明它是错的。（不过，对于这种论调我们也可以提出质疑，例如，既然蜂巢是一个相互合作的地方，我们实在很难想象有任何一只蜜蜂有必要隐瞒喂食幼蜂的地点；总之，难道林道尔之所以会被蜜蜂深深吸引，不就是因为他们“诚实无欺”吗？）

但重点不在于让蜜蜂说话，让他们把自身秘密告诉我们，就像可怜的黑猩猩华秀会如加德纳夫妇所愿地把她的秘密说出来。重点也不在我们可以把那些小蜜蜂想象成与我们有点相似，他们的世界与我们的世界在相当程度上也互相符合，而蜜蜂其实跟人类没什么不同，只是感官能力不一样。更不是想象人类与蜜蜂之间具备共有的进化来源，两者的深层历史交织在一起，为此也共享相同的存在地位。

认识到蜜蜂的能力远远超出功能论解释或生物化学的可预测性；同时，随着越来越多研究对蜜蜂的认知与行为有更深入的了解，机械式的比喻也越来越不具有效力。难道这样就够了吗？是否具备语言，早已不再是一种动物是否具有内心世界的恰当指标。至于把语言（人类的语言）视为一种“前所未见的推论引擎”，这种假设也难逃只是一

① 二阶元信息传递：即后设沟通，指的是针对沟通的信息有何意义进行探讨与诠释。

种语言上的循环论证，只是从语言的角度来建构人类对于动物的想象，而未真正触及这些学科想要研究的动物本身。[69]

从这样的角度出发，我们该如何理解蜜蜂“抽筋般的舞蹈”，那看来“比较像是为跳舞而跳舞，而非某种有效的信号”的舞蹈？而我们又该如何理解冯·弗里希所说的“抖动式舞蹈”，这种“并未向其他蜜蜂传达任何信息”，只是在压力大时出现，看来像是反映出某种“神经官能症”的舞步？还有，我们又该如何理解那种他认为“是用来表达愉悦与满足”，“摇摇摆摆的飞舞方式”？[70]同理，我们又该如何理解林道尔所描述的寻巢舞蹈，每一支舞都参与了一个更大的社会性决策过程？

但是，讨论这些都是在蹚浑水。我跟冯·弗里希一样倾向于避开这些既危险又麻烦的语言与认知争议。大家都太容易受限于字面意义，也太容易把（人与动物的）差异等同于（动物的）缺陷。一切都已经太困难了。

很多人都坚守着密码与语言之间的界线，例如拉康，他认为那界线是一种逃脱，让人可以完全逃脱对动物的承诺。与之相对的则是立场宽松的格里芬，他用动物行为学来讨论认知的问题，试图从较为谦卑的方法论与理论出发，充满原则与决心，想要让动物能重获尊严、能动性与意识，但最后却发展出一种令人感到困惑的人文主义，一种所谓“把语言能力还给动物”（giving speech back）的论调，赋予动物一种少数族裔般的权利，把他们当成会思考的小孩，而在此十分怪异地重复了打造殖民人种阶层的历史。[71]

而这正是冯·弗里希的困境。他知道自己的蜜蜂不会像人类那样讲话，他知道他们的语言与人类语言相较，既有不足，也有更为丰富之处，他也知道他所建立起来的新学科只看得到那不足之处。在他那讲求理性的科学里面，他找得到任何语言来描述蜜蜂那种同生共死的生活吗？（一方面强调深刻的共有性，而共死则是一个无法挽救的残酷事实。）从哪里他可以找到另一种替代性的语言，用那种语言来描绘一种无法言喻的差异？而他又该去哪里找来一种语言，可以不把“欠缺语言”这件事当成一种不足与缺憾吗？

（可怜那些活在人类阴影里的动物们，它们被迫只能靠本能反应而非随机应变地活着，它们活着只为了替人类提供肉体、精神和意义，活着只成为人类生命中的他者。）

6

小说家塞巴尔德（W. G. Sebald）笔下的角色奥斯特利兹（Austerlitz）说：“为什么次等的生物就没有感觉敏锐的生活？这种想法实在没有道理。”[72] 在回忆童年的夜晚时，他心想：蛾子会做梦吗？当它们被火焰误导，飞进屋里送命时，它们知道自己迷路了吗？

冯·弗里希的问题是什么？蜜蜂能说话吗？不，不是的。一开始他心想，难道蜜蜂就没有语言吗？这实在没有道理。于是接下来他问：我的小同志啊，她都说了些什么？

可怜这些蜜蜂，同情并且想保护他们。然而在这里，他们就算是漠然也无济于事。深陷于语言之中，不管蜜蜂或人类都是；双方有时被归为一类，有时则被区隔开来。就连冯·弗里希与林道尔也一样，他们深爱着蜜蜂，借由蜜蜂，他们才得以在粗暴恐怖的乱世中找到自我救赎之道……但是，还记得他们为了证明这些亲爱小友的能力曾经做过的事吗？

但非常怪异的是，若是认定蜜蜂有自己的语言，那等于是赞扬他们与人类不同，但同时又让他们陷入注定不可能的困境，让他们注定只能模仿自己办不到的事，（误）把“语言的自我指涉性当成所有自我指涉性的典范”。[73]但是，真正失败的当然是人类（具体来讲，应该是那些科学家，但他们还是人类），因为人类只能够用类似语言的东西来想象社会性与沟通现象，并且把我们自己放上这种社会性的顶峰。昆虫是如此古老，如此多样，它们能做的事那么多，又活得如此成功，如此美丽、惊人，神秘而未知，如果用它们不可能达到，也完全不在乎的标准来要求它们，不是很愚蠢吗！如果完全忽略它们的成就，只聚焦在它们的所谓缺陷上面，那实在太笨了！真正可悲可怜的，是人类因为自己想象力的贫乏，而落得将（如此丰富又惊人的）昆虫贬抑为人们自我认识的资源！对此，我至悲无言。

1 此引文之出处请参阅：James L. Gould's *Ethology* (New York: W.W. Norton, 1983), 4. 艾琳·克里斯特（Eileen Crist）在文章中并未直接论及卡尔·冯·弗里希，但她也注意到自然史研究已经转变为古典动物行为学，因此在修辞与认识论上都已经不同。在我看来，如果按照她的划分，冯·弗里希应该是个过渡性的角色，在他前面是法布尔，后面则是劳伦兹、丁伯根：前者可说是克里斯特所谓动物研究中诠释（verstehen）传统的代表性人物（也就是诠释性的动物行为学），后者则代表某种新的客观主义。请参阅：Eileen Crist, "Naturalists' Portrayals of Animal Life: Engaging the Verstehen Approach," *Social Studies of Science* 26, no. 4 (1996): 799-838；idem., "The Ethological Constitution of Animals as Natural Objects: The Technical Writings of Konrad Lorenz and Nikolaas Tinbergen," *Biology and Philosophy* 13, no. 1 (1998): 61-102.

2 首先阐述这一主张的是达尔文本人，出处是《人类的由来》（*The Descent of Man*）与《人与动物的情绪表现》（*The Expression of the Emotions in Man and Animals*）。关于这点的有用讨论，请参阅：Carl N. Degler, *In Search of Human Nature: The Decline and Revival of Darwinism in American Social Thought* (Oxford: Oxford University Press, 1991).

3 关于聪明汉斯的案例，请参阅：Vicki Hearne, *Adam's Task: Calling Animals by Name* (NY: Vintage Books, 1982）. 就这个案例对于动物行为学造成的影响而言，上面那本书写道："对于学习行为的分析，本来都只是把学习当成简单的刺激 - 反应（S-R），直到 20 世纪六七十年代之前……人们总是刻意避免一个假设：动物有办法进行更高层次的认知活动"。James L. Gould and Carol Grant Gould, *The Honey Bee* (New York: Scientific American, 1988), 216.

4 Karl von Frisch, *A Biologist Remembers*. Trans. by Lisbeth Gombrich (Oxford: Pergamon Press, 1967), 149.

5 Ibid.

6 参考 Ute Deichmann, *Biologists Under Hitler*. Trans. by Thomas Dunlap (Cambridge, MA: Harvard University Press, 1996), 10-58.

7 Von Frisch, *A Biologist Remembers,* 71.

8 ibid., 57.

9 ibid., 72-3.

10 Gould and Gould, *The Honey Bee*, 58.

11 理查德·布尔克哈特（Richard Burkhardt）曾为动物行为学的奠基者们写过一本重要著作，他引述了一段来自冯·弗里希《你与生命》（*Du und das Leben*）一书的话（这是一本很普及的生物学作品，于 1938 年出版，是纳粹高层戈培尔赞助出版的丛书里的一本）。布尔克哈特写道，冯·弗里希“以一段关于种族卫生学的段落来总结那本书，提出一个耳熟能详的警讯：因为文化较高等的社会并未谨守自然选择的原则，因此导致一些变种能够永远存活下去，但如果是在野生世界里，他们早已‘遭到无情消灭了’”。他说，这等于是“鼓励那些劣等人类”，或者就像他更加直言不讳的：“让那些痴肥的人或者瞎子享受跟其他人一样的待遇”。请参阅：Richard W. Burkhardt, Jr., *Patterns of Behavior: Konrad Lorenz, Niko Tinbergen, and the Founding of Ethology* (Chicago: University of Chicago Press, 2005), 248.

12 Von Frisch, *A Biologist Remembers*, 129-30；Deichmann, *Biologists Under Hitler*, 45-6.

13 Von Frisch, *A Biologist Remembers*, 25.

14 Ibid., 141. 冯·弗里希也承认自己受到克里斯蒂安·亨克尔（Christian Henkel）于 1938 年发表的博士论文影响，因此又重新开始探讨这个问题。请参阅：Von Frisch, *The Dance Language and Orientation of Bees*, 4-5. 以下简称：DLOB。

15 Terrence W. Deacon, *The Symbolic Species: The Co-evolution of Language and the Brain* (New York: W.W. Norton, 1997, 71). 作者狄肯用了很多篇幅来评注皮尔斯（Charles Sanders Peirce）的语言学。尽管他认为只有人类会使用象征符号，但看来蜜蜂也符合他所列出来的这个标准，因为它们会跳舞。

16 Donald R. Griffin, *Animal Minds: Beyond Cognition to Consciousness. 2nd edition* (Chicago: University of Chicago Press, 2001), 190. 以下关于“蜜蜂语言”的相关说明，我除了引用了唐纳德·格里芬的出色综合论述，也参考了下列数据：Karl von Frisch, *The Dancing Bees: An Account of the Life and Senses of the Honey Bee.* Trans. by Dora Isle and Norman Walker (New York: Harcourt, Brace & World, 1966)；idem, *Bees: Their Vision, Chemical Senses, and Language* (Ithaca: Cornell University Press, 1950)；ibid., *The Dance Language—and see Thomas Seeley's excellent foreword in this volume*; Martin Lindauer, *Communication Among Social*

Bees (Cambridge, MA: Harvard University Press, 1961)；A. Michelson, B.B. Anderson, J. Storm, W.H. Kirchner, and M. Lindauer, "*How Honeybees Perceive Communication Dances, Studied by Means of a Mechanical Model,*" *Behavioral Ecology and Sociobiology* 30 (1992): 143-50；Thomas D. Seeley, *The Wisdom of the Hive: The Social Physiology of Honey Bee Colonies* (Cambridge, MA: Harvard University Press, 1995); Gould and Gould, *The Honey Bee*.

17 Von Frisch, *DLOB*, 57.

18 为 *DLOB* 一书撰写前言的学者表示，如今看来，把所有舞步都当成八字摇摆舞（waggle dance）是比较合理的，请参阅：Thomas Seeley, "Foreword" in von Frisch, *DLOB*, xiii.

19 Von Frisch, *DLOB*, 57.

20 例如，可以参阅：A. Michelson, W.F. Towne, W.H. Kirchner, and P. Kryger, "The Acoustic Near Field of a Dancing Honeybee," *Journal of Comparative Physiology* 161 (1987): 633-43. 事实证明，蜜蜂的沟通行为远比冯·弗里希原先所想象的还要复杂。除了这一点他没有注意到的听觉沟通方式之外，现在看来，八字摇摆舞也有不合理之处。当食物来源的距离在两公里以内时，无论是它们摇摆的次数，或者绕圈圈的方向，每次都有很大的不同。接受信息的蜜蜂的应变方式是待在跳舞的蜜蜂身边，然后很快地算出平均数，然后才飞往食物来源。请参阅：Gould and Gould, *The Honey Bee*, 61-2.

21 Von Frisch, *A Biologist Remembers*, 150.

22 Idem, *DLOB*, 132, Fig. 114。冯·弗里希画出右边这一张图，借此表达蜜蜂的此行为。

23 关于此材料的概述，请参阅：Lindauer, *Communication*, 87-111.

24 许多研究者曾很有耐心地把各种不同状况一一记录下来，但在此我就不加以复述了。例如，林道尔就曾指出，如果刮起了侧风，蜜蜂就会以改变飞行角度来因应，但是一回到蜂巢后，它们就会把最理想的路线汇报给大家，而不是它们自己真正飞过的路线（ibid., 94-6)。

25 但请参阅：Christoph Grüter, M. Sol Balbuena and Walter M. Farina, "Informational Conflicts Created by the Waggle Dance," *Proceedings of the Royal Society B: Biological Sciences* vol. 275 (2008): 1321–1327. 这是一篇重要论文，里面提及的研究显

示，绝大多数观察蜂舞的蜜蜂并不会根据获得的信息行动，而是偏好于回到它们熟悉的食物来源，而非新的来源。尽管蜜蜂会随机应变，有时采用“社会信息”（根据蜂舞而来的信息），有时则是根据“自有信息”行动（也就是前往已经去过的地方），但上文三位作者主张，大部分会采用蜂舞信息的，都是已经有好一阵子没有活动的蜜蜂，或是刚刚开始负责采集食物的蜜蜂。他们的结论是，如果进行更深入研究，“肯定会得出一个结果：八字摇摆舞以一种复杂的方式制约着集体采集食物行动，比我们目前所设想的还要复杂”，而这早已在更普遍的昆虫研究中成为一种大家都很熟悉，但仍深具吸引力的说法。

26 这就是亚德里安·温纳（Adrian Wenner）与其合作者强烈质疑的诸多发现之一。曾有好几十年的时间，他们都主张冯·弗里希的研究发现是没有根据的，但终究没能成功推翻冯·弗里希的说法。这个争议曾衍生出数量庞大的文献。详尽说明请参阅：Tania Munz, “The Bee Battles: Karl von Frisch, Adrian Wenner and the Honey Bee Dance Language Controversy,” *Journal of the History of Biology* vol. 38, no. 3 (2005): 535-70.

27 Von Frisch, *DLOB*, 109-29.

28 Ibid., 27.

29 Idem, *Bees*, 85.

30 Idem, *Dance Language*, 32, 37, etc。他甚至曾经写道，他的蜜蜂“戒掉了跳舞的习惯”（give it up on the dance floor，265）——不过，比较合理的解释是，他应该是指蜜蜂排尿了，而不是把舞给戒掉。

31 ibid., 133, 136.

32 访问 Martin Lindauer 来自 T. D. Seeley, S. Kühnholz, and R. H. Seeley, “An early chapter in behavioral physiology and sociobiology: the science of Martin Lindauer,” *Journal of Comparative Physiology* A 188 (2002): 439-53, 441-42, 446.

33 Martin Lindauer interviewed by the authors in Seeley et al., “An early chapter,” 445.

34 Von Frisch, *The Dancing Bees*, 1.

35 Ibid., 41.

36 Seeley, *Wisdom of the Hive*, 240-4; Martin Lindauer, *Communication Among Social Bees* (Cambridge, MA: Harvard University Press, 1981).

37 Lindauer, *Communication among Social Bees*, 16-21, 21.

38 当然，这种把蜂巢比拟为机械生产线的论述一样也出现在各种社会理论里面，例如马克思就曾经写道："最厉害的蜜蜂可以媲美最糟的建筑师，唯一的差别是，最糟的建筑师会先把建筑结构想象出来，然后才将其付诸实现"。引自：Karl Marx, *Capital*, vol. 1. Moscow: Progress Publishers, 1965. 178. 感谢唐恩·摩尔（Don Moore）提醒我注意这一段文字。就我所知，蜂巢内部只会出现两种竞争状况，两者对于蜂巢来讲都有功能性的价值。第一种是我在下面描述的雄蜂之间的竞争，第二种是在蜂巢分裂之后，不同的蜂后为了争夺主导权而出现具有调节功能的争斗现象。

39 Klaus Schluepmann, "Fehlanzeige des regimes in der Fachpresse?" [http://www.aleph99.org/etusci/ks/t2a5.htm].

40 转引自：Deichmann, *Biologists Under Hitler*, 43. 对于这一段插曲的描述引自上述这一本书，书里有很详尽的说明，尤其是第 40—48 页。若想了解冯·弗里希在纳粹掌政期间的活动以及他如何帮助那些被解雇的同事，请参阅：Ernst-August Seyfarth and Henryk Perzchala, "Sonderaktion Krakau 1939: Die Verfolgung von polnischen Biowissenschaftlern und Hilfe durch Karl von Frisch," *Biologie in unserer Zeit*, no. 4 (1992): 218-25. 感谢上述论文作者恩斯特·奥古斯特·赛法特（Ernst-August Seyfarth）跟我分享他的论文，也感谢利安德·施奈德（Leander Schneider）帮我翻译成英文。

41 关于纳粹政府对于动物福祉的关切，请参阅：Anna Bramwell, *Ecology in the Twentieth Century* (New Haven: Yale University Press, 1989)；还有：Boria Sax, *Animals in the Third Reich: Pets, Scapegoats, and the Holocaust* (New York: Continuum, 2002).

42 尽管劳伦兹与纳粹政权的关系在当时广为人知，但在战后大家都主动选择遗忘，诺贝尔奖委员会更是将其完全予以抹煞。最近才开始有人把他效力于纳粹政权的事记录下来。关于此事，尤其可以参阅我的主要参考数据：Deichman, *Biologists Under Hitler*, 178-205. 作者戴赫曼（Deichman）希望能把当代动物行为学对于本能的解释（最早提出解释的人是劳伦兹），还有这种解释与法西斯政治立场之间的关系说清楚。也可以参阅：Theodora Kalikowa, "Konrad Lorenz' s Ethological Theory: Explanation and Ideology,

1938-1943," *Journal of the History of Biology*, vol. 16, no. 1 (1983): 39-73；Boria Sax, "What is a "Jewish Dog"？Konrad Lorenz and the Cult of Wildness," *Animals and Society* vol. 5, no. 1 (1997), available online at http://www.psyeta.org/sa/sa5.1/sax.html；Burkhardt, Patterns of Behavior.

43 Boria Sax and Peter H. Klopfer, "Jakob von Uexküll and the Anticipation of Sociobiology," *Semiotica* 134, nos. *1-4* (2001): *767–778,* 770；Ernst Haeckel, *The Evolution of Man: A Popular Exposition of the Principal Points of Human Ontogeny and Phylogeny*, 2 vols (New York: Appleton, 1879).

44 更令人震惊的是，冯·弗里希与丁伯根在战后都还是支持劳伦兹。战时丁伯根曾被囚禁于集中营，也曾主动为反抗势力工作，他曾在 1945 年写信给某个美国同事时表示，"做出各种暴行的，不光是那些疯狂的少数人，包括纳粹党卫队、党卫队保安处或是盖世太保，几乎全国所有人都像中毒似的，无可救药。"他接着写道，劳伦兹"也中了纳粹的毒"，不过，"如果他被逐出科学界，我个人会觉得很可惜……我总是把他当成一个老实的好人。"转引自：Deichman, *Biologists Under Hitler*, 203-4.

45 我想到的唯一例子是，在《舞蜂》一书里面有一个很短而且特殊的段落，标题为"蜜蜂的心智能力"（The Bee's Mental Capacity）。也许是因为被迫直接针对这问题表态，冯·弗里希显然摆脱了他作品中到处可见的情感负担。"因为蜜蜂的智力范围很狭小，"他写道，"我们对其心智能力不能给予太高的评价。"（162）然而，到了讨论的结尾处，他的口气就较为模棱两可了："没有任何人可以确认蜜蜂的行为是不是有意识的。"（164）也可以参阅：Griffin, *Animal Minds,* 278-82.

46 这也能帮助我们通往乌克斯库尔（Jakob von Uexküll）那种深具影响力的"环境现象学"（phenomenology of the Umwelt），而所谓环境，就是所有生物所居住的感官世界。

47 Von Frisch, *A Biologist Remembers*, 174.

48 Griffin, *Animal Minds*, 203-11. 关于蜂群移动与寻找蜂巢的说明，我主要的参考数据是：Griffin, *Animal Minds*；Lindauer, *Communication*; Gould and Gould, *The Honey Bee*；Seeley, *Wisdom*; and Seeley et al., "An Early Chapter".

49 Lindauer, *Communication among Social Bees*, 35.

50 Ibid., 38.

51 Ibid., 39-40.

52 Gould and Gould, *The Honey Bee*, 66-7.

53 Ibid., 67.

54 Ibid., 66.

55 Ibid., 65-6; Griffin, *Animal Minds*, 206-9.

56 Gould and Gould, *The Honey Bee*, 65.

57 Griffin, *Animal Minds*, 209.

58 Karl von Frisch, "*Decoding the Language of the Bee*," Science 185 (1974): 663-668.

59 Von Frisch, *DLOB*, xxiii.

60 Ibid., 105。那模型蜜蜂欠缺的，是它没办法对周围蜜蜂发出的声音停止信号做出回应。此后，机械蜜蜂便成为关于蜜蜂的科学研究之必需品。例如，请参阅：Michelson et al., "How Honeybees Perceive Communication Dances".

61 Ludwig Wittgenstein, *Philosophical Investigations*. Trans. by I.E. Anscombe (New York: Macmillan, 1953), 223. 请参阅相关讨论：Cary Wolfe, "In the Shadow of Wittgenstein's Lion: Language, Ethics, and the Question of the Animal," in Cary Wolfe, ed., *Zoontologies: The Question of the Animal* (Minneapolis: University of Minnesota Press, 2003), 1-57. 沃尔夫让我们想起了薇琪·赫恩的评论：维特根斯坦说，"就算狮子会说话，我们也听不懂它在说什么"，但这是她所看过"关于动物的最有趣误解"。请参阅：Vicki Hearne, *Animal Happiness* (New York: HarperCollins, 1994), 167. 赫恩是个哲学家兼动物训练师，曾写过一些关于马与狗，还有其他大型哺乳类动物的出色作品，而且她以极具说服力的方式主张，除了感受性之外，应该还有其他感官能力可以让人类与非人类生物之间进行沟通。我隐约可以看出这个观念受到乌克斯库尔的"环境"理论之影响。关于黑猩猩华秀与加德纳夫妇的故事，请参阅：Donna J. Haraway, *Primate Visions: Gender, Race and Nature in the World of Modern Science* (New York: Routledge, 1989), and Hearne, *Adam's Task*, 18-41.

62 Hearne, *Animal Happiness*, 169.

63 Ibid., 170.

64 类似评估请参阅：Jacques Derrida, *The Animal That Therefore I Am*, trans. David Wills (New York: Fordham University Press, 2008), Matthew Calarco, *Zoographies: The Question of the Animal from Heidegger to Derrida* (New York: Columbia University Press, 2008)，还有：Wolfe, "Wittgenstein' s Lion". 关于那种比较不具一元论色彩的看法，请参阅：Ian Hacking, "*On Sympathy: With Other Creatures*," Tijdschrift-voor-filosofie 63, no. 4 (2001): 685-717. 这位作者的"反系谱学式"论述是从哲学家大卫·休谟（David Hume）开始谈的。感谢安·斯托勒（Ann Stoler）介绍我看这一篇重要的文章。

65 Jacques Lacan,(*Écrits: A Selection*.)Trans. by Alan Sheridan (New York: W.W. Norton, 1977), 84. 转引自：Derrida, *The Animal*, 123.

66 请参阅古尔德在他的教科书《动物行为学》（*Ethology*）里面是怎样简述蜜蜂的社会性："每一只蜜蜂都必须拥有相同的特性，根据相同的规则生活，否则蜜蜂的社会就会陷入无政府状态"（406）。

67 关于此一差别，请参阅：Derrida, "And Say the Animal Responded?"

68 Ingold, *Evolution,* 304, quoting C.F. Hockett.

69 Deacon, *The Symbolic Species*, 22. 显然，关于动物认知与语言能力的议题已经有非常庞大的文献。如欲了解动物行为界的发展，请参阅：Marc Bekoff, Colin Allen, and Gordon M. Burghardt, eds., *The Cognitive Animal: Empirical and Theoretical Perspectives on Animal Cognition* (Cambridge: MIT Press, 2002)；生物人类学家狄肯从跨学科的角度提供了非常具有创新性的说明，请参阅：Deacon, op. cit。狄肯主张，语言习得与使用能力是人类与其他动物（包括灵长类动物）之间的重大差异。根据他的观点，就是此差异让人类能够获得种种成就：他宣称，从生物学的角度看来，人类与其他动物之间极其相似，但心智能力与其他物种截然不同。

70 Von Frisch, *DLOB*, 278-284.

71 Derrida, "*The Animal*". "天然儿童"（natural child）的观念深具亚里士多德哲学的味道，而且这观念在 16 世纪欧洲扩张史中有其地位，请参阅：Anthony Pagden, *The Fall of Natural Man: The American Indian and the Origins of Comparative Ethnology*. 2nd edition. (New York: Cambridge University Press, 1986).

72 W.G. Sebald, *Austerlitz*, trans. by Anthea Bell (New York: Random House, 2001), 94.

73 Eva M. Knodt, "*Foreword,*" *in Niklas Luhrmann, Social Systems*, trans. John Bednarz, Jr. with Dirk Baecker (Stanford: Stanford University Press, 1995), xxxi；转引自：Wolfe, "*Wittgenstein's Lion*," 34.

M

我的梦魇

My Nightmares

那些反复出现在梦魇里的昆虫

我们心里最害怕的那些不为人知之事，总是会发生。[①]

——意大利诗人 切萨雷·帕韦泽（Cesare Pavese），

1950年8月18日

曾有很长一段时间，我只想到蜜蜂。它们群居在一起，把其他所有昆虫排拒在外，而这本书变成只为它们写的。这本关于蜜蜂的书叫作《蜜蜂全书》。关于它们身体的所有能力、最细微难察的行为举止、有关于蜜蜂组织的一切谜团，还有它们的同志精神，都可以在这本书里找到。还有那照亮了古代世界的金黄色蜂蜡。因为蜂蜜而变甜的中世纪欧洲。蜜蜂是人类各种计划与意识形态的永恒原型。蜜蜂掌控了一切。

但接下来，一群如瘟疫般的飞蚁入侵我的客厅，它们离开后我陆续想到了蝗虫与甲虫，许许多多的甲虫！然后是石蚕蛾、大蚊、果蝇、马蝇（肤蝇）、蜻蜓、蜉蝣、家蝇，还有许多其他蝇科昆虫。然后我又想到黑蟋蟀、蝼蛄与耶路撒冷蟋蟀，接着杰西从新西兰寄来一只沙螽给我。接着是那一群十七年蝉[②]在俄亥俄州出现，然后我发现了蓟马与螽斯，想起了加利福尼亚州玫瑰上的蚜虫，还有那些淹死在果酱罐里的夏日胡蜂，然后是白蚁、大黄蜂、蠼螋、蝎子、瓢虫，还有掠食性昆虫螳螂，变成螳螂干在园艺店里成袋出售。后来又出现了长腿与

① 说完这句话的九天后，切萨雷·帕韦泽就服用过量镇静剂自杀身亡了。

② 十七年蝉：同翅目一种穴居十七年才能化羽而出的蝉。

短腿蚊子，还有种类多到数不完的蝴蝶与天蛾。而我想起了我们都已经知道的一件事：这世上有无数昆虫，数也数不尽，与它们相较，我们不过只是尘土，而这还不是最糟的。

这个梦魇与昆虫的强大繁殖力有关，也与它们的繁多种类有关。在梦魇里它们的身体不受控制，在我们的体内与体外。在梦魇里，我们身体上的洞穴门户大开，许多地方都好脆弱。在梦魇里，我们的血流里有异体入侵，耳朵、眼睛里，还有皮肤表面下也一样。

梦魇里有成群昆虫，还有爬来爬去的昆虫。梦魇里我们在挖洞，在黑暗中被看见。在梦魇里，当头顶的灯光打开时，一片如地毯般的昆虫往四处逃散。梦魇里有毫无理由的生物存在，无法沟通。在梦魇里有生物跑出来抓我们。

在梦魇里有时我们知道，有时不知道。有些是脸庞看不见的梦魇。也有根本没有脸庞的梦魇。有些梦魇里则是肢体太多。也有梦魇包含了上述一切，还有隐形的梦魇。

有些是被昆虫淹没的梦魇，有些则是被群虫侵扰。有些是被入侵的梦魇，也有些是孤零零的梦魇。有些梦魇与数字有关，或大或小。有些梦魇是关于蜕变，有些则是坚持不变。有潮湿的梦魇，也有干燥的。梦魇里有毒，也有麻痹。有些是穿鞋的梦魇，有些则是脱掉鞋子。有些梦魇滑滑溜溜，有些则是往后行走。有些梦魇里万虫蠕动，有些则是许多虫子被踩扁，发出嘎吱声响。也有些梦魇让人吃惊，毫无喜悦可言。

有巨大的梦魇，也有生成的梦魇。有被困在其他身体里的梦魇，无法逃脱，也没有退路。有些梦魇是放弃，有些则是被社会断定为死亡。也有关于被拒绝的梦魇。还有荒诞离奇的梦魇。

有的梦魇里飞行不太平顺，也有些是翅膀发出咔嗒声响。有些梦魇是毛发打结了，也有张嘴的梦魇。有些梦魇里我们看到几根长长的触角从洗手间水槽溢流口里伸出来探路，如果是从马桶边缘伸出来就更糟了。有些梦魇里我们看到漠然的大眼。有些是随意的梦魇，有些则是没有防备的时刻。有坐下的梦魇、翻滚的梦魇，还有站起来的梦魇。

我有过一个梦魇，梦里几乎所有昆虫学的基础研究都是由军方提供经费，也有梦魇是被探针伸进大脑里，剃刀伸进眼睛里，还有个梦

那些反复出现在梦魇里的昆虫。

魇是发现了关于蝗虫群居、蜜蜂导航与蚂蚁觅食的秘密；秘密衍生出更多秘密，梦魇衍生出更多梦魇，虫蛹衍生出更多虫蛹。有通过微型植入手术而生长出来的昆虫；也有半机械半昆虫，可以被遥控，用来进行跟踪监视任务的武装化昆虫，包括肩负任务的天蛾、卧底的甲虫；更别提昆虫机器人，在梦魇里它们被大量生产出来，派遣出去，进行大规模自杀式袭击。

这种梦魇，是关于大战将至的噩梦，昆虫的大战，它们没有脆弱的指挥中枢，整队后散开，聚集后解散，去中心化，形成网络，这是一场“网络战”，以网络为中心的战争，没有死伤的战争（至少就人类这一边而言），一场关于奥萨马·本·拉登（Osama bin Laden）躲在某处洞穴里的梦。这是一场关于隐形恐怖分子的梦，无数的它们汹涌成群，入侵私密的地方与没有防备的时刻。关于我们这个时代的梦魇，浮现的梦魇，邪恶巢穴的梦魇，一窝坏人，一个超越个体的超级有机物，“它们蜂拥而出，各自行动，从许多地点的各个目标返巢，然后又散开，只为了形成新的蜂群。”[1] 语言的梦魇。蜜蜂的语言。梦魇衍生出更多梦魇。蜂群衍生出更多蜂群。幻梦衍生出更多幻梦。恐惧衍生出更多恐惧。

如今蜂群何在？在它们的居所跌跌撞撞，在塑料迷宫中滑来滑去，负责闻是否有爆炸物，吸食糖水、玉米糖浆让它们肥胖虚弱，被锁在机场的小小盒子里，依照指示伸出舌头。谁知道这些小虫子这么聪明？记者都这么说。毛茸茸的小家伙，到处闻来闻去。嗡嗡嗡。嗡嗡嗡。确保我们安全无忧。祝福我们一夜好眠。

1 Scott Atran, "*A Leaner, Meaner Jihad*," New York Times, March 16, 2004.

N

尼泊尔

Nepal

缩成小球的不明生物

后来，某天早上在半梦半醒中，我跟我的朋友格雷戈一起离开伦敦，前往印度北部与尼泊尔。我们计划一起旅行几个月，但格雷戈才几周就回去了，我跟另一个朋友丹继续我的尼泊尔之旅，丹跟我一样也是靠在当地医院当搬运工赚到车票钱。我总计去了6个月，但如今回想起来，感到惊讶的是，那一趟旅程期间我并未拍任何照片，也没有留下很多回忆。也许，当我们不为任何目的旅行的时候就会这样，或者可以说，当时唯一的目的就是一股隐约想要冒险的冲动，而此冲动又来自于一股隐约的优越感。我清楚记得丹喜欢抽烟，他加入后，我们俩几乎可以说是从醒来一直抽到睡前。拜烟草所赐，我们的理性或许不太管用，但感官是异常清晰、活得透彻的状态。

当时，博卡拉（Pokhara）差不多只是一条位于安纳普尔纳峰（Annapurna）旁边的大街，举目所及，四处都是令人屏息晕眩的高耸山峰。云朵散开时，那山峰让人觉得随时会倒塌，掩埋一切。我们住在当地一个类似工人宿舍的地方，过了一两夜后决定前往山区。我已经不太记得经过了，总之我们交了一个年纪与我们相仿的尼泊尔朋友，他同意与我们同行，三个人就这样开始步行上路。我没有拍照、写信或者写日志，但是如果我现在回想某个东西，然后再从回忆里抓起某件事物，然后再接下去抓另一个东西，我就可以创造记忆。我们看到一个位于断崖侧边的磅礴瀑布，后来我们发现自己身上都粘上了许多黑色水蛭，接着用烟头把它们一只只烫死。有个女人杀了一只鸡给我们当晚餐，令我们尴尬的是，她为了这一餐实在付出太多，但却又不肯收钱。用完晚餐后，我们住在山坡上的一间木屋，有个小伙子打算把他的妹妹卖给我过夜。我们吃煎面包与加了盐巴与奶油的茶。眼前只见一片宽阔的石头山谷。一条条经幡在风中飞扬。当我第一次看维尔纳·赫佐格（Werner Herzog）导演的《阿基尔，上帝的愤怒》，又名《天谴》（*Aguirre, Wrath of God*）时，电影开头令人屏息的情景让我想起了当时行经山路，我们越过一支骡队的情景。我想起了当年那些跟我们乞讨的妇女，她们说，钱是要用来帮婴儿治病的，当地卫生站已经关闭。她们把孩子抱给我们看，一个个都无精打采、大腹便便，身上到处是伤口，这让我们感到自己是如此无助、愚蠢、无知，不该去那里，而我们也的确是那样，于是我发誓我再也不会去了。

那都是30年前的往事了，今晚我坐在一辆M5号巴士的后面，行经曼哈顿的七十二街，司机把车转进河滨大道（Riverside Drive），巴士驰骋在漆黑的路上，我们右手边是一栋栋楼下站着看门人的宏伟大楼，左侧是淹没在黑影中的公园，下方则有我们看不见的大河与公路。不知道为何此刻我突然想起来当年那种完全异样的感觉：那几个早上明亮的阳光普照，我们绕过高山上的弯路，一行三人信步走在碎石路上，下方是一大片村庄，四周一座座山峰矗立，高处喜马拉雅山上的积雪看起来是如此清爽而不真实，一群小孩朝我们走过来，沿路打打闹闹，我们猜那些孩子大概是要去捡柴。我记得一个年约十岁的女孩是几个孩子中年纪最大的，她停在我们面前，伸出手臂，手掌合了起来，掌心向下。她叫我把手掌伸出去，放在她的手掌下方，与此同时她咯咯笑个不停，不知为何我们也都咯咯笑了起来，直到她打开手掌，把一个球丢在我的手掌上，我发现那是一个缩成小球的生物。球上有好几种颜色，仍是活生生的，好像一颗石头那样停留在我的手上，在闪耀光亮的阳光之下，它藏头藏尾，身上那一节节甲壳看起来像是一个卷起来的海中生物或者特别的宝石，非常罕见。接下来我又看了一下下，还是搞不清楚它是什么，也不知道为什么它会在我手里，她就把那仍然蜷缩一团的生物一把拿回去，还咯咯笑个不停，把手臂划个弧形（我还来不及开口说话），将那生物丢出去，丢得又高又远。它在山边的空中持续旋转，于稀薄的空气中往下坠落，从令人晕眩的空中掉进下方的灰棕色山谷里，而她早已大笑跑开，旋转个不停，但身体保持挺直；她的年幼朋友们拿着一捆捆的木柴，笑个不停，头也不回地离开了。

O

2008年1月8日，阿卜杜·马哈曼正开车穿越尼亚美

On January 8th, 2008, Abdou Mahamane Was Driving through Niamey

蝗虫怎么可能同时为人类带来盛宴与饥荒

1

阿卜杜·马哈曼（Abdou Mahamane）是尼日尔第一家民营广播电台 R&M 的执行董事，2008 年 1 月 8 日这天，他正开车穿越该国首都尼亚美市（Niamey）。大约晚间十点半，就在他进入尼亚美市西边郊区一个叫作扬塔拉（Yantala）的地方时，他的丰田轿车行经一条没有铺柏油的路，碾过了一枚埋藏在地下的地雷。电台的声明非常直白："我们的同仁被炸得粉身碎骨。"同车一位女性乘客则逃过一劫，但身受重伤。

马哈曼遇害之前，卡林跟我刚刚走下巴士，抵达位于东边 670 公里的马拉迪市（Maradi），在饭店内灯光昏暗的酒吧里跟其他三四位宾客一起看着新闻报道。卡林用颤抖的声音说："那是我每天晚上回家必经的路。"酒吧里那台平板大电视上，只见一群人在明亮的灯光下低头凝望被地雷炸出来的大坑洞，还有已经严重变形的车辆残骸。电视台摄影棚里坐着一位政府发言人，他面前有一张汽车还在燃烧的照片，看起来像是用手机拍摄的，此刻他大肆抨击一个叫作"尼日尔正义运动"（Mouvement des Nigériens pour la Justice，MNJ）的组织，并且呼吁爱国的国民应该把害群之马彻底消灭掉。MNJ 是一个由该国北方图阿雷格族人（Tuareg）于 2007 年 2 月发起成立的一个武装叛乱组织，该组织指控，地雷根本就是马马杜·坦贾（Mamadou Tandja）总统派人埋设的，目的是为了激化不安与暴力的氛围。他们还说，总统的不愿妥协，让冲突持续了几十年。

饭店酒吧里有人提出质疑，质疑者也被质疑，然后大家都陷入沉思，默然不语。那是发生在首都的第一桩攻击事件，但是前一个月在马拉迪市才刚刚有两个人因为反坦克地雷而遇害，另外在一个叫作塔瓦（Tahoua）的小城则有另外四人受伤。至于在两个月前，则是在北部大城阿加德兹（Agadez）的郊区，有一辆载满乘客的巴士遇袭。毋庸置疑的是，尼日尔政府对于独立记者的确充满敌意：当时有两名尼日尔籍记者与两名法籍记者因为在叛军出没的武装冲突区打探消息而被拘留，无法与外界联络。但是，谁知道阿卜杜·马哈曼到底是被锁定的目标，还是无辜受害？而且，无论答案为何，又有谁能确定杀手属于哪个阵营？电台新闻说，大家都“像是惊弓之鸟”，“生怕自己也被炸得粉身碎骨”。

尽管如此，尼日尔人都知道，在国内不是只有这件事会让人被炸得粉身碎骨，令人不安与害怕的事情太多了。地雷与这种恐惧氛围只是造成不安的两种元素而已。与我初见面时，卡林就简介了一下尼日尔的政局。他说，欢迎光临尼日尔啊，这是一个面积很大，但人口很少，天然资源丰富，但却很贫穷的国家。而且尼日尔很弱，四周却是强国环伺。

爆炸案发生前两三天，我们俩才搭出租车经过美国出资兴建的尼亚美市境内尼日尔河上方的肯尼迪大桥（Kennedy Bridge），接着到充满生气的阿卜杜·穆穆尼大学（Université Abdou Moumouni）校园里去闲晃了一下。在该校因为学生罢课而于 2001 年被暂时关闭以前，他是法律系的学生。事后，他前往尼日利亚与布基纳法索求学。但他在校园里还是碰到许多朋友，持续停下来与人打招呼。阳光下，一群又一群的年轻人聚集在宿舍外聆听电台广播，谈论政治，修剪头发。许多年轻女孩手挽着手走来走去。

理学院位于一栋两层楼的红砖建筑里，植物学教授马哈曼·萨都（Mahamane Saadou）的办公室位于一楼，里面到处都是书。来访前，卡林已经不厌其烦地向我说明国内局势：因为北部的政局不稳，导致国内屡屡发生没有由来的暴力事件，人心不安；还有因为北部政局不稳，导致无法妥善开采地底资源（铀矿与石油），所以经济发展受限，而且这一切也都让曾经殖民过尼日尔的法国，还有利比亚等邻国有更多机会能够在尼日尔发挥地缘政治的负面影响力。萨都教授听着我撰写这本《昆虫志》的构想，卡林则向他说明，我们俩要花两个礼拜的时间一起到尼亚美、马拉迪与周边的乡间与居民讨论关于蝗虫的事，包括它们做了些什么事、当地人如何处置它们、它们有何意义，还有它们在尼日尔造成了哪些情况。我们说完后，萨都教授告诉我们，地雷与蝗虫的共同点是两者都带来了恐惧，而且两者并非个别发挥作用，而是相辅相成。

萨都教授说，因为政治陷入了僵局，还有被绑架的风险的确挺高的，各国赞助成立的蝗虫虫害防治团队都驻扎在阿加德兹的阿伊尔山（Aïr Mountains）山区与逐渐向北扩张的撒哈拉沙漠里，很少离开基地。他接着说，工作人员若是离开基地，也都只是出去进行短暂的田野调查。他们根本做不好防治工作，而且因为防治与监测工作环环相扣，连带的也影响到整个萨赫勒荒漠（Sahel）的蝗虫监测网络：这个网络的功能是对尼日尔的邻国提出警告，因为该国不只是内乱频发，而且也是一个沙漠蝗虫（criquet pèlerin）（萨赫勒地区各种蝗虫里面破坏力最强大的一种）四处出没的地方，它们会成群飞往西边与南边的农业区域。

教授接着表示：事实上，如果我们检视蝗虫在沙漠里的地理分布，仔细看看因为蝗虫活动而衰退的区域（也就是它们繁殖聚集的地区，它们总是从那个地区出发，去寻找更为湿润翠绿的草原，那是一个面积大约 1600 万平方公里的宽阔带状区域，西边起始于萨赫勒荒漠，中间经过阿拉伯半岛，最远到达印度，而且唯有在这个区域里人类才有可能设法控制蝗虫的扩张发展），就能一眼看出那个区域里有许多重要的地方都是因为长年冲突而变成一般人无法接近的，例如尼日尔北部、马里东部、乍得北部、毛里塔尼亚、索马里、苏丹、阿富汗、伊拉克、巴基斯坦西部等等。清单里的国家很多，国名都是我们熟悉的，这么

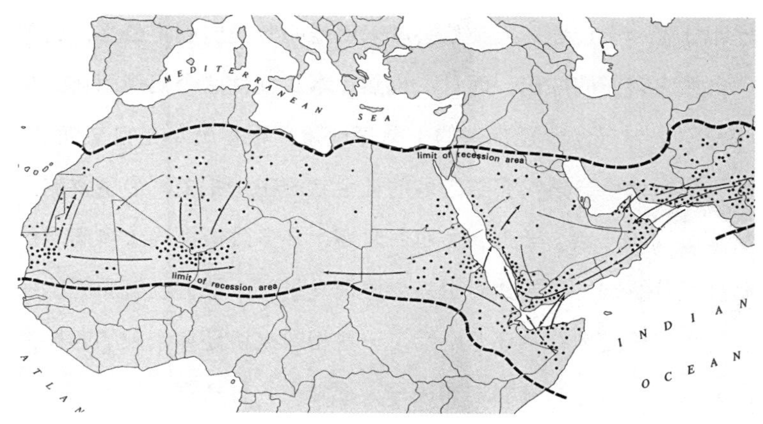

蝗虫在欧非沙漠里的地理分布图。

长的名单一看就让人对蝗虫防治工作感到沮丧。

校园另一边，文学与人文科学院的布雷马·阿尔法·嘉多（Boureima Alpha Gado）也跟我们说了一个类似的故事。历史学家嘉多教授是萨赫勒荒漠饥荒问题的顶尖专家，曾针对这个主题出版过一本权威书籍。[1]他说，根据那些收藏于古城廷巴克图（Timbuktu）（伊斯兰教与伊斯兰教以前文化与知识的学习中心）的手稿，他找出了最早从16世纪中叶开始的历次“大浩劫”（calamités）的时间点。针对20世纪的灾荒，他则收集了村民的口述历史，建构了大规模饥荒的时间表，并找出关键因素（主要包括旱灾、蝗灾与农业经济模式的改变），还有各个因素之间不断改变的交互作用。

嘉多教授的研究揭露出乡间居民如何与这种根深蒂固的不安全感搏斗，降雨量时大时小，人类与动物的传染病也常常爆发，也有昆虫数量暴增的时刻，但这一切都是他们无力抵抗的。他的研究成果活生生地印证了一个道理：人类社会本来就是如此脆弱而不公平，还要受到“自然灾害”的冲击，而且“自然”本身（就这个案例而言，是指那些荒漠化与气候变迁带来的干旱等现象）根本就不是自然而然的。他一一列举这些自然灾害与当地的社会状况密切相关：最主要的，就是从殖民政府开始，一直到后殖民时期，许多政策都导致乡间居民容易受到饥荒影响，也导致当虫害与疫情发生时，他们没有原先的韧性去应对。尽管当地社会还是历经了一些相对来讲还算繁荣的时期，但时间都太过短暂，而且当地居民每天都处于一种持续耗损的状态，只要等到大浩劫来临，往往会出现“难以计算”的死亡人数。就像马哈曼·萨都，他所描绘的也是一幅恐惧接踵而来的图像，居民总是处于危机爆发边缘；这与其说是一种事件，不如说是某种状态，某种有节奏、历史，同时也造成持续影响的状态。

2

《瓦解》（*Things Fall Apart*）是小说家钦努阿·阿契贝（Chinua Achebe）以 19 世纪末为故事背景而创作出来的名著，他描述了英国的殖民主义如何毁掉了尼日尔河三角洲的乡间社会，蝗虫在小说里面出现了两次。第一次蝗虫出现时，他是这样描写的："黑影降临这世界，仿佛乌云蔽日。"因为预感到地平线将被黑暗吞噬，整个尤姆欧非部落（Umuofia）的神经都紧绷了起来。那到底是不是蝗虫？

工作到一半的奥贡喀沃抬起头来，让他纳闷的是，难道雨季还没到就要下雨了？但是，没过多久四面八方就传出了欢呼声，因为中午的热气而整个昏昏沉沉的尤姆欧非部落也活了过来，忙得不可开交。

到处都有人愉悦欢呼着："蝗虫来了！"正在工作或游玩的男女老幼全都冲到空地去欣赏那不熟悉的景观。有很多很多年都没有蝗虫出现了，只有老人才看到过蝗虫。

一开始，数量不多，"它们只是探路的，被派来勘察土地"。但很快天上就有一大批蝗虫蜂拥而来，"如此壮观，充满了生命力，实在是太美了"。让全村都感到愉悦不已的是，蝗虫决定留下来。"它们停留在所有的树木草叶上；它们停留在屋顶，把空地都遮掩了。坚固的树枝因为承受了太多蝗虫而被压断；因为大批饥饿的蝗虫现身，整个乡间变成一片棕色大地。”[2]隔天早上，太阳还来不及温暖蝗虫的身体，让它们把翅膀张开，所有族人就已经拿出袋子与锅子来装蝗虫，能装多少就装多少。接下来的日子他们无忧无虑，持续享用蝗虫大餐。

但是，钦努阿·阿契贝所描绘的是一个被毁灭的社会。愉悦消逝无踪，取而代之的是残酷的历史伤痛。乌云罩顶，尤姆欧非部落的未来蒙上了一层阴影。所谓“乐极生悲”的道理就应验在这个部落身上。就在每个族人还在享用出乎意料的蝗虫大餐时，一群部族长老来到主角奥贡喀沃的家里。他们下达严厉的命令，要求把奥贡喀沃视如己出的孩子处死，那孩子的死让他的家族深受伤害。多年后，当蝗虫再临时，被长老裁定流放的奥贡喀沃并不在部落里。

前去拜访他，把消息带过去的是他的朋友奥比埃里卡。有个白人在相邻部落出现，奥贡喀沃说：“那是个白化病患者。”不，那不是白化病患者。“头几个看到他的人跑掉了，”奥比埃里卡说，“长老们请示了神谕，得到的结果是，那个白人会让整个部族分崩离析，族人纷纷被毁灭。”奥比埃里卡接着说：“我忘了跟你说，神谕还提到一件事。神谕说，其他白人也要来了。神谕说，他们跟蝗虫一样，第一个白人只是来探路的，是被派来勘察土地。所以他们就杀了他。”[3]

族人杀了他，但为时已晚。大批白人稍后将会蜂拥而至。这个故事的信息明确无比。所有的快乐很快就会消失无踪。一切都将被摧毁，历史已预言了命定的结局，与蝗虫共存的日常生活如此接近死亡，没有另外的可能。也许你会说（这说法有充分的理由），很难想象他们能摆脱那种恐惧感。巨大的蝗虫群很快就会到来，接下来一切都完全不同了。

3

马哈曼与安东妮是非常好客的主人！在他们位于尼亚美市的家里，我们坐在那豪华的热带庭院中谈论蝗虫。我们想要界定一下它们究竟属于哪一种食物。我们的共识是，蝗虫的确是一种很特别的食物，截然不同于马哈曼坚持要求卡林和我多吃一点的那种口感特别的酥脆蜂蜜蛋糕（那是他刚刚从埃塞俄比亚带回来的）。安东妮说，蝗虫是一种社会性的食物（social food）。有点像花生，但没有人在派对上拿蝗虫出来招待客人。嗯……我们陷入了短暂的沉默。的确，口感是重点：蝗虫吃起来嘎吱嘎吱的！而且是一种很随性的食物。怎么说呢？我们在露天市场买蝗虫，而不是在超市里，所以我们每天都去买。买蝗虫是一种日常的消费活动。我们在市场上看到蝗虫，也许心里就会这么想："我要买一些蝗虫！"我们带一些蝗虫回家，用油、红辣椒与盐烹调一下。真是太！好！吃！啦！那是一种很随性的小点心。我们觉得有趣，所以吃蝗虫，那是一种有趣的食物，一种很个人化而且方便的小点心。适合与亲友一起吃，一种和亲友一起享用的食物。我们吃蝗虫，只是因为想吃。

蝗虫也是一种尼日尔特有的食物，马哈曼补充了一下。他说，他们家女儿到法国去念书时，总是要他们寄蝗虫到学校去。那是她最想念的东西，最独特的家乡口味。的确，卡林也同意，大家都很想念蝗虫的味道，他说他的妹妹到法国去念书时，家人也是把蝗虫用包裹寄过去。他还跟我说，难道你忘记了吗，今天早上我们在大学附近那个懒洋洋的市场里看到那些感觉酥酥脆脆的美味蝗虫时，那个摊主不是还跟我说，买回去用盐煎一下，带回纽约去跟想家的尼日尔朋友分享，他们一定会很高兴！

顺着这样的谈话内容，我们很快就得出一个结论：跟很多食物一样，蝗虫不只能消除我们的饥饿感，还能让我们的精神感到满足。吃蝗虫是尼日尔人的特色。卡林说，乍得人也吃蝗虫，但质感不如尼日尔的蝗虫。一般而言，布基纳法索人不吃蝗虫，但是因为尼日尔学生到该国首都瓦加杜古去求学时总是从家里带蝗虫过去，该国首都已经渐渐有人喜欢上那种口味。但有人说，图阿雷格族是不吃蝗虫的，所以让民族问题显得更为复杂。而且，此时“社会动力与当地发展实验室”（简称 LASDEL，就是负责接待我这次尼日尔之旅的研究机构）的主任刚好把花园的大门关上，满脸笑容地走过来，他说的确没错，“我们图阿雷格族是完全不吃小动物的！”

我们都同意蝗虫这种食物很特别，通过尼亚美与马拉迪的市场，一眼就能看出这种状况。联合国的统计数据显示，有 64% 的尼日尔人每天的生活费不到 1 美元。为了掌握国家的主导权，该国政府也挣扎不已。想要维持一国的人口基础，政府需要庞大资源，问题在于该国每年有 50% 的潜在年度预算都要用来还给各个国际开发组织，他们要怎样才能办得到呢？尼日尔政府并不认同联合国提出的上述数字，还有各种排名：例如在 2007 年，尼日尔在联合国的人类发展指数（Human Development Index）中只拿到 0.374 的分数，于全球 177 个国家里面排行第 174 名；此外，对于国际儿童救援组织（Save the Children）于 2007 年提出的“母亲指数”（Mothers Index）把尼日尔排在调查中 140 个国家的最后一名（该组织表示，有 40% 的尼日尔儿童营养不良，女性的平均寿命仅仅 45 岁，4 个儿童里面有一个会在 5 岁生日之前去世），尼国政府也很有意见。尼国媒体把这些数字当成国耻，同时也用更肯定的语气表示，这印证了国际社会对他们怀有敌意。[4] 然而，无论我们如何看待此事，在这种情况下，就算政府大打危机牌，对他们也没有好处。有些数字的确可以用该国国情来辩解，因为他们的经济体系大致上仍是农村式的，并不以现金为交易基础。但是，任谁都可以看出，除了开发组织员工、事业有成的商人以及政治人物外，一般尼日尔人都没有多少收入可以支配。

尽管如此，根据我在 2008 年 1 月的观察，尼亚美市许多市场上那些装在珐琅脸盆里面贩卖的蝗虫干，每盆的单价却高达 1000 中非法郎（约 1.8 美元），远远超过联合国对于大多数尼日尔民众每日收入的预估数字。[5] 蝗虫是一种特别的食物，而且也是昂贵的食物。

1 月并非蝗虫买卖的旺季。刚刚过完了宰牲节（Eid al-Adha）、圣诞节与新年的节庆，一般人手头都没多少现金，都只会从那些被称为阿姨的珐琅脸盆里面买一点点蝗虫而已。手头紧并非唯一的问题。那也不是蝗虫数量庞大的时节。过了 1 月，还要等很久才会到雨季快结束的 9 月，那时蝗虫数量大，市场里到处都是蝗虫摊贩，价格也降为 500

中非法郎。我们很快就发现此刻乡村地区的蝗虫很罕见，再过一个月，也就不会再有人拿蝗虫进城兜售了。

我们跟尼亚美市所有可以找到的蝗虫摊商聊了聊。有些人购入蝗虫存货的地点是附近的市镇，例如菲林盖（Filingué）与蒂拉贝里（Tillibéri），有些人则是跟尼亚美市更大市场的商人购买，还有些人则干脆跟同一个市场里邻近摊位大批购入。不过，大多数摊商都说他们的蝗虫来自马拉迪，而且他们都说我们该去一趟。蝗虫都是从那里运来的，在那里我们可以找到晨间在草丛里抓蝗虫的人，大中间商也都在那里。

我很喜欢跟卡林一起在尼亚美逛来逛去。可以见识与学习的东西

在尼亚美的市场中随处可见的蝗虫干。

实在太多了。我喜欢市场，于惊讶之余发现自己只认得市场上贩卖的一小部分蔬菜。那些植物在成为市场商品之前究竟历经了怎样的进化史，我实在很难想象！还有一种商品看起来像动物，也像蔬菜或矿物，我根本猜不出那种东西是什么，最后卡林才向我解释，那些看起来像彩色弹珠的东西，其实是一小颗一小颗球状树脂，拿来当口香糖嚼很棒；还有那些表面凹凸不平的黑色网球状物，则是碾碎后经过压缩处理的花生，可以加进酱料里；至于那一瓶瓶乌漆墨黑的黑色液体，则是从尼日利亚走私进来的汽油。

卡林与我忙着探访各大市场、大学与政府机关，与各种有趣的人物见面，不只是学者与摊商，还有政府官员、开发组织员工、昆虫学家、吃昆虫的人，或者与人共搭出租车的时候遇到的健谈乘客。我们尽情享受马哈曼与安东妮的热情款待。但总不能一直住在他们家。几天后的凌晨三点半，我们蜷缩在一个拥挤的巴士站里。又冷又困、心情也有点糟的我们，当时只觉得开往马拉迪的巴士好像永远不会来。

4

在尼亚美的头几天我们忙着解答阿契贝提出的怪异问题：蝗虫怎么可能同时为人类带来盛宴与饥荒呢？它们怎么可能同时预示了生与死，同时承载了快乐与痛苦？我们与很多人见面聊天，过程中我们的问题也改变了。就像嘉多教授曾提出的敏锐暗示，我们很快也开始怀疑，或许这并非某种怪异，而大家都搞错了：也许这里并非只有蝗虫这种动物；也许它们并非我们以为的那种动物；也许大家所说的动物并不总是同一种；也许翻译问题是造成混淆的理由之一。当地人都用法语词汇 criquets 来指称它们。在豪萨语（Hausa）里面，则是“胡阿拉”（houara）。我们以为先前我们跟大家谈论的是蝗虫，此刻却已经不是那么确定了。

由萨赫勒地带九个西非国家赞助成立的“农业气象学及实用水文培训和应用中心”（简称 AGRHYMET）在尼亚美市设有几个办事处以及一座专家图书馆，图书馆就在大学附近。乐于助人的慷慨图书馆馆员送了几册精美的口袋平装书给我们，其中包括了由米·汗赫·莱诺斯-隆（My Hanh Launois-Luong）与米歇尔·勒科克（Michel Lecoq）合著的《萨赫勒地区蝗虫手册》（*Vade-Mecum des Criquets du Sahel*），那是一本介绍了当地八十几种蝗虫的指南。其中几类蝗虫，包括沙漠蝗虫（criquet pèlerin）、迁徙蝗虫（criquet migrateur）、游牧蝗虫（criquet nomade），还有塞内加尔蝗虫（criquet sénégalais），都具有众所周知的强大破坏力，长期以来是人们深入研究与采取防治措施的对象。其他蝗虫则是以拉丁学名罗列出来，会在书中被提及只是因为数量庞大，或者相反地，因为并不常见。[6]

《手册》几乎把萨赫勒地区所有种类的蝗虫都列为蝗科（Acrididae）的成员，也就是所谓的短角草蜢（short-horned grasshopper）。在大约11000种已知的草蜢中，有10000种属于蝗科，其中包括20种蝗虫。为什么蝗虫如此特别？生物学家之所以认为它们与其他草蜢不同，是因为在受到群居现象的刺激之后，它们有能力改变自己的外形。学名为 Schistocerca gregaria 的沙漠蝗虫是“埃及十灾”① 里的第八灾，而且也许是所有蝗虫里最具特色的。科学家认为，这种蝗虫单独出现时无害，但是在与其他大批蝗虫接触后，会受到刺激而进入群居阶段。而促成它们群居的要素，则是两种常常凑在一起但并非不常见的现象：首先是雨量高于平均雨量的雨季，这会刺激蝗虫繁殖；接下来因为干燥季节出现，导致它们的栖息地数量与食物来源都变少，结果则是会刺激它们迁移。[7] 到了变形阶段，这种蝗虫的外形（头变宽，身体变大，翅膀变长）、生命史（繁殖时间提早，繁殖力降低，成熟时间变快）、生理状态（新陈代谢速度变快）与行为都出现了可逆的快速改变。因为在这个阶段它们的变化如此之大，过去长期以来许多人都认为处于这两种不同阶段的沙漠蝗虫是两种不同蝗虫。

这些具有群居特性的草蜢幼虫聚集在一起，每一群以数千甚至数百万为单位，接着开始迁移。在穿越沙漠的过程中，其他草蜢纷纷加入行列，合并在一起。它们以直线的队伍前进，队伍长度可以长达几十公里，迁移时历经五个蜕变期，最后到了变成成虫才会停下来。

等到蝗虫的密度过高，到达了临界点，成年的蝗虫就会开始升空飞翔。直到最近，科学家都还是认为萨赫勒地区的蝗虫群都是顺着间热带辐合区（Inter-Tropical Convergence Zone）的气流被带往雨区，也就是适合繁殖的地区。但现在我们已经搞清楚了，蝗虫并非顺着气流被动移动，它们可以控制飞行路径与方向，有导航的能力，可以集体与

---

① 埃及十灾：指《圣经 · 出埃及记》里面摩西离开埃及之前出现在埃及的十种灾难。

个别地改变路径与方向，通常是逆风飞行而非顺风，在飞行过程中遇到喜欢的觅食地点。我们也发现，蝗虫群的飞行显然主要是一种觅食行为，而非为了迁徙；真正为迁徙而飞行的，是那些在夜里进行长距离飞行的个别成年蝗虫。尽管住在一个整体大环境不利于生物的生存条件里，沙漠蝗虫仍有办法找到并且善用对它们有利的栖息地，那是因为它们拥有各种复杂的能力，包括快速繁殖、聚集、长距离飞行、集体觅食，还有个别迁徙。[8]

大家都知道蝗虫群的数量惊人，但迄今仍难以理解到底有多少只。《佛罗里达大学昆虫记录集》（*The University of Florida Book of Insect Records*）（这本书实在写得太棒了！）描述了1954年有一群蝗虫出现在肯尼亚境内，它们覆盖的面积高达200平方千米，每平方千米里面大约有5000万只蝗虫，蝗虫群的总数量为100亿只。[9]蝗虫的数量庞大，胃口也大。一只蝗虫每天可以吃掉相当于自己身体大小的蔬菜量；重量也许仅仅两克，但如果把这数量乘以百亿，你就知道后果有多严重。我在英国国家广播公司官网上的某处看到一个惊人的数据：一吨蝗虫虽然只占整群蝗虫的一小部分，在24小时之内的食量却相当于2500人（但令人疑惑的是，2500人是哪种人？）。虽然是个明显的事实，但仍然值得一提的是，蝗虫带来的损害远远超过上述天文数字，因为它们的迁徙距离很远（一季最多可以迁徙3000千米），迁徙范围大，损害也大，而且它们愿意也有能力吃掉绝大部分的东西，不只是农作物，连塑料与布料也不放过。只有长在地底的块茎与根菜类农作物是安全的。

英文非常强调蝗虫与其他草蜢类昆虫之间的名称差异。[10]一提起 locust（蝗虫）这个词，就让人联想到掠夺、恐惧与痛苦。相较之下，至少除了那些讨厌草蜢的文献之外，grasshopper（草蜢）一词很少带有威胁性。想想看，戴维·卡拉丁（David Carradine）在电视剧《功夫》（*Kung Fu*）里不是就被师父取了“草蜢”的绰号？还有，诗人济慈（Keats）的诗作不是也把一只小草蜢当成朋友，要它“在灿烂的夏日中带路 / 它有享用不尽的欢愉”。[11]

一般我们在使用“草蜢”一词的时候，都不会联想到“破坏者”的意象。但我们应该那样联想。尽管蝗虫的确可怕，但它们不是萨赫勒地区唯一恐怖的东西，甚至也不是唯一恐怖的昆虫。在尼日尔，另一种最可怕的 criquet 也是草蜢类昆虫，叫作“塞内加尔车蝗”（oedaleus senegalensis），也就是刚刚说的塞内加尔蝗虫，它们被描述为一种非群居性草蜢，因为它们的身体不会历经各阶段的改变，尽管它们还是会聚在一起跳跃，组成比较松散的成年蝗虫群，而且能够在一夜之间迁徙 350 公里。[12] 过去长期以来塞内加尔蝗虫持续入侵尼日尔的农田草地，造成毁坏的规模可以与沙漠蝗虫相提并论。跟沙漠蝗虫一样，这种草蜢对于萨赫勒地区农民的威胁未曾止歇。与沙漠蝗虫不同的是，这种草蜢类昆虫的繁殖地与农田很接近，其生命周期与谷子紧密相连。这种昆虫赶也赶不走，令人筋疲力尽，它们很少离开农田。事实上，常有人认为草蜢的数量之所以会增加，是因为使用杀虫剂来控制虫害，但此举却也帮草蜢除去了掠食它们的昆虫。昆虫学家罗伯特·奇克（Robert Cheke）曾在一篇发表于 1990 年的文章里写道：“与最具代表性的蝗虫相较，草蜢给农业带来的威胁是更为长期而且持续不断的。”[13]

乡间居民跟我们说，即便塞内加尔蝗虫并未群居蜂拥，它们与其他害虫所造成的慢性死亡问题仍令人感到恐惧，因为它们会毁掉日常生活与未来远景。

然而，就实情而言，大多数确保农作物不被害虫损毁的研究与防治措施资金仍然是用于沙漠蝗虫。此现象背后的理由之一是分类学出错（是命名的问题，以及其后果），所以导致没有人在乎草蜢这种在所有重要部分都与蝗虫一样的昆虫。尽管沙漠蝗虫群长期以来引发人类以各种手段介入，誓言消灭它们，但是直到最近，萨赫勒地区的农业损失，仍被认为是在这样一个恶劣环境中本应付出的代价。[14] 这现象背后隐藏的另一个问题是时间性，以及有限的视野与可见性。草蜢所造成的日常耗损不太容易受到国际组织的重视，获得人道救援。当蝗虫骤增就等于危机出现，国际媒体与协助组织随即动员大批人力。蝗灾之所以被视为“巨灾”，是由很多复杂元素促成，包括它们的奇特美味、魅力与名气，对此不但媒体小题大做，政府也有责任让民众看到自己与一个具有指标意义的敌手搏斗，国际机构也因而有机会在这行政的空窗期插手介入。

尼日尔人用于指称这些动物的词汇十分丰富。不管是 criquet（法语）或 houara（豪萨语），两者所指称的都是一个种类繁多的昆虫社群，它们彼此之间的共通性远远超过差异性。卡林和我未曾有系统地把这个社群界定出来，也未曾搞清楚上述两个词汇之间的差异性，但两者都非常轻易地就囊括了我们所谈论的所有昆虫：包括那种在派对上被当成食物的，那种人们在草丛里采集的，那种被小孩拿起来玩耍的，那种在市场里被兜售的，那种用来寄到远方一解家人乡愁的，那种聚集成为庞大群体具有强大破坏力的，那种并不会群居但仍然有破坏力的，那种会历经许多形变阶段与不会变化的，那种被拿来入药的，那种被拿来施展魔法的，那种让人觉得有利可图的，总之就是包括蝗虫与所有其他草蜢类昆虫。

我们从马拉迪市风尘仆仆地开了三个小时车，抵达该市北边一个叫作瑞吉欧·乌邦达瓦基（Rijio Oubandawaki）的村落，某天早上，一群年纪有大有小的男人在几分钟内就说出了 13 种不同种类的胡阿拉。因为采集昆虫是女人的工作，如果她们那时就从田里回到村子，谁知道我们还可以多认识多少胡阿拉？这 13 种胡阿拉里面有 11 种是可以食用的，其中 3 种对于农作物具有高度危害性。只有 1 种有群居蜂拥的特性。那是一个由一间间泥砖矮房构成的大型村落，村子里的狭窄巷弄以编织出来的围篱为边界，还有几片沙地广场，以及用混凝土材质盖的学校建筑物，有几个男性村民记得曾于年轻时看到过群居蜂拥的胡阿拉。他们怎么忘得了？那些虫子把农作物吃光，还入侵室内。它们可能是沙漠蝗虫吗？又或者是塞内加尔蝗虫？也有可能是迁徙蝗虫（过去这种蝗虫曾让这个区域的人们感到很恐惧，如今它们的数量却已经大幅减少，因为它们位于马里境内的群居地已经历经了多次环境变迁）。上述问题的答案取决于那些昆虫出现的时间点。如果是在 1928—1932 年间，就是迁徙蝗虫；如果是 1950—1962 年，就是沙漠蝗虫；到了 1974—1975 年，则为塞内加尔蝗虫。[15] 无论是哪一种，他们用斩钉截铁的语气跟我们说，那些胡阿拉再也没有来访了。

那些胡阿拉被取了一些非常生动的名字，例如“主厨的刀”“来自那棵荚果树”“巫师”“啦哒哒”（象声词），来自城里的生物学家肯定无法理清它们的法文名称与拉丁文学名是什么。生物学家甚至无法帮我们辨认出一种黑色的胡阿拉是什么——那种昆虫被称为“比戴”（birdé），瑞吉欧·乌邦达瓦基的每一位村民都很爱吃，它们以各种具有药性的植物为食物，所以本身也是一种效力很强的药。尽管如此，村民看到它们出现在原野上还是会感到害怕。在所有我们遇到的草蜢里面，比戴的特性似乎最能帮助我们理解阿契贝小说中描述的怪异。我们怀疑它就是 Kraussaria angulifera：一种具有群居蜂拥特性的知名草蜢，它们曾与塞内加尔草蜢于 1985—1986 年于西非地区骤增，而且根据《萨赫勒地区蝗虫手册》的描述，这种草蜢是整个萨赫勒地区对于谷子最具破坏性的草蜢。马哈曼·塞都博士（Dr. Mahaman Seidou）是马拉迪市农作物保护处草蜢防治组的工作人员，身边贴了一张张杀虫剂的海报，据他所说，Kraussaria angulifera 还有另一个身份：它们是尼日尔人最爱的两种昆虫食物之一。

虽然似乎找到了答案，我们却开始认为，与其说胡阿拉带来的是怪异，不如说是变化万千的存在：它们有许多身份，以各种形式存在于这世上，过着许多种不同的生活。尽管如此，在这当下，此时此刻，它们的身份似乎是非常固定的。无论是不是蝗虫，是否会群居蜂拥，是否会被拿来当食物，是否能为人们带来收入，它们都威胁着这一片土地。虽然内容并非完全准确，但我们面对的是许多无可否认的事实。就尼日尔而言，每年大约有 20%~30% 的农作物（差不多 40 万吨，而且根据估算，这个数字已经高于该国所欠缺的食物量）都会被昆虫或其他动物吃掉（主要是鸟类）。而马拉迪地区的情况与全国其他地方相较，甚至更有利于昆虫，所以损耗的作物量更是逼近 50%。[16]

不过，我们必须思考的是，或许不只是以上的事实让我们的对话倍感沉重。也许一切还与我们对这问题的兴趣有关。另一方面则是因为我们象征着该国不可或缺的资源——长期以来他们已经习惯于依赖国际援助组织的员工了。在瑞吉欧·乌邦达瓦基的际遇让我们见识到生命的许多乐趣，还有胡阿拉的种种可能性（它们是食物，可以拿来玩游戏，可以拿来当现金使用，也蕴含了许多知识），但那一天可说是稍纵即逝。或许在其他状况下，我们看到的会是满足而非匮乏。但是因为我们待得不久，还未赢得信任，眼里只有当地吸引人的地方，心里只有求知欲，看到的都只是彼此的表象，也因此只看得到生命最外显的部分（能见度最高的胡阿拉就是最明显的）——那就是在这种仅仅足以糊口的生活中，“蝗虫”让原本在许多方面就已经没安全感的村民感到极度焦虑。

“我想问个问题。”有个男人在我们即将离去之际对我说，“你可以教我们一些用来控制胡阿拉的技巧，帮我们保护谷子吗？”我还能怎样回答他？“恐怕我并非那种事务的专家。”我用尴尬的语气回答，并且表示等我下个礼拜回到尼亚美市，一定会造访农作物保护处的总部，把村民面对的问题反映给官员。所有人都陷入了沉默。跟我们谈论相关问题的那些人很客气地谢谢我，但也跟我说，找官员根本没有任何意义。

蝗虫会破坏农作物，给村民带来不安全感。

发问的那个人提出说明：15 年前曾有一支农业推广团队造访当地。他们训练村民使用杀虫剂，并留下一些供村民使用。每个人都按照指示使用化学杀虫剂，也乐见成效：虫害大幅减少，作物产量增加，对于作物、人畜似乎都没有任何伤害。不过，化学杀虫剂很快就用光了，而且到了 15 年后仍然没有人提供新的杀虫剂给他们。我们仔细倾听，他说如今村子里只有用地在 10 万平方米以上的富农有能力自费购买化学杀虫剂。胡阿拉避开富农的田地，尽情享用旁边田里的农作物，富农的穷邻居们就遭殃了。他说：那些可怕的鸟！每年昆虫与鸟都会吃掉我们的谷子、高粱与豇豆，有时候我们的农作物至少有一半以上被它们吃掉。我们用铁丝网阻绝鸟类，用火烧胡阿拉。我们也会用火烧鸟。但全都没有用。此刻他陷入沉默，人群中的另一个男人开口了。他说：你的确应该去一趟农作物保护处。如果你真的去了，认真观察，你会发现一个厚厚的卷宗夹，里面都是跟我们这个村庄有关的文件。你应该去一趟，但不必多费唇舌，别跟任何人讨论我们的事。你不该认为他们不清楚我们这里的情况。无论首都的情况怎样，总之那里的人并不是对我们一无所知。

5

巴士来了，我们登车就位。一轮红日在我们头上升起，很快我们就离开了尼亚美，穿越烈日烘烤的地景，沿途地势大致平坦，偶尔会经过一座座低矮圆丘与陡峭的红土绝壁。接下来的几个小时内，两线道公路沿途经过了一个个由泥砖材质长方形民宅构成的黄土色村庄。刚刚收成的谷子从优雅的洋葱状谷仓溢流出来。村民坐在自家外面或是路边的凳子上。许多男人正在建造或者修补墙壁与围篱，或是修理谷仓，用锄头在田里翻土。女人则负责打谷，把谷子去壳，拿来煮谷子粥，或者聚集在村里的水井四周，身上背负着一捆木柴或谷子秸秆，白皙耀眼的棉质衣裳随着她们的步伐摆动着。孩子们也在捡柴，或是照顾弟妹或山羊羊群。途中我们停靠在拥挤的伯尔尼恩孔尼（Birni Nkoni）巴士站，买了食物后继续往东边前进；如果往北走的话，则可以抵达塔瓦、阿加德兹，还有产铀的阿尔利特（Arlit）等城镇。从这里开始，只见眼前绿意渐浓，生机处处：我们看到一大群又一大群长角牛，还有群居的骆驼，为了避免它们走得太远太快，两只前脚都被绑了起来，但绑得不紧，此外还有一群群驴子，然后又是一座座谷仓，一片片农田，还有惊人的一整片有灌溉系统的洋葱田，看起来黑压压的。

马拉迪市热闹扰攘，充满商业能量，但它是在第二次世界大战结束后才发展成尼日尔的经济枢纽。因为地理位置的关系，再加上城里的供应链太弱，所以过去它并不在撒哈拉沙漠商队的行进路线上，过去曾有许多世纪的时间这些商队把阿尔及尔、突尼斯、的黎波里与其他地中海沿岸港口城市跟其他地方联结在一起，首先经过津德尔（Zinder）、卡诺（Kano）以及乍得湖附近的一些地方，然后再通往非洲各地。这些撒哈拉地区商队提供的货品支撑了 18 世纪由豪萨人建立起来的各个城邦，而那些商业大城则是为图瓦雷克人与阿拉伯商人提供黄金、象牙、鸵鸟羽毛、皮革、散沫花、阿拉伯胶等商品。但利润最高的还是那些来自撒哈拉沙漠以南的黑奴，阿拉伯商人带着黑奴北返，再从海岸地区带回枪支、军刀、蓝白棉布、毛毯、盐巴、枣子与泡碱，还有蜡烛、纸张、硬币与其他欧洲以及马格里布地区（Maghrebi）制造的货物。[17]

到了 1914 年，英国人兴建的铁路穿越尼日利亚，来到卡诺，已经接近尼日尔边境。此时，与穿越沙漠的骆驼车队相较，想要把货物运送到北边的拉各斯（Lagos）与其他大西洋港口城市，火车已经是较为便宜与安全的方式了。趁着沙漠商队没落，再加上突然有运输工具可以使用，法国殖民政府积极介入，把资金与基础建设投入马拉迪山谷地区，开始种植花生。放眼法国国内的花生油市场，到了 20 世纪 50 年代中期，马拉迪已经是该区域的花生交易中心；而在法国人的推动之下，这种作物在塞内加尔与西非其他法国殖民地早已高度商业化，只差还没攻占尼日尔的市场。因为被迫用现金向殖民政府缴税，再加上也想跟来自欧洲的进口商购买商品，马拉迪的农夫大量购入农地，用来种植花生，后来到了 1968—1974 年的长期干旱与饥荒时期，人们才看出这件事造成了两个非常深远的影响：因为花生大规模取代了用来当主食的作物（尤其是谷子），本来就已经不太够的食物变成严重不足；另一方面则是图瓦雷克人、富拉尼人（Fulani）与其他游牧民族失去了过去用来当作放牧场的草地，因为那些地已经被大规模私有化，因此他们不得不把动物驱赶到情况越来越恶劣的土地上，随后也成为饥荒的主要受害者。[18]

1898—1910 年之间，英法两国召开了许多会议，就此议定了豪萨人领地（Hausaland）、法属尼日尔与英属被保护国北尼日利亚（Northern Nigeria）之间的疆界。尽管豪萨人已经臣服了，但法国人对其忠诚度仍感不安，因此扶植了尼日尔西部的哲尔马人（Djerma），并且于 1926 年把尼国首都从津德尔迁移到尼亚美。“尽管‘英国人的’道路、学校与医院已经逐渐引进到北尼日利亚，”人类学家芭芭拉·库伯（Barbara Cooper）写道，“法国人还是忽略了马拉迪①，让它维持住边陲殖民地中偏僻不毛之地的角色。虽然的确有基础建设，但开发却

① 马拉迪：尼日尔南部城市，近尼日利亚边界。

是断断续续的。”[19]

可以预测的是，这些政策并未达到原本想要达成的效果。在殖民时代开始以前，豪萨人领地因为部族内部的暴力对立而分崩离析；尽管如此，被英、法两国共同殖民的经验，再加上各部落之间在文化、语言与经济上具有持续的关联性，仍然让他们产生一种迄今仍然存在的跨国身份认同。能够印证上述现象的证据之一，是所谓“哈扎伊尔”阶级（Alhazai）[这个词源自于穆斯林的男性尊称“哈吉”（Alhaji），意指那些有钱到麦加去朝圣的男人] 在马拉迪的兴起：他们都是一些有权有势的豪萨族商人，一开始从事花生种植业或者在欧洲人开的贸易公司任职，但很快地通过各种方式利用边境的商机（有些方式合法，有些则是非法的）。就像库伯指出的，“哈扎伊尔”之所以能够发迹，并且平安度过 1968—1974 年间的饥荒（他们反而因为饥荒而获取暴利）与 20 世纪 90 年代的尼日利亚货币“奈拉”的贬值危机，都是因为他们懂得把英国在北尼日利亚的投资转化为自己的优势。

6

跟尼亚美的情况一样，一月也是马拉迪的草蜢淡季。尽管如此，就在我们穿越了堡垒似的马拉迪市大市场（Grand Marché）走到门口之后，没多久就开始跟一个友善的年轻人聊了起来，他在市场里贩卖少量胡阿拉，其他大多出口到尼日利亚去。他说，尼日利亚人喜欢到马拉迪来找胡阿拉，因为他们知道这个地区的农夫不使用杀虫剂。我们问他去哪里抓胡阿拉，他对着某个坐在摊子后面聊天的男人叫了一声。哈米苏（Hamissou）是长期供货给这摊子的中间商，害羞的他描述自己过去十年来骑着机车，在马拉迪市北边一个个村子收购谷子、木槿花与胡阿拉的过程。

两天后，卡林、哈米苏、布卑（Boubé）（常常帮“无国界医生组织”开车的司机）与我自己，一行四人离开马拉迪，车子走在一条看来似乎没有尽头的笔直红土路上；车速很快，但也很小心，以免误触地雷。哈米苏跟我一起坐在后座，他身穿白衣白裤，脸上蒙着一条棉质围巾，用来抵挡尘土。

跟哈米苏一起造访各村落很有趣。大家看到他都很兴奋。他抵达后所有村民都笑了起来，情绪高昂。很多男人跳起来，假装要跟他摔跤。他们跟他感情很好，故意作弄害羞的他。他的行业充满欢愉轻松的气氛，没有尔虞我诈。

那天早上他带着我们到草丛里去跟抓胡阿拉的妇女见面。她们早在早晨 6 点祷告后就离开了村子，我们在四个小时后才在离家很远的地方赶上她们。她们带我们去看低矮草丛里发现胡阿拉的地方，并且示范抓的方法：先用谷子的茎秆戳虫，接着用敏捷而有把握的动作单手抓。原本活蹦乱跳的胡阿拉被折断后腿，就无法动弹了，只能任由她们装进布袋里。她们说，每年到了 9 月，她们每天都可以抓好几千克的胡阿拉，从哈米苏那里赚到两三千中非法郎，而且还可以留下很多自己吃。她们说，胡阿拉可以取代肉，这让我想起了先前在尼亚美的时候，马哈曼与安东妮也曾于院子里这样跟我说。胡阿拉有丰富的

马拉迪北边村子的妇女在草丛中捕捉胡阿拉。

蛋白质，而且跟肉很像的地方是，没有人会每天吃胡阿拉（也不能吃太多，否则就会呕吐或是腹泻）。胡阿拉用盐腌后再煎很好吃，也可以磨成粉，拿来制作酱汁，搭配谷子一起吃。她们说，每到 9 月，原野里的胡阿拉多到她们必须带孩子们一起来抓。但是，此刻才 1 月，早上对孩子们来讲太冷了，而且也没多少胡阿拉。看看她们的收获有多可怜：要花两天时间才能装满一布袋，而且也只能卖 100 中非法郎。因为捕获的数量实在太少，就算价格再高也无法弥补她们的损失。

既然回报那么低，为何还要花那么多时间做这种让人腰酸背痛的工作？我问了一个蠢问题。某位年长的妇女答道：“因为我们没东西吃——说话时根本懒得掩饰对我的蔑视。她说，因为我们没有钱。因为我们必须买食物、衣服，因为我们必须活下去。因为一个月过后我们连几只胡阿拉都抓不到了。因为这个时候我们没有其他赚钱的方式。因为这让我们有事做，总比呆坐在家里好。”

她接着说：“有时候，整年根本都没有胡阿拉。但是如果胡阿拉来了，我们手头就有了本钱。借由卖虫的收入，我们可以买食用油、塑料袋与贩卖‘油炸谷子饼’（masa）所需的一切东西。卖饼的盈余让我们可以帮孩子购买需要的东西，让生活安稳一点。”她还说：“有时候胡阿拉的数量多到让我们可以买牛。但我们不能把多余的胡阿拉留着，等肚子饿的时候拿出来吃。胡阿拉是可以保存的，那不是问题，问题在于我们需要现金。”

她转身而去，又开始在没有任何树荫的烈日下抓胡阿拉。我们也照做，没多久就开始在尘土里打滚，追捕胡阿拉。让我印象最深刻的是，布卑真的很厉害，等到卡林与我早就放弃时，他还在抓，而且他完全不想离开。很快我们其他三个人就开始在那永远蔚蓝无比的天空下袖手旁观，看着他在草丛里挖来挖去，因为抓到胡阿拉而大笑。

几天后，我们又一行四人一起穿越警察的路障，沿着颠簸不平的红土路驱车离开马拉迪。这次哈米苏有事要忙，陪伴我们的是萨贝鲁（Zabeirou）：活力十足的他坐在司机布卑身旁，连珠炮似的用夹杂在一起的豪萨语、法语和英语跟我们解释他是怎样成为贩卖蝗虫的大中间商的，而且经营规模若非全国第一，也是全马拉迪市最大的。

1968—1974 年，猛烈的旱灾与饥荒伴随着沙漠蝗虫蝗灾一起爆发，毁掉了尼日尔的花生产业。饥饿的农夫不得不放弃种植可以出口的作物，跟以前一样种起了给自己吃的东西。过去为了出口而改种别的作物让他们的生活变得极不安稳。整个萨赫勒地区饿死的人数在5万~10万。1966年，尼日尔的花生产量还有191000吨，到了1975年大幅下滑为15000吨。[21]

但是，到了20世纪70年代中期，法国原子能委员会（French Atomic Energy Commission）在阿伊尔山区发现了蕴藏量在全世界名列前茅的铀矿，帮尼日尔补足了财政缺口。产量最高时，铀矿的产值占全国整体出口收入的百分之八十几，而且也带动了国家经济的蓬勃发展。但是到了20世纪80年代初期，因为三里岛核电站发生核灾，再加上欧美反核运动大行其道，铀矿价格开始持续下滑，直到现在才又出现复苏的迹象。[22]尼日尔铀矿出现价量齐跌的时候，该国财政再度陷入危机，这不但加深了他们对许多国际援助组织的依赖度，也被迫接受各组织提出的惩罚性财政方针。

在这恶性循环开始之前，主要由法国人出资成立的铀矿企业，也就是阿伊尔山矿产公司（SOMAIR），在阿加德兹北方250公里的沙漠里盖了一座名为阿尔利特的铀矿城，它也被称为“小巴黎”，因为城里有许多为了法国侨民而建的便利设施，例如一些货物直接来自法国的超市。萨贝鲁曾在矿城工作，直到1990年才领了15万中非法郎遣散费离开（大约相当于当年的550元美元）。他搬回马拉迪，回去后开始研究市场。没过多久他就发现，尼国女性非常喜欢吃蝗虫，而且跟其他流行商品市场不一样的地方在于，那是个还没有大企业介入的市场。

马拉迪的哈扎伊尔们无法插手，因为那个市场的主导者都是一些经营规模较小的生意人。

萨贝鲁说，他采取了果决的行动，让自己成为尼日尔第一个专门做蝗虫生意的中间商。他把遣散费拿来当本钱，到乡间去大量收购蝗虫，累积成存货。垄断了市场之后，他以大幅削价的方式逼迫竞争对手退出市场。等到市场上只剩下他一个中间商，他才把价格提高，很快就弥补了损失。

如今，因为竞争更为激烈了，所以萨贝鲁的操作手法也越来越精细。他在尼亚美、塔瓦、马拉迪与国界另一边尼日利亚境内各大城镇与村庄都有线人，构成了绵密的商情网络，他手下线人的工作是在淡季时四处寻找胡阿拉。他还派一些来自尼亚美与马拉迪的采购员到村子里与市场上去收购胡阿拉，每个人都有 30 万中非法郎的预算。那是个必须谨慎行事的行业。萨贝鲁把货源视为机密。而且他也常常隐瞒自己的行踪，不让别人知道自己往来于各地之间。当别人以为他在马拉迪确认存货时，实际上他正在尼亚美做生意。他必须小心，但这一门生意获利丰厚：有时候他一个礼拜可以赚到 100 万中非法郎。

在马拉迪的时候，萨贝鲁通常都是待在“妇女市场”（Kasuwa Mata），那是一个位于该市北方边缘，由女性商贩主导的批发市场。妇女市场是乡间各种产品的展示间。离开那里后，那些商品会被运往马拉迪市大市场或者城里其他贩卖地点，然后再被卖到尼日尔的其他市场，最后由尼日利亚的买家买走。萨贝鲁在马拉迪市有一个存货充足的摊子，与他打交道的包括哈米苏这一类中间商，而以抓胡阿拉为生的农村妇女也会拿胡阿拉去卖给他。

他有四种转售方式：直接通过摊子，以零售的方式把东西卖出去；用批发的方式卖给妇女市场或马拉迪市其他市场的商人，他们会进一步把东西转售到当地各个市场；他也可以用卡车把一袋袋蝗虫载往津德尔、塔瓦或尼亚美，派员工去那里贩卖；或者是直接把东西拿到尼日利亚去卖。此时是每年蝗虫价格高而且供货量少的时期，他的许多顾客都是妈妈，她们购入蝗虫，吩咐家中那些不到 10 岁的孩子们拿出去兜售，每个人的头上都顶着一个装满蝗虫的铁盘，看来自信满满。辣辣的蝗虫是颇受欢迎的零食，一小包五六只的售价为 25 中非法郎，他们拿到小学外面去卖给学童，较大包的则可以卖到 50 中非法郎，购买者大多是所谓 kabu-kabu（摩托车）的司机，站着等客人时可以拿来嘎吱嘎吱地嚼食。

萨贝鲁带我们走进摊子后面一个锁起来的仓库，让我们看看他的存货。据他表示，那一袋袋蝗虫可以卖好几个月，总共价值 200 万中非法郎。接下来几周内他会持续补货，直到乡间再也抓不到蝗虫，而且蝗虫价格开始上涨。接着他才会把存货释放到市场上。我们都认为这是一门好生意。

萨贝鲁有 3 个老婆，10 个小孩。他还拥有一间妇女市场附近的豪宅，四周以高墙围住。他很有钱，而且也甚为豪爽。听到他决定招待我们，卡林和我抱着审慎而愉悦的态度。上路两三个小时后，我们在一个叫作萨邦 · 马基（Sabon Machi）的市镇逗留，他坚持要请我们吃豪萨米饼当早餐，搭配甜茶。然后再过两三个小时，我们就到了丹达赛

萨贝鲁在仓库中储存的蝗虫。

村（Dandasay）。

萨贝鲁的弟弟易卜拉欣（Ibrahim）是村子里三个小学老师之一。他的气质文静柔和，跟哥哥截然不同。聊天时我发现他是个充满同情心的老师。他跟我说，村里的家长都没有多少现金，所以每当他要跟他们收取 10 中非法郎的学杂费时，有时候会觉得很为难。他向我们介绍他那位长得又高又瘦，跟他一样温和的同事科曼多（Kommando）。卡林发现萨贝鲁未曾来过丹达赛村。我们再度上路，但在这最后一段路程中我们被迫问路好几次。当我们开车进入村子时，一群孩子冲出来欢迎我们，他吩咐他们赶快去找妈妈，说他要来收购胡阿拉。

结果那天被搞得很复杂。萨贝鲁把自己当成导游兼导演，自己决定我们该看一下表演：我们该看看胡阿拉在贩卖之前的加工过程。他开始安排演出，结果才刚刚开始召集演员就发现所有抓虫的妇女都还没从草丛回来，村子里没有任何人家里有新鲜的蝗虫。与此同时，一些妇女接到孩子们的通知，从家里拿着用小袋子装的蝗虫出来。一般来讲，她们都是把蝗虫拿去附近城镇柯马卡（Komaka）的市场去卖，或者去比较大也比较远的城镇萨邦·马基。如果是周五，甚至可以拿去更大也更远的马拉迪市。通常那些市场会有收购人员在那里等萨贝鲁。但这一天很特别，他就在我们搭乘的卡车后面开起了店铺，开始做生意。

才开张没多久，就有一群男人过来邀请我们去参加 cebe，也就是新生儿的命名仪式。举行仪式的地点在村子的另一头，所以萨贝鲁放下手边生意，我们走过一条条沙子路窄巷，来到一间小屋旁的院子，院里有个茅草棚子，棚子里的第一排椅子都是空着的。一群年迈男性中间摆着一张垫子，长老在垫子上就位坐下，许多人在旁边观礼，偶尔加入帮新生儿赐福的行列，贵宾则是在严肃的仪式中进进出出。现场的气氛平静，大家都在沉思，专注倾听圣歌，不出声但却很热烈。不过，在仪式进行的过程中，我渐渐意识到我们身后开始出现像是激烈争辩的声音。一转身，我发现萨贝鲁又在卡车后面就位，与一群等着出售胡阿拉的妇女们讨价还价。

我们在村子里受到热情款待。仪式结束后，新生儿的父亲邀请我们一行人在其他宾客之前先吃东西。卡林、布卑、萨贝鲁、伊卜拉欣

萨贝鲁用开水将胡阿拉煮熟后再晒干。

与我走进一间小小的圆形楼房，吃了一顿美味的谷子与肉。出去之后我们听说抓胡阿拉的妇女已经回来了。很快她们就在附近的一间房舍外生起了火堆，聚集的人群渐多，有个看起来显然不慌不忙的年轻妇女在大家的注目下把一锅水加热。萨贝鲁为了帮助我们理解，用国家地理杂志般的方式为我们解说，并且一再提醒我别错过拍照的机会。等到她们把胡阿拉拿过来的时候，萨贝鲁把它们都丢进开水里，拿走年轻妇女手里的棍子，嘴里还是讲个不停，同时把那些在水里翻腾的蝗虫推到锅底。平常做这件事的那些女人都被隔绝在圈圈外，离开去做一些更急迫的差事。围成一圈的男人轮流拿棍子往水里戳，这个他们一定看过无数次的画面，却让我惊讶不已：在滚烫热水里翻腾之际，那些褐色的蝗虫很快就变成粉红色，看来简直就像水煮虾，而且在那个片刻，一扇对虾饕客充满吸引力，对蝗虫却是不幸的大门打开了。

蝗虫就这样在开水里煮了30分钟。与此同时，伊卜拉欣与我跟这个大型村庄的maigari（村长），还有其他几个男人聊了起来。他们说，沙漠蝗虫曾于60年前来过这村子，但之后就再也没来了。这些年纪较大的村民记得当年的蝗灾（就像瑞吉欧·乌邦达瓦基的那些男人），但并未把那件事放在心上。他们比较在意的不是那种一生只能遇到一次的末世浩劫，而是那些比较不具异国风情的胡阿拉（例如“比戴”）：它们才是吃掉每日粮食安全的害虫。

科曼多也跟我们一起聊天。谈话结束时，他说他曾经在一个叫作丹马塔索华（Dan mata Sohoua）的村子工作，就在这个村子北方大约100公里处。他说，我们该去一趟。那个村子的村长可以跟我们谈一谈2005年的蝗灾。真是个精彩的故事。就在此时，我看到萨贝鲁穿梭于人群里。他拿出珐琅脸盆来计算村妇们抓了多少胡阿拉。让村妇们感到难过的是，他把那些蝗虫越堆越高，最后有40%已经高于脸盆边缘，才算是一盆，然后倒进袋子里。这一切我都看在眼里，我想起了他在“妇女市场”贩卖胡阿拉的时候，都会让买家“占便宜”，也就是说他会看买家的状况决定给多少（例如，如果对方是寡妇，也许他就多给一点），所以他给人的胡阿拉都会多到洒出来，只不过，就算他再怎么慷慨，也不可能堆得像这天一样高。

回到马拉迪的路程非常平静。离开前，负责用开水煮胡阿拉的那个年轻妇女又被召回，她把煮好的胡阿拉都铺在一块蓝色防水布上，好让我们看看它们被太阳晒干的情形。萨贝鲁说他对那天的行程很满意。快要回到马拉迪的时候，他问我是不是很快就会回去。我无法给他一个明确日期，接着我们就此陷入沉思。到萨贝鲁家时，他的态度突然改变。他不像一般人那样离情依依，居然要我们为他提供的服务付钱，显然完全忘记我们是以异国友人的身份一起出游，更何况他还从丹达赛村村妇们的身上海捞了一笔。卡林很愤怒，我们开始谈判起来，双方脾气都很大。萨贝鲁一开始拒绝让我们离开，直到最后不悦地谈好了价码，才肯放人。

我们开车回到马拉迪市的另一边，情绪很差。但坏心情并未持续太久。我们决定接受科曼多的建议，隔天早上去一趟丹马塔索华，才又开始觉得有了新目标。

7

据世界银行研究，沙漠蝗虫入侵的地区已扩及全世界 20% 的农田与牧草地，包括 65 个国家总计 2800 万平方千米的土地。监视预警和喷洒化学药物是两种主要的防治措施，首要目标是在衰退区里预防蝗灾爆发以及消灭蝗虫，而所谓衰退区是指整个蝗灾地区中比较干燥的中央地带，面积为 1600 万平方公里，是蝗虫的聚集地。这种策略背后的思维很简单：一旦蝗虫群在衰退区内历经最后的蜕变阶段，成为有翅膀的成虫，升空飞行，唯一的选择就是在种植农作物的地方消灭它们。但这种做法的成功率很低。先前马哈曼·萨都教授就跟我们说过，如果在村子里实行保护农作物的措施，那就表示衰退区里的预防措施失败了。这也意味着他们必须在村里大量使用杀虫剂（有些是欧美各国禁用的），受到危害的，不只是喷洒杀虫剂的村民（他们通常没有防护衣可以穿，也欠缺适当训练），也包括整个地区的食物链与水源。

科曼多说得没错，丹马塔索华村的村长乐于与我们分享故事。他说，蝗虫从西边过来。当时是 10 月，雨季刚刚结束。谷子已经都熟了，但还没开始采收，谷物都还在田里。在这时间点发生蝗灾是最糟糕的。

一开始只有几只来探路的蝗虫，就像阿契贝的小说情节一样，它们是被派来勘察土地的。它们在中午左右现身。孩子们从田里跑回村

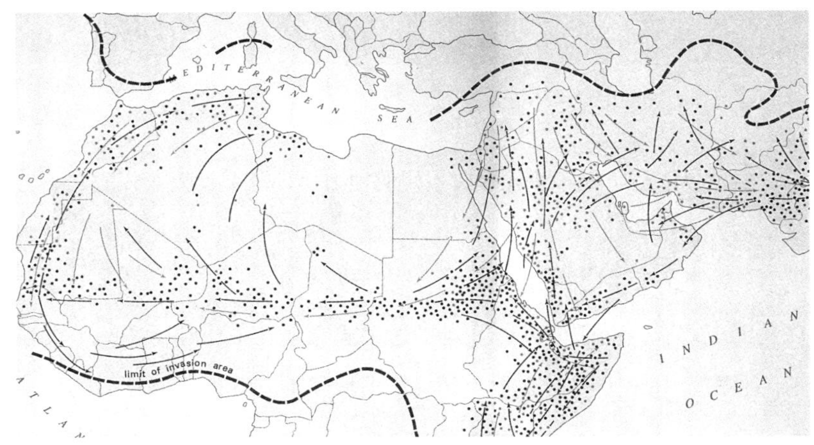

与尼日尔相临的地区都受到蝗虫的侵害。

子，跟大家示警。但是没有半个大人过去看一看。他们知道为时已晚。在夜幕降临前，蝗虫群已经来了。

隔天早上，整个村子都被入侵了。胡阿拉掩盖了所有地面。草丛里也都是。村民看不到地面，也看不到谷子。有人试着把它们赶走，用工具、用手，或者用火烧。也有人试着抢收谷子。由于情况紧急，谷穗采收之后，也只能放在地上，堆得高高的，一回过神，上面已经爬满了蝗虫。

隔天清晨，为了向农业局示警，村长与一群老人去了一趟最近的城镇达科罗（Dakoro）。村长说，一般而言，农业局并不会理会他们那个村子。但那天局里真的派人过去了。视察过后，农业局的人建议村民祷告。他们说，除此之外他们无计可施。

不过，那天稍晚还是来了一架飞机，在那个地区喷洒杀虫剂。飞机在空中的时候，胡阿拉升空了。一开始它们似乎是要离开村子，但结果却是以飞机为目标。它们直接朝飞机飞过去，把驾驶舱的外面都掩盖了，机翼上也爬满胡阿拉，试着强迫飞机改变方向，离开村子。飞行员改变战术。他无法把飞机飞低，于是他试着朝胡阿拉喷洒化学药剂，但它们散开了，化学药剂没有发挥太大效果。胡阿拉是一种有纪律与组织的昆虫。看来它们好像有个指挥官似的，大家都会听命行事。

好像真的有指挥官似的。每天它们都是在清晨 8 点准时出工。并不是因为 8 点以前太冷。所有人都这么想，以为它们是在等气温上升，让翅膀暖一点。但不是那样的，而是因为它们有工作时间，就像白人一样。它们在 8 点出工，绝不会提早。升空后，它们飞得很低，只要看到地面有吃的，就会降落，把东西一扫而空。到了下午 6 点，它们才停下来。就像有指挥官的部队。这些昆虫很聪明。它们好像有望远镜似的。如果它们遗漏了任何东西，一定会改变方向，飞回去把东西吃掉。如果其中一只受伤了，它们也会转向飞回去，把坠地的同伴吃掉，不会把它留在路边。

有人在早上趁它们集结待命时用火烧它们。这真是大错特错。这种举动只会激怒它们。如果它们有一小部分被烧死了，很快一定会有两倍的新蝗虫加入，取而代之。村民都不去田里了。外出时，所有人都要把脸盖住。大人也会阻止小孩到草丛里去。

到了第三天，蝗虫离开了。再也没有小米了。被吃得一干二净。但它们自己留下了一些东西。两周后，蝗虫卵孵化，蝗虫从地底跑出来。这次远比之前更糟糕。

我们舒服地坐在一棵有树荫的树下，一个小女孩穿越沙地，朝我们走过来。那天下午的空气炎热无风。我们可以听见远方传来啪啪啪的有节奏声响，是妇女打谷的声音。村长卖了几个高汤块给那个女孩。一个脸庞消瘦的男人坐在一架小型缝纫机后面，他接过了话题，而我们，一共六男二女，继续听他说下去。

我们不曾看过这种胡阿拉，男人说。就算是百岁老人也没看过。我们称呼那种胡阿拉为“毁灭者”（houara dango）。它们的外表是鲜黄色的，里面则是黑色。如果有人碰到它们，那黄色就会像掉漆那样掉下来。它们真的很奇怪，所以一开始我们以为是白人发明出来的。老

蝗虫群所到之处一干二净。

人都吩咐孩子们不要去碰它们。吃蝗虫的动物会死掉，山羊都流产了，鸡也一只只暴毙。你以为是因为杀虫剂，但并不是那样，而是因为胡阿拉体内的许多小虫。鸡与山羊变得不能吃，必须销毁。胡阿拉进入水井里，它们让水变得有毒。就连牛也不能再喝井水。有另外一个村的村民吃胡阿拉，结果也生病，呕吐了好几天。我们不能吃胡阿拉。如果能吃的话，它们的数量真是多到现在也吃不完。

现在大家都开始议论纷纷。无疑地，第二波蝗灾比第一波更具毁灭性。农业局朝着孵出来的蝗虫幼虫洒药，但没死的那些又开始吃已死蝗虫的躯体。田野变得一干二净。幼虫把村子里一切可以吃的东西都吃掉了。这次它们待了三周，井然有序地在村子里移动，不放过任何地方，所到之处的东西都被它们吃光，就连死掉的幼虫也不例外。没错，就是这样，它们不会留下任何东西，就连自己同伴的死尸也不放过。

谷仓里没有谷子，田里也收成无望，丹马塔索华的村民只能完全依赖紧急的食物援助。因为英国国家广播公司的煽情新闻报道，尼日尔与整个萨赫勒地区的情况成为国际要闻。饥荒的幽灵紧紧跟随着蝗灾，引发各国民众瞩目，许多人慷慨解囊。对于这一切，马马杜·坦贾总统的政府却感到惊愕又失望，他们只能看着媒体促成各国介入。各个非政府组织有充分的理由采取行动，它们所代表的是充满人道精神的全球民众，但该国政府的能力本来就极其有限，如此一来更是变得处处受限制。

有好几周的时间，无国界医生组织设在马拉迪的食物供应中心，俨然是“全球最受媒体关注的地方”。[23] 尽管没有人清楚尼日尔境内其他地方的情况有多严重，但是马拉迪四周乡间居民的日子的确远比平常难过（北边的游牧民族也是）。就在村民争辩着是否该弃村之际，乐施会（Oxfam）带着 400 袋稻米来到丹马塔索华村。这个村庄变成了食物配给中心，各地民众都来这里领取配额。乐施会承诺他们会运送三批救济品过来，但是第二批东西的数量大幅减少，第三批则是根本没有来，当地人都不知道为什么。

“毁灭者”蝗灾爆发之前，丹马塔索华的村民已经向各个开发组织借贷种子，打算收成后以作物偿还。谷子被吃掉后，他们没有太多选择。处于绝对弱势的他们只能向当地商人求助，把取得的配给稻米变现还债。但后来该来的稻米没来，因此欠的债又更多了。（因为村民没有拿到稻米，所以没有援助食物可以变卖。而且援助机构向来痛斥这种行为是牟取暴利，但这种把救济品拿去卖的行为，对于灾民来说是很合理的。）

村民说，历经两次收成之后，他们还是没有把借款还清。而且自从 2005 年以来，他们就缴不出税金了。就像尼日尔政府陷入了必须长期依赖国际援助的泥淖，无法自拔，与此同时马拉迪市四周乡间居民也必须自力救济，好好把握任何能够取得的资源。[24] 蝗灾过后，丹马塔索华又闹了很久的饥荒，后来农夫与当地非政府组织合作，一起推动“谷物银行”（banque ceréalaire）的计划：他们借用谷物（而非种子），收成后也是以谷物偿还。即便是收成最好的时候，村民都没有太多余粮，所以没有人喜欢这种偿还谷物的借贷方式。不过，至少这个计划让他们不需要现金，也不用跟萨贝鲁打交道。某个人满怀希望地说，如果收成不错，而且也没有蝗灾，也许他们再过两年就能脱困了。

8

搭巴士回马拉迪的路上，卡林跟我发现车上有一群乘客都是园艺学家，他们要到尼亚美去参加一场害虫管理的研讨会。他们拿出 tchoukou（一种味道浓烈，松脆而且有嚼劲的芝士）与我们共享，等到我们在伯尔尼恩孔尼下车活动筋骨时，他们还坚持请我们喝汽水。我们聊到他们正在研发一种能够抵抗害虫的谷子，这让我回想起几天前曾与一位充满热忱的年轻研究人员的对话内容，他隶属于马拉迪市农作物保护处，正在研发一种防治沙漠蝗虫的生物学方法，打算以致病性真菌（pathogenic fungi）来取代化学杀虫剂。

隔天清晨，我们回到大学去拜访尼日尔知名生物学家奥斯曼·穆萨·扎卡里教授（Ousmane Moussa Zakari），他一直批评联合国粮食及农业组织（FAO）的害虫防治工作。扎卡里教授说，联合国粮食及农业组织未曾成功预测过任何一次沙漠蝗虫蝗灾。据其计算，自从 1780 年以来，尼日尔已经爆发过 13 次重大的蝗灾，而且，虽然有些地方损失惨重，但整体来讲影响就没那么大了。他认为现在的管制措施并不成功，曾与我们聊过的许多研究人员和农夫也都这么认为。衰退区实在是大到难以掌握，而且蝗虫的适应力太强，能够忍耐长期干旱，只要遇到对它们有利的情况，就能快速做出反应。他主张，那些动不动就高达上亿美元的经费应该投在别的地方，例如帮助农夫善用自己的害虫防治知识，与他们一起开发新的防治技术，例如，谷子一年有两季收成，可以把第一次收成的种植时间延后，借此阻碍塞内加尔蝗虫的生长发展。

那天发生了一件事，它充分印证了尼日尔人必须在一个复杂而脆弱的环境中挣扎求生：津德尔市发生了一起抢劫汽车的案件，受害者是一位法籍援助组织的工作人员。两个男人在路边装成需要帮助的模样，她把车子停了下来。他们俩把她赶下车，开车扬长而去。没有人受伤，但歹徒与受害者都很倒霉，因为那两个男人把车开走时，根本不知道那个法国女人的小婴儿还在车子的后座。

我想卡林也是在那天跟我说他小时候曾经抓过胡阿拉。我想应该是那一天——不过，也有可能是更早以前，就在我们于夕阳下搭乘巴士离开马拉迪的时候，或者是在我们一起搭乘出租车经过肯尼迪大桥时（上桥前我们先经过了一个由联合国竖立，用来宣扬《儿童权利公约》的告示牌），抑或是在离开马拉迪之前，当时我们刚刚去过丹马塔索华村，行经达克罗镇的唯一一条路，沿路只见一个又一个国际开发组织的招牌（就像美国那些小镇的主要街道一样，只不过那一个个招牌都是汽车旅馆与快餐餐厅的广告）。总之，就是在上述的某个情况之下，卡林跟我说他小时候曾抓过胡阿拉。事发地点是他从小成长的村庄，与丹达赛村很近。那是孩子们都很喜欢的游戏，所有的小孩都会玩。他们会点灯吸引胡阿拉，尽可能多抓几只，越多越好。村子里从来不缺胡阿拉，而抓到最多只的就是游戏的赢家。他说，那游戏很简单，但却能让人快乐。

1 Boureima Alpha Gado, *Une histoire des famines au Sahel: étude des grandes crises alimentaires, XIXe-XXe siécles* (Paris: L' Harmattan, 1993). 也 可 以 参 阅: Michael Watts, *Silent Violence: Food, Famine and Peasantry in Northern Nigeria* (Berkeley: University of California Press, 1983); John Rowley and Olivia Bennett, *Grasshoppers and Locusts: The Plague of the Sahel* (London: The Panos Institute, 1993).

2 Chinua Achebe, *Things Fall Apart* (London: Heinneman, 1976), 39-40.

3 Achebe, *Things Fall Apart*, 97-98.

4 Souleymane Anza, "Niger Fights Poverty After Being Taken by Shame," 19 January, 2001; available at: http://www.afrol.com/News2001/nir001_fight_poverty.htm： 也可以参阅: Frederic Mousseau with Anuradha Mittal, *Sahel: A Prisoner of Starvation? A Case Study of the 2005 Food Crisis in Niger* (Oakland, CA: The Oakland Institute, 2006).

5 西非金融共同体法郎 [West African CFA（Communauté financière d 'Afrique）franc] 与法国法郎采取固定汇率制（译者注：在欧盟成立前），一共有八个西非国家使用这种货币，尼日尔是其中之一。

6 关于各类蝗虫物种的详尽说明与虫害控制情形，可参阅农业研究发展国际合作中心（Centre de coopération internationale en recherche agronomique pour le développement，CIRAD）的官网：http://www.cirad.fr/fr/index.php. 也可以参阅：Rowley and Bennet, *Grasshoppers and Locusts*; Steen R. Joffe, "Desert Locust Management: A Time for Change," *World Bank Discussion Paper* No. 284, April 1995.

7 根据现行研究显示，蝗虫的迁移也与血清素（serotonin）这种神经递质有关。请参阅：Michael L. Anstey, Stephen M. Rogers, Swidbert R. Ott, Malcolm Burrows, and Stephen J. Simpson, "Serotonin Mediates Behavioral Gregarization Underlying Swarm Formation in Desert Locusts," *Science* vol. 323. no. 5914 (30 January 2009): 627–630.

8 想要详细了解我的主要参考资料，请参阅：Hugh Dingle, *Migration: The Biology of Life on the Move* (New York: Oxford University Press, 1996) , 272-281 ；还有关于蝗虫研究的经典之作：Boris Petrovich Uvarov, *Grasshoppers and Locusts: A Handbook of General Acridology*, vol. 1 (Cambridge: Cambridge University Press, 1966).

9 参考 http://entnemdept.ufl.edu/walker/ufbir.

10 唯一的例外是，美国的周期蝉（periodic cicada）也会被称为蝗虫，但这是个特例。

11 John Keats, "On the Grasshopper and Cricket" (1816).

12 R.A. Cheke, "A Migrant Pest in the Sahel: The Senegalese Grasshopper Oedaleus senegalens," Phil. Trans. *R. Soc. Lond. B vol.* 328 (1990): 539-553.

13 Cheke, "A Migrant Pest in the Sahel," 550.

14 Michel Lecoq, "Recent progress in Desert and Migratory Locust management in Africa. Are preventative Actions Possible?" *Journal of Orthoptera Research*, vol. 10, no. 2 (201): 277-291；Joffe, "Desert Locust Management;" Rowley and Bennett, Grasshoppers and Locusts.

15 Alpha Gado, *Une histoire des famines au Sahel*, 49.

16 Joffe, "Desert Locust Management;" Mousseau and Mittal, *Sahel: A Prisoner of Starvation*?; Rowley and Bennett, *Grasshoppers and Locusts*.

17 See Emmanuel Grégoire, *The Alhazai of Maradi: Traditional Hausa Merchants in a Changing Sahelian City*, trans. Benjamin H. Hardy (*Boulder: Lynne Rienner*, 1992).

18 关于殖民政府的种种财政策略之详细与充满洞见的分析，还有那些策略的长期发展与当代影响，请参阅：Janet Roitman, *Fiscal Disobedience: An Anthropology of Economic Regulation in Central Africa* (*Princeton: Princeton University Press*, 2004).

19 Barbara M. Cooper, *Marriage in Maradi: Gender and Culture in a Hausa Society in Neger*, 1900—1989 (Portsmouth, N.H.: Heinemann, 1997), xxxv.

20 请参阅：Barbara M. Cooper, "*Anatomy of a Riot: The Social Imaginary, Single Women, and Religious Violence in Niger*," Canadian Journal of African Studies vol. 37, nos. 2-3 (2003): 467-512.

21 Grégoire, *The Alhazai of Maradi*, 11, 92.

22 近来，核能因为被各国视为"绿色能源"而异军突起，再加上美国与欧盟的铀矿逐渐耗尽，还有过去十年间亚欧各国兴起了大量兴建核能电厂的热潮，这些因素都促使铀矿价格水涨船高，因此也让尼日尔政府有更强烈的动机去扫荡图瓦雷克族的叛乱行动。

23 David Loyn, "*How Many Dying Babies Make a Famine*?" August 10, 2005, available at http://news.bbc.co.uk/2/hi/africa/4139174.stm。也可以参阅："Editor's Instinct Led to Story," August 2, 2005, available at http://news.bbc.co.uk/newswatch/ifs/hi/newsid_4730000/newsid_4737600/4737695.stm.

24 请参阅关于"请求外援"（extraversion）的相关讨论：Jean-François Bayart, *The State in Africa: The Politics of the Belly*, trans. Mary Harper, Christopher Harrison, and Elizabeth Harrison (London: Longman, 1993).

P

耶稣升天节的卡斯钦公园

Il Parco delle Cascine on Ascension Sunday

色彩缤纷的蟋蟀节

1

日本的蟋蟀都是在秋天鸣叫，往往让人感受到秋天总是稍纵即逝，弥漫着一种令人安心又忧郁的氛围。但是，在佛罗伦萨，民俗学者桃乐茜·格拉迪斯·斯派塞（Dorothy Gladys Spicer）在她写的《西欧节庆》（*Festivals of Western Europe*）一书里表示，蟋蟀在春天到来，象征着新生。在蟋蟀叫声的映衬下，白昼一天天变长，人们的户外活动增多，而且在耶稣升天节（Ascension Sunday）这一天，卡斯钦公园（Parco delle Cascine，佛罗伦萨市最重要的公园）也举办起了自己的节庆活动。

桃乐茜·斯派塞是否真的亲眼见证过蟋蟀节（festa del grillo），这我们不太清楚，但听她的描述，的确栩栩如生。耶稣升天节是复活节后的第43天，是5月底或6月初的某个温暖星期日，她写道：“爸妈准备了丰盛的午餐餐盒，带着孩子们一起涌进卡斯钦公园。”先前，孩子们一般都是自己抓蟋蟀，但是在她写书时（1958年），他们已经都是在节庆市集购买蟋蟀了。眼前情景是如此五彩缤纷：“数以百计在公园里捕获的蟋蟀被关在柳条或铁丝材质的鲜艳笼子里，笼子一个个垂吊在摊子旁。”摊商贩卖各种食物与饮料。红、绿、橘色的气球四处飘荡。音乐处处可闻。当然也少不了冰淇淋。她用滑稽的语调评论道：“对于所有人而言，这真是最快乐与欢愉的春季活动——唯有蟋蟀例外！”[1]

从佛罗伦萨市古老的市中心沿着阿诺河（Arno）的无荫北岸

走，不到30分钟就可以走到卡斯钦公园。但是，这里的景观不是一般的都市景观，尤其在夏天，这里没有观光客聚集的维奇奥桥（Ponte Vecchio）、圣母百花大教堂（the Duomo）、领主广场（Piazza delle Signoria），也没有弗拉·安杰利科（Fra Angelicos）、乔托（Giotto）与米开朗琪罗等人的艺术杰作。那些知名的艺术瑰宝每一件都是如此惊人，而且数量如此庞大。难怪来自英国与其他国家的旅客被这里深深吸引，自从18世纪的“壮游风潮”（Grand Tour）以后，任何需要接受文化熏陶的上层阶级成员对这里实在是趋之若鹜，非来不可。几百年来，佛罗伦萨的许许多多绘画、雕像还有历史建筑物一直都被当成西方文明的重要象征。后来联合国教科文组织（UNESCO）凭借着其真正的启蒙主义精神，将该市市中心认定为世界遗产（World Heritage Site），可以说是锦上添花。

尽管如此，当桃乐茜·斯派塞在写那本书的时候，文化消费的风潮还不像今天这样狂热。我之所以能肯定这一点，是因为在她写书的几年之前，我爸妈（他们是年轻的犹太人，在战后欧洲不知怎么地感到自在舒适）刚刚去佛罗伦萨度蜜月，他们带着50英镑现钞出国（那是战后英国政府允许民众带出国的金额），很快就用完了。当年还没有信用卡，不过他们勉强还能撑下去。他们到郊区菲耶索莱（Fiesole）四周的山丘上去野餐，眺望着由屋顶构成的一片宁静红海，矗立其中的只有圣母百花大教堂的高耸穹顶。

最近，有个对佛罗伦萨已经厌烦的《纽约时报》旅游作家称之为“文艺复兴主题乐园”[2]；实则不然，它还是比较像那个拉斯金

作者父母当年去佛罗伦萨度蜜月时的照片。

(Ruskin)、雪莱（Shelley）与亨利·詹姆斯（Henry James）等作家深爱的城市。如今，历史悠久的市中心还是很棒，但却有点像是博物馆与游乐园的混合体，完全商业化了。每个人都只能走马观花，我们也一样。乌菲齐画廊（Uffizi Galleries）外面大排长龙，要等三个小时，我和莎朗跟歌德（Goethe）一样，最后都变成差劲的观光客（只不过我们留下的遗憾可能比他多)。集伟大作家、科学家与哲学家等身份于一身的歌德也曾到意大利去“壮游”，佛罗伦萨是他最早去的地方之一，他在1786年10月“很快地穿越那个城市”，去看了圣母百花大教堂与圣若望洗礼堂（Battistero)。“一个崭新的世界再度在我眼前展开，”他在日记中写道，“但我不想久留。波波里花园（Bobboli Gardens）的地点非常棒。我用最快的速度离开了那个城市。”[3]

2

在卖着手工冰淇淋、手工纸张或手工鞋子的商店之间，隐身着佛罗伦萨的另一项特产：小木偶匹诺曹。其中有些身形高大，远比卡洛·科洛迪（Carlo Collodi）那出深受喜爱的寓言故事里变成小男孩的木偶还高。科洛迪出生于佛罗伦萨，一辈子都在那里当公仆与记者。他那个刺激的冒险故事刚开始是在《宝贝杂志》（*Giornale per i bambini*）的儿童周刊上连载的（1881—1883），融合了各种技法，包括童话故事

匹诺曹木偶是佛罗伦萨的特产之一。

（科洛迪曾翻译过法国童话故事）、口述故事（他是一部佛罗伦萨方言百科全书的编者），还有托斯卡纳故事。彻底翻新之后，让读者耳目一新，看到一种敏锐而充满黑色幽默的风格，处处皆有出乎意料的转折，而且在炫目的表现之下，也含藏了许多非常严肃的主题。

科洛迪最令人难忘的地方之一，在于他创造出一只“grillo parlante”，也就是会说话的蟋蟀，这个配角后来又被迪士尼电影公司改编成《蟋蟀先生》（*Jiminy Cricket*）。全世界最有名的一只蟋蟀就诞生在佛罗伦萨最有名的一部小说里，这似乎具有重大意义，但我无法肯定这只蟋蟀到底是当地文化的产物，还是源自整个意大利的故事传统。蟋蟀让佛罗伦萨人如此着迷，还特别创办了“蟋蟀节”，但这很有可能只是显示出该国甚至整个南欧地区（或地中海地区）的人民都与昆虫具有某种亲密关系。

几百年来，当地人一直都有养蟋蟀的习惯。庞贝古城出土的房屋墙壁上甚至还画着佛罗伦萨蟋蟀节期间贩卖的那种小小蟋蟀笼。而且，从众多语言学的证据来看，那些嘈杂昆虫的叫声早已深植于意大利人的生活中。昆虫鸣叫声与人类的讲话声是如此密切相关：例如 cicala（蝉）一词衍生出许多琐碎或复杂的讲话声，cicalare、cicalata、cicaleccio、cicalio 与 cicalino，都有“闲聊”的意思。[4] 这一类证据让我们能更加了解如今蟋蟀具有的地位，却也混淆了它们在过去的文化地位。毕竟，现代意大利文有很大一部分原来只是佛罗伦萨方言，后来因为但丁的作品而成为该国国语，因此我并不确定是否能理清上述词汇的词源到底是什么。也许，佛罗伦萨与蟋蟀的确有独一无二之处。无论如何，一个因为19世纪伟大诗人兼语言学家贾科莫·莱奥帕尔迪（Giacomo Leopardi）而受到重视的观念是，虫的叫声并没有任何传达信息的功能（这方面他的看法与南欧哲学家兼诗人和昆虫爱好者让-亨利·法布尔一样），据他表示，无论是蟋蟀还是蝉，都跟鸟类一样，只是因为喜欢鸣叫而鸣叫，因为鸣唱很有乐趣而鸣唱，为了纯粹的美而唱。[5]

传统上，欧洲人往往觉得蟋蟀的叫声是愚蠢而无意义的，非常恼人，自古以来就是这样，而且迄今意大利文仍然有一个成语叫“non fare il grillo parlante”（可以直译为“别当一只说话的蟋蟀”），意思是“别说废话了！”这当然不是唯一的传统，因为在古典的田园诗里，蟋蟀所扮演的是截然不同的固定角色，但是种种形象仍然不脱离《伊索寓言》里那两则有蟋蟀出现的故事。尽管生活在许多人都非常贫穷的19世纪，科洛迪就算没变有钱，他也成名了，他对于自己能够改变命运感到非常高兴，而且他笔下那只蟋蟀所说的话都毫无疑问地具有深意。与迪士尼公司那只快活的蟋蟀先生相比，会说话的蟋蟀的遭遇可悲惨多了，而且更能反映出现实世界的残酷，这非常具有自传性。虽然改编后的美国经典有时候情节很可怕[例如，“欢乐岛”的坏人把小男孩绑架到岛上之后，鼓励他们不用压抑，可以尽量做坏事，结果这故事因为过于可怕，甚至还在迈克尔·杰克逊（Michael Jackson）的恋童癖官司里面被提及]，不过科洛迪原来的故事却是更为黑暗，小木偶匹诺曹（Pinocchio）原本是一个自私到极点的木偶男孩，根本没有意识到他那贫困的父亲盖比特（Geppetto）被他害得有多惨，后来他遭遇到许多典型的酷刑，例如火烧、油炸、剥皮、溺水、关狗笼，还有较为传统的桥段，就是被变成一头驴。

迪士尼的电影版《木偶奇遇记》于阴郁的1940年2月上映，那期间世界各地都被战争与高失业率的阴影笼罩着。蟋蟀先生又名“道德良知的最高保存者兼遭遇诱惑时的最佳顾问，还有带你穿越笔直狭路的向导”，他在片头演职员表跑完后出现在银幕上，充分展现出孜孜不倦的乐观进取精神与得宜的谦虚仪态，嘴里唱的是好莱坞电影史上最具永恒民主精神的歌曲，歌词充分展现出美国梦的空洞、单纯与足以安慰人心的力量（我本想引用“当你向星星许愿时”这首歌的歌词，但你知道的，因为版权所有问题，估计有人会跟我要很多钱）。科洛迪笔下说话的蟋蟀也是一只服从道德标准的昆虫。它苦劝匹诺曹别让父亲丢脸，该去上学，努力用功，厉行节约，并且学会各种必要的价值，好在现代社会立足。但是科洛迪则用更严苛的方式来对待一个更为坚强的木偶，他的小木偶来自劳工阶级，生活在一个残酷世界里，所以在原著第十五章就被作者赐死：被敌人吊死在大橡树上。以后，读者的抗议信如雪片般飞来，其间有一位较为通情达理的编辑介入，要他把故事延续下去。[6]

读者的义愤救了匹诺曹一命，但救不了蟋蟀。向来有“两个世界的英雄”（Hero of Two Worlds）[①]之称的加里波第（Giuseppe Garibaldi）临终前躺在撒丁岛（Sardinia）外海卡普雷拉岛（Caprera）的病榻上，就

---

① 两个世界的英雄：加里波第曾在南美洲巴西、乌拉圭从军，后来又回到欧洲致力于意大利的统一大业，前者是新世界（新大陆），后者是旧世界（旧大陆），因此被称为两个世界的英雄。

在他去世之际，会说话的蟋蟀也正面临着死亡的命运。病危的加里波第被称为“意大利统一运动的利剑”（Sword of Italian Unity），也是该国第一个动物保护协会的创立者，甚至他临终时还把家人聚集在一起，聆听从他窗台边传来的鸟鸣，而窗台下方就是清澈无比的第勒尼安海（Tyrrhenian Sea）。爱国的科洛迪也曾以志愿军士兵的身份参加加里波第领导的独立战争，他跟国父加里波第一样，向来也是严词批评政界的贪污与社会的不公现象，还有宗教界的干政。但加里波第的名言是“人类创造上帝，而非上帝创造人类”，而这就是加里波第和科洛迪之间的分歧所在。为什么会这样？也许是因为统一运动不成，连带着也让他对社会改革幻灭。也许是因为他自己收入不稳，面临迅速的社会变迁，导致他只能勉强图个温饱，生活乱七八糟。抑或是因为他无法抵抗诱惑，选择了低俗闹剧常见的暴力桥段。在科洛迪的故事宇宙里，每个人都必须为了抢食面包屑而争斗，没有任何一个物种享有特权。那是个狗吃狗、狗吃木偶、木偶吃狗、男孩变成驴子的世界，没有人能搞懂到底谁能保护谁，甚至谁是谁也不太清楚。所以，匹诺曹才会被流氓狐狸与恶猫垂吊在橡树上。到最后，恶猫瞎了，还被匹诺曹咬掉一只爪子，狐狸则快要饿死了，被迫卖掉自己的尾巴。那么，会说话的蟋蟀呢？迪士尼并未把这一幕拍进电影里面：故事才刚刚开始没多久，任性的匹诺曹的木锤不小心脱手而出，蟋蟀在没什么警觉的情况下被木锤“压扁了，贴在墙上，无法动弹而且没有了气息”，当然也不能说话。[7]

3

蟋蟀节其实有一些令人困惑之处，但是，从迪士尼电影与科洛迪原作故事的共识来看，也许可以帮我们解惑。蟋蟀在当地已经有相当长久的历史，因此才会赢得专属于它们的节庆；只不过我们不太清楚那活动的目的到底是为了歌颂它们，还是将其妖魔化，就像我们也搞不清楚这个地区的居民到底是深爱还是讨厌它们。

某些人认为蟋蟀节的起源有一个精确的日期：1582 年 7 月 8 日，地点是圣马蒂诺（San Martino in Strada），位于距离佛罗伦萨不远的因普鲁内塔（Santa Maria dell' Impruneta）。根据阿格斯蒂诺·拉皮尼（Agostino Lapini）写的《佛罗伦萨日记》（*Diario fiorentino*）（一本详细记载该市 18 世纪历史的书），该教区有 1000 名居民于当天挺身而出，阻止田里的蟋蟀破坏农作物。拉皮尼描述了当时的紧急状况。一整群居民怀抱着无比坚定的决心，在 10 天内守在原野上的各个角落，把所有蟋蟀都抓了起来。他们仿佛在"作乐"（fare la festa）：对蟋蟀大开杀戒，那是个杀蟋蟀的节庆，杀戮的嘉年华。然而，无论他们用多少不同方式杀蟋蟀（甚至大量活埋，还有用水淹），根据拉皮尼所说，"最小的那些还是活得好好的，而且因为地底的温度够热，它们都把虫卵产在土里面。"[8]

蟋蟀有两种形象。坏的蟋蟀是带来天灾，来报复的害虫，农夫害怕它们；好蟋蟀象征着春天与好运，小孩儿都喜欢它们。1582 年群众集体残杀蟋蟀的场面怎么会变成后来每年蟋蟀节的那种家庭户外聚会，甚至被弗朗西丝·托尔（Frances Toor）写进她的《意大利的节庆与民俗》（*Festivals and Folkways of Italy*）？接着在五年后，桃乐茜·斯派塞也在她的书里面提及同一个活动？卡斯钦公园里人山人海，到处都是气球、美食醇酒、各种形状与大小的蟋蟀笼，蟋蟀的鸣叫声处处可闻，那是令孩子们毕生难忘的日子，“整个蟋蟀节是如此色彩缤纷……一切如此鲜艳”。图尔写道：“跟先前的各个民族一样，他们也认为蟋蟀是来报春的。”而所谓“各个民族”，是指古代的伊特鲁里亚人（Etruscans）、希腊人与罗马人。

佛罗伦萨人都说，如果他们带回家的蟋蟀很快就会开始鸣叫，那就是好运的象征。我的朋友们为我选了两只公蟋蟀（公蟋蟀的特征是脖子四周有一条细细的黄色条纹），因为它们最会叫，而其中一只蟋蟀果真在我回家路上一直叫个不停。将蟋蟀放生也会带来好运。虽然我并不知道这件事，但是回家后我立刻就把蟋蟀放到花园里了。其中一只快快乐乐，边跳边叫着离开；另一只不叫的似乎受了伤，但它也一拐一拐地跳走，好像很高兴能重获自由。[9]

放生带来好运？我实在无法找到任何一个具有说服力的论述能够把上述两种场景联系在一起。我只看到拉皮尼描述的1582年大屠杀场景，除此之外一无所有，接下来整个世纪都没有任何与蟋蟀相关的记录。（托斯卡纳乡间是否有更多蟋蟀的天灾发生？那些蟋蟀卵孵化了吗？当地人是否曾举办活动来纪念那次与蟋蟀对决的壮举？）等到蟋蟀重现时，已经是17世纪末了，它们降临卡斯钦公园，而且跟那时候佛罗伦萨市的很多东西一样，它们也落入了美第奇家族（the Medicis）

的掌控中。[10]

人称“科西莫一世”（Cosimo the Cosmo I）的第一代托斯卡纳大公爵（first Grand Duke of Tuscany）于16世纪60年代开始进行最早期的造景工作，创造出卡斯钦公园。他在公园里多种了一些橡树、枫树、榆树和其他能够遮阴的树丛。这座位于阿诺河河畔的狭长公园后来变成贵族散步、打猎与进行户外娱乐活动的场地，也曾有一些记录显示他们会抓蟋蟀。美第奇家族没落后，洛林王朝（House of Habsburg-Lorraine）于1737年取而代之，卡斯钦公园也变成国有资产。民众是从什么时候开始可以进入公园的？我们没有清楚的答案，但是园内是从18世纪末开始常常举办公开活动（也许包括蟋蟀节在内），当时在位的君主是思想“开明”的彼得·利奥波德大公爵（Pietro Leopoldo），他是神圣罗马帝国皇帝利奥波德二世，也是法国玛丽皇后（Marie Antoinette）的哥哥，他热衷于把国家现代化，例证包括他赞助佛罗伦萨的多家科学博物馆（助其添购馆内收藏的许多精良科学仪器），收藏品包括伽利略的右手中指指骨［托马索·佩瑞里（Tommaso Perelli）为这件收藏品所写的铭文是这样的:“这根手指来自那一只划过天际的巧手，那根手指指向浩瀚太空，为我们辨识新的星星。”］，还有他的望远镜——也许他就是用这架望远镜画出那些月亮表面的墨水画，给了柯内莉亚·黑塞-霍内格许多灵感。

应该是从19世纪末开始，蟋蟀节固定出现在每年春季日历上，这应该没有多少人会质疑。那是一个很受欢迎的活动，欢迎所有人参加，许多人携家带眷去野餐。根据贵族时代的传统，游行队伍的成员都是

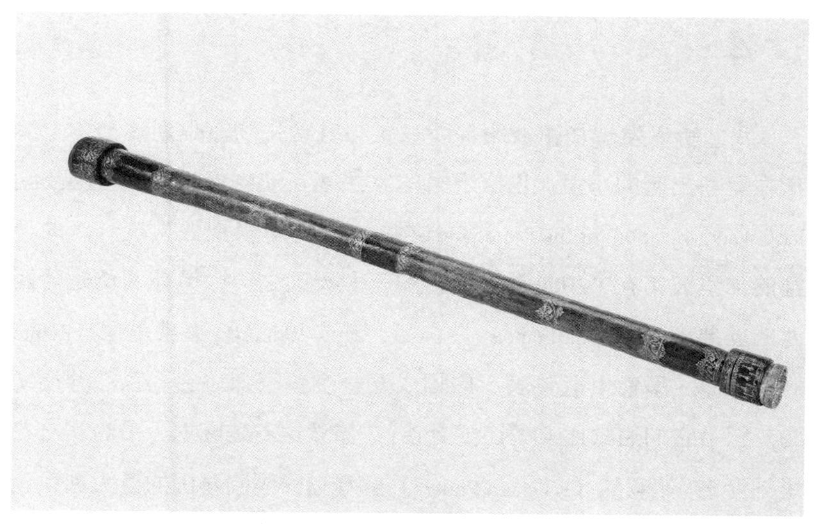

佛罗伦萨博物馆中展出的伽利略望远镜。

一些达官显贵，只不过那些人如今已经被市政府官员取代，游行活动以为佛罗伦萨祈福的正式仪式画下句点。人们似乎已经不会自己在公园里抓蟋蟀，而是直接连同那些色彩鲜艳的笼子一起跟摊商购买，摊商则都是到鸣蟋山（Monte Cantagrilli）与四周山丘上去抓蟋蟀。感觉起来，这种从抓蟋蟀改为买蟋蟀的转变是深具都市特色的。蟋蟀节那种明确的节庆色彩（整个活动都是在歌颂大地回春，祈求好运长寿等等）也一样，延续了过去那种把节庆当成寻宝游戏来举办的贵族传统。节庆中有任何元素呈现出农夫生活的不确定性吗？狂野而危险的大自然在哪里呢？会说话的蟋蟀已经来了。蟋蟀先生也在路上。不再有任何蝗灾。蟋蟀变成了人类的朋友。

4

我之所以发现加里波第深爱鸟类与其他生物，是通过一本 1938 年在罗马出版的小说，出版者是国家法西斯动物保护组织（National Fascist Organization for the Protection of Animals）。向来被视为统一运动领袖的加里波第在书中是动物保护的三大天王之一，另外两位是阿西西的圣弗朗西斯（St. Francis of Assisi），还有贝尼托·墨索里尼（Benito Mussolini）。墨索里尼曾表示应该成立一个兽医师协会，以“善待动物，因为它们通常比人类还要有趣”，显然这不是嘲讽。书的作者费里齐亚诺·菲利浦（Feliciano Philipp）解释道，刚刚建国的意大利以理性的态度面对动物，既不煽情，也不残酷。他写道，“政府致力于灌输责任感，要儿童学会照顾年纪较小者或弱者”，目标是要让孩子们“培养出对于较低等生物的怜爱”。[11]

众所皆知的是，纳粹向来也热衷于促进动物福利和保护环境，因此我们不难理解其他轴心国成员也一样热爱动物。但是，当我们想到 20 世纪的欧洲法西斯主义者对于他们眼中的较低等生物是怀抱着怜爱的态度，而非想要消灭它们，仍然会觉得非常吃惊。这看起来是很怪异的，但也许是源自于一个非常明确的观念：人类与动物是有所区别的。就这个领域而言，西方思想界巨人马丁·海德格尔（Martin Heidegger）刚好可以为他的纳粹赞助者提供宝贵的哲学后盾。他曾在书中写道，人类与其他存在物不只是在能力上有所差异，“本质也截然不同”。[12] 从存在论[①]的角度来说，那基本上是一种不同层级之间的差异：石头是“无世界性”（worldless ness），动物是“缺乏于世界的”（poor in world），而人类则是“建构这个世界的”（world-forming）。[13]

海德格尔所论述的是“动物整体”，但在日常生活中我们所面对的却是各种各样的动物，以不同面目出现。对于那些法西斯国家的政策制定者们而言，更为难的是要怎样处置那些低等人类；与其他让人同情的非人类动物相较，他们虽然也是较为低等，但两者的劣势属于不同层级。犹太人、罗姆人（Roma）、身心障碍人士等等之所以构成了一个特别问题，是因为他们往往会造成范畴的混淆，因为他们和一般人类虽然有很大差别，但却又如此类似，令人不安，同时也因为他们会从内部腐化人类（寄生在人类之中），也会从外部造成威胁（侵扰人类）。如我们所知，他们是那种并未受到法西斯国家立法保护或怜爱的生物。因为他们没有资格活着，他们就跟那些无家可归的动物一样，无论在动物界或人类社会中都是害群之马。

还有另外几段不同的动物保护史。其中一段非常重要，当欧洲人于 19 世纪初挺身为动物争取福利时，刚好废奴运动（Abolitionist movement）也在同一时期兴起。这两种运动往往共享组织资源，也有许多人同时参加两种运动，而且他们跟 20 世纪的法西斯主义者一样，相信人类的存在具有优越性，因此也要承担家长一般的责任。对于这

① 存在论：探讨存在之为存在的学问。简单地说，就是研究存在本身的学问，而不是研究知识论与伦理学的对象。

两种运动的许多成员，离乡背井的非洲人与家里的动物之间没有太大差别。两者都会让怀抱自由主义精神的人感到同情，促使他们采取行动。两者都需要关怀，甚至怜爱。两者都没有能力为自己发言或者代表自己。两者也都应该获得有尊严的工作机会。[14]

为动物争取福利的人并未因为这些过往的历史而受到阻碍。然而，运动早期留下的阴影仍在，许多难题也都还没解决，而这至少意味着他们必须小心一件事：就算他们对于其他生物抱着关爱的态度，也不代表他们就能够站在道德的制高点。也许，该拿出来重新检讨的，是“关爱”“保护”与“福利”这些观念背后根深蒂固的高傲姿态。艾萨克·巴什维斯·辛格（Isaac Bashevis Singer）与其他很多人都主张，以残暴手段对待动物会腐蚀人的道德，同时也很容易导致我们以相似的暴行对待其他人。不过，我们显然没有理由认为善待动物的人一样也会同情其他人。善待动物的后果，也有可能会造成我们认定某些生命是值得保护的，有些生命则完全没有活下去的价值。

墨索里尼的政府通过许多立法手段来确保各种动物能够安全无忧，获得人道的对待，它们都是一般家庭常见的宠物，还有野生物种（在这之前，这些动物能否获得法律保护早已成为一个国家现代化与否的标准）。法西斯政权采取的手段之一，就是通过《野生动物保护法》，还有《公共安全法》（*Public Safety Act*）的第七十条，借此禁止“以虐待或残暴的方式对待动物，让它们供人公开赏玩”。[15] 对于我在这里述说的故事而言，第二道禁令具有重大意义。因为，意大利各地常常举办以动物为主题的公开活动，蟋蟀节就是其中之一。《公共安全法》第七十条具有划时代的意义。

20 世纪 90 年代，意大利举国上下开始提倡禁止宗教性与其他一般节庆活动使用活的动物，此刻佛罗伦萨发现自己成为了众矢之的。反活体解剖促进会（Lega Anti-Vivisezione）的莫罗·博提吉利（Mauro Bottigelli）是此运动的领袖，就像他所说的："就算是为了向圣灵致敬，为了展现真挚情义，奥尔维耶托（Orvieto）的居民也没有权利把一只鸽子钉在十字架上，或是像罗卡瓦尔迪纳（Roccavaldina）的人那样用牛献祭，而圣卢卡（San Luca）的活山羊被割喉也是不应该发生的事。"[16]

佛罗伦萨的动物保护人士获得广泛的支持。在复活节于圣母百花大教堂广场上举办的知名"马车爆炸"活动（Scoppio del Carro）（是一种精彩的烟花表演）原本都是把活的鸽子固定在喷火的火箭上面，营造出火光四射的效果，后来也改成了机械鸽子。接着，到了 1999 年，佛罗伦萨市通过法案，禁止所有野生动物 [或称之为"原生动物"（autochthonous animals）] 的交易，此举具有高度针对性，目标就是在耶稣升天节贩卖蟋蟀的商业行为。（市议员们是否觉得自己就此变成了墨索里尼总理的继承者？我想他们大多不愿跟他扯上关系。不过，如果他们真的往那方面去联想，有一件事或许会让他们感到安心：法西斯政府对于蟋蟀一点兴趣也没有。费里齐亚诺·菲利浦在那本书里面唯一提及昆虫的地方，是一个令人相当怀疑的数据：他说，一对燕子与它们的雏鸟每天可以吃掉 6720 只昆虫，借此他想要传达的信息是鸟类对于农业与民众的健康非常重要，而不是昆虫对于鸟类的健康有多重要。）

结果，蟋蟀节的灵魂是否能够继续存在，演变成动物保护人士（animalisti）与传统的保护者之间的论争。与“马车爆炸”活动对动物所造成的伤害相较，蟋蟀节也许没那么明显，不过，我想这并不是因为鸟类的痛苦比昆虫的痛苦更易于理解。问题是更为细微的：因为，佛罗伦萨人与他们的蟋蟀之间存在着某种更为亲密的关系。

在这场争论中，参与的各方都觉得自己是站在蟋蟀那一方。[17] 最后，解决争议的方式是，市政府采取了一种对蟋蟀最有利的方案，一方面能够保护活的蟋蟀，另一方面又能够用假的蟋蟀来延续传统。新规定禁止摊商贩卖活蟋蟀，捕捉活蟋蟀者如果被查获，除了笼子要被没收，蟋蟀也会被“放生回佛罗伦萨四周山丘，恢复自由”。但是，法令并不禁止贩卖笼子，而且也不光是卖笼子而已。为了帮笼子的制造商留一条生路，并且保存蟋蟀节活动的文化与历史形式（尽管内容已经与过去不同），市政府允许摊商贩卖两种当地特有的蟋蟀。其中一种特别漂亮，是陶土材质的蟋蟀，由当地艺术家斯特凡诺·拉蒙诺（Stefano Ramunno）设计；另一种比较聒噪，要装电池的机器蟋蟀，会发出某种辨识度极高，但感觉起来不太像蟋蟀叫声的“喀哩喀哩”声响。借此我们可以看出政治人物的思维：当地工匠的生计获得了保护，工作机会甚至更多了，而那些活蟋蟀则可以整天到处闲晃，没有被捕被关之忧，至于喜欢蟋蟀的佛罗伦萨人则可以用最真诚的方式欢庆，让他们与蟋蟀的亲近关系、历史与文化得以保存下去。

可以预期的是，很快就出现了蟋蟀交易的黑市，原因是许多爸妈觉得应该让孩子们体验一下那种乐趣：除了要挑选一个最炫的笼子，还要挑选蟋蟀，把那种会唱歌的新朋友带回家，放进住家后院，如果运气好的话，整个暑假都有蟋蟀做伴，聆听它们的鸣叫。这是一种人们难以割舍的深刻乐趣。但是，那些支持这种改变的议员们并不只是抛弃了传统，他们觉得自己所支持的，是传统所具有的种种可能性，根据这种积极寻求改变的观念，与蟋蟀之间的亲密关系是如此不合时宜，如此过时。总之，政府官员所顾虑的就只有蟋蟀本身，也就是活生生的蟋蟀，而且蟋蟀节是可以没有蟋蟀的：他们觉得此节庆可以在没有蟋蟀的情况下继续存在，为了蟋蟀被解放而庆祝，同时也庆祝这种做法背后所蕴含的启蒙思想。“借由解放蟋蟀，我们也抛弃了一种并未反映出现代判断力的过时做法，但卡斯钦公园原有的活动也不会因而有一丁点变化。”绿党成员，肩负环保职责的当地市议员文森佐·布利安尼（Vincenzo Bugliani）向全国媒体表示。他主张：“传统是会进化与改善的。”[18]《共和报》（*La Repubblica*）上一则新闻的标题大声宣告：“动物保护人士赢了。”

新版蟋蟀节于 2001 年春天的耶稣升天节问世，搭配着一系列高调的社会教育活动，鼓励学校的学生能够了解与尊重蟋蟀，向它们表达敬意。

过了整整五年后，我们再来到佛罗伦萨，离开寄宿的房屋，越过维奇奥桥，满怀期待地沿着阿诺河河畔走到卡斯钦公园，沿途兴致高昂，带着兴奋的心情迎接新的蟋蟀节。那是一个没有蟋蟀的蟋蟀节。河面波光粼粼，在托斯卡纳的蓝天底下，像水池一样平静无波。

2001年春天，作者再次来到佛罗伦萨参加新版蟋蟀节。

5

那天又热又湿。空气凝重无风。我们已经在公园里晃了几个小时。我们看不到蟋蟀，也听不见蟋蟀叫声。没有陶土蟋蟀、机械蟋蟀，就连活蟋蟀也没有。斯派塞笔下那种鲜艳的蟋蟀笼也不见踪影。我们来对了地方吗？日期有没有搞错？

一如预期，我们看到了许多摊贩。他们只是不卖蟋蟀而已。他们卖的是玩具、食物、衣服、腰带、帽子与家用品。摊头摆了很多假手表，但就是没有假蟋蟀。公园里大道上的两侧摆满了摊子。正中央有一个大摊子吸引了最多民众，贩卖的是许多关在笼子里的动物，它们看起来是如此悲伤，有猫狗、奇特的鸟类，没有任何野生动物、原生动物，或非法贩卖的动物。

我们又在那条路上来回走动，然后离开那里，用更有条理的方式把各个角落都走了一遍，以免遗漏了任何与蟋蟀有关的事物。我们碰巧走到了水仙花神喷泉（Fonte di Narciso），那里就是诗人雪莱创作《西风颂》（*Ode to the West Wind*）的地方（而且在其他作品中他也曾表示昆虫是他的“血亲”），接着还看到一个神秘的金字塔状巨大建筑物，后来才知道那是卡斯钦公园里著名的冰库之一。我们也发现了为了蟋蟀节而搭建起来的游乐园，还有佛罗伦萨大学农学院，它华丽的正面散发着浓浓的18世纪风味，小说家伊塔洛·卡尔维诺（Italo Calvino）曾经在那里读过书，后来才去参加地下反抗组织。我们还看到市场旁边的交通标志，上面写着“蟋蟀节举办中，禁止通行”；只有通过这些标志，才能显示出这里正在举办我们大老远来到佛罗伦萨参加的活动。

但是，一定不只这样而已。绝对是我们自己错过了。与此同时，我们俩也都联想到二十几年前某个雾蒙蒙午后的类似经验：当时我们站在蒙马特圣心大教堂（Basilica of Sacré Cœur）前面的露台上，眺望着令人感到舒适的一片灰扑扑的巴黎市街景，整整看了10分钟，却始终找不到埃菲尔铁塔，最后突然间好像拨云见日似的，巴黎市最有名的建筑物突然间现身，高高地矗立在我们俩视野的正中央，令人难以想象为何一直看不到它。就在那段回忆浮现之际，我们于无意间发现一件事：公园中间那些一尘不染的公厕的管理员来自巴西塞阿拉州福塔雷萨市（Fortaleza in Ceará），他非常健谈，很高兴有机会说葡萄牙语。他说，30年前他在来到佛罗伦萨之前，也曾经路过巴黎市；我们也发现，与当年看到埃菲尔铁塔的神奇经验毕竟不同，那天下午我们并不会看到突然出现在眼前的蟋蟀节。

所以，我们只看到了来自福塔雷萨市的艾迪纳多先生（Seu Edinaldo），他非常活泼，充满精力，只是带有异乡游子的淡淡哀愁。我不知道他跟妻子是否住在那栋建筑里面，不过他把室内空间变成了一个热带风格住家，那是你想象中最漂亮、最神奇的公厕，四周都挂着珠帘，墙壁一白如洗，墙上贴着各种从杂志上剪下来的鸟类与风景照片，地板擦得亮晶晶，光可鉴人。艾迪纳多先生的家人都住在里约与圣保罗，但是想回去已经太晚了。喔，那浓浓的乡愁与渴望，那逝去的一切。

那么，蟋蟀呢？他说，几年前政府修订法律禁止贩卖活蟋蟀。唉，此后真正的蟋蟀节就不复存在了。过去的蟋蟀节是多么特别的日子啊，曾经有数以万计的男女老幼民众为此而来，公园被挤得水泄不通。如今……他指着市场，还有那片没有多少人的草坪。他看出我们的失望，于是接着说：话说回来，如果我们够幸运，而且仔细寻找，就可以看到过去几年来摊贩在贩卖的机械蟋蟀。或许也会发现蟋蟀笼，不过他补了一句：他上次看到笼子已经是好久以前的事了。

所以，我们也真的再仔细找了一找，看到了一件上面印着蜜蜂的T恤，上了色的黏土瓢虫，以及一支镶着金刚钻（又或者是苏联钻）的蝴蝶别针，后来看到几个绿色与金色的笼子，本来以为是装蟋蟀的，却发现里面摆的是几只中国制造的塑料鸣禽，此外还有一张桌子上面摆着几个金发洋娃娃与一些“电子宠物”（tamagotchi），那些可爱的鸡

如今的蟋蟀节，孩子只能在草坪上玩着与蟋蟀无关的玩具。

蛋形电子宠物曾经于20世纪90年代末期风靡日本——在那当下，电子宠物非常完美地展现了它就像是《木偶奇遇记》中会说话的蟋蟀的转世化身，在那部科洛迪的经典里，它也曾经死而复活，只是作者对此没有多做解释。

为什么完美无比？因为，“电子宠物”的支持者都宣称，它可以促使年轻人学会照顾其他动物，学会如何认识自己以外其他生物的需要，也能早早亲身体验死亡，体验生活的不确定性，获得各种实际的知识，了解自己与其他动物的关系，还有人生的哀乐。能够在新的蟋蟀节看到这些“电子宠物”，实在是太凑巧了，因为支持“电子宠物”的那些言论当年也曾由蟋蟀的爱好者们说过，他们喜欢与蟋蟀一起生活，喜欢有蟋蟀做他们倾诉的对象，喜欢听蟋蟀唱歌，跟蟋蟀玩，喂食它们，也喜欢与蟋蟀共享房屋，即便它们的寿命只有短短一个夏天。他们用这些理

“电子宠物”和洋娃娃成为现如今蟋蟀节的主角。

由来反驳另一种蟋蟀爱好者，那些人决心解救蟋蟀，希望它们能够摆脱那种充满占有欲的爱，避免它们被关起来，失去了自由的天赋权利，那些人把自己视为无私的爱好者，他们的爱是纯粹的，不要求回报，如果有一首属于他们的主题曲，应该就是斯汀（Sting）唱的《如果你爱上某人就应让他自由》（*If You Love Somebody Set Them Free*）。

但那一场争论已经结束了，至少目前是这样。耶稣升天节当天的卡斯钦公园里再也没有蟋蟀出现，人与蟋蟀之间的亲近关系也已经消逝，我们也少了一种道德教育的素材，少了一种可以在未来怀念的东西。剩下的只有“电子宠物”，而它们无人问津。

1 Dorothy Gladys Spicer, *Festivals of Western Europe* (NY: H.W. Wilson, 1958), 97-8. 感谢加伯里艾勒·波波夫（Gabrielle Popoff）为这一章进行的细腻翻译工作与研究，也感谢里卡尔多·因诺琴蒂（Riccardo Innocenti）提供关于“蟋蟀节”的回忆。

2 Timothy Egan, “Exploring Tuscany’s Lost Corner,” New York Times, May 21, 2006.

3 Johann Wolfgang Goethe, *Italian Journey* [1786-1788], trans. W.H. Auden and Elizabeth Mayer (London: Penguin Books, 1962), 117.

4 Peter Dale, “The Voice of the Cicadas: Linguistic Uniqueness, Tsunoda Tadanobu’s Theory of the Japanese Brain and Some Classical Perspectives,” *Electronic Antiquity: Communicating the Classics* 1, no. 6 (1993).

5 Giacomo Leopardi, *Zibaldone dei pensieri*, vol. I, ed. Rolando Damiani (Milan: Arnoldo Mondadori Editore S.p.A, 1997), 189. 若想详细了解此思维与鸟类的关系，请参阅：David Rothenberg, *Why Birds Sing: A Journey Into the Mystery of Birdsong* (New York: Basic Books, 2006)，这本书 123—128 页里面关于生物学家华勒斯·克雷格（Wallace Craig）的讨论引人入胜，特别值得一看。真心感谢加伯里艾勒·波波夫帮我翻译了这一章里面大多数的意大利文，同时他也为我贡献了许多洞见。

6 我主要参考的是：Jack Zipes, “Introduction.” in Carlo Collodi, *Pinocchio*, trans. Mary Alice Murray (London: Penguin, 2002), ix-xviii.

7 Collodi, *Pinocchio*, 4.

8 Agostino Lapini, *Diario fiorentino dal 252 al 1596*, ed. Gius. Odoardo Corazzini (Florence: G.C. Sansoni, Editore, 1900), 217.

9 Frances Toor, *Festivals and Folkways of Italy* (New York: Crown Publishers, 1953), 245. 上海人养来对打的蟋蟀也一样，只有公蟋蟀会叫。

10 关于卡斯钦与“蟋蟀节”的简要背景介绍，请参阅：Alta Macadam, *Florence* (London: Somerset Books, 2005), 265；Cinzie Dugo, “*The Cricket Feast*,” available at http://www.florence-concierge.it; Riccardo Gatteschi, “La festa del grillo,” available at http://www.coopfirenze.it/info/art_2899.htm.

11 Feliciano Philipp, *Protection of Animals in Italy* (*Rome: National Fascist Organization for the Protection of Animals*, 1938), 5, 9, 8, 4.

12 Martin Heidegger, *What is Called Thinking*? trans. J. Glenn Gray (New York: HarperPerennial, 1976), 16.

13 Martin Heidegger, *The Fundamental Concepts of Metaphysics: World, Finitude, Solitude*, trans. William McNeill and Nicholas Walker (Bloomington: Indiana University Press, 1995), 177.

14 Karl Jacoby, "*Slaves by Nature? Domestic Animals and Human Slaves*," Slavery and Abolition 15 (1994): 89-99.

15 Philipp, *Protection of Animals*, 19.

16 转引自：Nicole Martinelli, "Italians Protest 'Beastly' Traditions After Palio Death," Aug. 17, 2004, available at http://zoomata.com/index.php/?p=1069.

17 还有，尽管争论各方有许多歧见，我想他们应该都不能接受哲学家伊恩·海金（Ian Hacking）的主张。海金说，如果要把"道德关怀的圈圈扩及"动物，前提是我们必须要跟动物一起承受疼痛与苦难（而不只是去同情它们的疼痛与苦难），还有就像海金说的，我们必须怀抱各种同理心，如此一来才能够"对动物的状态有所共鸣"——就像两根音叉那样，就算相隔一段距离，只要有一根振动，另一根也会跟着振动起来。请参阅：Hacking, "*On Sympathy*," 703。较具诗意的类似主张也出现在阿尔方索·林吉斯（Alphonso Lingis）的一些出色论文中，例如："The Rapture of the Deep," in Alphonso Lingis, *Excesses: Eros and Culture* (Albany: SUNY Press, 1983), 2-16, "Antarctic Summer," in Alphonso Lingis, *Abuses* (New York: Routledge, 1994), 91-101, and "Bestiality," in Alphonso Lingis, *Dangerous Emotions* (New York: Routledge, 2000), 25-39.

18 请通过以下网址参阅相关新闻报道：http://www.comune.firenze.it/servizi_pubblici/animali/grillo2001.htm.

Q

不足为奇的同性恋昆虫

The Quality of Queerness is Not Strange Enough

昆虫之间的同性性行为

1

看看下面这张照片。这张照片是1991年3月15日拍的，拍摄地点是位于巴西境内亚马孙河流域西南角的朗多尼亚州（Rondônia），拍摄者是乔治·克里泽克（George Krizek），一位来自佛罗里达的临床心理医师兼业余昆虫学家。照片左边是一只权蛱蝶属（Dynamine）的蝴蝶，右边则是一只隐翅虫（rove beetle）。[1]

当时，克里泽克医生本来在观察那只隐翅虫，蝴蝶就突然出现了。他的文章并未交代蝴蝶是雌是雄，总之它降落在左边的叶子上，伸出口器（proboscis），立刻就开始探索隐翅虫抬起来的屁股。

克里泽克医生赶紧掏出相机。等到他调好焦距，那看起来挺害羞的蝴蝶已经收回口器（也许它不想被拍到与其他昆虫这么亲密的画

克里泽克医生用镜头记录下权蛱蝶属的蝴蝶和隐翅虫的“亲密”画面。

面）。尽管如此，我们还是不难想象本来会出现什么画面——要是克里泽克医生的动作再快一点就好了。

2

克里泽克医生那天在朗多尼亚偶遇的到底是什么状况？天知道。但我们姑且将其当成两种跨物种生物偶然之间在那边“玩屁股”（实在抱歉，我想不出比较文雅的用词）。同时，就像克里泽克所认为的那样，我们也姑且认定那两种生物的行为并未暗含其他意图：也就是说，那只隐翅虫并非螳螂，并没有想要把蝴蝶引来当它下一餐的食物；同时蝴蝶也不是像蚂蚁那样，为了蚜虫的含糖肛门分泌物（即“蜜露”）而尾随在后。我们就姑且相信克里泽克医生的说法好了，把这两只小动物的行为当成无害的小动作，只是想要认识彼此，并且乐在其中。

克里泽克对于自己所见没有任何疑惑。他说，在那六七秒的亲密接触过程中，两只昆虫都很“平静”。（事实上，比他还平静。）根据所有迹象显示，它们的互动可说是你情我愿的。身为一个心理学的临床工作者，他以带着些许权威的口吻表示，如果此跨物种的“口交”关系发生在人类与另一种哺乳类动物身上，肯定会被立刻认定是某种“性倒错”（sexual paraphilia），换言之就是一种恋物癖。

但是，克里泽克补充了一点，因为国际间只会把精神病学的词汇套用在人类身上，所以必须为这种互动寻求另一个名词。他的建议是zoophilia。他一定知道 zoophilia，根据目前的定义就是所谓“嗜兽癖”

的活动，而且是动物爱好者用来取代 bestiality（兽性）的名词。这一张拍摄时间太晚的照片是否能为喜欢进行性探索的各种生物带来启发，借此促使他们开创出一个真正多元的美丽新世界？

3

在普鲁塔克（Plutarch，45—102）的名著《道德论丛》（*Moralia*）里面，《禽兽是理性的》（*Beasts Are Rational*）是风格最为活泼的篇章之一，作者于文中指出动物之间并无同性恋的现象（他还说，相较于此，“你们这种崇高、有能力的高贵人士”之间并不乏同性恋，“其他更低等的人就不用说了”），以此为铁证，想要说明的是动物的德行高于人类。[2] 自普氏以后，研究人员似乎就开始不太容易找出存在于动物界的同性性行为（包括公的与公的，母的与母的，甚至杂交）。即便如此，如今我们所看到的证据实在是多到令人无法忽视。就像脑神经科学家保罗·瓦西（Paul Vasey）在一篇文章中所说的，“动物界中的同性性关系越来越多，这让我们难以将其视为一种例外，一种癖好，或是一种病态”。[3]

倭黑猩猩（bonobo）的性行为模式深具弹性，这是广为人知的例子，但并非绝无仅有。根据以往的文献记录，许许多多的物种都有各种多样化的性行为模式，从鹅（公鹅之间的伴侣关系）到海豚（自慰与相互抚慰，口交，还有“拥吻”），从蜥蜴（偷窥狂与自我展示）到北美野牛（公牛之间的伴侣关系，还有母牛之间的伴侣关系）皆

海狮之间的同性性行为。

然，案例众多。最早在1909年，意大利昆虫学家安东尼奥·博勒斯（Antonio Berlese）就曾留下记录，表示在许多他所谓具有“同性变态”的昆虫里面，家蚕（学名为Bombyx mori）只是一个例子而已。[4]

在过去，曾有很长一段时间，只要偶遇一些怪象（无论是同性性行为或其他行为），动物学家就会想办法将其解释为例外，根本不想正视它们。一开始，他们认为那都是因为被人类喂养，或被禁锢在实验室笼子里才会出现的堕落效应，与人类监狱里的同性性行为相仿。后来，他们发现许多动物即便有异性可以选择，还是“天生”就会选择同性伴侣。动物科学家们认为，这些动物若非行为偏差，就是搞错了。他们就是不懂那些动物其实就是在和同性伴侣调情。

从进化的角度来看，同性性行为与其他不具繁殖效果的行为是否有意义？尽管那些行为显然违背了“一切都是为了繁殖”的进化铁律，但是到了20世纪70年代，越来越多生物学家认为上述问题的答案是肯定的。许多研究人员（特别是受到社会生物学与进化心理学影响的人）并未否定那些行为的进化论意义，反而开始试图在“物竞天择”的理论框架里为那些表面上看来异常的行为寻求解释之道。他们的推论是，如果动物的同性性行为的确存在，那肯定跟其他所有行为一样，也具有适应功能。例如，上述蝴蝶与隐翅虫“玩屁股”的案例，在他们看来，就是一种可以被当成“社会性的性行为”（socio-sexual behavior）的非繁殖性同性互动，是一种具有社会功能的行为，只是采用性行为的形式进行。

然而，生物学家即便还没开始观察那些行为，即便还不了解那些行为的本质，还没有将其记录下来，他们就已经认定自己知道那些行为的目的为何。他们主张，同性性行为跟所有行为一样，其功能都是要让参与者得以“强化适应性，这是一种社会目标或者繁殖策略”。[5]用此方式来了解那种现象，就好像在玩字谜游戏时，题目还没出来，答案却已经出来了一样——唯一与字谜不同之处在于，任谁都无法保证答案与问题能够借由同样的规则联系起来（唯一的保证，就只有研究者深信进化论）。如果采用更正统的程序来进行分析，难道理论不会因为新数据的出现而需要改变吗？

毫不令人意外的是，如果想用这种先把答案预设好的方式来解释，有时还真曲折得令人痛苦。成熟雄性果蝇之间的性行为普遍地被解释为一种训练或练习，借此为未来的异性性关系探险铺路。[6]比较弱的雄性隐翅虫之所以出现“女性化”的行为（也就是会做出采集粪便或者与雄性性交等只有雌虫才会做的事，借此躲避那些体形较大，较具攻击性的雄性隐翅虫），是为了能获得一些如果它们不这么做就无法取得的食物，或无法接近的雌虫。[7] 雄性潜水蝽（creeping water bug）只要遇到自己的同类，无论雌雄，都会展开追求的行动，跳到对方身上，而这种双性恋“杂交”行为是有道理的，因为“与其他雄性潜水蝽交媾尽管会多花时间与精力，但这种不放弃对任何潜在伴侣射精的行为的确会带来好处，对它们来讲还是较为划算”。[8] 雄性日本丽金龟（popillia japonica）同时具有“一夫多妻”与同性恋的倾向，与雌性在交尾后之所以会拥抱对方两小时之久，是因为它们坚决保护自己的“基因投资”，以免雌性日本丽金龟在产卵之前又被其他雄性射精怀孕。而从另一方面来讲，日本丽金龟无论雌雄其实都有与同性进行性行为的习性，这可以说是“个别日本丽金龟在被激发出性欲之后产生的误导行为”。[9] 就那些会钻进葡萄的象鼻虫而言，雌性往往具有双性恋倾向，而且雌性之间性交的频率是雄性象鼻虫之间性交频率的三倍。没有人知道原因何在，但研究人员深信很快就能揭开这种行为的“生物功能”为何。[10]

一大堆功能，如果完全无乐趣，那么性行为的乐趣就荡然无存了。你们应该也猜到我的看法了：尽管没有科学根据，但我直觉地怀疑，如果长久以来大家都认为昆虫之间欠缺有乐趣的性行为，那也许就是因为，除了乔治·克里泽克之外，根本没有人刻意去寻找并研究那种行为。

原因在于，研究昆虫以外其他动物的生物学家事实上都认为，进行性行为（无论是否具有繁殖成效）的目的通常都只是为了乐趣而已。而且，无可避免地他们也会很快就试着从功能的角度去看待乐趣。许多生物学家说，充满乐趣的性行为是一种社会润滑剂。性行为带来愉悦与情感，借此化解团体内部的紧张关系。性行为是一种和解的工具。性行为是培养亲密感的要素之一，那种亲密感可以加强社会关联性。[11]人类之间的性关系是否也有同样的功能？我们当然可以主张这问题的答案是肯定的，谁知道呢？搞不好的确就是这样。但即便如此，光是从乐趣的功能性角度去了解，恐怕也无法提供太多解释，因为性行为可说是关于生物的最复杂故事之一，我们恐怕只能沾到这个故事的一点边儿而已。

4

同性动物之间的性行为总是具有进化的功能吗？这一点看似如此明白，无须多说，但难道动物就不能跟人类一样“为性而性”吗？

至少就某些物种而言，答案是很清楚的。例如，保罗·瓦西就认为，他所研究的那些雌性日本猕猴之所以有性关系，只是因为“相互之间具有性吸引力”。[12]瓦西和他的同事们通过多年观察发现，它们会用尾巴拍打自己，并且磨蹭彼此的阴蒂。瓦西认为，这种雌性之间的性游戏并不具任何适应功能。他说，那应该是异性性行为的副产品，如今已成为母猴之间愉悦且活跃的行为模式了。

瓦西主张，光凭乐趣与欲望应该就足以解释这一类同性性行为，而且瓦西与其他人还为此援引了进化生物学家史蒂芬·古尔德于将近30年前推出的著作。在那一系列兼具开创性与争议性的论文中，古尔德主张美国的进化论界过度强调适应功能。他指出很多生物特征并非直接选择而形成，而是其他适应功能的副产品，没有功能可言[这些特色就是他所谓的“生物性拱肩现象”（biological spandrels）]。[13]从进化的角度来看，这些特色往往无优劣可言，对于具有这些特色的生物不会造成劣势，所以这些特色不会因为进化的压力而被淘汰。雌性日本猕猴的同性恋就是一个例子。瓦西猜测，这种行为的起因是，为了引诱那些冷淡的公猴与它们交媾，它们爬到公猴身上去。结果，母猴喜欢上摩擦公猴身体的那种快感，当然也会马上发现可以与其他母猴做那件事。原初的异性性行为具有进化功能，但同性性行为只是一种享乐。

没有人知道瓦西对于这些同性恋猕猴的看法是否正确。但至少他说了一个好故事：他并未主张那些猕猴是搞不清性别才会那么做，他的故事有趣多了。

5

我们也需要更好的故事来解释昆虫为何会有同性性行为。昆虫学家们，赶快开始写故事吧！自从笛卡尔以后，几百年来科学已经习惯于利用机械式的理论模式来进行解释，真是令人感到挫折。我们必须重新找回乐趣与欲望。即便是那种仿佛螳螂于暗处捕虫，既复杂又倒错的乐趣与欲望也好。事实上，我们特别需要的就是那种乐趣与欲望。

我们需要找出更多的昆虫同性恋现象！别忘了蜜蜂。我们原来以为雌性蜜蜂都过着无性生活。但实际上它们在黑暗的蜂巢里一起吸吮。抚触拥抱，磨蹭扭动。那湿湿黏黏的世界里充满强烈的亲密性。

谁知道乔治·克里泽克那天在朗多尼亚撞见了什么？如果就把那想成是一场跨物种的“玩屁股游戏”，不也挺有趣的吗？这小小的动作让两只小动物感到享受，感到愉悦。但如果不是，也无所谓。那种事还是有可能会发生。如果不是在那当下，也会在其他时刻发生。许许多多的可能性都是存在的。我们该要留心，谁知道我们会发现什么？谁知道我们会有什么收获？谁知道新发现能为这个世界带来多少趣味？

1 George O. Krizek, "Unusual Interaction Between a Butterfly and a Beetle: 'Sexual Paraphilia' in Insects?" *Tropical Lepidoptera* vol. 3, no. 2 (1992): 118.

2 Plutarch, *Moralia* vol. XII, trans. Harold Cherniss and William C Helmbold, Loeb Classical Library 406 (Cambridge: Harvard University Press, 1957), 12.989, 519-20.

3 Paul L. Vasey, "Homosexual Behavior in Animals: Topics, Hypotheses and Research Trajectories," in Volker Sommer and Paul L. Vasey, eds., *Homosexual Behavior in Animals: A Evolutionary Perspective* (Cambridge: Cambridge University Press, 2006), 5. 关于这一段文字，我所参考的主要就是瓦西这一篇有用的论文。另外也可以参阅一本充满热情的专著：Bruce Bagemihl, *Biolog ical Exuberance: Animal Homosexuality and Natural Diversity* (New York: St. Martin's Press, 1999). 作者巴杰米尔对于"性行为"采取了一种非常宽松的方式去定义（因此也是充满争议的方式），如此一来让他得以把许多本来不会被当作性行为的社会互动行为纳进他的讨论范围。但是他非常有效地证明了他的主要论点：基于各种理由，动物之间无关繁殖的性行为比许多科学家所设想的还要多元而广泛。也可以参阅：Joan Roughgarden, *Evolution's Rainbow: Diversity, Gender, and Sexuality in Animals and People* (Berkeley: University of California Press, 2004)；另一本可参考的论文集是：Sommer and Vasey, *Homosexual Behavior in Animals*.

4 Antonio Berlese, *Gli insetti: loro organizzazione, sciluppo, abitudini e rapporti coll' uomo*, vol. 2 (Milan: Societa Editrice Libraria, 1912-25)；转引自：Edward M. Barrows and Gordon Gordh, "*Sexual Behavior in the Japanese Beetle, Popillia japonica, and Comparative Notes on Sexual Behavior of Other Scarabs* (*Coleoptera: Scarabaeidae*)," *Behavioral Biology* vol. 34 (1978): 341-54.

5 Vasey, "Homosexual Behavior in Animals," 20.

6 Scott P. McRobert and Laurie Tompkins, "Tow Consequences of Homosexual Courtship Performed by Drosophila melanogaster and Drosophila affinis Males," *Evolution* vol. 42, no. 5 (1988): 1093-1097.

7 Adrian Forsyth and John Alcock, "Female Mimicry and Resource Defense Polygyny by Males of a Tropical Rove Beetle, (Coleoptera: Staphylinidae)," *Behavioral Ecology and Sociobiology* vol. 26 (1990):325 330.

8 George D. Constanz, "*The Mating Behavior of a Creeping Water Bug, Ambrysus occidentalis (Hemiptera: Naucoridae)*," *American Midland Naturalist*, vol. 92, no. 1 (1974) 234-239, 237.

9 Barrows and Gordh, "*Sexual Behavior in the Japanese Beetle, Popillia japonica*," 351.

10 Kikuo Iwabuchi, "*Mating Behavior of Xylotrechus pyrrhoderus Bates (Coleoptera: Cerambycidae) V. Female Mounting Behavior*," *Journal of Ethology* vol. 5 (1987): 131-136.

11 请参阅: Vasey, "*Homosexual Behavior in Animals*," 20-31.

12 Paul L. Vasey, "*The Pursuit of Pleasure: An Evolutionary History of Female Homosexual Behavior in Japanese Macaques*," in Sommer and Vasey, *Homosexual Behavior in Animals*, 215.

13 请参阅: Stephen Jay Gould and Richard Lewontin, "*The Spandrels of San Marco and the Panglossian Paradigm: A Critique of the Adaptationist Program*," *Proceedings of the Royal Society of London B*, vol. 205 (1979): 581-598. 上述文章的两位作者用以下这段话反击那种"过度强调适应功能"的理论：我们之所以质疑那种强调适应功能的论调，是因为它只能指出目前的使用状况，但无法解释为什么会出现那种状况……因为除了强调适应功能的故事之外，它都不愿考虑其他可能性；因为它只靠表面上看来的真实性就接受了那些以猜测为根据的故事，也因为它没办法适切地思考……相互竞争的主题。也可以参阅: Stephen Jay Gould, "*Exaptation: A Crucial Tool for Evolutionary Psychology*," *Journal of Social Issues*, vol. 47, no. 3 (1991): 43-65；Stephen Jay Gould, "*The Exaptive Excellence of Spandrels as a Term and Prototype*," *Proceedings of the National Academy of Sciences*, vol. 94 (1997): 10750-10755.

R

沉浸在幻想中

The Deepest of Reveries

箕面公园的自然音景

位于日本的箕面是一个以温泉闻名的小镇，位于人口稠密的关西平原尾端，过了箕面之后四周就是一片郁郁葱葱的群山。如果你搭乘阪急电车，在箕面车站下车，沿着狭窄蜿蜒的小路往上走，途经林立两旁的小店（店中卖的东西包括腌萝卜、海藻茶、充气的动物玩偶、手工陶器，还有这个秋天赏枫胜地的名产——枫叶捣碎后油炸而成的天妇罗，除此之外也包括其他商品，往往能吸引众多游客从大阪来这里度假，年纪较大、注重健康、喜爱大自然的游客，或是带着小孩的年轻夫妻），如果你抗拒得了搭乘 20 层楼高电梯的诱惑，不在乎自己不能马上抵达山坡上那座已经有点失色，但仍然深具吸引力的温泉山

只有徒步才会看到的箕面公园的美丽景象。

庄，你可以选择踏上小河边那条越来越窄的路，沿途欣赏着清澈的河水，以及在河床上动来动去的几只小鱼。就这样在湿热的暑气中一直慢慢走，就会经过一座漂亮的，并且挂着许多红色节日灯笼的开放式凉亭，还有优美的木造拱桥，那么很快地，你即将经过一个山脚下的弯曲路段，看见河边有一块小小的空地，有人在那边摆了三张木凳，可能是因为那个人关爱这个地方的一切，想让路过的人都有机会远眺对面河岸上那一片高高拔起而且林木茂盛的山坡。

我们驻足河边，喝了一点水，拿出甜甜的枫叶天妇罗来吃，一语不发，很快地就沉浸在幻想中，沉浸在那些四处回响的声音中，被夏蝉的叫声包围，它们的叫声惊人，仿佛一支夏季的交响乐团。旁边木凳上坐着一个男人，他脱下鞋子，把双脚跷在栏杆上，闭目养神。我们就这样沉浸在忽大忽小、忽快忽慢而且音符如此清楚的蝉叫声中（或许蝉叫声根本没有音符，只是我们穿凿附会的想象），过程中有些音乐行家独唱了起来（我想不出其他的形容方式），有一只猴子发出尖叫声，有个孩子在我们身后奔跑大笑，还有小河流经河中巨岩的地方也不断发出潺潺水声，旋律与音调如此浓密。“你带着录音机吗？”莎朗低声对我说。于是我掏出访谈用的数码录音机，摆在栏杆上端。到如今，如果我们幻想着自己重回那个地方，只需把那段声音播放出来，那些树、那条河、那些动物与那个人就会历历在目。那是日本大阪府所属箕面公园的音景（soundscape），采集自一个暑气氤氲的夏日午后，而那一天是 2005 年 8 月 1 日。

2005 年 *8* 月 *1* 日的夏日午后，作者一行人用录音机采集箕面公园的音景。

S

性

Sex

人类的性癖好和昆虫

1

根据英国媒体报道，1997年9月，育有两个孩子的44岁工人基思·图古德（Keith Toogood）在家遭到海关官员逮捕，因为他们在伦敦邮局信件分类室截获一个可疑包裹。11个月后，图古德先生现身特尔福德镇裁判法院（Telford Magistrates Court），认了一项“进口猥亵物品”的罪，法官判他缴纳2000英镑罚款外加诉讼费用。海关发言人比尔·奥莱利（Bill O’Leary）表示，几位已任职25年的官员“曾以为自己见多识广，但这案子让他们大开眼界”。他说，那些影片“可怕得无法言喻”。西米德兰兹郡防止虐待动物皇家协会（West Midlands Royal Society for the Prevention of Cruelty to Animals）的迈克·哈特利（Mike Hartley）也同意此看法。他向《苏格兰日报》（*The Scotsman*）的某位记者表示，“那些所谓的‘影片’真是恶心且邪恶到了极点”。[1]

2

4年前，图古德被逮捕，谁也不知道接下来会有什么事发生。当时杰夫·韦伦西亚（Jeff Vilencia）正在母亲家里的车库制作电影，该地位于洛杉矶南边郊区的雷克伍德镇（Lakewood）。他拍的一部短片意外获得艺术电影般的评价，令他喜不自胜：一部叫作《踩烂》（*Squish*），拍的是一个女人不断踩烂葡萄的画面；至于《踩爆》（*Smush*），内容是另一个女人用各种不同方式将一堆蚯蚓踩个稀烂。在播出上述两部影片的许多电影节里面，不乏颇有名望者，而且杰夫看起来像是个冲浪高手，笑容可掬，衣着品位出众，事实证明他是个吸引人的受访者，充满魅力、口齿清晰，而且因为坦率所以让人没有戒心。一位福斯电视台（Fox）日间脱口秀节目主持人在访问他时还搞不清楚他想做什么，但他仍然耐心地解释，“所谓‘踩烂癖’，就是希望自己能够变得跟昆虫一样小，像虫豸那样，然后被女人的脚用力踩烂。”

某位现场观众想知道他有这种想法已经多久了，他说，如果要当一个怪人，就要有属于自己的怪癖。他看来如此镇定而轻松，尽情享受着各方的不同评价。——什么叫作“羞辱感”？杰夫并未借机向现场与电视机前观众好好解释这个问题。——他写的《实录》是一本生

杰夫参加福斯电视台日间脱口秀节目采访。

气勃勃的书，每一页都充满了许多信息与意见：包括关于踩烂癖的详尽讨论（包括那种怪癖的历史、乐趣与各种不同种类），也转载了专访杰夫的长文（接受专访时，杰夫曾针对他的短片表示，“我们都是有生命的，生命源自于性欲或性行为，而最后的死亡则是一种令人充满挫折，令人忧郁的未知境域。然而，偶尔在某种性高潮的意象中，生与死会互相撞击在一起……”），而杰夫在那杂志刊登出他受访的专文之后，收到许多信件，他的书除了收录那些信件，还列了一篇他根据收到的信件而撰写的人口分布研究。书里面有许许多多措辞肯定可以让那些有踩烂癖的人感到兴奋不已，此外还有一个书评的单元，评价从一星（给的评语是：“不怎么样……”）到五星（“太牛了！这作者自己显然就有踩烂癖，想通过这本书表达出来”）都有，以及一篇专访J小姐的长文，也就是在影片中频频踩烂虫子那位女士。书里面还把当初征求演员的通知以及许多回复函刊登出来，其中一位演员在信中写道：“我是个模特儿兼广告片女演员，过去曾有戏剧演出经验。我就是你们要找的人了，因为我有一双大脚！随函附上我个人的模特儿经历，仔细看看我的脚有多大……”，除此之外还有很多东西。上述种种有些充满嬉闹意味，有些滑稽可笑，有些稍显可怕，有些带着一点哀愁，但全都反映出他那种忠于自我而且赤裸裸的书写风格。此外在书中俯拾可见的，是杰夫的许多踩烂癖幻想以及他个人的故事与记忆，全都是由他所谓“踩烂癖的三大叙事要素”组成的：权力、性暴力与性癖好。

能够从杰夫文字中获得共鸣的人，也许只有那些完全融入他所叙述的故事，能了解他的诉求的读者。也许用另一种方式来书写的话，更能好好评估这种让死亡、性与屈从等三大要素相互冲撞的性高潮经验。又或者我们可以说这个问题是没有意义的，因为这些故事只具功能性，不具教育性。但是杰夫的艺术电影《踩烂》与《踩爆》的确可以为各种观众创造某种体验，不仅仅是那些有踩烂癖的人能获得共鸣。也许这能让我们了解纸媒与电影不同媒介之间的差异，他们引发不同的注意力模式。又或者我们可以说这种特定的电影被拍得如此压缩与精简，把最纯粹的观念浓缩到片子里，因此那观念看来如此无情而毫不含糊。

他拍的艺术短片分别只有 5 分钟与 8 分钟，是颜色呈现出高反差效果的黑白片。对于杰夫·韦伦西亚而言，他的电影、书籍，还有在电视上的曝光，都是为了颂扬并且主张他有权利实现人生的各种可能性。“我喜欢自己，也喜欢我的癖好，而且如果我有选择的机会，我还是会挑选这种癖好！

3

前不久，我跟杰夫约好在某个晴朗午后见面，地点是洛杉矶郊区的一家星巴克咖啡店，据他表示，基思·图古德被捕只是个开始。[2] 英国动物保护团体向位于华盛顿特区的美国人道协会（Humane Society）陈情。接着该协会要求文图拉县（Ventura County）的地检署针对他们管辖下的制片公司采取行动，该公司名称就叫作“踩烂它”（Steponit）。跟英国海关官员的反应一样，影片内容也让洛杉矶警方觉得很恶心，但他们无法立案起诉该公司，理由是看不出影片演员是谁，镜头只带到他们的大腿以下；此外，“踩烂它”制片公司已经停业；而且，该地检署认定动物保护法规是最有可能将该公司定罪的法律依据，但因为加利福尼亚州的动物保护法有法律追诉期，他们无法确认影片是不是在 3 年内制作的。

企图起诉受挫后，执法部门展开卧底行动。1999 年 1 月，温杜拉郡地检署的调查员苏珊 · 克里德（Susan Creede）以“米妮”的化名加入一个叫作“重踩中心”（Crushcentral）的网络论坛，与当地人盖瑞 · 托马森（Gary Thomason）取得联系，他制作与发行的影片就是以踩烂小动物为内容。他们俩很快就开始上网聊天，“米妮”向托马森表示她有一双 10 号尺寸的大脚，而且更重要的是，她很想主演影片。“米妮”引发他的兴趣，他们俩在 2 月初碰面。3 周后，“米妮”与她的朋友“露普”[长滩市警官玛丽亚 · 门德斯 - 洛佩兹（Maria Mendez-Lopez）的化名] 依约前往托马森的公寓，并将他抓获。

4

米歇尔是杰夫电影的女主角之一。米歇尔告诉杰夫，说她为了准备拍片而细读了两集《美国踩烂癖实录》。杰夫说，他们在拍片时未曾预演过。

我知道她的这个想法是从哪里来的。我也读过她读的那些书，她看的那些电影，而且我猜我自己也曾跟杰夫 · 韦伦西亚聊过同样的话题。这似乎是一种很直接的想法：所谓“把自己想象成小虫”，其实是一种委婉而简单的说法，意思就是他们在入迷与混乱的当下，对小虫产生强烈的认同感。但若是精确说来，杰夫与其他踩烂癖怪人所认同的，到底是什么？

首先，我所想到的，是某种“蜕变”（becoming），某种跨物种的合并，合并成一种新的“虫—人 / 人—虫”状态，一种因为狂喜的情绪而诱发，再加上充满细节的幻想才得以进入的状态。在我的想象中，进入此状态的人暂时变成一种“虫—人”，他们自认无论从心理或生理的角度而言，他们都进入了昆虫的生命世界。我喜欢这种观念，因为这促使我们有可能挣脱身为人类的种种局限，而不再像过往我们所熟悉的那样，都是为了追求人性的完美与表现而挣扎。这种人虫混杂的状态给人一种不寻常的、搞砸了似的乌托邦感觉。

不过，并非只有踩烂癖需要明白这一点。我们很快就会明白，每个人都需要一个解释来龙去脉的前传（origin story），无论你是在福斯电视台，在地检署，在人道协会，或是在众议院司法委员会工作，都一样。为什么一定要阐明某种因果关系？为了要确保同样的状况不会再发生吗？为了发展出一种疗愈的方式吗？为了要废除什么，证明什么吗？为了要进行病理分析，或把什么给正常化吗？还是把什么宣告成一种罪行吗？无论采用上述哪一种解释方式，大家的共识是认为这种踩烂癖是一种病征，反映出某个地方出了错。唯一没有人觉得需要被解释的，是这种一切都需要一个解释的强迫症。

如同我们大多数人一样，杰夫也是极度前后不一、自我矛盾的。

不过跟我们不同的地方在于，他常会讲一些非常适合引述的话。“人生来到了这个时刻，”他在《美国踩烂癖实录》里写道，“让我比较感兴趣的是事物本身，而不是事物的本源。”[3] 也许你还没感觉到，但杰夫感觉到了。

5

在那一本令人获得许多启示，而且风格大胆的图文书《爱欲之泪》（*The Tears of Eros*）里面，乔治·巴塔耶（Georges Bataille）以一种深具乌托邦宣言的口吻在书的一开头就宣称：“最后，我们终于开始发现，情欲与道德之间的任何关联性必然都是荒谬的。”稍后他又说，“因为有道德的存在，行动的价值才会变成取决于行动的后果。”[4]

1999 年夏天，加利福尼亚州州政府控告托马森一案开庭了，杰夫·韦伦西亚这位唯一曾经上过电视的美国踩烂癖怪人又成为聚光灯下的焦点。但这次，一切都不同了。并不是只有倒霉鬼盖瑞·托马森登上新闻版面。位于纽约长岛市郊区的伊斯利普台地镇（Islip Terrace）也有一群踩烂癖把纽约警方搞得忙碌不已。根据前女友提供的线报，警方突袭 27 岁的托马斯·卡普里欧拉（Thomas Capriola），在他的卧室中找到让警方感到发指的 71 部踩烂癖影片——他们在萨福克郡（Suffolk County）的法庭上宣称，那些影片都是卡普里欧拉通过他所架设的“踩烂癖女神”（Crush Goddess）网站贩卖的。[5]

温杜拉郡地检署检察长迈克尔·布拉德伯里（Michael Bradbury）与

桃乐茜·黛动物保护联盟（Doris Day Animal League）一起召开记者会，希望让 1887 号众议院决议案（House Resolution 1887）能够尽快通过。而希望 1887 号众议院决议案赶快通过的人士认为，踩烂癖是一种“入门恋物癖”。他们认为，这种行为就像吸了大麻的人最后肯定会吸食古柯碱，有踩烂癖的人一开始也许会选择葡萄与蠕虫这种看来没有伤害的东西，但逐渐地他们会对“造物主”创造生命阶层中的高层生物产生兴趣。为了强调这一点，他手下某位副检察长还出面作证，宣称自己曾在影片中看到有人把洋娃娃踩在脚底。童星起家的 78 岁老演员米基·鲁尼（Mickey Rooney）大声疾呼，恳求大家“挺身阻止踩烂癖影片的泛滥，好吗？我们要留什么给后代子孙？难道就是这些踩烂癖影片吗？天理不容啊！”[6]

演员米基·鲁尼呼吁大众反对踩烂癖电影。

法案送进国会后，杰夫成为所有媒体的关注对象。几周内他接到了电台节目、杂志与报社的各种邀约。也许是因为怀抱着特别具有美国特色的理想主义与表现欲，也渴望成为名人，他并未理会律师朋友的建议。又或许是因为生性天真，总之他来者不拒。（他说，“我想那实在是太不公平了，因为我们根本没有做错任何事……”）不过，至少一开始他还懂得为自己找一些托词。在接受访问时，他声称他早已不再制作那种影片了，因为他要等到所有法律问题都解决了再说。他还说他自己在片中使用的都是一些“有害的动物”（尤其是昆虫），截然不同于布拉德伯里、加莱格利与鲁尼他们特别关心的哺乳类动物。他说，他不相信真的有人拍摄了家里的哺乳类动物被踩烂的影片，但如果真的有那种影片，他也不会有兴趣。刚开始我认为他所进行的上述那种区别只是一种规避法律责任的手法，目的在自保。但是到后来我才了解，这种区别对他的恋物癖有根本的重要性。当然，他坚称自己对于踩烂家里的宠物并没有兴趣。他告诉美联社，即便是啮齿类动物，看起来都“太毛茸茸，动物的模样太鲜明”。[7]

此刻杰夫所主张的，还是他于 1993 年参加各个脱口秀节目时的那一番说词。包括温杜拉郡地检署副检察长汤姆·康纳斯在内，这些人宣称，重点不是在于杀害动物这件事，而是杀害的方法，而杰夫的发言就是以这些人为抨击对象。在杰夫看来，杀害动物这件事才是真正有问题，跟方法无关。他的批判很有系统。（“你听我说，”他曾告诉我，“有 75% 的美国人都严重肥胖，而你不会以为他们之所以那么胖，是光靠吃一些蔬菜就能办到吧？”）大量杀害动物是资本主义的特色。

他主张，这么多人跳出来反对踩烂癖影片，但却恰恰反映出社会的伪善：对于每天都有各种各样的大量动物被宰杀，大家都视而不见，但是等到有一小群人为了乐趣杀害昆虫，所有人都感到惊恐绝望。原来，杰夫竟然是一位连奶、蛋、蜂蜜都不吃的全素食主义者，也是位动物权益的捍卫者。

加莱格利的法案在国会轻松过关，到了参议院更是获得全体参议员鼓掌喝彩。尽管如此，许多人对于该法案是否与《美国宪法》第一条修正案相互抵触，仍有很大疑虑。这是一部把影音内容予以入罪的法案（所谓内容，是指“对于残杀动物行为的描写”），所以在正式送进众议院院会审查以前，在该院司法委员会所属犯罪活动小组委员会（Subcommittee on Crime）初审时曾经进行过大幅修正，增加了一个例外的条文，因此“若具有严肃的宗教、政治、科学、教育、新闻、历史或艺术价值”，就不在法案规范之列。[8]

尽管如此，以弗吉尼亚州参议员罗伯特·斯科特（Robert Scott）为首的一些国会议员仍提出强烈主张，他们认为法案所规范的范围还是太广泛（斯科特表示，“动物踩烂片的重点是通过描绘那些行为来传达信息，而不是为了动作本身”），而且他们认为这法案无法通过所谓“急迫重大之政府利益”（compelling government interest）的考验（当初美国最高法院在1988年讨论一些关于《美国宪法》第一条修正案的案例时，就确立了此原则，唯有通过此考验才没有违宪之忧）。最高法院的立场是非常明确的：即便有许多动物保护人士抗议，该院还是推翻了佛罗里达州海厄利亚（Hialeah）所发出的禁止令，桑泰里亚教派

(Santería)的鲁库米·巴巴鲁·阿耶(Lukumi Babalu Aye)教会保有用动物献祭的自由，因此就法律的观点看来，动物的福利并未高于言论自由，不足以用来限缩《美国宪法》第一条修正案的规定。[9]

如果是这样，在那些踩烂癖影片里，有什么东西能足以通过所谓"急迫重大之政府利益"的考验？不断有众议员挺身支持加莱格利的法案，他们主张，对动物施暴与对人类施暴是有关联的。他们诉诸婚姻暴力、对长者施暴、孩童受虐问题，甚至学校枪击案，认为这些都与虐待动物有关。亚拉巴马州众议员史宾塞·巴克斯(Spencer Bachus)的一番言论可说是以最清楚的方式简述了此动物保护法案的逻辑：他向众议院议长表示，"这事关儿童，不是关于昆虫。"[10]

但是，让这件事成为新闻报道题材的，是那些已经成为名人的连续杀人狂。泰德·邦迪(Ted Bundy)、杰夫瑞·达莫(Jeffrey Dahmer)、绰号"大学炸弹客"的泰德·卡克辛斯基(Ted "The Unabomber" Kaczynski)与绰号"山姆之子"的大卫·伯克维兹(David "Son of Sam" Berkowitz)有何共通之处？加莱格利的答案是："他们都曾折磨或残杀过动物，后来才开始杀人"。[11]

这种论证简易的说法，很容易被人采用。毕竟，化名"米妮"的卧底调查员苏珊·克里德曾经受邀到犯罪活动小组委员会去作证，因此许多政治人物都已听过她对于踩烂癖心态的说明。因为曾经在"重踩中心"网络论坛卧底过一年，所以她是以专家证人的身份去作证的。

我们走了好长的一段路才来到这里。一条充斥着各种解释的道路。对于苏珊·克里德调查员来讲，解释是很单纯的。在司法委员会作证时，她的任务只是要塑造出一个可以接受法律制裁的对象。我们不妨把她当成一位负责说明尸体情况的法医。但对于杰夫·韦伦西亚而言，情况复杂许多。他之所以和苏珊·克里德采用相同的论述方式来进行解释，并非只是为了要满足当下的各种需求。我们第一次见面，进行访谈时，他拿给我许多DVD、录像带、书籍、录音带与并未出版的文字作品，还有剪报资料，其中有一件令人意想不到的东西。那是他写的一篇文章，篇幅长达3页，题名为:《恋物癖/性倒错/变态》。那篇文章一开始以提纲挈领的方式写道:“所谓变态，是指正常的性快感模式出现了异常或者重要的变化。其中一种变化形式就是恋物癖，踩烂癖是其中一个例子。”接着他继续列出用来解释恋物癖是如何形成的7种理论（包括催产素理论、性别错乱理论、无法与女性接触的理论等等），文章还有一个附录，其内容讨论了恋物癖形成过程的17个可能阶段，这可以说是所谓“修正调节理论”（Modified Conditioning Theory）的重点（杰夫与苏珊·克里德在向加莱格利众议员解释踩烂癖如何形成时，采用的就都是这种理论。）

6

1999年12月9日，1887号众议院决议案通过，但该法只能用来规范那些恶意虐待动物的行为。无论1887号众议院决议案最后的命运如何，对于杰夫·韦伦西亚而言，在1999年秋天那炎热无比的几个星期过后，他再也回不到从前了。杰夫说，广播与电视节目把他的访谈内容随意剪辑，借此将他塑造成一个怪物，事后他把完整的访谈内容播放出来，但是他的家人却都只相信那些经过剪辑的版本。他还说他的侄女带着他母亲去浏览各种以踩烂癖影片为特色，或者猛烈抨击他的网站。“我失去了朋友，兄弟姐妹……我的意思是，这真是可怕的折磨。我几乎被社会孤立。我是说，我没有朋友，没有人想跟我讲话，你知道，我只是觉得……你知道……”他的声音越来越小。他说他已经完全不再制作那种影片了。“我已经到了放弃人生的地步了。”他向我表示，事后他根本找不到工作，因为近年来雇主都会用谷歌搜索引擎来调查求职者。

7

在 1887 号决议案引发争议之际，加莱格利也曾在院会上澄清一个重点：“本案与小虫、昆虫与蟑螂等类似的东西无关，”他向同僚们表示，“本案所关切的，是小猫、猴子、仓鼠等各种活生生的动物”。[12] 一时之间，好像大家已经达成了共识。有一些动物是重要的，有一些则不重要。接下来，加莱格利众议员喘了一口气，很快地他又开始旧调重弹，提起了杀人狂泰德·邦迪、“大学炸弹客”还有孩童的安危。

1 David Jack, "Two Thousand Pound Fine for Importer of Animal 'Snuff' Videos" *The Scotsman* August 1, 1998, 3；Damien Pearse, "Man Fined for Obscene 'Crush' Videos," The Press Association, Home News, January 16, 1999.

2 这一段论述的主要根据，除了有我与杰夫·韦伦西亚的几次对谈以外，还有以下这篇出色的论文：Martin Lasden, "Forbidden Footage," *California Lawyer*, September 2000, available at californialawyermagazine.com/index.cfm?sid=&tkn=&eid=306417&evid=1; Dan Kapelovitz, "Crunch Time for Crush Freaks: New Laws Seek to Stamp Out Stomp Flicks," *Hustler Magazine*, May 2000；Patrick Califia, "Boy-lovers, Crush Videos, and That Heinous First Amendment," in *Speaking Sex toPower: The Politics of Queer Sex* (San Francisco: Cleis Press, 2001), 257-77.

3 Vilencia,*Journal*, vol. 1, 149.

4 Georges Bataille, *The Tears of Eros*, trans. by Peter Connor (San Francisco; City Lights,1989), 19.

5 Edward Wong, "Long Island Case Sheds Light on Animal-Mutilation Videos," *The New York Times*, 25 January, 2000, Section B, page 4, column 5。也可以参阅：Edward Wong, "Animal-Torture Video Maker Avoids Jail," *The New York Times* 27 December, 2000, Section B, page 8, column 1.

6 BBC, "Rooney backs 'crush' video ban," available at news.bbc.co.uk/2/hi/entertainment/429655.stm, August 25, 1999；Associated Press, "Activists, Lawmakers Urge Congress to Ban Sale of animal-death Videos," August 24, 1999; Lasden, "Forbidden Footage," 5.

7 Associated Press, "Activists, Lawmakers Urge Congress" .

8 *Pro and Cons,* COURT TV, September 3, 1999.

9 *Church of Lukumi Babalu Ayev. City of Hialeah*, 508 U.S. 520(1993).

10 Testimony of Spencer Bachus (R-Al.), "Amending Title 18," H10271.

11 Testimony of Elton Gallegly (R-Ca.), "Amending Title 18," H10270.

12 Testimony of Elton Gallegly (R-Ca.), "Amending Title 18," H10269. 强调的部分是我加上去的。

T

诱惑

Temptation

公舞虻通过送礼物换取交配

1

1877年8月，沙皇时代俄国男爵卡尔·罗伯特·欧斯坦-沙肯（Baron Carl Robert Osten-Sacken）刚刚从驻纽约总领事的职务退休，路过“瑞士伯尔尼附近的温泉胜地”，一个叫作古尔尼格（Gurnigel）的小镇。[1]

欧斯坦-沙肯男爵当时49岁，正处于人生的转折点上。接下来他将在各处游历一年，最后在美国马萨诸塞州剑桥市落脚，等于又回到了新世界，只是这次并无帝国的公职在身，他会进入知名的哈佛大学比较动物学博物馆（Museum of Comparative Zoology），把余生用于研究他热爱的苍蝇。三十年后，根据他的讣闻作者之描述，他是“昆虫科学家的美好典范”，讣闻里也提及他熟悉相关的各国语言，有独立的谋生能力，社会地位高，记忆力惊人，也有非凡的观察力，藏书室里关于双翅目昆虫（Diptera）的藏书“几近完美”，而且当然还写到他的风范无懈可击。[2]

某天早上，男爵在饭店后方的阿尔卑斯山森林中漫步，一种新奇的事物吸引了他的目光，他怀疑那是“昆虫学中的某种独特现象”。当时还不到十点，但太阳已经高挂天上。一道道阳光从冷杉的树影之间洒落，光影中只见一群群像小苍蝇的昆虫在他头顶飞来飞去。到了十月，他从法兰克福写了一封短信，用兴致勃勃的口吻表示，“吸引我的地方是，它们穿越阳光时会反射出一种罕见的白色或银色光芒。”

男爵拿起网开始追，用镊子夹起其中一只，他说“令我惊讶的是那种苍蝇远比我原先预期的还小，身上完全没有任何银色部位可言。”

他抓到的虫子是淡灰色的，而且看起来一点也不起眼。

任何小东西都可能会过很久才揭露自身的秘密。但是，凭借着非凡观察力，欧斯坦 - 沙肯男爵得到了一个线索：“我察觉到，镊子纱布上与那小苍蝇相距不远处，有一种薄片状的不透明白色物体，像是椭圆形的薄膜，长度大约两毫米，如此轻盈，就算是最轻微的气息也能把它吹跑。”他联想到蜘蛛要凌空而起时所喷出来的细丝。“那东西也可以被比拟为小白花的花瓣，只是它的重量轻多了。”他又抓到另一只，后来又抓到第三只，每次他的网子都抓到一只那种苍蝇，而且都是公的，它们把某种半透明物质紧抓在身体下方。他的结论是，它们之所以会反射出白色闪耀光芒，“就是因为那些白色的微小组织，那些东西好像旗子一样在它们身后挥舞着。”但他不知道那东西到底是什么，还有它们为什么要带着那东西。

2

后来，那种昆虫被称为舞虻（balloon fly），男爵是首先发现它们的昆虫学家。但他肯定不是最后一个。在他发现舞虻之后的几十年之间，出现了越来越多对于那种昆虫的描述。结果全部都是公的，也全都携带着那种东西。它们全都隶属于舞虻科（Empididae），以大量群居飞行闻名。

1955 年，加利福尼亚州科学院（California Academy of Sciences）昆虫收藏部的副馆员爱德华·凯塞尔（Edward Kessel）写了一篇关于舞虻的权威性论文，宣称男爵与其后继者们的运气都不太好，因为他们碰巧遇到了一个限定于舞虻的特例①。[3]他打了一个比喻，表示那些昆虫学家好像都是只懂19世纪末欧洲绘画，但逛进美术馆时却看见一幅幅马克·罗斯科（Mark Rothko）的抽象画。他们碰到一种抽象的东西，一种看不出原始材料为何的神秘物质。确实，在这个状况下，他们可以把那片薄片白色组织想象成任何东西，甚至包括约瑟夫·米克（Josef Mik）于1888年提出的“航空冲浪板”（aeronautical surfboards）。

但是，凯塞尔写道，随着时间过去，观察舞虻的人注意到，公舞虻总是会把那种白色物质交给母舞虻，不久后双方就会交尾。昆虫学家们相当害羞地称之为“婚配礼”（nuptial gifts），此委婉语至今仍被人们广为使用。有一些礼物的外面没有任何包装，只是昆虫的死尸，也有些礼物是昆虫尸体外面用泡沫状或丝状的物质包起来（有时候包得很随便，有时候包得很仔细），但有时候里面根本就没有尸体，而只是那些包装物本身。

凯塞尔发展出一种舞虻礼物的进化史。据其描述，凭借着不同的送礼方式，那些昆虫可以被区分为一种高低有别的物种层级，从原始的到高雅的，从粗鲁的到精致的都有。那是一种有八个阶段的进化史，被当成礼物的物体从最为物质性的（食物）到几乎可以说非物质性的

① 舞虻特例：所谓限定于舞虻的特例（limit case），是指舞虻的婚配礼行为在昆虫生态学上是个极为特别的案例，因此发现它们的人当然会摸不着头绪，意即这是个超越常识的特别生物学案例。

（象征性礼物）都有，而非物质性的礼物是如此微妙而难以捉摸。[4]

舞虻是一种掠食性昆虫，而且它跟同为掠食性昆虫的螳螂与许多种类的蜘蛛一样，性生活都充满了困难。如果照凯塞尔所说，公舞虻就是精于算计的愤世嫉俗者，母舞虻则非常善变，而且非常不巧的是，也很容易分心。令人感到毫不意外的是，凯塞尔认为，只要能够性交，公舞虻会为母舞虻做任何事。至于母舞虻则都是一些彻头彻尾的“拜金女”，只要有必要的话，会为了取得礼物做出任何事。这实在是充满了 20 世纪 50 年代的风格，就像是昆虫版的《绅士爱美人》（*Gentlemen Prefer Blondes*），同时也很有黑色电影（film noir）的味道，唯一不同的是，这一切都不是在夜店里上演，而是发生在生物学家所谓的“求偶场”（lek）里面：那就像是个竞技场，公舞虻必须为了被注意到而力求表现，母舞虻则有机会从聚集在它身边的“合格单身汉”里面进行选择。

这件事非常重要，它们可输不起。凯塞尔笔下的公舞虻都是如此臭屁狡猾，但也急躁而紧张兮兮。它们会为了获取最大利益而调整自己的作为，并且确保自己只要付出最小代价，就能够达到最大的诱惑效果。它们是最厉害的舞者。而且它们总是会注意背后有没有人要暗算自己。凯塞尔说的没错，这一切都是欧斯坦 - 沙肯男爵永远不可能料想到的。

凯塞尔把他观察到的八个进化阶段套用在各种不同舞虻身上。处于最原始阶段的公舞虻“不会带结婚礼物给新娘”；到了第二阶段，公舞虻“会带一只可口多汁的昆虫当结婚礼物”；至于第三阶段，“公舞虻利用猎物来刺激母舞虻，达成交配的目的”；到了第四阶段，“猎

处于第二阶段的公舞虻会将可口多汁的昆虫献给母舞虻作为礼物。

物或多或少都会被那种丝线似的物质给包裹起来”。

凯塞尔与他的妻子贝尔塔（Berta）在旧金山北边的马林县（Marin County）发现第五阶段的舞虻，并且将其命名为气泡舞虻（Empis bullifera），因为这种舞虻会用一种黏黏的气泡来包裹礼物。1949 年，他们把夏天都用来观察那些交尾的公、母舞虻，眼见它们“懒洋洋地飘浮慢飞，在树林里的空地上一直改变方向，持续前进后退，每当它们穿越阳光，身上的白色球状物体就闪闪发亮。”他们看着那些昆虫在空中相遇拥抱，看着公舞虻把那球状物体交给母舞虻，里面可能包着一只蚊虫、蜘蛛或是小小的啮虫（psocid）。后来他们合写了一篇文章，宣布他们发现的新物种，文章于 1951 年被《瓦斯曼生物学学刊》

(*Wasmann Journal of Biology*)刊登出来。

到了第六、第七阶段，公舞虻在把礼物送出去之前会将猎物吸干。母舞虻拿到的只是一具不能食用的虫壳。尽管如此，我们所熟知的程序还是会继续往下走：公、母舞虻拥抱在一起，礼物换手（呃……应该说“换脚”才对），接着开始性行为。到了最后的第八阶段，就是男爵所观察到的那种现象。就缝蝇（Hilara sartor）与少数几种舞虻而言，它们的神秘礼物里完全没有猎物，就连被吸干的虫壳也没有。

凯塞尔强调不同种类舞虻之间的区别。当代的生物学家也是这样，但他们也认识到，即便是同一个物种的昆虫之间，也会有些差异存在。例如，在同一类舞虻里，有些给的礼物大，有些小，有的给的礼物能够食用，有些不能。根据他们的描述，有些舞虻会猎杀其他同类舞虻来当礼物，另外也有舞虻完全不猎杀昆虫，而是采集其他不同礼物（例如花瓣）。尽管舞虻的行为模式如此多样化，但基本上这些为数不多的舞虻研究者仍然谨守凯塞尔那种把舞虻描绘得如同“经济虻”：在繁衍后代这件事上面，公舞虻的所作所为都是为了追求“用最小力气获取最大回报”的目标，无情地把礼物的价值降低，借此换取尽可能廉价的性行为。

这种把有营养的礼物偷偷换掉，到最后只给“假礼物”的行径，如今已是众所皆知所谓“雄性欺骗”（male cheating）现象，不过此一概念能够成立，并不只是有赖于雄性动物的精明欺骗，雌性动物的后知后觉是另一个关键。[5]即便礼物“毫无价值”，即便礼物只是最劣等的小东西（例如，由进行研究的生物学家提供的普通棉球），根据研究人

公舞虻将棉球当作礼物献给母舞虻，这种行为就是“雄性欺骗”。

员的描述，那些傻傻的母舞虻还是让提供礼物者为所欲为，或至少它们必须要用比较长的时间才能发现礼物是假的，发现它们根本没有获得回报，可是却已经被公舞虻得逞了。它们被耍了，被骗了，被上了。一遍，一遍又一遍。

至少那些研究人员所说的故事是这样的。

3

法国小说家乔治·佩雷克（Georges Perec）曾书写过埃利斯岛（Ellis

Island)，在书写时他发现，那些可能发生过的事，那些他所谓的“潜在记忆”（potential memory）是如此让他魂牵梦萦。

“潜在记忆抓住了我，令我着迷，”他写道，“我觉得自己与潜在记忆息息相关，也因此对自己提出许多问题。”6岁时，他的母亲被逐出巴黎，遣送到奥斯维辛集中营，此往事让佩雷克心碎，而且他不断看到一些原本可能是他的遭遇，但却发生在别人身上的故事，他就像是一个小男孩，走了半条街之后转进一条只有黑白两色的小街里。如他所说，“我不断看到可能发生在我身上的生命故事”，“就像可能会属于我的自传（autobiobiography）”，“一种本来可能属于我的记忆”，为此他写了许多以“缺乏”为主题的书，有一本完全没有e这个字母的小说，此外在写某一部中篇小说时他也刻意没有用a、i、o、u这四个元音。[6]

这些“可能发生但未发生的个人史”并非纯粹想象的游戏。它们都是真实存在的人生过往，尽管并未发生在我们身上，但却往往让我们的当下变得更为沉重。我们都有那种个人史：一些被我们否决掉的决定，事后我们才发现当初如果那样选择会有多大影响，那种个人史与我们的真实人生之间有一种在精神上相互呼应的关系。就像莎朗有时会没来由地打了个冷战，她总是说：“Some one just walked over my grave.（谚语，表示打了个冷战。）”

在凯塞尔看来，欧斯坦-沙肯男爵的舞虻并不是只在森林的空地里闪闪发亮，它们也可以是叙事空间里的亮点，把原先空空如也的空间填补起来。既然没有上述那种个人史可以凭借，男爵与其后继者当然就无法以那些难以理解的薄纱状物质（看起来像花瓣，但却没那么真实）当作题材，构建出一个故事。如果那些迹象在他们眼里只是薄纱状物质，怎么可能会有任何意义？他们只是觉得那东西好美。但这只会让情况变得更糟。就连那样的个人史都没有，他们怎能了解现在与过去可能发生的一切，还有当下的情况？

但是，从另一个极端看来，那样的个人史过多也会有问题。如果个人史的影响力如此强大，故事强大到没有另类理解的空间，或变得更庞大，以至于难以理解，那我们又怎么可能了解现在与过去可能发生的一切，还有当下的情况？

当然，公舞虻的确有可能是骗子，母舞虻是笨蛋。但也有可能公、母舞虻并不总是处于剑拔弩张的状态，也不总是每天都会上演那种日间肥皂剧的男女关系。

进化生物学家琼·拉夫加登（Joan Roughgarden）曾写道："也许动物之间的确有尔虞我诈的关系，但生物学家还没抓到任何说谎的动物。"[7]她认为，除非我们能证明动物有欺骗的行为，否则它们就是真诚的；除非我们能证明它们没有能力，否则它们就是有能力的。如果我们采纳她的观点，我们可不可以假设那些母舞虻知道自己在做什么？有没有可能那些椭圆形的东西的确是礼物，只是我们不了解它们的价值？也许那些小小的东西有一种足以催情的触感。也许它们摸起来是如此舒适，因此深具诱惑力。也许它们能够促发某种记忆或食欲。也许它们具有某种珍贵的象征性，充满影响力与意义。也许母舞虻就是喜欢那种东西。

我们要怎样才能避免犯下进化生物学家史蒂芬·杰伊·古尔德犯过的错，把舞虻的行为模式变成总是如此（just-so）的故事？但是任谁都无法证实那种故事的真假，因为故事是以相信某种机制为前提（就舞虻而言，是某种由性冲突的刺激而产生的性选择机制），把实验得来的数据全部都套进先前就已经提出的主张里。举例来说，我们是不是可以别急着用各种关系去解释生物学家所观察到的多样化行为？或许我们可以为舞虻之间的关系保留各种可能性。我们是不是可以假定，许多母舞虻之所以愿意接受那些被我们视为“没有价值”的棉球，是因为那棉球具有某种我们并不了解的特质？这难道不是很清楚？从舞虻的例子我们再度看出一个道理：在面对与我们如此不同的生物时，如果我们要凭自己的想法去断定某个东西是什么，还有它对那种生物有何作用，其实是很危险的。

4

1877 年 8 月，人在古尔尼格的卡尔·罗伯特·欧斯坦 - 沙肯男爵站在饭店后方的树林里，抬头看着眼前的斑驳阳光，那些在光线中进进出出、时时闪耀着光芒的缝蝇令他赞叹不已。

到了 1949 年，整个夏天都耗在加利福尼亚州马林县爱德华·凯塞尔与妻子贝尔塔常常要保持不动，以免打扰了正在交配的水泡舞虻，尤其是不能妨碍母舞虻检查那些包装精美的礼物。

2004 年 5 月，在苏格兰法夫（Fife）的一个农场里，娜塔莎·勒巴斯（Natasha LeBas）用镊子从一只母的舞虻（这种舞虻叫作 rhamphomyia sulcata）身上取下一只被它紧抓着的昆虫，而且把那昆虫猎物换成一小颗棉球，同时心存一线希望，但愿没有打扰公、母舞虻的性事。

到了现在，已经是 2010 年年中，或者往后也一样，我们还是会面对一个两难的处境：一方面我们总是无可避免把我们对自己的理解硬套在其他生物身上，但另一方面我们还是会意识到自己与其他生物基本上并不相同。此时此刻，我们还是觉得自己肩负了解其他生物的使命，老是想要使用我们的方法去进行分析与诠释，老是把观察到的行为当成神秘线索，试着要找出客观原则，并找出其他生物的生活方式。此时此刻我们还是一样左右为难，不知道到底该采用比较简化的方式，让其他生物变得可以理解，还是尽可能保留诠释的空间，好让这些生命更为丰富完整。此时此刻，我们又被那些小小的舞虻给吸引住了，我们看了又看，看着它们的礼物在阳光下闪闪发亮。

1 Baron C.R. Osten-Sacken, "*A Singular Habit of Hilara*," *Entomologist's Monthly Magazine*, vol. XIV (1877): 126-127.

2 G.H. Verrall, *obituary for* C.R. Osten-Sacken, *Entomologist*, vol. 39 (1906): 192.

3 Edward L. Kessel, "The Mating Activities of Balloon Flies," *Systematic Zoology* vol. 4, no. 3 (1955): 97-104. All uncited quotations that follow are from this paper.

4 Thomas A. *Seboek, The Sign and Its Masters* (Austin: University of Texas Press, 1979). 这本书的第 18—19 页从皮尔斯语言学的角度出发讨论了舞虻的礼物的象征性。不过，大致上而言，这一番讨论只是为了要强调，与人类使用的象征符号相较，这种象征性礼物还是比较不具弹性。

5 请参阅：*inter alia*, Natasha R. LeBas and Leon R. Hockham, "An Invasion of Cheats: The Evolution of Worthless Nuptial Gifts," *Current Biology* vol. 15, no. 1 (2005): 64–67, 64；Scott K. Sakaluk, "Sensory Exploitation as an Evolutionary Origin to Nuptial Food Gifts in Insects," *Proceedings of the Royal Society of London: Biological Sciences* vol. 267, no. 1441 (2000): 339-343；T. Tregenza, N. Wedell, and T. Chapman, "Introduction. Sexual Conflict: A New Paradigm?" *Philosophical Transactions of the Royal Society, B: Biological Sciences* vol. 361, no. 1466 (2006): 229–234.

6 Georges Perec, *Species of Spaces and Other Pieces*, trans. John Sturrock (London: Penguin, 1998), 129, 136.

7 Joan Roughgarden, *Evolution's Rainbow: Diversity, Gender, and Sexuality in Animals and People* (Berkeley: University of California Press, 2004), 171.

U

眼不见为净

The Unseen

我知道房里有蟑螂，但看不见

1

有时候在深夜里我会听到沙沙声响。我在楼上房间工作，在顶楼写这本书，待在屋顶思考昆虫平日的一举一动，坐在书桌前。我的小室外面涂着黑色沥青，对城里的雨有防水作用。

窗户上有花窗格。但另外还有一扇滑门，每当我走出那扇门，把隐约闪耀着银光的沥青地板踩得嘎吱作响，往左边一看，奔腾的哈德逊河令人屏息，尤其是冬天树上只剩枯枝，河面一片漆黑，只有纽泽西的灯光闪烁。

在白天，白鹭与红尾鵟会经过我家飞往中央公园。红雀、燕雀、冠蓝鸦、哀鸽会停在我家的栏杆上。薄暮时分，麻雀会在下面的树上乱叫乱飞。稍后，莎朗和我会下楼到河滨公园去，经过一条美国国铁（Amtrak）隧道，那里是游民布鲁克琳（曾在海军陆战队当过 6 年兵，在街头混了 24 年）与她的猫儿和浣熊睡觉的地方，然后在街灯下观看城里的野生动物翻垃圾觅食。

万籁俱寂时，我屋顶的房间总是如此平静。入夜后，四周公寓的灯光一盏盏熄灭。西边公路（Westside Highway）上的车流也变小了。最后几班飞机从空中掠过。夜越来越静，我们全都陷入一片漆黑中。

人在楼顶的我把台灯关小，也把笔记本电脑的亮度调低。我的眼睛在黑暗中适应了一会儿，稍后才习惯了昏暗的环境。万物的速度都变慢了。

有时候在湿热的夏夜里，夜的宁静会被沙沙声响打破。那不是石膏墙板里的老鼠或排水管里的松鼠。不是在角落里疾走的蚰蜒。不是蚊子、反吐丽蝇或那些行踪飘忽的大蚊（crane fly）。不是那些每年无预警大量出现，然后又突然消失的瓢虫或飞蚁。不是我们家在大风中摆动的声音。不是树叶拍打窗户的声音。也不是什么神秘现象。我知道那是什么。是那些被称为美洲家蠊（american cockroaches）的大昆虫在搔抓墙壁，做它们平常做的事，从排水管上来后走来走去，它们并非真的想待在我家，只是有点茫然若失，正在找什么东西。

以禅宗公案为题写故事的20世纪作家板谷菊男就与蟑螂生活在一起，他拒绝伤害它们，任由它们与他共享自己的家。但即便在日本，他也并非常人。每当杀蟑螂时我总会想起他。但我不得不杀它们，因为莎朗怕蟑螂，看到就会被吓个半死，躲起来发抖抽搐。一旦她看到蟑螂，我不能只是装作杀了蟑螂，以免它们又从躲藏处跑出来，情况只会比先前更糟。反正，我只要说谎就会被她识破。

当我听见蟑螂爬过壁缘的声音，我会把灯关得更暗。我身上的汗毛都紧张得竖了起来。如果她没看见，我也没看见，蟑螂就还是不可见的。我不想知道蟑螂在那里。

但有时候它们就是爬个不停。某晚我因为那个声音而分神，想都没想就转身一看，发现一只看起来很健康的美洲家蠊停驻在我身后的一堆书上面。我们彼此盯着对方。它像乌龟一样把头伸出来。它那三角形的脸看来很好奇。事实上，如同卡尔·冯·弗里希曾经评论过的，蟑螂“总是像哲学家那样挑眉”。[1] 我们的眼神交会，有如动物电影的情节。仿佛不用言语就能相互理解。但我一定是移动得太过突然，把它吓跑，我拿起扫把追了过去，一人一虫瞬间都动了起来。它被我困在一个凌乱的角落里，它的脚刷刷刷地乱动，在那当下我不禁用力乱打一阵，直到我意识到自己在发抖，感到恶心困惑，它已经变成木地板上的一团脂肪与壳多糖。如果是《踩爆》一片的女主角埃里卡·埃利桑多，一定会说：那不过就是一坨油脂而已。

我让灯光保持昏暗，房间里处处阴影。我知道房里有蟑螂，但看不见。如果我看不见它们，人虫就彼此相安无事。好像黑夜可以保护我们似的。当沙沙声响出现时，我不会转身。如果一切顺利，最后那声音会停下来，不久后，群鸟开始鸣唱，一开始只有几只，接着越来越多，也越来越大声，到黎明来临后阳光洒进房里，鸟叫声更大了。

2

但事实上，这天早上发生了一件新鲜事。淋浴时我像往常一样，在舒适的热水中做白日梦，脑袋里想着该怎样把“Q：不足为奇的同性恋昆虫”那章收尾，想着那些奇怪的昆虫，和它们爱做的怪事，有一只身长 8 厘米的大昆虫不知道打哪里跑出来，从浴室天花板掉到我脚上。

我承认自己当下尖叫了起来。谁不会啊？我把水关了。一会儿过后我才回过神来。突然间，我们一人一虫就这样被困住了，都没有防备，身上满是香皂泡沫。我注意到那是一只很大的母蟑螂，我们双方都按兵不动，直到它轻巧地爬上毛巾架，停在我眼前，与我的脸相距仅仅几厘米，它那漂亮睿智的脸像哲学家一样挑眉，它的头上下动着，像在打量我，看来如此好笑滑稽，仿佛这突如其来的状况让它觉得有趣极了，很想知道接下来会怎样。我们当中只有一方非常冷静。只、有、一、方。然后毕竟是在浴室里嘛，它就这么小心翼翼地开始整理起自己的触角。接下来发生什么事，我就不详述了。这次会不会连埃里卡·埃利桑多都感到有点于心不忍呢？我也不确定。

1 Karl von Frisch, *Ten Housemates*, trans. Margaret D. Senft(New York: Pergamon Press, 1960), 91.

V

视觉

Vision

昆虫眼中的世界

1

位于加利福尼亚州诺瓦托市（Novato）的学院工作室（Academy Studios）是一家专门设计与搭建展览馆的公司，北卡罗来纳州州立自然科学博物馆（Museum of Natural Sciences）所属节肢动物馆的交互式设施就是他们创造出来的。该公司打造出一只 2 米高的螳螂以及一只两侧翅膀长达 4 米的蜻蜓，而且两者的身体结构精确无比！但是，最吸引眼球的东西还是下面照片里的面罩，看起来正如科幻小说里的诡异头盔，就像该公司的宣传资料所描述的，“让参观者有机会从蜜蜂的眼睛看看这个世界”。

北卡罗来纳州州立自然科学博物馆专门为参观者打造的蜜蜂面罩。

该公司的创意总监罗伯特·矢仓（Robert Yagura）向我表示，他们用六角形的透明合成树脂（lucite）模拟出蜜蜂的复眼，而且把一片片树脂接起来，形成曲面，从头盔往外看就是破碎的影像。然而，罗伯特说，即便有此人造复眼，参观者还是没办法像蜜蜂那样观看这世界。首先，如果以电磁波谱（Electromagnetic spectrum）来衡量，蜜蜂能感应到的波长远比人类能看到的还短。就光谱下端而言，蜜蜂能看到的波长比 380 纳米更短，包括人类看不到的紫外线；就上端而言，蜜蜂是红色色盲，红色在蜜蜂眼里是一团漆黑，没有亮光可言。

尽管动物学家查尔斯·亨利·特纳（Charles Henry Turner）的名气不大，但他跟卡尔·冯·弗里希一样，都是让世人首度了解蜜蜂眼睛的先驱。[1] 特纳是第一个取得芝加哥大学博士学位的非裔美国人，曾撰写过五十几篇学术论文。他长期在各公立中学担任自然科学教师，他在执教生涯之初，就已经于 1910 年发表了一篇关于蜜蜂视力的论文。冯·弗里希则是在 1913 年完成他的蜜蜂视力相关研究，远早于他成为慕尼黑动物研究所所长并观察到蜜蜂以飞舞来传达信息。早在当时（1913 年），冯·弗里希就已经着迷于展现他那些迷你朋友的各种能力，为此他做了各种研究，最后赢得诺贝尔奖。尽管花朵的颜色令人眼花缭乱，而且亿万年来昆虫与被子植物（angiosperm）之间又有一种微妙的互赖关系，但是在特纳与冯·弗里希在这方面投注心力以前，世人一般都认为昆虫是全色盲。

冯·弗里希可说是大名鼎鼎，而且他有一个非常优雅的特色：并不依赖高科技设备。他在各色色卡上面摆盘子。在那些颜色浓淡不一的正方形灰色色卡之间，只有一张蓝卡上的盘子装了糖水。他开始训练他的蜜蜂找出那张蓝卡。然后，在接下来的几个小时内，他屡屡更动了蓝卡在方阵里的位置。接下来，他把所有卡片与盘子都拿走，用新的卡片与盘子取代，只不过这次蓝卡上的盘子里并没有糖水。一如他预期的，蜜蜂还是飞到蓝卡上面，只是这次并非被气味吸引或因为蓝卡的位置，而是因为它们记得颜色。[2] 如同冯·弗里希说明的，此行为证实蜜蜂“真的能辨认颜色”，而不只是有能力分辨颜色的亮度。他说，如果它们的视觉是单色的，至少有些灰色色卡会被它们误认为蓝色的。[3]

关于昆虫能够看见某种颜色这件事，如今已没有多少争议。通过一些针对感光细胞进行的电生理学实验，研究人员已经能轻易证明昆虫具备彩色视觉的感官。例如，他们观察到蜜蜂跟人类一样拥有三色视觉，眼睛有三种感光色素（photosensitive pigment），对光谱上的三个不同部分有最高的吸收率（只不过，人类吸收率最高的是红、绿、蓝三色，蜜蜂则为绿、蓝与紫外线波段）。还有，他们还发现，尽管不知实际上有何意义，蜻蜓与蝴蝶的视觉通常都是五色的，也就是它们的眼睛有 5 种感光色素。[他们还发现虾蛄（mantid shrimp）的感光细胞能够感应到 12 种不同波长！]

然而，能够证明动物拥有彩色视觉是一回事，想要呈现出它们生活在其中的世界是如何的五颜六色，那又是另一回事了。为此，研究人员必须采用行为研究的手段，仍然借由特纳与冯·弗里希首创的那些方法，通过食物奖赏让它们辨认出色块。

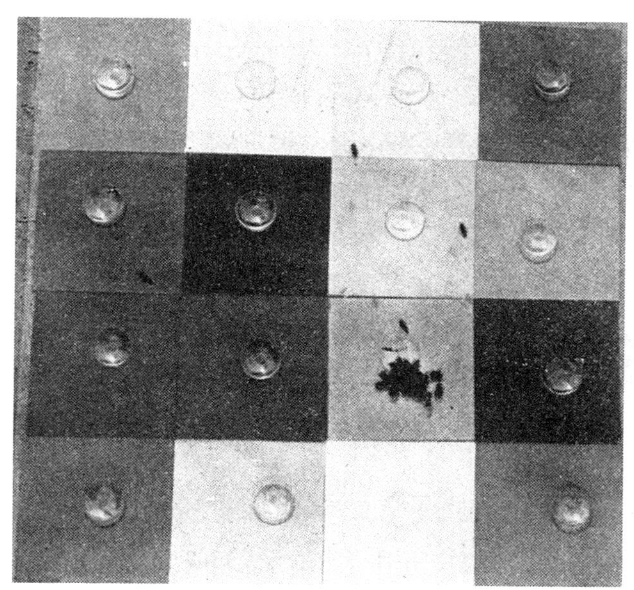

冯·弗里希用色卡实验来证实蜜蜂能辨认颜色。

但昆虫有时候是很难搞的研究对象，到目前为止这一类研究工作只在蜜蜂、丽蝇与某几种蝴蝶身上进行过。[4] 因为这些动物的感光细胞对于光谱上某些颜色具有高吸收率，我们非常可以确定的是，同样的物体在它们与我们眼里看来是非常不一样的。例如，如果用紫外线滤色镜来看许多花朵，外观就不一样了。黑心金光菊（Rudbeckia hirta）的表面将出现一种像牛眼的图案，似乎可以借此引导蜜蜂、黄蜂与其他传粉昆虫找到它们的目标；其他花朵则也会呈现出特色纹路，具有引导作用。

左图为人类眼中的花朵，右图为昆虫眼中的花朵。

这很简单，却如此迷人。我们身边到处都是一个个不可见的世界，平行的世界。我们熟悉的物体具有不为人知的一面，有些是我们可以直接通过机械设备（例如卢塞特树脂碎片与紫外线滤色镜等）看到，但其他则是迄今仍然无法观察，甚至无法想象。（谁能想象眼球有十二种感光色素？）我们不仅过着非常盲目的生活，而且总是以为这世界就是我们看到的那个模样。至少就这方面而言，我们的感官是相当肤浅的，不过我必须承认，无论蜜蜂或蝴蝶，恐怕也跟我们一样自以为是。

不过，在知道自然世界的其他面貌后，至少我们应该谨慎以对，看到漂亮的花朵时，不要马上认为它们对于传粉昆虫具有同样的诱惑力。在揭露此一真相后，我们也看出关于视觉的一大重点（不管是我们的或其他生物的视觉）：影像不只是关于观看者和物体的特质，也牵涉观看者和物体之间的关系。[5]

2

我们越靠近看，就看得越清楚。蜜蜂头盔与紫外线照片不仅引人入胜，甚至可说深具诱惑力。类似的设备让我们怀抱着希望：只要能够重制昆虫的视觉器官，我们就能看见它们眼中的世界。如果我们能看见它们眼中的世界，那就……还需要问吗？那就能够掌握它们的观点。但在我看来，应该有很多人对此持有怀疑的态度，即便科学家与展览设计师也不例外。视觉可是一件比器官与机械复杂得多的事情。

苏联昆虫学家乔治·马佐金-波什尼亚科夫（Georgii Mazokhin-Porshnyakov）早就呼吁世人注意这一点："当我们论及视觉时，"他曾于20世纪50年代末期写道，"我们所说的不只是动物具有区分不同物体的视力（也就是受到外在刺激后可以看见东西），而且也涉及辨认物体的能力"。[6]他认为，光感受（photoreception）的机制本身对于生物体来讲没有太大价值，真正重要的是足以辨认物体，并且为其赋予意义的能力。光感受必须以知觉为前提。昆虫是用大脑看东西，而不是眼睛。

就这方面而言，昆虫的视觉与人类无异。跟我们的视觉一样，昆虫的视觉是一种复杂的辨认程序，是一种过滤世上各种物体，并将其层级化的方式。视觉是几种相互依赖的感官之一，也是一种交织而成的知觉要素。

德保罗大学（De Paul University）的生物学家弗雷德里克·普雷特（Frederick Prete）研究螳螂的视野，据他指出，直到最近科学界还是认为昆虫的视觉是某种排除机制，无论是蜜蜂、蝴蝶、黄蜂、螳螂或其他类似动物，它们生来就会“忽略眼前一切，只关注少数的特定视觉信息，例如只有苍蝇大小，会移动而且与它们只有几毫米之遥的东西，或者某种大小的黄花”。普雷特和他的同事们证明螳螂与许多其他昆虫处理感官信息的方式跟人类大同小异，“它们会把移动中的物体归类到各种范畴里，同时也有学习能力，懂得使用复杂算法来解决困难的问题”。根据普雷特的描述，人类处理视觉信息的过程是某种分类学：

> 我们过滤视觉信息的方式，是辨认身边事物的特色，并且加以处理，得到信息后，把看到的事物当成某种事物的普遍类别的例子。例如，我们不会因为眼前菜肴看起来不像某类特定的食物就不吃。我们会评估那菜肴的特色（包括味道、颜色、质地与温度），如果符合某种标准，那就会吃一口看看。这道新菜就是“可接受菜肴”这个范畴的例子。同样地，我们也能了解，做任何事都是某个普遍范畴的例子：例如，“修补被扯破的窗帘”就属于“把东西缝好”这个普遍范畴。所以，我们一定是先有过各种把东西修好的经验，然后在初次修补窗帘时，把那些经验的规则拿出来应用。换言之，在解决这一类特定问题的过程中，我们已经学会如何使用某种算法，或者“经验法则”。[7]

普雷特与其同事卡尔·克拉尔（Karl Kral）写道，每只螳螂每天都会碰到很多可以吃的东西，它们跟我们一样，就会创造出一个相关性范畴（据他们表示，所谓范畴是一种“理论的感觉封套”），与“可接受的菜肴”这个想法是相符的。评估某个物体时，动物会以过去经验为凭借（所谓经验是指从过去的事件与遭遇中学到的一切），借此评估各种“刺激领域”，像是物体的大小（如果物体不大的话）、长度（如果物体还挺长的)、物体与背景之间的对比、物体在螳螂视野中的位置、物体的速度,还有物体整体而言的运动方向。[8]只有在眼前物体符合上述各种标准时,螳螂才会出击。不过,螳螂的出击并非某种反射动作,因为眼前物体符合某个门槛就会被刺激触发:它们会把某一“刺激领域”中各种不同数据之间的关系列入考虑。普雷特与克拉尔把这种算计称为“感觉算法”(而且他们还提出一个挺合理的论点:如果这个程序出现在灵长类身上,那就是所谓的抽象思考了)。

除了他们俩之外,其他为数不多的无脊椎动物学家也会像这样,把行为研究与神经解剖学结合在一起,进行这种有时候被称为心理生理学的研究,也就是针对动物行为的心理与生理方面进行关联性的研究。尽管普雷特与克拉尔并未意识到,但他们已经论及动物行为的复杂性,论及昆虫与脊椎动物(包括人类)以类似的方式理解这个世界,也论及昆虫的心智。

但是,他们笔下的昆虫也许稍显太会算计,也太像古典经济学的理性行动理论模式(而且,通过经验我们也早就知道,没有人会用那种模式去行动)。也许,这样的昆虫不够活泼,也太过欠缺自发性。谁能确定它们总是根据猎人的思维模式去算计?也许它们有其他欲求?或者,也许就只有螳螂是这样的,而我们没必要假定其他昆虫(例如蝴蝶或果蝇)也会这样处理信息。无论如何,这都是个发人深省的研究工作:克拉尔与普雷特表示,他们发现了一个依赖生理机制而存在的认知过程,但又不全然是一种生理反应。然而,如果不能把此认知过程简化为某种电化学功能,那它到底会是什么?似乎没有人有确定的答案。[9]

值得一提的是，对于研究人脑的跨学科领域，也就是当代所谓的神经科学而言，这些都是重要的问题。神经科学致力于从生理学的角度来进行解释，但也深入探讨心智的问题，聚焦在许多充满不确定性的现象上，例如意识、认知与感觉等等，希望能为许多人心目中的本体论甚至形而上学问题提供物质性的解答。神经科学的基本公理是：大脑是动物生命的中枢，因此，有篇神经科学的权威文献以这句话为起头："现代神经科学中最关键的哲学主题是，所有行为都反映了大脑的功能"。[10] 通常来讲，神经科学就是想要从解剖学与生理学的角度来了解一些"较为高阶的"脑功能，例如后设思考（针对思考进行的思考）与情感。[11]

然而，此原则看来是如此直截了当，但与此密切相关的感觉模式却极其精细复杂。感觉往往被视为一系列的脑功能，这种功能深具能动性与互动性，基本上是一种灵活而有弹性的信息管理工作，包含了过滤、选取，以及决定优先级等各种过程，此机制所呈现出的"神经可塑性"（neuroplasticity）在过去是任谁都无法想象的。以"突显"（salience）这个脑功能为例，就是指，在一个充满各种影像的杂乱无章视域中，大脑有办法在一瞬间把相关的影像分离出来，完全不经过有意识的思考。这种观念完全体现在克拉尔与普雷特在昆虫身上观察到的那种感觉算法 [除了他们之外，还有其他人在做这种研究，例如澳大利亚国立大学的曼戴亚姆·斯里尼瓦桑（Mandyam Srinivasan）就带领着他的团队针对蜜蜂的认知现象进行了 20 年的研究]。然而，对于许多神经科学家而言，我想这种强调人虫相似性的论调应该还是荒谬的，只因为他们认为人类的大脑庞大又复杂（尤其是大脑里的神经联结数量极多），光凭这一点就能断定人类在所有动物中的独特性。

而且，在社会科学与人文科学界，克拉尔与普雷特找得到的支持者很可能更少，只是这两个学界反对他们的理由与神经科学并不相同。文化与历史在我们这里所谈的视觉研究中占有一席之地，它们是人类眼睛与外在世界之间的中介。[12] 对于文化分析家而言，人类感觉与外在世界之间的关系复杂无比，生理过程只是提供一些可能性而已。人类的观点与视觉内容往往是被社会与文化史塑造出来的。不管是视觉或者是领域更广大的感觉，都是会随着时间改变的，而且各种文化的情况也不相同。[13] 视觉等各种感觉都是有历史的（事实上，应该是有好几个不同的历史），因为感觉的理解过程是被区域性与国族的美学文化塑造出来的。往往在特定的视觉科技问世时，就会出现感觉转变的关键时刻。例如，许多学者就曾指出，线性透视法（linear perspective）在 15 世纪问世普及后历久不衰，直到 19 世纪，西方人才转而聚焦在平面的形态上，因此到现在我们的生活仍然与物体和身体的平面性息息相关。[14] 在这些论述中，视觉被视为人类观察周遭人事物的方式，深植于这种观看方式中的，是我们用来将观察结果予以归类的各种范畴形式，同时也包含了让我们反过来被观看、监看、分类与评估的种种科技手段，而且视觉是我们了解自己，也是他人了解我们的关键。视觉是文化、历史与社会的起源，也是它们所塑造出来的结果。

这些视觉观念彼此间的差异颇大！从神经科学的观点看来，大脑是被隔离的，但置身于社会脉络里的大脑却浸淫在一个意义盈满的世界里，这世界里的所谓自然现象总是同时具有生物物理与文化历史的两种特性，因此如果以颜色为例，我们总是同时可以用波长来衡量它们，并且把它们视为充满故事性的现象（所以，我们无法回避的一个事实是，无论我们喜不喜欢粉红色，但就是会觉得它比海军蓝还可爱）。根据这种观念，人们必须学习观看的方式，而这学习过程的形式与内容都是因地与因时制宜的。盲人的视力复原后，必需有人教导他与文化环境相符的观看方式。一辈子住在封闭森林里的女人迁居都市后，也必须用一些极端甚至令她难过的方式来调适自己，才有办法理解都市景观特有的空间性。[15]

然而，根据定义，这些文化理论家在探究视觉时所依据的历史、政治、美学等各种关键范畴都是人类特有的，而且事实上是典型地为人类所有。尽管人文社会科学认为大脑浸淫在文化中，神经科学则是聚焦在大脑本身的种种功能与复杂的生理过程，双方几乎可说没有共识可言，但若是就人类的独特性这一点而言，却可以组成一个坚强的联盟。而且，这些理论相互冲突竞争，它们的歧异之处肯定也不是什么鸡毛蒜皮的问题。我们要怎样才能够同时保有这些理论，并且又拒绝它们所隐含的（人虫）阶层关系？

3

“就算是视力最好的昆虫，”光学设备发明家亨利·马洛克（Henry

Mallock）曾于 1894 年写道，“它们所看到的画面也会像是非常粗糙的绒线刺绣作品，而且就好像摆在 30 厘米之外观看。”马洛克接着表示，如果复眼具有人类眼睛的分辨率，那复眼本身就会像眼镜一样。根据马洛克的估计，那一颗复眼的直径将会高达 20 米。[16] 为什么会这么大呢？因为，为了抵抗光线的衍射（diffraction）（也就是光线在通过狭窄缺口时会散开并且变模糊的特性），复眼的每一片晶体都必须像人类的瞳孔一样大小，也就是 2 毫米宽，等于蜜蜂眼睛的 80 倍。[17]

根据马洛克的构想，如果要具备人类眼睛的分辨率，昆虫的头必须非常大，大到很夸张。但那并不可怕，不用像大卫·柯南伯格（David Cronenberg）的“变蝇人”那样，而这实在是太美妙了，让我想爬到那一片片卢塞特树脂组合而成的超大头盔后面！即便我知道那样还是无法让我自己看到昆虫眼中的世界，因为视觉并不是如此简单的一回事，但这还是没办法让我打消念头，我可没那么容易死心。而且有这种想法的人绝对不是只有我而已。曾有许多人尝试过，他们用比较科学的巧妙手法，设法把昆虫看到的影像直接记录下来。他们小心翼翼地剖开昆虫的眼睛，把视网膜拿掉，把角膜清干净，用光线、显微镜与摄影机来做实验；实验结果不像卢塞特树脂头盔那样给人身临其境的感觉，但是似乎比较客观，有一种比较可靠的感觉。这种想要通过另一种生物的眼睛去看世界的冲动是非常强烈的，而且我相信这种冲动是来自于以下两种视觉观念巧妙的结合：一方面，自然科学让我们充满希望，承诺让我们理解事物的运作、结构与功能这些最基本但隐晦的事物；而另一方面，人文科学则是向来怀抱着一个无法实现的美梦，也就是去除物我之分的乌托邦幻想，那种想要成为另一个自我但又不可能实现的渴望。那一股强烈的冲动告诉我们，即便是最难懂的神秘现象还是可以被揭秘的。一切都能够被摊在阳光底下。

第一个想到可以通过复眼来观看这世界的，是安东尼·范·列文虎克（Antonie van Leeuwenhoek）：他是细菌、精虫与血液细胞的发现者，也曾发现蜜蜂的口器与蜂针，水滴里面有许多微生物，还有其他许多微生物现象。他的做法是，把昆虫的角膜放在自己发明的金银材质显微镜底下，在旁边点一根蜡烛。后来这台显微镜跟他的其他许多台显微镜都在他去世后被卖掉，如今已经失传，但罗伯特·胡克（Robert Hooke）曾经重制他的显微镜，借此把自己观察到的影像画出来，画作都收录在他的《微物图解》（*Micrographia*）一书。胡克的画作令人大开眼界，而且令人看了深感不安，身为绘图员，他的画又是精确无比，其中最有名的就是他绘制的蜻蜓头部版画，让世人初次有机会看到那像是戴上面具的恶魔般脸孔。除此之外，他还把自己的不可思议发现给记录了下来，表示蜻蜓复眼上的每一个小眼（facet）都能够如实反映出他“窗前地景上的种种事物，包括一棵大树，我可以轻松辨认出哪个部分是树干或树梢，同时我也可以清楚地看出窗户的各个部分。如果我把手摆在窗户与那角膜之间，我就能看到手与手指”。[18]

通过食蚜蝇（Drone-fly）的角膜，胡克到底观察到什么？他曾经大声惊叹，“如果我们能够制作出一个仪器来重现那种感光效果或是重现那么小的折射角度，那个仪器的各个零件肯定会让人觉得奇特而微妙”。[19] 但事实上复眼的每一个小眼都会各自捕捉影像，所以传送

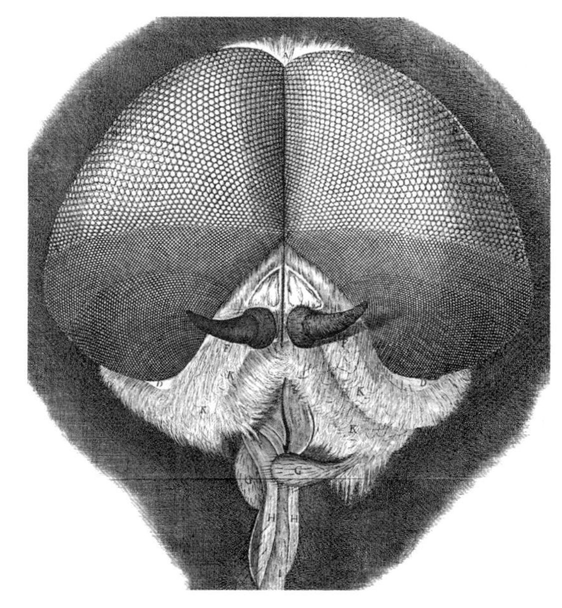

胡克绘制的蜻蜓头部版画，让人类初次近距离观察蜻蜓的面孔。

到脑部的画面是破碎零散的，而列文虎克一直等到30年后才成为第一个认识到这件事的人。1695年，在那个艺术与科学尚未正式分家的时代，列文虎克写了一封令人屏息的信给英国皇家学会（Royal Society of London），被该会刊登出来："通过显微镜，"他向其他科学家表示，"我看见一个个颠倒的烛火影像：那影像不是只有一个，而是好几百个。尽管影像都很小，但我看得出烛火在动。"[20]

将近两个世纪后，知名生物学家西格蒙德·埃克斯纳［（Sigmund Exner）他外甥卡尔·冯·弗里希曾在他的帮助之下，一起在沃夫冈湖湖畔的家里筹设了一间小型自然史博物馆］的《昆虫与甲壳类动物的生理学研究》（*The Physiology of the Compound Eyes of Insects and Crustaceans*）一书评价《微物图解》：这是关于昆虫视力的第一本权威专论，是这个研究领域的开创之作，书中许多立论到目前为止都还经得起考验。[21] 埃克斯纳曾当过恩斯特·布吕克（Ernst Brücke）的助理，而布吕克则是维也纳生理学研究院（Vienna Physiological Institute）的生理学教授，就是他劝弗洛伊德不要研究神经科学，应该研究神经学（neurology）。埃克斯纳与弗洛伊德是该研究院的同事，同时都在接受布吕克指导，跟弗洛伊德一样，此刻埃克斯纳也深受视觉问题吸引，醉心于视觉机制的研究。经过一番筹划与努力，他拍下了萤属（Lampyris）萤火虫的复眼影像，但他拍出来的照片与列文虎克看到的大不相同。

复眼的层次复杂零碎，眼球上有那么多小眼，怎么可能只看到一个影像？那影像怎么可能是直立的？难道不是像食蚜蝇与人类眼睛传送到大脑的影像那样，是颠倒的？

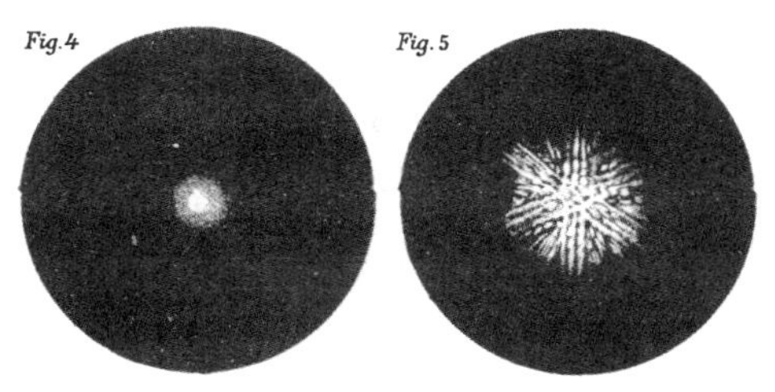

埃克斯纳拍下的萤属萤火虫的复眼影像。

尽管从外表看来并不是那么明显，但埃克斯纳知道，复眼实际上有两种。列文虎克所检视的那种复眼是由一个个细小的独立感光组织构成，它们叫作小眼（ommatidia），每一个小眼都能在昆虫视野中的某个狭小范围内感光。埃克斯纳发现，就这种所谓并置眼（apposition eyes）而言，光线在通过小眼的六角形晶体之后，进入晶锥体［（crystalline cone）每一个晶锥体都被色素细胞包覆着，因此可以挡住邻近小眼的环境光线］，接着往下穿越那些对光线很敏感的圆柱状感杆束［（rhabdom）每个感杆束里面有八个视网膜感光细胞］，然后直接抵达神经细胞，由神经细胞把影像传送到视神经节，最后到达大脑。视网膜细胞原本产生的马赛克式影像是颠倒的，会在大脑里面被转换成单一的直立影像。

不过，埃克斯纳也知道，像飞蛾之类的许多夜行性昆虫一样，萤火虫的复眼是所谓的重叠影像［（superposition eye）他那一本在 1891 年出版的《昆虫与甲壳类动物的生理学研究》收录了他所观察到的萤火虫视网膜影像］，这种复眼对于光线的敏感度是日行性昆虫身上那种并置眼的 100 倍。

重叠影像的结构并不是分隔成一个个小眼，它的视网膜是片状的，位于眼睛的深处，视网膜下方的透明区域是光线聚集的地方。或许我们可以说，重叠影像的小眼是会相互合作的：在视网膜上形成的影像

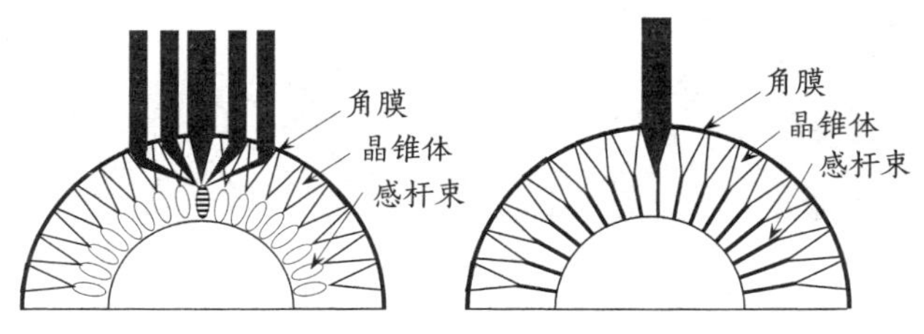

埃克斯纳发现萤火虫视网膜的成像图。

都是好几个晶体一起制造出来的。[22]

但真正令人疑惑之处在于：接下来，直立的影像是如何在脑海中形成的？尽管整个 19 世纪 80 年代都没有可靠的工具可以进行证明，但埃克斯纳还是想出了解答：复眼的感杆束具有双透镜望远镜的功能，能够重新引导光线的方向，让它们在圆柱状感杆束里面交会在一起，进而将影像翻转过来。生物学家迈克尔 · 兰德（Michael Land）表示，"显然，在此我们面对的是相当异常的现象"。[23] 兰德与丹 - 艾力克 · 尼尔森（Dan-Erik Nilsson）设法取得如下图的影像，证明了两种不同复眼形成的影像有所不同。食虫虻的复眼是并置眼，他们通过其角膜取得左图的颠倒影像；至于右图，则是萤火虫眼中的查尔斯 · 达尔文，影像模糊不已。[24]

复眼上小眼的数量有多有少，视昆虫而定，有些蚂蚁的小眼数量

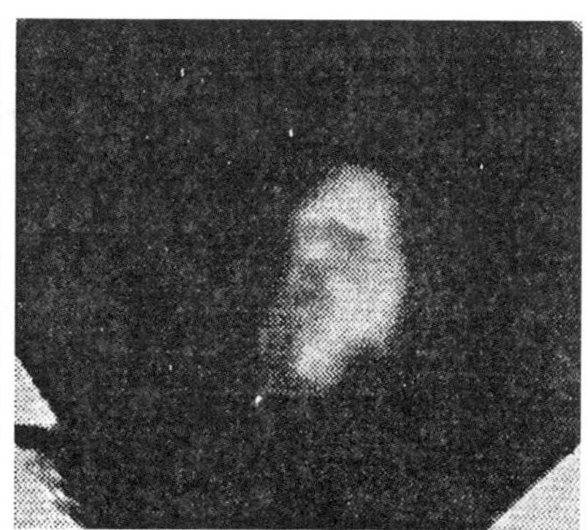

左图：食虫虻的复眼为并置眼，成像为颠倒影像。
右图：萤火虫的复眼成像是模糊的。

是个位数的，但某些蜻蜓的小眼数量却可能高达 30000 多个。可想而知，小眼数量越多，眼睛影像的分辨率就越高。但即便是视力最好的昆虫也无法聚焦，眼睛无法在眼窝里转动（所以必须转动整个头才能够改变眼前影像），而且除非距离很近，否则影像的清晰度是很差的。曾经想要抓苍蝇或打蚊子的人都很清楚，它们的强项是对于动作很敏锐。会飞的昆虫通常都有很宽的视野，最厉害的是两只眼睛在头顶碰在一起的蜻蜓，它们的视野是 360°的。

但它们之所以对动作很敏锐并不是只因为这一点。昆虫的“临界闪光融合频率”[（flicker fusion frequency）在此频率之下，移动物体的影像才会变得流畅起来，而不是像手翻书（flip book）的一页页影像那样，每个影像都是独立事件] 比较快，所以如果我们要拍影片给苍蝇看（或者它们拍给自己看），就不能使用 24 帧 / 秒的标准影片，而是要用速度快 5 倍的影片。这也表示苍蝇生活的那个世界远比我们的世界快速。出生后，苍蝇会在几天、几周或几个月里死去，不像人类可以活几十年。它们占据的领域与我们的领域截然不同，不只它们看到的影像清晰度、图案和颜色与我们看到的不同，它们对时间与空间的觉知方式也与我们大不相同。若是把感官当成自己与周遭世界之间的中介，我们可以思考的一个问题是：那些感官与我们不同的生物（包括人类）会有什么感觉，如何思考？其情绪又是怎么样的？那些模糊的照片与塑料面罩只能为这个问题提供部分解答。如果想要获得另一部分答案，我们必须先把自己对于感觉的确定感抛诸脑后。

4

这个想法可以引导我们得出另一种昆虫的观点。这次不是用照片呈现出来的观点。这是另一种重现昆虫观点的方式，而于 20 世纪 30 年代提出此观念的是爱沙尼亚的伟大生物学家与哲学家雅各布 · 冯 · 乌克斯库尔（Jakob von Uexküll）。冯 · 乌克斯库尔常在森林里散步，他觉得那里面所有有感觉的动物都是主体，占据了它们自己的“客观世界”（Umwelt），也就是一种必须通过它们感官的种种局限与可能性来进行定义的环境。[25] 每一种生物都居住在属于自己的时空世界里，因为生物的感官不同，所以获得的时空体验与感官经验也截然有别。“主体支配着自己的世界里的时间，”冯 · 乌克斯库尔写道，“没有独立于主体之外而存在的空间。”[26]

第 444 页的图是一只家蝇所体验到的房间。冯 · 乌克斯库尔认为屋内的东西有各种“功能音调”（functional tones）。对于苍蝇而言，除了盘子、玻璃杯与吊灯之外，所有东西都具有“奔跑氛围”，也就是具有让它们可以在上面“奔跑”的平面。他认为，吊灯的热度把苍蝇吸引到房间里，桌上的食物与酒让它们布满“味蕾”的脚离不开桌面。我不相信苍蝇的世界就这么平淡乏味，不过这种说法仍然含藏着一个重要的洞见。还记得前面提及的黑心金光菊吗？“无疑地，”冯 · 乌克斯库尔写道，“我们眼中动物身处的环境是一回事，它们自己建立起来的‘客观世界’（里面充满了它们自身感觉的对象）又是另一回事，两者之间充满对比。”[27]

这个“客观世界”与我们的世界并不相同，其中有很大一部分由简单的运动反应构成，也就是法布尔所谓的本能。但另一部分则都是“反复尝试与犯错”的结果、判断的结果，还有“重复性自身经验”的结果。这些都是“自由主体创造出来的结果”，跟时间与空间一样，它们也都是经验性，且因个体而异的。[28] 这似乎不太难懂：世界是多样化的，而且不同生物的世界各自不同，我们的世界是一回事，它们的又是另一回事，而当我们与它们相遇时，就是两个迥然有别的世界交会在一起的时候。事实上，当我们戴上那塑料片面具，不就已经进入了两个世界的交会处吗？说到这里，难道我们还看不出重点在哪里吗？那个面具与其承诺了我们有可能进行某种跨物种的沟通与交流，可能看得到它们眼中的世界，不如说我们与它们之间的差异事实上像是无法跨越的鸿沟。

不过冯·乌克斯库尔继续发挥他的论点：尽管这真实世界中有各种事物客观存在着，但是在生物的“客观世界”里，任何事物都未曾以客观的面貌出现过。包括人类在内，所有动物都只是把这些客观事物当成具有“功能氛围”的感觉线索而已，“尽管在最初的刺激中实际上并没有功能氛围，但光凭这一点就能够让那些事物变成真正的感觉对象”。于是他又继续他的长篇大论，讲个不停，而且越来越深奥（因为太深奥，所以我不得不持续引述他的话），他说：“我们终于获得了一个结论，也就是每一个主体都生活在仅仅由主观现实构成的世界里，即便周遭世界本身也都是主观现实”。[29] 所有生物，包括我们与所有动物都生活在自己创造出来的世界里，多多少少是复杂的，多多少少充

家蝇体验到的房间。

满刺激，而且也是主观的。

冯·乌克斯库尔好像扯得还不够远似的，到这里他的论述又出现令人意料不到的转折。他说，动物与人类的世界通常不是由逻辑，而是由奇迹所主宰的。树皮下被小蠹虫（bark beetle）啃出来的一个个小洞可说是一种奇迹。狗狗的主人对它们来讲也是奇迹。我们到现在还搞不懂的候鸟飞行路线，同样也是令人费解的奇迹。根据他的说明，对于生活在四周的许多不同动物而言，橡树是不同的东西；而且，同样是声波，对于研究调频的物理学家与音乐家而言，也是不同的东西。（“对于前者而言，就只是波长；对于后者来讲，就只是声音。而两者都没有错。”）[30] 我想到安玛丽·摩尔（Annmarie Mol）做的动脉硬化症研究，想到里面提及病理科医生拿布把尸体的脸盖起来，也想到那些头已经被弄掉，但仍在打斗的诡异果蝇。“事情正是如此”，冯·乌克斯库尔如是说，带着我们进入一个充满了符号的世界，在这符号世界里，生物会做出种种主观的反应，其中充斥着几乎无限的人类与动物主体性。

我当然喜欢这种论调。但这让我感到紧张，就像一头栽进虚无之中。观看与感觉之间充满了许许多多可能性。符号的世界也是一个沟通的世界。不同感官之间会相互结合，一起作用，彼此交叠，但彼此间也有许多矛盾。所以我听到的声音到底是什么？来自天外的神奇声音吗？是声音？噪音？还是音乐？那声音真的很大。那是我通过耳机听到的。声音来自新墨西哥州……[①]

① 译者注：作者是说他正在聆听大卫·邓恩录制的 CD 专辑《树木的光明之声》，详见下一章。

1 一般而言，这些发现都归功于冯·弗里希，但似乎其中某些实验性的工作成果是由动物行为学先驱特纳（1867—1923）完成的，而且时间还可能比冯·弗里希更早。尽管特纳有博士学位，也写过许多学术论文（其中包括第一篇刊登于《科学》期刊上的非裔美国人作品），但他专业生涯的绝大多数时间都是在中学任教，而他似乎可能拒绝过一些学术职务的邀约，一来是因为基于社会服务的理念，二来则是有较多时间进行实验性研究，所以他比较喜欢在公立中学教书。特纳证明蜜蜂有分辨颜色的能力，于 1910 年发表了此发现的论文。他也发现昆虫能听见声音，而且有能力分辨音高，以及蜜蜂有能力把地理位置记忆下来，并且利用那些记忆。另外他也证明了蟑螂有通过经验学习的能力，还把蚂蚁返回蚁窝的特殊方式记录下来（因此那种绕圈圈的动作被称为"特纳"的圈圈）。他也发展出一些方法，尤其是各种进行条件制约的策略，后来成为动物行为学研究的基本方法论。请参阅：Charles I. Abramson, ed., *Selected Papers and Biography of Charles Henry Turner* (1867-1923), *Pioneer in the Comparative Animal Behavior Movement* (New York: Edwin Mellen Press, 2002).

2 Karl von Frisch, *Bees: Their Vision, Chemical Senses, and Language* (Ithaca: Cornell University Press, 1950).

3 但是，关于冯·弗里希方法论的详尽批判，请参阅：Georgii A. Mazokhin-Porshnyakov, *Insect Vision*. Trans. Roberto and Liliana Masironi (New York: Plenum Press, 1969), 145-54.

4 请参阅：Kentaro Arikawa, Michiyo Kinoshita, and Doekele G. Stavenga, "Color Vision and Retinal Organization in Butterflies," in Frederick R. Prete, ed., *Complex Worlds from Simpler Nervous Systems* (Cambridge, MA: MIT Press, 2004), 193-219, 193-4.

5 若想了解颜色的相关争论，还有所谓"颜色实在论"（color realism）的问题，请参阅：Alex Byrne and David R. Hilbert, eds., *Readings on Color, Volume 1: The Philosophy of Color* (Cambridge: MIT Press, 1997)，尤其是编者写的导读（xi-xxviii 页），非常清晰易懂。关于这一点的进一步证据，就是人类与动物（包括蜜蜂与蝴蝶）都拥有某种被称为"色彩恒常性"（color constancy）的能力，也就是在不同的光线条件之下辨认物体颜色的能力。请参阅：Goethe, *Theory of Colors* (Cambridge: MIT Press, 1970)。歌德的"颜色

理论”是很有名的，他认为颜色是额外关系的功能，而所谓额外关系，则是指对象与其邻近物体的关系。

6 Mazokhin-Porshnyakov, *Insect Vision*, 276.

7 Frederick R. Prete, “Introduction: Creating Visual Worlds Using Abstract Representations and Algorithims,” in Prete, *Complex Worlds, 3-4*.

8 Karl Kral and Frederick R. Prete, “In the Mind of a Hunter: The Visual World of a Praying Mantis,” in Prete, *Complex Worlds,* 92-93.

9 这个问题与人类心智有何关系？请参阅克里斯托弗·科赫（Christof Koch）那一本备受期待的畅销书。相关讨论请参阅：*The Quest for Consciousness: A Neurobiological Approach* (New York: Roberts and Company, 2004)，以及一篇批判的书评：John R. Searle, “*Consciousness*: What We Still Don’ t Know,” *The New York Review of Books* vol. 52, no. 1 (January 13, 2005). 至于科赫最近的评论则是：“我们不知道人类心智是怎样从数量庞大的神经元之中出现的。我们无法洞察此现象。这现象简直就像是阿拉丁搓一搓神灯，灯里的精灵就跑出来了。”转引自：Peter Edidin, “In Search of Answers from the Great Brains of Cornell,” *New York Times*, May 24, 2005.

10 Eric R. Kandel, “Brain and Behavior,” in Eric R. Kandel and James H. Schwartz, *Principles of Neural Science. Second Edition* (New York: Elsevier, 1985), 3. 尽管人类脑袋的大小曾是用来断定种族层级高低的标准，但就现在而言，现代人类大脑的复杂度才是被视为人类独有的特色——当然，人脑比其他动物都要大，这一点仍是关键。

11 关于这一点，以下这本书的简介是可靠而且流行的：John J. Ratey, *A User’s Guide to the Brain: Perception, Attention, and the Four Theaters of the Brain* (New York: Vintage, 2002). 在心灵哲学的诸多争论中，哲学家一方面倾向于认同脑神经科学所宣称的生物优先性，但也对这一类主张的化约论色彩有所怀疑，请参阅：John R. Searle, *Mind: A Brief Introduction* (Oxford: Oxford University Press, 2004).

12 关于视觉的重要研究贡献，请参阅：Jonathan Crary, *Techniques of the Observer: On Vision an Modernity in the Nineteenth Century* (Cambridge: MIT Press, 1992); idem., (Suspensions of Perception: Attention, Spectacle, and Modern Culture)

(Cambridge: MIT Press, 2001); Martin Jay, *Downcast Eyes: The Denigration of Vision in Twentieth-Century French Thought* (Berkeley: University of California Press, 1994); Hal Foster, ed., *Vision and Visuality* (Seattle: Bay Press/Dia Art Foundation, 1988).

13 David Howes, ed., *The Varieties of Sensory Experience: A Sourcebook in the Anthropology of the Senses* (Toronto: University of Toronto Press, 1991); Constance Classen, *Worlds of Sense: Exploring the Senses in History and Across Cultures* (New York: Routledge, 1993).

14 关于线性透视法，可以参阅以下这一本常被过分夸大的书：Robert D. Romanyshyn, *Technology as Symptom and Dream* (New York: Routledge, 1990). 关于线性透视法的不连续性以及位移现象，请参阅以下论文集：Jay and Crary in Foster, *Vision and Visuality*. 从线性透视法到形态学的转变，请参阅：Michel Foucault, *The Order of Things: An Archaeology of the Human Sciences* (New York: Vintage, 1994).

15 关于视觉现象里的文化元素，请参阅以下这篇论文的精彩讨论：Oliver Sacks' celebrated essay "To See and Not See" *in An Anthropologist on Mars: Seven Paradoxical Tales* (New York: Vintage, 1995), 108-52.

16 转引自我在撰写这个段落时的主要参考数据：Michael F. Land' s superb "Eyes and Vision," in Vincent H. Resh and Ring T. Cardé, *Encyclopedia of Insects* (New York: Academic Press, 2003), 393-406, 397. 也可以参阅：Michael F. Land, "Visual Acuity in Insects," *Annual Reviews of Entomology 42* (1997): 147-77；Michael F. Land and Dan-Eric Nilsson, *Animal Eyes* (Oxford: Oxford University Press, 2002). 近来，经过重新计算后，我们已经了解人类的边缘视野非常不清楚，原本马洛克所估计的数字已经被减少为直径 900 厘米，但仍然是相当大的。

17 Land, "Eyes and Vision," 397.

18 Robert Hooke, *Micrographia*; Or *Some Physiological Descriptions Of Minute Bodies Made By Magnifying Glasses With Observations And Inquiries Thereupon* (New York: Dover, 2003 [1665]), 238.

19 同上。

20 转引自：ibid., 394。

21 Sigmund Exner, *The Physiology of the Compound Eyes of Insects and Crustaceans*, R.

C. Hartree, ed. (Berlin: Springer Verlag, 1989)；以上是英文版，德文版为：*Die Physiologie der facettierten Augen von Krebsen und Insekten* (Leipzig: Deuticke, 1891). 请参阅：Land and Nilsson, *Animal Eyes*, 157-8.

22 Land, "Eyes and Vision," 393.

23 Ibid., 401.

24 兰德与尼尔森引用达尔文来说明复眼的光学作用有多了不起，这可说是非常恰当的。对于主张创世论（Creationism）的人及其支持者们来讲，眼睛这种"智能设计"可说是进化论天择说的一大弱点。因为达尔文无法精确地说明眼睛是如何进化出来的，再加上眼睛的每一个组成部分显然都有独立的功能，也可以一起发挥作用，所以创世论者主张，眼睛这种如此复杂而且具有高度整合性的器官绝对不可能是通过天择而逐渐慢慢进化出来的。但是，尼尔森与其合作者苏珊·佩尔格（Susanne Pelger）近来提出一个非常具有说服力的主张：哺乳类动物的眼睛从本来只是一堆感光细胞，经过364000年的逐渐发展，中间历经许多阶段，最后才形成现在的模样。请参阅：Dan-Erik Nilsson and Susanne Pelger, "A Pessimistic Estimate Of The Time Required For An Eye To Evolve," *Proceedings of the Royal Society of London B* vol. 256 (1994): 53-58；该文的清楚概述请参阅：http://www.pbs.org/wgbh/evolution/library/01/1/l_011_01.html.

25 请参阅：Jakob von Uexküll, "A Stroll Through the World of Animals and Men: A Picture Book of Invisible Worlds," in Claire H. Schiller, ed. and trans., *Instinctive Behavior: The Development of a Modern Concept* (New York: International Universities Press, 1957), 5-80.

26 Von Uexküll, "A Stroll Through the World," 13, 29.

27 Von Uexküll, "A Stroll Through the World," 65.

28 Von Uexküll, "A Stroll Through the World," 67.

29 Von Uexküll, "A Stroll Through the World," 72.

30 Von Uexküll, "A Stroll Through the World," 80.

W

全球变暖的声音

The Sound of Global Warming

通过昆虫“聆听”气候的变化

1

仔细听。听全球暖化的声音。那声音越来越大了……

2

闭上双眼。我们身处在另一个世界里。一个湿漉漉的世界，充满水分与回音，也许是一根管子构成的丛林。我们也有可能置身于宫崎骏作品《风之谷》（宫崎骏这一部生态奇幻动画的灵感来自于日本的古代故事《热爱虫子的公主》[①]）中娜乌西卡公主的飞船被击毁后坠落的超大洞穴，但那其实是一个地底的热带澙湖：在那充满预言性的故事中，大地遭到人类荼毒之后，只剩那个处处生机的绿洲还住着许多神秘生物。

我们有可能在任何地方。

那些神秘的声音是什么？尖锐的吱吱声响与低沉的吱嘎声，像巨大门板移动时发出的低沉吱咯声响，声音拖得很长（但不可能是门的声音），还有如同静电般的多重节奏噼啪声响，持续不断。尖锐刺耳的吱喳声响，断断续续，有时突然变小，或者仿佛是海浪拍打滩头的水声。砰砰砰，嘶嘶嘶，嘎嘎嘎，哗哗哗，吱吱吱……各种声音交杂。

① 《热爱虫子的公主》：是 13 世纪故事集《堤中纳言物语》里面的一篇故事。意即这是个超越常识的特别生物学案例。

远处有爆炸声，近处则是有某东西站起来，发出愤怒吼叫声。这里有动物。有哪几种动物？它们在做什么？各种动物吱吱喳喳，多重节奏与声音彼此对位，相互呼应。这里有大量的活动，大量的律动，各种节奏。然后又出现更多喀喀声响，吱吱喳喳，吱嘎吱嘎，哗啦哗啦，还有更多回声。

我们在哪里？

3

我们在一棵树里面，一棵贻贝松（Pinus edulis）。我们在它的维管束组织里，就在外层树干的内部，位于韧皮部与形成层里面。我们被包覆在一个充斥着各种声音的世界里：因为我正戴着全罩式耳机，那些声音只有在大卫·邓恩（David Dunn）录制的 CD 专辑《树木的光明之声》（*The Sound of Light in Trees*）里才听得见。[1]

我们置身的树有可能高达 9 米。对于某些跟米粒大小差不多的小虫来讲，这棵树可以说是庞大无比：例如，那些混点齿小蠹（ips confusus）。它们成群而来，数以千计，在这种坚韧而成长缓慢的松树上面产下幼虫，松子是它们的最爱。新墨西哥州北部有许多粗犷而美丽的松林，树木散发着香味，里面除了杜松之外，也矗立着大量的这种贻贝松。

混点齿小蠹隶属于小蠹虫科（Scolytidae）①，只有少数几种昆虫能像它们的成虫那样咬穿树木的树皮。几年前，它们似乎与贻贝松达成了某种共识。探路的雄蠹虫发出信息，把雌蠹虫吸引到那些虚弱垂死的松树上，挖洞产卵。它们入侵树皮，阻断往上流动的汁液与养分。它们带来的青变菌（blue-stain fungus）进一步阻塞了整个维管束系统。虚弱的树木就此投降。这些树木的死亡让森林变得较为稀疏，但同时也强化了森林，因为整体而言这对松林是有益的，减少了种族内竞争（intra-specific competition）的压力，让其他松树可以获得更多阳光、水分与养分。但是，雄蠹虫的分散飞行（dispersal flight）行为最后只有10%~15% 以成功繁殖收场，而且树木如果健康的话，想要抵抗它们的进逼并非难事。树木大可以排出树脂来把树皮上的伤口封闭起来，进而逼走入侵者，或是将它们困在黏答答的树脂里。树脂里面含有一种带着香味的挥发性精油，叫作单松烯类（monoterpenes），具有将青变菌消灭掉的功效。[2]

但是，21 世纪初美国西南各州闹旱灾时，曾经造成一种新的动态。因为缺少水分，贻贝松的树脂产量减少，结果细胞内部的含糖浓度增加，引来更多混点齿小蠹。树汁中的单松烯类从混点齿小蠹在树皮上

① 小蠹虫科：有关小蠹虫的分类，早期的分类系统将小蠹虫独立分成小蠹虫科（Scolytidae），然而目前最新的鞘翅目（Coleoptera）象鼻虫总科（Curculionoidea）科级分类系统则将其处理成象鼻虫科（Curculionidae）下的小蠹虫亚科（Scolytinae），可参阅 Leschen, R.A.B., Beutel, R.G. (eds) (2014) Handbook of Zoology, Coleoptera Vol. 3: Morphology and Systematics (Phytophaga). Walter de Gruyter, Berlin.

留下的洞排出来，因其浓度提高，也吸引了更多昆虫。因为缺水，树的内部形成许多真空气泡，导致木质组织崩解，引发了所谓的气蚀效应（cavitation）。此效应非常强烈，有些树的气泡破掉后甚至会发出很大的声响，变成一种“几乎连续不断的超声波音调”，随后我们将会看到，也许这是一种蠹虫非常注意的声音。[3]

在这种情况下，松树挣扎着，异常的高温又助长了混点齿小蠹（以及青变菌）的繁殖和活力。因为松树变弱，混点齿小蠹活跃不已，这导致该地发生大量贻贝松死亡的悲惨现象。2003 年是虫灾的高峰期，新墨西哥州有超过 467 万亩的松林受到影响。数以百万计的松树死去，当地人束手无策。美国农业部所属林业局（Department of Agriculture Forest Service）曾对损害情形进行航空测量，位于该州的洛斯阿拉莫斯国家实验室（Los Alamos National Laboratory）则对一片贻贝松与杜松森林进行研究，后来亚利桑那大学（University of Arizona）的研究人员以上述航空资料与国家实验室提供的数据为基础，计算出该区域的贻贝松死亡率：在 2002—2003 年之间，从新墨西哥州到科罗拉多州、犹他州与亚利桑那州，死亡率在 40%~90% 之间。[4] 假设类似事件不再发生，当地也需要数百年才能够恢复原有的松林地景。

但是，任谁都知道类似事件与其他不难想象的事件肯定会一再重演。贻贝松大量死亡，当地居民与动物（例如以吃松子为生的蓝头松鸦）直接受到严重的伤害，而且松树死亡后造成的残破地景除了让人看了心痛之外，也带来一种不祥的感觉。松林崩坏只是近年来发生的许多惊人“自然”灾害之一，其中最可怕的当然还是卡特里娜飓风。

当年奥尔良在飓风后的残破景象触目惊心，究其原因，我们可以看出各族群与阶级问题，还有官僚体系的无能、政府的不痛不痒，以及气候变化的加成效果。贻贝松的大量死亡是昆虫、菌类与树木造成的，也因为专业知识不足以及气候因素。从上述两个事件来看，显然我们可以发现，一个新的气候变化时代已经成形，许多事件的结果都是难以预料的。未来我们难免会看到许多无法预测的事件爆发，而且事件规模可能惊人不已。[5]所谓“国土安全”只是一个幻影，时代已经改变了。我们知道许多灾祸即将来临，也知道它们会偷袭并击倒我们。

4

我们待在新墨西哥州北部的一棵贻贝松里面。四周都是混点齿小蠹，还有其他不同种类小蠹虫、甲虫的幼虫与弓背蚁。我打电话到大卫·邓恩位于圣塔菲（Santa Fe）的家里，他告诉我，那些砰砰砰的声响是蚂蚁造成的。气蚀效应引发了爆炸声。吱嘎的声响则是贻贝松在风中摇曳的声音。

《树木的光明之声》是一张收录了“声景”（soundscape）的专辑，换言之就是把那些“环境音”录下来的录音作品。[6]他的目标，是要让我们注意到出现在日常生活世界的种种声音。就像过去人类学家史蒂夫·菲尔德（Steve Field）在开拓声景这个研究领域时曾说过的，这是要创造出一种“用声音来了解这个世界，并且知道存在于其中的方式”。[7]在一般的情况下，我们并不能够听见贻贝松里面的环境音。我们需要

邓恩用录音的形式记录贻贝松及其内部昆虫的声音。

人造的转换器才能够把那些人类耳朵听不见的低频音与超声波声音转变成听得见的振动声响。[8]这又让那些被录下来的环境音给人一种更奇怪的感觉，一方面是因为我们知道那些声音是变化转换而来的，另一方面我们知道，即便有转换器扮演中介的角色，那还是一个我们难以进入的世界。那些声音听起来很稀奇，让人觉得有点不安，让人同时能够融入其中，又觉得很陌生，可以呈现出自然世界与我们近在咫尺，但与我们毫不相干，却能够掌握全球暖化这种新现象的核心：一种令人不安的怪异感觉。

进入贻贝松内部，我们那些沉睡已久的感官也活过来了。我闭上眼睛，倾听声音，发现倾听那些昆虫的声音跟搜集它们也许大同小异。

对我来讲，这种倾听的经验让我联想到日本神经解剖学家养老孟司的有力论点，他对于发现、捕捉昆虫与研究种种视觉经验自有一套看法。养老孟司表示，日本的保育论者主张禁止采集昆虫，但他们这种眼光短浅的做法其实是在帮倒忙。理由是，通过采集昆虫，人们将学到为什么要同情他人，还有该怎样与其他生物共处，而这对于年轻人来讲尤其重要。跟这本书里面许多热爱昆虫的人物一样，养老孟司与和他有共同采集爱好的朋友都主张，因为这种活动需要全神贯注在昆虫这种微小的生物身上，所以可以培养出一种特异的观看与感知方式。同时，因为近距离聚焦在种种细微之处上面，将有助于打破观察者自己原本对人虫之间的大小与高低层级观念，进而转化成一种（去人类中心）伦理观。养老孟司表示，因为聚焦在另一种生物身上，采集者会变得很有耐性，很敏锐，也能够意识到许多细微变化以及采集活动的其他时间特性（他们会发现，昆虫的改变是非常缓慢的，运动快速无比，而生命是如此短暂），最后他们善于观察出各种差异，甚至发现某种存在于这个世界的新方式。

这意味着采集昆虫不只是观察（looking）它们，而是要关注（seeing）——同样的道理，如果能够全神贯注地听贻贝松的声景，我们不只是听到（hearing）那些声音，而是认真倾听（listening）。大卫·邓恩对我表示，进入那些松树里面，与种种昆虫共处后，许多人“不再认为人类是这物质世界的中心”，而且我也发现他跟养老孟司有所不同：与其说他想要培养人们对于昆虫的热爱，不如说他要建立起一种欣赏或理解昆虫的方式。他并不排除这样的可能性：当人们仔细聆听昆虫的声音以后，会感到焦虑，甚至加深了对昆虫的反感。[9] 毕竟，发生于新墨西哥州的故事里，昆虫可不是什么大英雄。

他录音录了两年，最后把作品浓缩为 1 小时。他把来自不同树木的声音剪辑在一起。所以他不只是录音而已，更像是作曲，把那些非人类的声音予以重制改编。这种声景的先例，最早可以追溯到“具体音乐”（musique concrète）的传统，而这种音乐就是把各种采集而来的声音变成作品，保留明显的操纵痕迹，借此强调并且表现出创作者的介入。但邓恩的声景与“具体音乐”截然不同。[10] 大卫·邓恩告诉我，他的作品是要强调“那些声音背后的事物本性”，他的目标是“把那些素材本身的时间与空间特性展现出来”，并且借由声音来探究各种生物（包括松树、昆虫与人类）所创造出来的置身其中的更广大现象。

邓恩当了 35 年的前卫音乐家与声音艺术家、理论家、作曲家，同时也从事出版、表演、与人合作等活动，当然也常常录音。现成的录音工具还是很少。他使用的是自己设计的开放源代码转换程序，借此把那些低频振动声与超声波声音转化成人类可以听到的声音。他会把自己设计的装置寄给世界各地的甲虫专家，远至中国。他也会主持一些儿童营队，教小朋友如何制作那些装置。

蠹虫成灾那几年，大卫·邓恩跟美国西南各州的许多居民一样，成天都坐着凝望他家附近的那些贻贝松。他看见树上的松针从绿色变为红棕色，然后掉下来。他心里思考着“松树的世界之物质性”，想着那些木头，它们的阻抗性与种种可能性。他把 Hallmark 牌卡片上的圆形压电式转换器拿下来，和改装过的肉类温度计粘在一起，变成自制装置，摆在垂死贻贝松的树皮里面，调整角度，让它能够感应到振动。每一棵树摆一个装置。每一棵树花了他不到 10 美元。

5

科技能够帮助我们更接近这个世界，大卫·邓恩告诉我。他接着表示，也许只需要耳机就能够体会到声景的丰富性与复杂性，近距离体验其他生命形式的感官经验，还有它们对于环境的特有敏感度。

“混浊与池水的涌现”（*Chaos and the Emergent Mind of the Pond*）是邓恩著名的录音作品之一，作品全长 24 分钟，收录了北美与非洲各地池塘里水生昆虫的声音，展现出“一个由声音构成的多重宇宙，极其精细而复杂”。[11]

他使用一对陶瓷材质的多方向水中听音器（hydrophone）与一台便携式数字录音机来倾听池塘里的声音，结果听到的是一种复杂无比的节奏，只有最精细的计算机合成配乐与最复杂的多节奏非洲鼓音能与之媲美，大多数人类音乐都不能相提并论。

他断言，会出现那种声音绝非纯属巧合。那些昆虫并不是只依据本能行事。“因为我也是个音乐家，所以我不禁听出了弦外之音。”事实上，因为身为音乐家，他认为人类的音乐与那些声音有着相似的表现，那些声音的表现形式让人们得以趋近与其他生物的沟通方式。音乐不只是一种声音，也展现出组织，而通过倾听池塘里的动静，他发现里面“充满各种相互关联性，某种智能也就呼之欲出了”。他开始觉

邓恩用一对陶瓷材质的多方向水中听音器和一台便携式数字录音机完成了“混浊与池水的涌现”。

得自己在那池塘里听到的是一种超级有机体，由池中各种生物的自主互动构成的一种超验社会“心灵”。与这种复杂性没什么两样的，是复杂系统理论家所描绘的那些真社会性昆虫（eusocial insect）的巢穴，包括蚂蚁、白蚁，某些蜜蜂与黄蜂，某些蚜虫与蓟马都是如此。

上述种种概念都被邓恩写在他对“混浊与池水的涌现”这首作品的说明文字中，打开专辑就能看到，借此我也开始了解到声景不只是一种采录到的声音，甚至不只是一种创作。它也可以是一种研究方法，与邓恩的整体论可以说是相得益彰。声景把与它邂逅的世界当成一个整体来看待。而这与一般的科学调查方式大不相同，因为科学研究的方法起点，就得先孤立研究对象。既然方法不同，结果当然也就相差甚远，没什么好奇怪的。有些东西从这种全貌观中浮现了，而对此，我们可不能装聋作哑。

6

大卫·邓恩对我说："长久以来大家都是见树不见林。"他创作声景的目标是为了恢复听众的感官，让他们能倾听自然世界的声音，刺激他们把往日那些早已不见的敏锐度给找回来，帮助他们与其他生物建立起更为亲昵的关系。但气候变化也带来了进一步的改变。因为森林大量垂死，责任的迫切问题又再次浮现。跟许多亲身经历那次灾害，而且必须面对后果的人一样，他发现自己有一股难以抗拒的强烈欲望，总是想要做有实际效果的事情，如他所说，"借此减少自己内心的悲怆与沮丧感。"

贻贝松大量死亡的现象并非特例。过去几十年来，较冷地带因为温度升高，造成昆虫随之入侵。甲虫、蚊子、壁虱与其他昆虫成群出现，侵袭很快，而且具有惊人的适应力。它们善用新的环境条件，拓展新的栖息地，为各地带来惊人后果。一个广为人知的负面影响，是在一些没人预料得到的高纬度或者地势较高地区出现了昆虫传染的疾病，例如在瑞典与捷克共和国出现莱姆病，西尼罗河病毒（West Nile virus）在美、加现身，登革热也往北边移动，甚至有病例出现在得州，而东非高原地区则沦为疟疾灾区。[12] 此外，西伯利亚、阿拉斯加与加拿大的极地森林、美国西南部的针叶林与美国中西部、东北部的温带森林也都出现前所未见的大量树木死亡现象。

尽管各地的细节不同，但却可以看出一个清楚的模式。虽然过去千百万年来植物与昆虫始终维持着共同进化的关系，但因为各地冬天、夏天的气温升高，降雨降雪量减少，再加上结冻期缩短，双方的关系已经失衡。动物的适应速度远快于树木。甲虫的生活步调变快：它们的食量变大，成长速度更快（有些物种只需一年就可以长为成虫，而非原先的两年），繁殖速度加快，存活时间也拉长了。它们的数量暴增。

树木经历旱灾和虫灾的双重威胁大量死去。

树木也遇到同样的情况，气温变高，雨量降低，但树木承受不了那种压力。随着旱灾灾情加剧，它们的新陈代谢紊乱，防御能力也变弱。过去不知多少世代以来它们早已建立起一个生存策略，也就是逐步从温度较高的地区迁出，但这过程实在是太慢了。过去的时间架构已经完全乱掉，森林就此瓦解。树木的唯一生路就是逃往那些对于昆虫比较不利的生存环境，但根本来不及，树木已经大量死去。

结果造成了各种严重灾害。自从20世纪90年代初期以来，云杉八齿小蠹虫（spruce bark beetle）在阿拉斯加极地造成大量树木死去，面积高达2670万亩。同一时期，中欧山松大小蠹（mountain pine beetle）已经迁居加拿大不列颠哥伦比亚省的2亿亩林地，也在美国蒙大拿州、科罗拉多州北部与怀俄明州南部造成严重林害。长期下来，我们不难预见一幅末日景象。见微知著，光从北美的一个地区就能看到整个大陆都会被小蠹虫入侵，从不列颠哥伦比亚省到拉布拉多地区（Labrador），然后往南一路蔓延到得克萨斯州东部的森林。[13]

与大卫·邓恩进行合作的加利福尼亚州大学物理学家詹姆斯·克拉奇菲尔德（James Crutchfield）是非线性复杂系统的专家，根据他们俩的描述，这种现象就是所谓“生物发展模式的同步化失调”（desynchronization of biotic developmental patterns）。[14]根据声景的逻辑，他们想出一个新的科学研究计划，与《树木的光明之声》可说有异曲同工之妙，两者都不是用观看的方式来研究气候变化，而是用聆听。

过去几十年来，昆虫行为学的研究方法向来是以化学生态学为王道，也就是着重于研究化学因子（chemical cue）对于生态互动有何影响。托马斯·埃克斯纳（Thomas Eisner）是此领域的先驱，也是公认的大师，他毕生与昆虫为伍，在他那本引人入胜的书里面记录了许多发现。例如，放屁虫（bombardier beetle）在遭受威胁时就会排放出灼热的苯醌。女巫萤属（Photuris）的雌性萤火虫有吃另一种雄性萤火虫的习惯，为的是取得某些具有防御功效的化学物质。美艳的雌性响盒蛾（utetheisa ornatrix）能分辨出信息素的浓度高低，往往选择浓度最高者为性伴侣。叶蜂幼虫与草蜢遭遇攻击时会吐出有毒物质。艾斯纳说得很清楚，此类案例似乎无穷无尽，因此这可说是个充满无限可能的研究领域。[15]

事实证明，化学生态学的确是极其丰富的昆虫研究领域。特别是巨大的能量被注入到 3 种化合物的工作中：在同种类的昆虫之间，信息素对于它们的行为与心理发展有很大影响（例如对于交配与群居的影响）。利己素（allomone）是某物种用来保护自己，对付另一物种的利器（例如放屁虫喷出来的防御性毒素）。利他素（kairomone）则是某一物种排放出来后会对另一物种带来好处（分泌物就是一个例子，松树的树皮受伤，排放出单松烯类分泌物，偶然之间引来了寄生虫或掠食者）。

毫无疑问地，生物生态学的确可以用来解释很多现象，它所描述的昆虫世界是如此错综复杂，令人诧异。尽管如此，大卫·邓恩告诉我，这种学说还是无法阻止小蠹虫往北方的森林蔓延肆虐。在害虫控制方面，它所提供的主要工具就是信息素诱虫盒（其功能是诱骗小蠹虫，扰乱其行为）与杀虫剂，但事实证明都是无效或者不切实际的。尽管人们做了千百份研究报告，秘而不宣的研究经费数以百万计，但小蠹虫未曾停下它们的脚步。

7

听啊。它们来了，那声音如此喧闹清楚。那些吱嘎声响来自于混点齿小蠹。雌蠹虫的后脑勺有一个又小又硬的梳状器官，也就是所谓的发音器（pars stridens），它们用来摩擦位于前胸上端边缘的前缘鬃（plectrum）。雄蠹虫也会发声，但没有人知道它们如何办到。

小蠹虫的发声器官结构是很重要的。那些声音的功能也是。我们可以把小蠹虫这种昆虫当成社会性的昆虫，但并非像蜜蜂那种真社会性昆虫：除了能建造出精致的蜂窝，还有明确的分工。这是一种广义的社会性：它们有群居的习性，锁定目标后整批移居树上，而且会调整栖息地之间的距离，避免住得太过密集，有一些小蠹虫则会群居在窝里。如果不能彼此沟通，肯定不会出现如此复杂的合作行为。

过去，人们在研究小蠹虫的互动时往往聚焦在化学信息，声音只是次要的。[16] 未曾有人发表论文，阐述小蠹虫是怎样听见彼此发出的声音，还有它们有何听觉器官，这病征般地反映出昆虫学研究上对声音的忽视。[17]

但是，如果邓恩与克拉奇菲尔德的主张真的对呢？也就是说，小蠹虫之所以会受到那些比较脆弱的树木吸引，不只是因为先发现那些树的雄性蠹虫发出信息素，也不只是因为那些树从伤口排放出含有利他素的树脂，或许同时也是因为雄性蠹虫所制造出的生物声学线索（bioacoustic cue），例如气蚀效应发生时树木内部气泡破掉而发出的轰隆声响。我们是否能暂时假设，小蠹虫跟许多种类的蝴蝶、飞蛾、螳螂、蟋蟀、草蜢、苍蝇与脉翅目（Neuroptera）昆虫一样，也听得到频率是超声波的声音？从贻贝松内部如此丰富的声音世界看来，的确如此。此外也可以印证这一点的，还有近年来许多昆虫学研究——拥有听觉的昆虫远比我们原以为的还多。[18]

事实上，在我进入贻贝松里面与那些小蠹虫相处片刻，融入它们的世界以后，有两件事让我越来越觉得不可思议：为什么几乎没有人针对小蠹虫的生物听觉信息进行研究？为什么有人认为树里面那些互动性强烈的声音只是随意发出的？仔细检视贻贝松的声景之后，邓恩与克拉奇菲尔德发现："我们认为蠹虫之间具有群体性的行为包括树木的选择、联合攻击、求偶、争夺地盘与挖掘雌雄蠹虫共居的洞穴，但是即便在这些行为早已结束之后，还是可以听到它们持续制造出各种各样的声音信号。""在那些已经完全被蠹虫占据的树木里，"他们写道，"那些发声的行为，那些唧唧声响与咔嗒咔嗒的声音可以持续几天甚至几周，即便其他行为显然早已结束了。"这有何意义？他们的推断很谨慎，但也很重要："这些观察结果意味着小蠹虫的社会组织远比我们先前所猜想的还要复杂细腻，那是一种需要通过声音与物体（如通过植物、树木或土壤）内部振动（substrate vibration）进行沟通，才能够维持下去的组织。"[19]

通过近年来的研究，哥伦比亚市密苏里大学（University of Missouri-Columbia）的雷金纳德·科克罗夫特（Reginald Cocroft）与他的团队挖掘出另一个问题。科克罗夫特发现，昆虫的声音世界实际上更为多元化，大卫·邓恩录到的那些低频与超音速的空气音只是其中一种元素而已。那些以植物为栖息地的大量昆虫似乎也会利用它们的生活环境来进行非声音性的振动。“某些对于振动非常敏锐的物种，”科克罗夫特与拉斐尔·罗德里格斯（Rafael Rodríguez）写道，“不但会通过监控振动来掌握掠食者的动静，同时也会在生活环境中取材，通过振动来与同物种的其他昆虫沟通。”昆虫可以通过振动植物的根茎叶来传达有意义的信息，而且传到很远的距离外（以石蝇为例，最远可以达到8米）。由于不再受限于通过空气音沟通的物理条件，当它们借由振动发出低频信号时，能模仿那些体形远比它们庞大的昆虫，以达到恐吓阻掠食者的效果。某些昆虫则是利用振动来召唤同伴，表示它们找到了高质量的食物来源，切叶蚁就是一个例子。其他动物，像是龟金花虫（tortoiseshell beetle）的幼虫，则是借由发出振动信号来沟通协调，组成防御的阵形。还有其他昆虫，例如一种叫作刺蝽（thorn bug）的半翅目昆虫，如果受到威胁时就会一起发出危急信号，召唤它们的母亲。同时，掠食者当然也会“窃听”振动信息，借此发现猎物的位置[这可以用来说明某些昆虫所具有的“隐秘振动”（vibrocrypticity）特色，它们“移动速度缓慢无比，几乎不会在生活环境中造成振动，所以才能悄悄经过蜘蛛，不会遭受攻击”]。会发出振动信号的昆虫实在是种类繁多，而且信号种类千奇百怪，“令人惊叹不已。”[20]

让我们以不同方式重新想象声景的样貌。就从那些繁忙、嘈杂而充满音乐性的能量开始，进一步用各种感官去关注。而且我们不该局限于多种感官样态，也要接受跨感官样态的可能性：因为这些昆虫的感官跟人类的感官没两样，个别的感官有其作用，而不同感官的组合还能传递更多信息。

没错，昆虫的世界是个嘈杂的世界，它们不断制造出各种声音，砰砰砰，咔嗒咔嗒，吱吱嘎嘎，叽叽喳喳。

没错，那也是个可以通过振动来沟通的世界：它们是如此敏感，甚至会被微风惊动，一阵暴雨就能毁了整个世界，或把它们都淹死。

没错，那也是个充满化学物质的世界：它们可以持续排放出各种不可思议而复杂的诱引剂、忌避剂、药剂、毒素与有伪装效果的化学物，充分展现出令人咋舌的创意。

没错，就像冯·弗里希的那些蜜蜂一样，这些昆虫也有很亲密的身体关系：它们彼此触摸、接触，分享各种物质，它们的世界里也充满了各种视觉信息。

那是一个互动性很强的世界，在那个地景中，许多相同物种或不同物种的昆虫彼此有所关联，也会相互沟通。

仔细听。你听得见吗？通过声景，我们可以试着去探索一个更宽广、更丰富的世界。

8

但是，那声景除了是树中生物的声音之外，也是灾祸之声。邓恩与克拉奇菲尔德表示，那些小蠹虫的嘈杂声不只是全球暖化的征兆，同时也是原因。邓恩与克拉奇菲尔德认为，森林生态是一种控制论式的反馈回路（cybernetic feedback loop），因为气候变化而加速运转。那些

小蠹虫的嘈杂声是全球暖化的征兆。

昆虫持续应变成功，数量大增，也因此打破了原有生态系统的平衡状态。由于小蠹虫在树木大量死亡的过程中扮演关键角色，而死亡后的树木会将成长时储存的碳全部释放出来，它们被邓恩与克拉奇菲尔德视为“昆虫引发的气候变化”（entomogenic climate change）的加速器。[21]

这是个引人入胜的洞见。但事实上，对于小蠹虫与其他各种可以咬穿树皮的昆虫来讲，这种说法可能与先前的说法没什么差别。在北美各地许多树木大量死亡后，对于“蠹虫必须为此负责”的说法，几乎没有人会有异议，而它们的行为也被当成“虫灾”与“入侵”（与这种焦虑情绪相似的是，我们对于外来移民也都保持着根深蒂固的恐惧态度），人们也致力去灭虫。

仔细听。这些声音引来了复杂的响应。树木内部的生态是如此美丽丰富，韧皮部中有各种音乐。那是一个完备独立的世界，对外界漠不关心，里面的声音预示着严重灾祸。那些小蠹虫都是沟通高手，它们的“周遭世界”高度社会化。我们不该与它们为敌。我们的国家打着生物安全问题的大旗，广设陷阱，起用树木专家，开设种种课程来教育大众，在各个州郡采取检疫措施，但几乎都没有用。我们都知道，第一个说出“哪里有压迫，哪里就有反抗”这句名言的，是毛泽东。不过他并非因为观察了昆虫才会说出这句话。但我们倒是可以把这句话应用在自然界。早在 25 年前，挪威人与瑞典人为了阻止云杉八齿小蠹虫入侵森林，用信息素诱虫盒抓到了 70 亿只蠹虫。[22] 在那 70 亿只之后，还是不断有蠹虫入侵。这压迫策略显然无效。我们必须找出某种能与昆虫共生的方式，某种与它们交朋友的方式。

1 David Dunn, *The Sound of Light in Trees* (Santa Fe: The Acoustic Ecology Institute and Earth Ear, 2006).

2 John A. Byers, "An Encounter Rate Model of Bark Beetle Populations Searching at Random for Susceptible Host Trees," *Ecological Modeling* 91 (1996): 57-66.

3 Dunn, *The Sound of Light in Trees, CD liner notes*; David Dunn and James P. Crutchfield, "Insects, Trees, and Climate: The Bioacoustic Ecology of Deforestation and Entomogenic Climate Change," *Santa Fe Institute Working Paper* 06-12-XXX, available at: http://arxiv.org/q-bio.PE/0612XXX; W.J. Mattson and R.A. Hack, "The Role of Drought in Outbreaks of Plant-eating Insects," *BioScience* 37, no. 2 (1987): 110-118.

4 David D. Breshears, Neil S. Cobb, Paul M. Rich, Kevin P. Price, Craig D. Allen, Randy G. Balice, William H. Romme, Jude H. Kastens, M. Lisa Floyd, Jayne Belnap, Jesse J. Anderson, Orrin B. Myers, and Clifton W. Meyer, "Regional Vegetation Die-off in Response to Global-change-type Drought," *Proceedings of the National Academy of Sciences* 102, no. 42 (2005): 15144-15148.

5 Dunn and Crutchfield, "Insects, Trees, and Climate" .

6 关于声景与声音生态学的基本主张，请参阅：R. Murray Schaffer, *The Soundscape: Our Sonic Environment and the Tuning of the World* (Rochester, VT: *Destiny Books*, 1994). 根据薛佛的定义，声音生态学研究的是“声音环境如何造成……环境中生物的身体反应或者如何影响它们的行为特色”（271），而通过此主张看来，声音生态学与生物科学可说是密不可分。

7 Steve Feld and Donald Brenneis, "Doing Anthropology in Sound," *American Ethnologist 31*, no. 4 (2004): 461-474, 462; Steven Feld, "Waterfalls of Song: An Acoustemology of Place Resounding in Bosavi, Papua New Guinea," in Steven Feld and Keith Basso, eds., *Senses of Place* (Santa Fe, NM: School of American Research Press, 1996), 91–135.

8 关于低频音与超声波声音如何转变成听得见的振动声响，请参阅以下这本书的精彩说明：*Stefan Helmreich's Alien Ocean: Anthropological Voyages in Microbial Seas* (Berkeley: University of California Press, 2009).

9 请参阅：Andra McCartney, "Alien Intimacies: Hearing Science Fiction Narratives in Hildegard Westerkamp' s *Cricket Voice* (Or 'I Don' t Like the Country, the Crickets

Make Me Nervous')," *Organized Sound 7* (2002): 45-49.

10 关于"具象音乐"，请参阅：Pierre Schaeffer, "Acousmatics," in Christoph Cox and Daniel Warner, eds., *Audio Culture: Readings in Modern Music*, (New York: Continuum, 2004), 76–81。声音生态学与具象音乐之间还有一个关键的差异：具象音乐认为声音本身就是完整自足的实体，不用顾及其来源。我们显然可以看出这个观念与当代流行音乐（例如嘻哈音乐等）之间存在着某种复杂关系。

11 David Dunn, "Chaos & the Emergent Mind of the Pond," on *Angels & Insects* (*EarthEar*, 1999)；转引自 CD 唱片的说明文字。

12 Doug Struck, "Climate Change Drives Disease to New Territory," *Washington Post*, Friday May 5, 2006, A16; Paul R. Epstein, "Climate Change and Public Health," *New England Journal of Medicine 353*, no. 14 (2005): 1433-1436；Paul R. Epstein and Evan Mills, eds., *Climate Change Futures: Health, Ecological, and Economic Dimensions* (Boston: Harvard Medical School/UNDP, 2006). 根据一份非常仔细的研究指出，此强调因果关系的解释方式聚焦在气候变化上，但忽略了一些对于昆虫传染病来讲很关键，但是能够加以改善的社会因素（例如，健康照护、贫穷、抗药性与都市发展），请参阅：Simon I. Hay, Jonathan Cox, David J. Rogers, Sarah E. Randolph, David I. Stern, G. Dennis Shanks, Monica F. Myers, and Robert W. Snow, "Climate Change and the Resurgence of Malaria in the East African Highlands," *Nature 415* (2002): 905-909.

13 数据引自：Dunn and Crutchfield, "Insects, Trees, and Climate," 3, citing Dan Jolin, "Destructive Insects on Rise in Alaska" *Associated Press*, September 1, 2006；Doug Struck. " 'Rapid Warming' Spreads Havoc in Canada's Forest: Tiny Beetles Destroying Pines," *Washington Post Foreign Service*, March 1, 2006；Jerry Carlson and Karin Verschoor, "Insect invasion!" *New York State Conservationist*, April 26–27, 2006；Jesse A. Logan and James A. Powell, "Ghost Forests, Global Warming, and the Mountain Pine Beetle (Coleoptera: Scolytidae)," *American Entomologist* 47 (2001): 160–173. 也可以参阅：Jim Robbins, "Bark Beetles Kill Millions of Acres of Trees in West," *New York Times*, November 18, 2008, D3. 上面这篇文章陈述了另一个论点："因为到目前为止火灾都被控制住，所以森林里所有树木大致上树龄都相

同，所以才够高大，足以容纳甲虫。”想了解山松大小蠹，可另外参考：Robbins, “Some See Beetle Attacks on Western Forests as a Natural Event,” *New York Times*, July 6, 2009.

14 Dunn and Crutchfield, “Insects, Trees, and Climate,” 4.

15 Thomas Eisner, *For Love of Insects* (Cambridge: Harvard University Press, 2003).

16 相关概述请参阅：David L. Wood, “The Role of Pheromones, Kairomones, and Allomones in the Host Selection and Colonization Behavior of Bark Beetles,” *Annual Review of Entomology* 27 (1982): 411-446；John A. Byers, “Host Tree Chemistry Affecting Colonization in Bark Beetles,” in Ring T. Cardé and William J. Bell, eds., *Chemical Ecology of Insects 2* (New York: Chapman and Hall, 1995), 154-213.

17 Dunn and Crutchfield, “Insects, Trees, and Climate,” 8.

18 Jayne Yack and Ron Hoy, “Hearing,” in Vincent H. Resh and Ring T. Cardé, eds., *Encyclopedia of Insects* (New York: Academic press, 2003), 498-505.

19 Dunn and Crutchfield, “Insects, Trees, and Climate,” 10.

20 Reginald B. Cocroft and Rafael L. Rodríguez, “The Behavioral Ecology of Insect Vibrational Communication,” *Bioscience 55*, no. 4 (2005): 323-334, 331, 323.

21 Dunn and Crutchfield, “Insects, Trees, and Climate,” 10.

22 Ibid., 7.

X

书中逸事

Ex Libris, Exempla

你所不知道的昆虫那些事

超越 Excess

1934 年 12 月 26 日。在超现实主义的历史上，这天发生了一件大事。在巴黎的某一间咖啡厅里，安德烈 · 布勒东（André Breton）与新秀作家罗杰 · 凯洛斯（Roger Caillois）为了两颗墨西哥跳豆而争论了起来。

---

3 年后，凯洛斯与其他两位超现实主义异议分子，也就是乔治 · 巴塔耶（Georges Bataille）与人类学家米歇尔 · 雷里斯（Michel Leiris）一起创办了社会学学院（Collège de Sociologie）。巴塔耶是个充满领袖魅力的作家，他成立了一个叫作“无头身体”（Acéphale）的秘密组织，成员不多，凯洛斯是其中之一，但参与得并不积极。据说这组织主张以人类献祭，也在成员里面找到几个自愿当祭品的人，只是没有人愿意下手。[1] 再过两年，因为纳粹占领了法国，凯洛斯前往阿根廷避祸。9 年后他开始进入联合国教科文组织工作，成为一个文化官僚。23 年后，他获选为法兰西学院院士。这一路走来他写过很多博学又有独到见解，但没多少人记得的书，内容都是一些奇怪的主题，而昆虫在其中占有特别的一席之地，尤其是螳螂、提灯虫（lantern-fly）与其他擅于拟态的物种。

---

12 月 27 日那天，当时年仅 21 岁的凯洛斯也许还在宿醉，他写信

给布勒东，表示要与超现实主义决裂。“原本我曾希望，”他写道，“我们的立场可以不要有那么大的差异，但经过昨晚的一席对谈后，我的希望落空了。”[2]

———

那神秘的跳豆正安坐在他两人面前的桌上。跳豆为什么会跳？难道里面暗藏某种奇怪而悬疑的生命原力，才会偶尔不规则地抽动？凯洛斯拿出刀来，想要剖开跳豆。就年纪而言，当时才被逐出法国共产党的布勒东的年纪几乎是他的两倍，是法国知识界的要角，还曾经写过几篇超现实主义运动的宣言。布勒东命令他停手。

他们都知道每颗豆子里面有一只跳豆小卷蛾（Laspeyresia saltitans）①的幼虫，因为虫子在空心的豆子里抽动，才叫作跳豆。但布勒东不想用这种方式确认。凯洛斯写道，“你说，用刀一剖，那神秘现象就被毁了。”[3]

———

凯洛斯把这件事描绘为诗歌与科学之间的争论。但即便是在当时，他所谓的科学还是非常具有诗意的。他在信中写道，他认为当代世界最大的特色在于，“人们看不出某些事其实是显而易见的”，因此

① 跳豆小卷蛾：本种在生物分类上已被处理为是 Cydia deshaisiana (Lucas, 1858) 的同物异名，故现行学名组合是 Cydia deshaisiana。

被剖开的跳豆小卷蛾。

"一切变得混乱无比"，而这也是最需要解决的问题。[4] 他认为混乱召唤着科学家的系统性研究。然而他想发展的并非一般的科学，而是他所称的"对角线科学"（diagonal science）①，也就是一种"超越知识的科学"，他的科学里面也包括了"一般科学不想了解的东西"。[5] 他在写给布勒东的信里面表示，揭露跳豆里的幼虫并不会毁掉那个神秘现象，因为"我们眼前的奇迹并不惧怕知识，反而会因为知识而蓬勃兴旺"。[6]

•

① 对角线科学：这是一种激进的分类学，主张通过模拟和呼应、可见和不可见的事物、所有类型的调查过程（科学、诗歌、美学等），将原本相异的动物和植物归类在一起。

———

自然世界里处处是奇迹。画家兼探险家玛丽亚·西比拉·梅里安就在苏里南发现了一个奇迹。她发现，学名为 Laternaria phosphorea（拉丁美洲磷光体）[①] 的提灯虫可以发出很亮的光，“就算书籍字体跟《荷兰双周报》（*Gazete de Hollande*）里的字一样小”，[7] 也看得清楚。但事实上她错了：提灯虫并不会发出（磷）光。这个诡奇的误解却通过拉丁学名与提灯虫牵连 100 多年，直到后来提灯虫才被改名为 Fulgora laternaria（南美提灯蜡蝉）。凯洛斯主张，这是因为提灯虫的外观，尤其那个灯箱似的头部，使梅里安过于惊讶，因此她才会不自觉地以另一个不相关的奇怪现象（昆虫会发光）来解释眼前的现象。

———

提灯虫的确是一种惊人的动物。跟螳螂一样，世界各地都有关于它们的神话、故事与传说。曾在亚马孙盆地居住十一年的英国博物学家亨利·沃尔特·贝茨（Henry Walter Bates）是许多事物的发现者，其中一种蝴蝶的拟态行为是达尔文在提出“物竞天择”理论时的重要例证，同时他也曾转述过当地许多关于提灯虫的传说，甚至表示河面上的提灯虫会攻击并且杀死人类。贝茨表示，提灯虫在当地方言中被称为“鳄鱼头”，因为那种虫的头部有一个长长的吻，看似鳄鱼口鼻。[8] 提灯

① Laternaria phosphorea：本种在生物分类上已被处理为是 Fulgora laternaria (Linnaeus, 1758) 的同物异名，故现行学名组合是 Fulgora laternaria。

虫的脸部以下就像是个空盒，它们会“精确地模仿鳄鱼头，”凯洛斯写道（不过，从生物地理学的角度看来，他的描述并不精确），“颜色与花纹让人误以为看到有力的鳄鱼嘴和粗暴的牙齿”。这种视觉效果“如此荒谬甚至可笑”，但却没人能否认。[9]这种栖息于树木之间的小虫居然看似鳄鱼头，因而如此吓人，真是一件怪事。

———

凯洛斯主张，自然界“有一套吓人外观的固定剧目”，几种原型，而无论鳄鱼或提灯虫的吓人外表都是从那些原型而来。拟态的重点不是要让自己消失，把自己凭空变不见。更常见的状况是某种重现的能力，让自己突然以另一种面貌出现，就像戴上了海达族（Haida）印第安人的面具一样，产生威吓的效果。螳螂就常常突然凭空出现，在猎物面前高高矗立着，露出那两只吓人的大眼睛，发出邪恶的声音。猎物就此定住不动，像瘫痪或被催眠，没办法从螳螂面前逃走，这让螳螂看似“具有超自然力量，仿佛并非现实世界的一部分，而是来自另一个世界”。[10]

提灯虫也是一样。除了那个“看似很大，其实很小的”鳄鱼般“假头”之外，凯洛斯辨认出它还有另一个头，“就是寻常昆虫的头”，“上面有两个黑黑亮亮，几近微小的点，是它的眼睛”。[11]那鳄鱼脸是个面具，跟萨满巫师戴的面具有异曲同工之妙，效果与方法一样。提灯虫的行径就像是个“施咒者，一位魔法师，一个擅用面具的人”。[12]

———

凯洛斯很喜欢收集大大小小的石头。到了晚年，他出版了《石头之书》（*The Writing of Stones*），书里面有很多精美插图，每一张都是他精选的收藏品照片，而他用来描述那些石头的文字则充满个人风格，融合了理性的生物学描述与模拟性的诗意。他因为拟态特性而迷恋昆虫，同时他也在石头上面发现那种特性。就像昆虫的拟态行为相似于魔法师的显著特色，动物身上的模仿性纹饰与萨满巫师的面具有一样的功效，猫头鹰蝶（caligo butterfly）翅膀上的眼睛状花纹让人联想到邪恶之眼（凯洛斯表示，“在整个动物王国里，那眼睛是最能让人入迷的东西”）。而同样地，凯洛斯所收藏的那些奇石（“除了那些石头之外，各种植物的根、贝壳、翅膀，还有大自然的所有密码与创造物也都一样”）与人类的艺术品具有相同的“普遍语法”，借此与“宇宙的美学”有所关联。[13]

科学思考的第一步总是先将事物分门别类，凯洛斯的世界则相反，它总是逸出那些分类。那是一个所有边界全都消解的世界，没有我他之分，也不必区别什么是身体，什么是动物、蔬菜与矿物。一切都融合于天地之间。在他最有名的一篇散文里，凯洛斯引述了福楼拜小说《圣安东尼的诱惑》（*The Temptation of St. Anthony*）最后狂喜的段落，借此展现一种“令隐士折服的普遍拟态奇观”。

“植物与动物不再有所区别……昆虫与树丛中的玫瑰花瓣没有两样……而植物与石头也被搞混了。岩石看来像大脑，钟乳石仿佛胸部，铁矿矿脉宛如带有人物纹饰的挂毯。”

凯洛斯写道，安东尼想要从自身抽离出来，“完完全全与万物同在，渗入每个原子里面，下沉到物质的底层，成为物质”。[14]

碧玉与玛瑙的光滑表面看来墨色氤氲，色彩鲜明，它们可以把凯洛斯带到那个境界。一只被激怒的飞蛾，一只突然站起来的螳螂，还有一只提灯虫也都可以。“谁说昆虫没有魔法？”他写道，“任何人都不该说这种话。”[15]

勒索 Exaction

圣方济教士兼编年史家胡安·德·托尔克马达（Juan de Torquemada）在如今被称为墨西哥市的地方撰写史书，描述了一件发生在1520年的事：埃尔南·科尔特斯（Hernán Cortés）征服阿兹特克帝国后，帝国统治者蒙特祖马二世（Moctezuma Ⅱ）被囚禁在自己的宫殿里，征服者科尔特斯允许手下在皇城里四处探查。托尔克马达写道，西班牙人搜出很多东西，其中有几个小袋子，刚看到时他们以为里面装的是金粉。

把袋子割开后，那些西班牙人发现里面并非金粉，而是许多虱子，为此失望透顶。根据托尔克马达的说法，故事主角是科尔特斯手下的两个副官，而那一袋袋虱子则反映出阿兹特克人对于他们的君主怀抱着非常强烈的责任感：即便是没有东西可以奉献的穷苦老百姓也会献出虱子。[16]

托尔克马达表示，发现袋子的人之一是乌拉巴城（Urabá）总督阿隆索·德·奥赫达（Alonso de Ojeda），他的统治手段残暴，声名狼藉，而且在哥伦布第二次前往西印度群岛时，他曾是船上人员之一。但事实上奥赫达早在五年前就已经去世了：当时卡塔赫纳（Cartagena）的印第安人把他的部队击溃，后来他在返回圣多明各（Santo Domingo）时死于船难。托尔克马达在写书时已经与那事件相隔一世纪，如果他误以为发现袋子的人是奥赫达，或许他也把其他细节给搞错了？

———

在这个故事的另一个版本中，蒙特祖马二世征召了一些老人，要他们设法把虱子弄进宫殿。因为那些老先生、老太太没办法干更粗重的活，他们奉命造访邻居的屋舍，帮邻居除虱，然后把抓到的虱子带到阿兹特克都城特诺奇提特兰（Tenochtitlan）。在1931年于梵蒂冈发现的1552年《阿兹特克法典》中，我们可以看到全美洲历史最悠久的医疗文献，里面记录了各种原住民的草药配方，是用来治疗头虱、虱病（虱子寄生在眼睫毛上）与“虱瘟热”（lousy distemper）。有鉴于此，老人捕抓虱子之举有可能是该帝国的公共卫生措施之一。[17]

———

阿兹特克帝国西南方的远处，印加帝国的统治者怀纳·卡帕克（Huayna Capac）正在巡视帝国境内各地。他来到帝国边境军事基地帕斯托[（Pasto）位于今天的哥伦比亚与秘鲁的边界附近]，在那里监督防御工程，并且向当地的领导人指出，因为把大量财力都投注在他们的福利事业上，因此帝国现在已经负债累累。根据印加帝国编年史的最重要作者之一，也就是来自西班牙的佩德罗·德·西耶萨·德·莱昂（Pedro de Cieza de León）表示，当地显贵的答复是，他们完全没办法缴纳那些新规定的赋税。

怀纳·卡帕克打定主意，要让这些帕斯托的权贵们搞清楚自己的处境，于是发布命令："当地每位居民每4个月都要上缴一大篮活的虱子。"西耶萨·德·莱昂说，当地的贵族们听到此指令时，全都哈哈大笑。但很快他们就发现，无论他们怎样努力抓虫，就是没办法依规定用虱子把篮子装满。西耶萨·德·莱昂写道，随后怀纳·卡帕克为帕斯托提供绵羊，没过多久当地人就开始向帝国首都库斯科（Cuzco）进贡羊毛①与蔬菜。[18]

———

此时，为了不想被印加帝国征服，乌鲁族（Urus）族人则逃往更南方的的的喀喀湖（Lake Titicaca），定居在湖面上，以那些用芦苇编织而成的小小漂岛为家。（那些人工小岛与岛上的住家如今已经成为当地吸引观光客的主要景点。）根据许多编年史作者的说法，印加人把乌鲁族当成非常低贱的民族，因此用印加语里面的"蛆虫"一词来称呼他们。那些编年史里面也记载着印加人向乌鲁族强征虱子，只因印加人

① 进贡羊毛：帕斯托的贵族以为抓虱子易如反掌，没想到事情并不如想象中顺利。于是，他们很快便接受帝国政府提供的牲畜：羊群，并且愿意养羊、进贡羊毛，因为与抓虱子相较，这样做容易多了。

认为他们只配用那种东西来纳贡。[19]

———

在哥伦布时代以前的历史中，无论是瓦里（Wari）、玛雅（Maya）、米斯特克（Mixtec）、萨波特克（Zapotec），还是其他任何帝国，都不曾像前述的阿兹特克与印加帝国那样，留下这一类历史记录。不过，史料本来就常常少得可怜。然而，据说玛雅人曾经在打仗时利用昆虫造成敌军军心大乱：他们用于攻击敌军的“昆虫炮弹”并非以虱子为材质，而是蜂窝，里面还有活生生的黄蜂。[20]

流放 Exile

广西柳州地势多山，唐代大诗人兼哲学家柳宗元曾寄居当地偏远乡间，在那里留下一些描述蝶角蛉（owlfly）幼虫的文字。

———

蝶角蛉是一种古老的生物。曾有人在多米尼加共和国发现一颗4500多万年以前的琥珀，里面就有蝶角蛉。[21]它们的成虫看似蜻蜓，但幼虫看起来却像蚁蛉的幼虫[蚁狮（antlion）]，椭圆形的身体是深褐色的，体外有甲壳，身长大约2.5厘米，大颚非常有力，长得像钳子。不过，蚁蛉幼虫会在沙土里设下浅浅的陷阱，趴在里面，等待蚂蚁或其他猎物掉下去，但蝶角蛉的幼虫却是把沙土铺在自己身上，形成保护色，借此匿踪。只有那一对巨大的大颚不会被盖起来，只要有昆虫靠近，一对钳子般的颚骨就收起来，困住猎物的身体，将其吸干。

———

柳宗元因为参加“永贞革新”，革新运动失败后在公元805年（唐顺宗永贞元年）遭流放，离开当时是唐朝首都的国际大城市长安（即现在的西安）。为柳宗元立传的陈弱水写道：柳宗元对长安这个“故乡”朝思暮想，但终究无法如愿返乡。[22]

被贬至永州（今湖南省永州市）后，柳宗元于公元809—812年（唐宪宗元和四年到七年）之间，完成“永州八记”，这些作品向来被评价为“开启了抒情旅行文学之先河”，在其中一篇《始得西山宴游记》中他写道：

自余为僇人，居是州，恒惴栗。其隟也，则施施而行，漫漫而游。日与其徒上高山，入深林，穷回溪，幽泉怪石，无远不到。到则披草而坐，倾壶而醉。醉则更相枕以卧，卧而梦。[23]

公元819年（唐宪宗元和十四年），柳宗元逝世，年仅46岁。五百多年后明朝开始出现了“唐宋古文八大家”的称号，他也名列其中。

柳宗元在去世那一年（公元819年）写下了《蝜蝂传》一文。他在文中描述了蝶角蛉的幼虫如何捕捉猎物，捉到后用“卬其首负之”的姿势来搬运猎物。

背愈重，虽困剧不止也。其背甚涩，物积因不散，卒踬仆不能起。人或怜之，为去其负。苟能行，又持取如故。[24]

———

在遭到流放的那些年，柳宗元曾通过《天说》一文来思考所谓“天”的本质与人类的责任，他在文中问道：假而有能去其攻穴者，是物也，其能有报乎？蕃而息之者，其能有怒乎？

对此，他的答案是：当然不能。他认为，事实上应该是“功者自功，祸者自祸”。此时他被流放到蛮荒之地已经是第 14 年，也是最后一年了。于《天说》中他最后写道：欲望其赏罚者，大谬矣……子而信子之仁义以游其内，生而死尔。[25]

灭绝 Extermination

纳粹败亡后，卡尔·冯·弗里希回到慕尼黑，再度担任动物学研究所所长一职。1947 年，他出版了一本叫作《十个小室友》（*Ten Little Housemates*）的科普小书，向一般读者传达他的观念：“即便是最讨人厌，最被鄙视的动物也有其美好之处。”[26]

———

他从家蝇开始介绍起（他说它们是“整洁利落的小动物”），然后是蚊子（他承认，“没有人喜欢他们”），还有跳蚤［“任何成年人若想跟跳蚤比拼弹跳能力，必须能够跳高大概 100 米，跳远大概 300 米……可以一口气从西敏桥（Westminster Bridge）跳到大本钟（Big Ben）顶端”］、床虱（“别忘了，从生命法则的观点看来，所有生物都是平等的：人类并未比老鼠高等，床虱也不比人类低等”）、虱子（“光靠前脚，任何一只虱子都可以举起比自己重200倍的东西，而且持续一分钟。它们根本就是比最强壮的运动员还要厉害；它们就像可以用双手举重150吨的人！”）、蟑螂（“它们是一个在这世界上源远流传的族群”）、衣鱼［“学名是lepisma saccharina，绰号‘甜食控’（sugar guest）。它们是对人无害的小小室友”］、蜘蛛（“令人吃惊的是，蜘蛛的结网技巧是一种本能，但却没有严格的系统性，不但各地的蜘蛛有不同的行为，每一只蜘蛛的特色也各不相同”）与壁虱（“雌性壁虱喜欢吸血，但有充分的理由，我们不该苛责它们。如果你必须生产几千颗虫卵，肯定也会想要好好吃一餐”）。

———

冯·弗里希把书中篇幅较长的几章之一献给他的第十种室友，也就是衣蛾（clothes moth）。他从毛虫开始写起。跟屎壳郎（dung beetle）一样，这种蛾的毛虫基本上也是靠腐食为生，以地球上数量庞大的但又没有用处的毛发、羽毛和毛皮为食物。与石蚕蛾（caddis fly）幼虫一样，衣蛾的幼虫会制作出一层“蓑衣”把自己保护起来，也就是把自己包裹在一条看似丝质的管状物体中，那物体仿佛一只迷你的厚袜子，材料来自于周遭世界的许多角质碎屑。吃东西时，幼虫会从管子里探头出来，在管子的开口四周觅食。等到附近的东西都吃光了，它就会设法把管子往毛屑堆里面移动。

毛虫很快就会完全长大了，离开那管子。成虫会挣扎着移动到一个新地点，让自己变成飞蛾后能够轻易飞走。也许是你祖母的毛皮外套的表面，或是你最喜欢的冬季毛衣上。一旦找到新家后，毛虫又在自己的身上编织出一套新的“蓑衣”，跟往常一样把自己包起来，准备结成虫蛹。

———

跟许多鳞翅目昆虫一样，衣蛾成体无法吃喝。变成蛾之后，它们只有短短数周的寿命，全靠毛虫时期累积的能量过活，过程中会减少

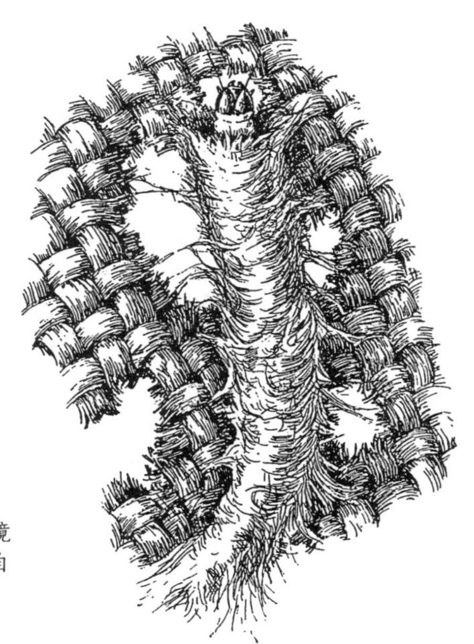

衣蛾的成虫找到适合生存的环境（毛衣或毛皮外套）后就会将自己结成虫蛹。

50%~70% 的重量。雌性衣蛾的体形笨重，因为它们最多会身怀 100 颗虫卵，所以不愿意高飞，白天都躲在暗处。冯·弗里希对于人们无知的暴力而感到又气又好笑，“若是有蛾在房间里飞来飞去，”他说，“不需要劳师动众全家追杀。因为那只是雄性衣蛾。它们的数量很多，事实上是雌性的两倍。如果只有几只雄性衣蛾被杀掉，是不会影响生育率的。”[27]

———

卡尔·冯·弗里希的小小室友们不仅令人叹为观止，而且每一位都有不同的特别之处。他费心探究那些昆虫生态的最为极端之处，向世人解释为什么会有那么多虫，描绘出它们生气勃勃的活动，拒绝夸大不实，赞扬它们的越轨之举。他的文字维持一贯的精确精神，除了描述自己做的那些实验之外，也扩及种种实际经验。他长篇大论地离题漫谈，往往找一些题外话来帮小虫的过量找借口，找理由辩护。尽管如此，在每章结束之处他总会推荐一些“根除”那些小小室友的妙方，也就是消灭它们的方法①。

家蝇该用捕蚊纸捕捉，或是毒杀。衣蛾容易受到石油环烷与樟脑影响。衣鱼可以用 DDT 杀虫剂来控制（“如果用量合理，同时遵照指示使用，这种杀虫剂并不会对人类或家畜造成伤害”）。虱子就该用氢

① 编者注：在作者的巧思下，原文里，这一段的动词、名词、形容词都是 EX 开头，呼应这章的英文篇名 Ex Libris, Exempla。

氰酸与其衍生物来控制，以蒸熏的方式大量毒杀（“那是战时制造出来的有用产品”）。如果是蚊子，就必须采用比较激烈的手段了：把它们的潮湿栖息地弄干，灌汽油进去，或是在它们繁殖的水池里养吃蚊子的鱼。蟑螂也应该用 DDT 来消灭。

“我怀疑昆虫会跟我们一样感到痛苦。”冯·弗里希说。他还说了一个故事来印证自己的诸多主张。此刻他回归到那些他挚爱的蜜蜂，也就是他成年后与之朝夕相处的小小同伴们。一开始他是这样写的：“如果你用一把锐利的剪刀把蜜蜂剪成两半，取一滴糖水，小心别惊动它，它还是会吃糖水”。[28]

他那平稳温和的叙述语调始终没有改变。罗杰·凯洛斯也碰到类似这样的状况：死亡、乐趣与痛苦三者狭路相逢的状况。但凯洛斯把自己贡献给另一种科学，忠于他的昆虫，“螳螂即便死了，应该还是有办法装死。不过，我想这一点不但很难言传，也无法意会，于是我刻意用一种迂回的方式来表达。”他在书中如此写道，借此试着说明螳螂的特殊力量。[29]

但蜜蜂只是持续喝着糖水而已，它似乎不会让我们联想到实验以外的问题。它似乎已经失去了魔力，它的“乐趣甚至还能延续下去（如果它感受得到的话），”冯·弗里希表示，“它不可能喝得饱，因为身体已经断了，不管它喝多少，都会从后面流出来，所以它反而有很长一段时间可以尽情享受那甜味，最后枯竭而亡”。[30] 这一切已经超乎动物的境界，全是他的肺腑之言。他尽情发挥、陈述与探究。蜜蜂排泄、呼气、死去。

但我们可别忘记，除了从知识的角度去了解各种奇妙的现象之外，其实知识也只是奇妙现象的一部分而已。还有，这世界上有人低估各种低贱的生物，但也有人深知那些低贱生物其实含藏了各种不同方面的力量。而且，有人拿死板的实验来研究动物，但也有人同情它们，设法免除它们的负担，只不过它们还是会很快地将那负担一肩挑起。

1 Claudine Frank, "Introduction," in Claudine Frank, ed., *The Edge of Surrealism: A Roger Caillois Reader* (Durham: Duke University Press, 2003, 28-31.

2 Roger Caillois, "Letter to André Breton," in Frank, *The Edge of Surrealism*, 84.

3 Caillois, "Letter to Breton," 85.

4 同上。

5 Denis Hollier, "On Equivocation (Between Literature and Politics)," trans. Rosalind Krauss, *October* vol. 55 (1990): 3-22, 20.

6 Caillois, "Letter to Breton," 85.

7 Maria Sibylla Merian, *Dissertation sur la genération et la transformation des insectes de Surinam* (The Hague: Pieter Gosse, 1726), 49. 转引自：Roger Caillois, *The Mask of Medusa*, trans. George Ordish (New York: Clarkson N. Potter, 1964), 113。

8 On Bates, see my *In Amazonia: A Natural History* (Princeton: Princeton University Press, 2002).

9 Caillois, *The Mask of Medusa*, 118-120.

10 Caillois, *The Mask of Medusa*, 104.

11 Caillois, *The Mask of Medusa*, 117.

12 Caillois, *The Mask of Medusa*, 121.

13 Roger Caillois, "Mimicry and Legendary Psychasthenia," trans. John Shepley, *October* vol 31 (1984): 16-32, 19; Roger Caillois, *The Writing of Stones* (Charlottesville: University Press of Virginia, 1985), 2,3, 104.

14 Gustave Flaubert, *The temptation of Saint Anthony* (1874)，引自 Caillois, "Mimicry and Legendary Psychasthenia," 31.

15 Caillois, "Mimicry and Legendary Psychasthenia," 27.

16 Hans Zinsser, *Rats, Lice and History: Being a Biography, Which After Twelve Preliminary Chapters Indispensable for the Preparation of the Lay Reader, Deals With the Life History of Typhus Fever* (Boston: Atlantic Monthly Press/Little, Brown, and Company, 1935), 183.

17 请参阅：William Gates, ed. and trans., *An Aztec Herbal: The Classic Codex of 1552* (New York: Dover, 2000).

18 Pedro de Cieza de León, *The Second Part of the Chronicle of Peru , trans*. Clements R.

Markham (London: Hakluyt Society, 1883), 219, 51.

19 Virginia Sáenz, *Symbolic and Material Boundaries: An Archaeological Genealogy of the Urus of Lake Poopó, Bolivia* (Uppsala: Uppsala University, 2006), 50-51；Reiner T. Zuidema, *The Ceque System of Cuzco. The Social Organization of the Capital of the Inca* (Leiden: E. J. Brill, 1964), 100.

20 Günter Morge, "Entomology in the Western World in Antiquity and in Medieval Times," in Ray F. Smith, Thomas E. Mittler, and Carroll N. Smith, eds., *History of Entomology* (Palo Alto, CA: Annual Reviews, Inc., 1973), 77.

21 George Poinar Jr. and Roberta Poinar, *The Amber Forest: A Reconstruction of a Vanished World* (Princeton: Princeton University Press, 2001), 129.

22 Jo-shui Chen, *Liu Tsung-yuan and Intellectual Change in T'ang China*, 773-819 (Cambridge: Cambridge University Press, 1992), 32. 还可参考 Anthony DeBlasi, *Reform in the Balance: The Defense of Literary Culture in Mid-Tang China* (Albany, N.Y.: SUNY Press, 2002)，还有 Richard E.Strassberg. *Inscribed Landscapes: Travel Wrighting from Imperial China* (Berkeley: University of California, 1994).

23 转引自：Richard E. Strassberg, *Inscribed Landscapes*, 141.

24 转引自：Chou Io, *A History of Chinese Entomology*, trans. Wang Siming (Xi'an: Tianze Press, 1990), 174。译文是经过修正的。

25 柳宗元，《柳宗元集》（北京：1979 年）；转引自：Chen, Liu Tsung-yuan, 112.

26 Karl von Frisch, *Ten Little Housemates*, trans. Margaret D. Senft (New York: Pergamon Press, 1960), 141.

27 Karl von Frisch, *Ten Little Housemates*, trans. Margaret D. Senft (New York: Pergamon Press, 1960), 84.

28 同上，页 107—108。

29 Roger Caillois, "The Praying Mantis: From Biology to Psychoanalysis," in Frank, *The Edge of Surrealism*, 66-81, 79.

30 Karl von Frisch, *Ten Little Housemates*, trans. Margaret D. Senft (New York: Pergamon Press, 1960), 页 107—108.

Y

渴望

Yearnings

日本人为何如此喜爱昆虫

1

川崎三矢（“三矢”为音译）在网络上贩卖甲虫。我的朋友佐冢志保发现他的网站，知道我会有兴趣，就把链接发给了我。几周后，我前往大阪市郊区的和歌山县，在好友铃木 CJ 的陪伴下，坐在川崎先生家中那个摆满了昆虫的客厅里，跟他聊起了他贩卖的日本大锹形虫。

不久前川崎三矢才辞去了医院放射师的工作，但他告诉我们，卖锹形虫赚不了钱。他打开一些罐子，说是因为喜爱锹形虫才做这一行。他的网站上面可以看到他的许多诗作。有些写得很蠢，有些很可爱，

川崎三矢与他的锹形虫。

也有的鲁莽激烈，甚至愤怒。大部分是借着“中年大叔的幻灭”与“纯真年轻人的无限可能”的对照性主题哀叹抒怀。（“他看着天空，那湛蓝留在他眼里。/ 孩童的双眼如玻璃珠，如实反映世界。/ 成人之眼已失去光芒。/ 如一池死水般混浊。”）[1]

川崎说，他的使命是修复社会上的家庭关系。他想让男人敞开心胸，与儿子亲近。现在的父亲都过于冷漠，无法同情与体贴。他们的生命正在枯竭。他们对自己的小孩没有兴趣，他们对亲子关系无感。人们可以通过网站跟他借用锹形虫，他不收费。也许那些昆虫朋友可以让家人凝聚在一起。他还记得，小时候他非常喜爱在和歌山县四周的山区抓甲虫。他说：“我想滋润他们的心灵。”

川崎三矢在网络上使用“锹仔”这个名字，这其实是爸妈对于喜欢昆虫的小孩所用的昵称（“锹”当然是源自锹形虫一词，而“仔”则是很常见的昵称）。打开他的网站首页，就能看到最上面有一个颜色鲜艳的卡通人物，是个带着完整抓虫装备的小男孩。回忆中，他自己在20世纪70年代就是那样的“锹仔”：头戴白帽，脚穿登山靴，脖子上挂着水壶与采集盒，手里的捕蝶网在风中飞扬，仿佛旗子，杆子插在地上。那卡通人物“锹仔”站在小丘上，背对着我们，他的脸仰望蓝天，对着充满无限可能的世界张开双臂。

几天前，CJ和我曾去东京郊外山区的箱根町待了一天，那里是个很受欢迎的温泉名胜。我们是去那里拜访神经解剖学家养老孟司，他同时也是评论时事的畅销书作家和昆虫收藏家。跟“锹仔”一样，养老孟司也邀请我们去他家坐一坐，当天聊了各种话题。养老先生年近七十，但收集昆虫的热情仍然像个年轻人，累积出大量的收藏品，多次前往不丹寻找象鼻虫还有更为珍贵的毛大象大兜虫[①]。CJ 和我到他家时，他正在用高科技显微镜与屏幕检视一些深橘色阴茎标本，那是一批从伦敦自然史博物馆（Natural History Museum）借来的模式标本，借此了解各物种之间的形态差异，那时我是毕生第一次冒出一个想法：在这方面，那些物种实在是比人类厉害太多。

养老先生跟“锹仔”一样，也是从小就深爱昆虫。跟“锹仔”一样，他也说昆虫对他有深远影响。身为资深的昆虫收藏家，如今他已经培养出一对“虫眼”，懂得从昆虫的角度去观察大自然。每棵树都自

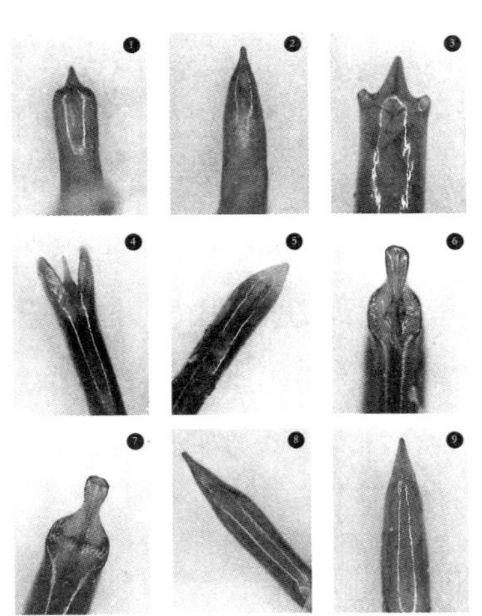

养老先生显微镜下昆虫的阴茎标本。

① 译者注：作者可能是搞错了，不丹并非毛大象大兜虫的天然分布产地，本种主要分布于中、南美洲。

成一个世界，每一片树叶都不一样。因为长年与虫为伍，他深知“昆虫”“树木”“树叶”等集合名词让我们无法对细节保持敏锐，“自然”尤其如此。对于大自然，我们除了言行粗暴，这种集合名词更让我们连观念都很粗暴。我们常说，“喔，有一只虫”，但在我们眼里却往往只有“虫”这个名目，而对面前这只真正的虫视而不见。

回到东京后，CJ 和我偶然间看到这张照片，印证了养老先生跟“锹仔”一样，也曾是日本人所谓的“昆虫少年”。照片是在“二战”结束后不久拍的，当时日本可说是百废待兴，大家都在挨饿，但他却看来充满决心，正要前往镰仓的山区，可见当时的青少年仍然保有探险与自由的精神。

我们与养老先生见面的地方，是他只有周末去度假的新家，那古

“二战”结束后不久，养老先生和同伴前往镰仓山区探索昆虫。

怪的建筑状似谷仓，是由“超现实主义”建筑家藤森照信设计，屋顶顶端长出了一片牧草，让人同时联想到影集《清秀佳人》（*Anne of Green Gables*）与卡通《杰森一家》（*Jetsons*）里面的房子。这种不协调的房屋风格也常常可以在宫崎骏的许多史诗动画电影中看见，像《千与千寻》与《哈尔的移动城堡》等，仿佛屋内藏有一个不知属于哪个时空，也不为人知的精细宇宙，但不知为何，一看到仍觉得熟悉。

这些联想可不是天马行空的。原来，养老先生与宫崎骏不但是好友，而且宫崎骏本身也从小就很爱昆虫，是个“昆虫少年”。宫崎骏似乎也喜欢跟前卫风格的建筑师合作。他与艺术家兼建筑师荒川修作合作，为一个乌托邦式的虚构城镇画了许多平面图，图里的房屋很像养老先生那一间位于箱根町，用来收藏昆虫标本的房舍。他们的社会工程观念充满嬉皮风格，而且跟“锹仔”一样，让他们念念不忘的，同样是疏离的问题，是一种想要隶属于某个共同体的渴望。他们认为日本的社会被媒体渗透得太厉害，人际关系太过疏离，那城镇是孩子们的世外桃源，可以在里面重新体验充满童趣的黄金时光，在大自然中进行实验与探险，无论小孩或大人都可以再次学会如何观看、感觉，把感官的能力培养起来。[2]

CJ 和我在日本遇到许许多多“昆虫少年”，“锹仔”、养老先生与宫崎骏只是其中三位而已。不管我们到哪里去，似乎都会遇到“昆虫少年”，各个年龄层的都有。宝塚市是知名纯女性表演团体宝塚歌剧团的所在地，该团培育出大量走红多年的偶像，并且有无数死忠的女粉丝，但那里也是一个大名鼎鼎的“昆虫少年”的故乡。我们弄不到宝冢的票，没去看戏，不过无所谓。我们去参观城里的另一个名胜：手冢治虫纪念馆。那是个麻雀虽小，五脏俱全的博物馆，用来纪念人称“漫画之神”（同时也是动画的革新者），已经于 1989 年去世的手冢治虫，展出品都与其生平和作品有关。

如果说宫崎骏是目前动画界的超级巨星，那么手冢治虫就是一个艺术天才，他利用电影的叙事技巧来革新纸本漫画的内容，让各种我们想得出来的主题与人类情感跃然纸上，充满令人眩晕的动感。身为昆虫收藏家，他是如此热情，因此把自己开的第一家公司命名为“虫制作公司”，而且他使用“虫”这个汉字作为他的签名，看来就像歪七扭八的虫子，故事中充满了蝴蝶人、好色的飞蛾和机械甲虫，还有各种各样与蜕变和重生有关的故事情节。为此我们不难想象为什么会在纪念馆的介绍影片中看到这样的照片：照片里，还是个“昆虫少年”的手冢治虫带着完整的配备，准备要去探险，看起来与“铁臂阿童木”（Astro Boy）还有几分相似——到目前为止，这个由人类改造而成的超级英雄仍是他笔下所有人物中商机最大的（而且，根据他自己的回忆，《铁臂阿童木》是由好几个作者共同创造出来的，其灵感则是源自迪士尼公司的蟋蟀先生，它又是另一种融合了人类与昆虫的角色）。

我们看到影片上出现手冢治虫写的文字，背景夹杂着大键琴的乐声与鸟类、蟋蟀的叫声：“这里是个太空站，是个给探险家探险的秘密丛林。”这个地方“能够让想象力无限延伸，直到永远”。蔚蓝的天空如梦如幻，手冢治虫用深褐色（sepia）画的小男孩一个个从我们眼前溜过去，CJ 持续把他的话翻译给我听：“小时候我曾被霸凌，后来又遇上了战争。说实话，当年的一切并非都能如我所愿，而且我也不想沉湎在过去。只是，现在回想起来，我很感激自己有机会能够被自然的环境包围。我在那山河之间，在那草原之上自由奔跑，专心地收集昆虫，这经验让我留下难忘的记忆，让我的身心都埋藏着一种怀旧的感觉。”

手冢治虫并未沉溺在过去，但他也没有忘掉那种怀旧的心情，那

手冢治虫纪念馆中的介绍影片向人们展现了手冢治虫幼时对昆虫的喜爱。

种因为不可能回到过去而在心里有的酸酸甜甜。但想要复制那过往的场景却是如此容易，只要画出一片蓝天与深褐色的男孩就可以。想要填补那心中的缺口也不怎么难：若不想用邮购的方式购买锹形虫，那就找一天下午去捕虫。

离开昆虫博物馆时，CJ 和我用手为眼睛遮阳，走进明治之森箕面国定公园，这里就是手冢治虫还是“昆虫少年”时，刚开始与玩伴们

一起收集昆虫的地方。在蔚蓝无比的天空下，我们被一对对父子包围（也有少见的几个女人与女孩，只是她们不常出现在“昆虫少年”的记忆与渴望里）。这些装备齐全的“昆虫少年”置身于明亮的午后骄阳之下，在浅浅的河流沿岸一字排开，全都在寻找昆虫，有水黾、水蝽，还有螃蟹，他们看来如此严肃，但又快乐，一个个站在石头上，勉强维持身体的平衡，或把脚趾浸在冰凉的水里，水花四溅，拿出网子里捕获的东西给家长们看（但收获不多，因为夏天才刚来临）。

这些孩子是为了暑假作业而在采集昆虫标本，他们的父亲从旁协

箕面公园中，“昆虫少年”和他们的父亲在寻找昆虫。

助，一样也是穿着短裤，戴着帽子，手里也拿着他们花了 2000 日元（119 元人民币）买的网子和桶子——那些钱除了用来买装备，也包括使用实验室，他们可以在那里把昆虫用昆虫针钉起来，根据全彩昆虫图鉴标上种类名称，制作成标本。这是一个艳阳高照的“家庭作业日”。“锹仔”那些诗作的诺言在此得以实现，男孩们用网子捕抓到的是一辈子的回忆，男人则回想起当年与父亲的感情，借此再度学会如何当个父亲。

说到父子关系，在第 505 页上方的这张照片里又是另一名“昆虫少年”。他站在父亲刚刚在夏日节庆活动上为他买的充气长戟大兜虫玩偶后面。夜深了，正要回家的父子俩站在位于东京市东北角的三之轮地铁站外面，街灯灯光洒在他们身上，他们停下来跟路人聊天，摆姿势拍照。

因为拍照时相机晃动，加上长时间曝光，所以照片变成这样。小男孩和他的巨大长戟大兜虫看似不在相片里，他好像融入了灯光，已经不可触及，已经变成了让人欲求、渴望与感到遗憾的对象。

2

CJ 和我到日本的目的，是为了了解过去二十年来当地人是如何热衷于繁殖与饲养锹形虫与兜虫。我们用一般的方式做准备：花了太多时间用 Google 搜寻日本的昆虫网站（这种网站很多），也跟朋友们聊一聊，阅读他们推荐的书籍与文章。等到我们在东京会合时，我们发现，那些外表亮晶晶的大型昆虫（很容易让人联想到 20 世纪 80 年代中期曾于美国风行的日本制矮壮机器人）除了让很多人感到兴致盎然，

“昆虫少年”与长戟大兜虫玩偶的合影。

也有许多生态学家、动物保育人士，还有备受尊崇的日本昆虫收藏家对此感到焦虑。

只是，先前我们并没有发现，这甲虫热潮其实是某个更广泛现象的一部分而已。这些“昆虫少年”只是那个现象的征兆而已。我们花了三周畅游东京与大阪四周的关西地区，当地生活中人虫关系的丰富与多样化实在令我们瞠目结舌。CJ 先前在加利福尼亚州待了四年后回到东京，旅途中他充当我的研究伙伴、翻译兼万能旅伴，连他都承认，尽管他有大半辈子肯定都生活在一个充斥昆虫的世界里，但以前他就是看不到那个世界的存在。

昆虫真是无所不在！那是一种我未曾想象得到的昆虫文化。昆虫已经渗透到日常生活中。CJ 和我打开封面亮晶晶的昆虫主题杂志，里面有华丽的跨页甲虫广告、幽默风趣的建议专栏，还有异国采集探险之旅的多姿多彩描述。我们仔细研究只有口袋大小的展示品，阅读那些从郊区昆虫迷俱乐部影印出来的过期俱乐部通讯。我们也造访了东京市秋叶原电子商场，看到许多卖东西给宅男计算机高手们的摊贩，摊子上除了有女仆与萝莉公仔之外，居然也有昂贵的塑料甲虫玩具。我们低着头从地铁车厢的广告海报下面经过，海报上画的是“甲虫王者”[（MushiKing）世嘉（SEGA）游戏公司开发出来的战斗甲虫电子游戏，还有游戏卡片，非常受欢迎]，到了市中心的百货公司里，也看到孩子们正在“甲虫王者”的机台前面对战，但玩得很节制。到便利商店买汽水时，我们希望可以拿到汽水附赠的法布尔《昆虫记》免费公仔。全日本有许许多多昆虫馆，我们去了几家，那些玻璃与钢铁材质的蝴蝶屋让我们看得瞠目结舌，它们不但是 20 世纪 90 年代日本泡沫经济的证据，也印证了日本人有多热爱昆虫。我们坐在烟雾弥漫的咖啡厅里，或在有空调的子弹列车上阅读畅销的漫画双周刊，里面有连载的作品，像《名侦探法布尔》还有《昆虫教授事件簿》，这些作品不只是继承了手冢治虫对于昆虫的迷恋，也深受另一位漫画先驱松元零士影响，而松元最负盛名的，莫过于他以精细无比的方式呈现未来科技（无论是城市、宇宙飞船，还是钢铁材质的机械昆虫）。我们用 YouTube 搜寻儿童卡通影片《锹形虫少女》，影片主角是超级可爱的混种少女，父亲是一只锹形虫，母亲是人类。（别问我为什么！）我们也到东京涩谷区去探访全日本历史最悠久的昆虫店“志贺昆虫普及社”，店里卖的专业捕虫装备都是他们自己设计的，包括可拆卸式捕蝶网、手工制作的标本木箱，质量举世无双。虽然没办法亲自造访，但我们还得知有些官方指定的“萤火虫城镇”努力塑造生物萤光的魅力，把萤火虫当成当地观光特色来经营，当河边栖息地减少导致萤火虫数量锐减时，还特别引入资金来做保育工作。[在日本，我们很难忘却萤火虫的魅力，因为商家与博物馆每天晚上关门打烊时，都会播放《萤之光》这首歌曲，歌词里的故事主角是东晋时期中国学者车胤，穷苦的他把萤火虫装进袋子里，借着萤光看书。这首歌似乎每个日本人都知道，而它所使用的旋律来自于一首好像所有英国人都会唱的歌，也就是《友谊万岁》(*Auld Lang Syne*)。]

我们造访了附近许多昆虫专卖店，店里总是摆满了许许多多装着活锹形虫与甲虫（即兜虫）的亚克力盒，也贩卖各种用来照顾它们的物品（例如干饲料、补给品、垫子与药品等），用来装那些东西的可爱小盒子上通常都画着有趣小虫，它们的大眼充满感情，摆出各种可笑的小动作。当然我们也趁机与那些店里的人聊一聊。至于我们在百货公司里看到的盒子就悲惨多了：里面装着太多被激怒的小小甲虫，还有被称为“铃虫”的某种瘦小蟋蟀，全都是低价出售的。某天深夜，我们碰巧在某个郊区火车站大厅里看到许多活的甲虫被放在一个玻璃箱里展出，眼前景象感觉起来是如此不真实，因为四下寂静无声，那些甲虫不断抓着玻璃，发出声音，再加上我们意识到一件事：

除了我们和那些不断往灯罩扑过去的飞蛾之外，现场只有那些甲虫是生物……我们应该把它们放出来吗？我们本来还想去参加一个“虫送祭”，以便见识一下日本人用什么方式把虫赶出稻田。此仪式本来源于20世纪初在明治时期被视为不科学的迷信之举，因此遭政府禁止。但是，随着国家不断都市化，日本表现出他们注重反省的一面，后来又开始把“虫送祭”当成一个乡间传统，重新予以发扬光大。只是，离我们最近的“虫送祭”地点在远眺着日本海的岛根县，位于该县的石见町，实在是路途遥远，而且我们要做的事又那么多，于是“虫送祭”也成为我们想做却没做的事情之一。

因为知道我们对昆虫有兴趣，大家都乐于跟我们聊日本这个国家有多喜爱昆虫。他们总是说：只要看看四周就好！这世界上还有哪个地方比日本更敬重萤火虫、蜻蜓、蟋蟀与甲虫？你们知道日本的古名“秋津岛”就是意指“蜻蜓岛”吗？你们听过日本童谣《红蜻蜓》吗？你们知道吗？过去在德川幕府掌权的江户时代，人们会特地去某些地方（例如，东京市中心的御茶之水地区），只是为了在那里听蟋蟀鸣叫，欣赏亮晶晶的萤火虫。你们看过古典文学作品吗？出版于公元8世纪的《万叶集》里面，有七首诗歌都是以会唱歌的昆虫为主题。还有，平安时代女作家清少纳言写的随笔集《枕草子》与紫式部的小说《源氏物语》里面有许多蝴蝶、萤火虫、蜉蝣与蟋蟀。蟋蟀是秋天的象征。蟋蟀的歌曲总是离不开昙花一现的人生，听来如此忧郁。蝉声则被视为夏天的声音。他们总是问道，你知道俳句吗？松尾芭蕉写道：“沉默 / 蝉的声音 / 穿石而过。”[3] 你知道《热爱虫子的公主》吗？

她可说是人类史上第一位昆虫学家。公元 12 世纪的昆虫学家耶！你知道宫崎骏受到她的启发，写出了知名的娜乌西卡公主吗？你知道川端康成写过一个叫作《蝗虫与金琵琶》（“金琵琶”即铃虫）的故事吗？故事内容综合了两只小虫的回忆。你读过小泉八云那些关于日本昆虫的作品吗？也许你听过他的英文名字，其实就是拉夫卡迪欧·赫恩（Lafcadio Hearn）。他父亲是英国人，但后来他到美国去当记者。接着他到日本来，归化为公民，于 1904 年死于日本。在他那一篇关于蝉的知名散文里，他写道：“东方的智慧能听到一切东西。获得东方智慧的人可以听到虫语。”[4]（几天后，我跟文学教授奥本大三郎在东京市中心喝咖啡，同时身为昆虫收藏家与法布尔推广者的他引述自己写的书，口气相当酸，但可能也不失公允：他认为赫恩可以当之无愧地被称为“日本通”与东方学家，译过权威版本的福楼拜《圣安东尼的诱惑》，还说“任何人无法在别人身上找到自己身上欠缺的东西”。）请一定要去奈良！你一定要去参观古迹法隆寺里的“玉虫厨子”神社。那一座神社建造于公元 6 世纪，材质居然是 9000 只金龟子[①]的甲壳！

上述建议来自于博学而充满活力的志愿解说员杉浦哲也，他工作的地方是橿原市昆虫馆，不远处就是那有许多古庙的奈良市。杉浦告诉我们，他年轻时曾到尼泊尔与巴西去采集蝴蝶。不久前他才把自己制作的标本捐给了他工作的昆虫馆，他还说他随时都可以看那些标本。

① 译者注：该物应是以俗称玉虫的吉丁虫科（Buprestidae）的彩艳吉丁虫 [Chrysochroa fulgidissima（Schönherr, 1817）] 的翅鞘所制成。

他表示他原本倾向于把标本捐给更大而且参观群众更多的机构，像东京的两家动物园：上野动物园，或者更恰当的多摩动物园，因为那里有一间外形像蝴蝶的昆虫馆。不过，令他失望的是，两者都已经没有空间接受他的捐赠。

我们发现，原本橿原市打算建造的是水族馆，但因为太贵而作罢，后来是杉浦哲也向市长建议，该市才建造出昆虫博物馆与蝴蝶馆。他对我们很好，用整个下午为我们讲解馆内的丰富收藏品，后来又寄了一个包裹到纽约给我，里面是他挑的几本小泉八云的昆虫著作，还有一些讨论相关古物的文章，其中一篇是用来描述某个精美的昆虫盒与一些虫胶（介壳虫的分泌物）材质的物品，自从公元 756 年就一直收藏在皇室的正仓院（位于奈良市东大寺里面），至今仍然保存得完美无缺。

经过长时间的导览后，杉浦先生带我们来到博物馆的最后一个展览室，停在一个柜子前，柜里的展出品是关于泰国人吃虫的习惯，他说日本人来参观时都会因此感到恶心，因为觉得泰国人太野蛮而大叫，小学生尤其如此。接着他继续面不改色地说，他很清楚地记得当年自己曾与同学们到山里去捕捉蝗虫，带回学校用酱油烹煮。他说，当年他们也会吃煮熟的蚕宝宝，后来等到丝织产业于 20 世纪 60 年代没落，没有蚕可吃才没继续吃。昆虫是时局艰困才会吃的食物，但也是美食。那曾是他们吃的东西，但现代人已经不可能了解那时的情况了。他说那是阶级文化的一部分，一种很少被记录下来，而且总是会被遗忘的文化。

杉浦哲也带领我们参观位于橿原市的昆虫馆。

3

对于锹形虫与兜虫的流行现象，杉浦哲也有许多疑虑。他很高兴看到有那么多小孩与家庭前往橿原市昆虫馆，他也知道这热潮会被带动起来，是因为大家开始把昆虫当作宠物来养，还有“甲虫王者”游戏大受欢迎，他不想要扫兴。但是，跟我们遇到的大多数昆虫收藏家与昆虫馆人员一样，他很焦虑。没错，他认为如果大家迷上了锹形虫与兜虫，那就表示整个国家掀起了一股昆虫热（或有助于热潮成形）。但这现象也带来了许多问题。

我和 CJ 在附近的兵库县伊丹市昆虫馆恰巧遇上了一场“昆虫嘉年华”。在一间自然研究图书馆的楼上，有一群兴高采烈的孩子与大人正在制作令人印象深刻的复杂折纸艺术品。我们停在一张主题为“跟蟑螂做朋友”的桌子边，学会了如何处理那些身形颇大的蟑螂：轻拍它们的背部，用大拇指与食指把它们小心拿起来，放在手掌上。负责布置四周墙面的是当地的各个爱虫社，上面贴着社团通讯里的跨页广告、关于环境问题与解决之道的图文并茂报道，还有到野外捕虫时拍的照片，社员们各个笑容可掬（年纪有大有小，因为志同道合而聚在一起）。

在楼下，馆员们把展场献给了锹形虫与兜虫。但他们也借此展现出自身天马行空的想象力。CJ 把展示柜上面的标题念给我听：“世界上的美妙昆虫”“世界上的奇异昆虫”“世界上的美丽昆虫”，还有“世界上的忍者昆虫”。展示间的另一边有个柜子写着“令人惊讶的关西昆虫”。“美丽昆虫”被排成了精美的曼陀罗状，“忍者昆虫”（擅于使用保护色的昆虫）则化身成为“提基面具”①。两只展出的竹叶虫被穿上了纸制和服，一群大蓝闪蝶飘浮在某个玻璃柜里，聚光灯打在它们身上，借此强调它们的颜色。我们认为，任谁都很难不喜欢那个地方。那是个把科学馆、美术馆与园游会融合在一起的展场。那地方能把我们内心对于昆虫的喜爱给唤醒。

就在《萤之光》这首闭馆歌曲即将再度响起时，我们在走廊上巧

① 译者注：Tiki mask，太平洋地区岛民制作的原始面具。

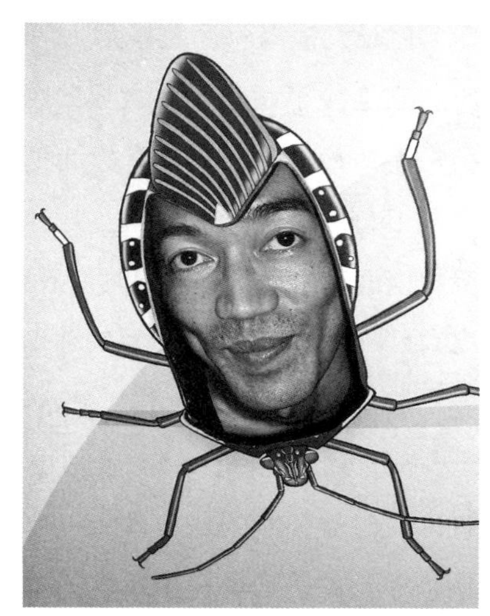

在“昆虫嘉年华”上，跟昆虫的“提基面具”合影留念。

遇博物馆解说员与策展人。他们的论调跟杉浦哲也一样，相同的矛盾心情困扰着他们。让他们感到不安的是，民众特别关注那些外貌引人注目的进口昆虫。但是，尽管他们觉得那会贬损日本甲虫的地位，他们还是不得不推广那些外国的巨大甲虫。

到这里，该有人把整件事的来龙去脉向我们交代一下。适合做这件事的，是饭岛和彦（“和彦”为音译），他是东京最大最有名昆虫宠物店“虫社”的员工。大部分这一类昆虫专卖店跟宠物店没什么两样，里面摆满了各类甲虫以及饲养它们所需的装备。这类商店的顾客大多是小学生、宠爱孩子（或者是长久以来都在忍耐着）的妈妈，还有少数中年男子，他们一般都买比较贵的昆虫。这种店大多是在 1999 年之后问世，也就是“甲虫热”真正烧起来那年。

但是，饭岛和彦解释道，“虫社”与此类型的昆虫专卖店不太相符。它连接了两个昆虫世界，顾客除了那些还不到10岁的“甲虫王者”游戏粉丝之外，还有杉浦哲也与养老孟司这一类学者级收藏家。打从1971年开始营业以来，“虫社”持续发行《虫月刊》，它早已是备受尊崇的昆虫学学刊，同时只贩卖标本，还有盒子与捕虫工具。早年，“虫社”的顾客大多是认真的业余者以及专业昆虫学家，这些“昆虫少年”无论年纪大小，主要都是靠自己捕捉昆虫来扩充收藏量。

一直到20世纪80年代，“虫社”才开始贩卖活的昆虫。饭岛先生说，当时他们卖的是日本大锹形虫（“锹仔”饲养贩卖的那种甲虫），销量非常好。那种昆虫早就很难在市区捕获，但乡间仍然算是常见，因此常被乡下小孩当宠物饲养。有一些锹形虫住在山区，大多在大阪、佐贺市、山梨县。但它们的栖息地大多是在日本人所谓的“里山”地区，也就是与农村接壤的山脚地带，亦即人们用来采集蘑菇、食用植物，或者可以取得木材、堆肥与木炭等有用物质的大片树林。[5]饭岛说，那些用来制造木炭的灌木经过焚烧后，逐渐会变得看来像是黑色树瘤，锹形虫就住在那种树的洞里。他对我们表示，“里山”是锹形虫很喜欢的栖息地，因为它们喜欢接近人类。

饭岛解释道，20世纪80年代之所以会出现锹形虫与兜虫的饲养热潮，理由在于还是泡沫经济崩溃之前，所以城市居民手边有很多闲钱，来自乡村的昆虫供应量也有增加。村民认识到都市出现大量需求的征兆，故发展出更有效的捕虫技巧，向东京输入甲虫，卖给百货公司与宠物店。有些都市里的虫迷则是反其道而行，他们变得更加喜欢到乡间亲自捕虫（借此也把一些乡村旅店发展成一种非正式的网络，如今它们在打广告时标榜着自己就是捕虫人的基地）。也有人发展出繁殖虫的兴趣。幼虫与成虫都可以买得到，有兴趣的人开始花时间研发，改进较大昆虫的饲养技巧。饭岛说，这种从捕虫到繁殖虫的转变是个很重要的创新。想当年，没有人养出来的甲虫能够像“里山”与山区发现的甲虫那么大个，但许多人还是一肩挑起这个挑战。令人毫不意外的是，日本大多数昆虫馆的开设都是在那成长的年代里——成长的不只是经济，也包括大家对甲虫的热情。

当时，日本的房市一片欣欣向荣，也改变了乡村地区。对于木炭的需求下降，建筑业和营造业也不再使用木材，改用砖头，因此有人管理的林地也开始欠缺维护。还有，因为住宅持续往山区扩张，“里山”的范围也越来越小。到了 20 世纪 90 年代初期，就连乡下人也很难在山野里找到锹形虫。对于都市人来讲，就更困难了。野生昆虫的价格飙涨，到此时全国各地已经出现一种饲养甲虫的次文化，像“锹仔”那种业余专家开始对各种受欢迎的甲虫了如指掌，懂得如何把虫卵培育为成虫。包括它们的生命周期与习性，而且也发展出许多复杂但却容易学会的技术，并且广为流传。[6]

整个来龙去脉很复杂，但饭岛和彦说故事时很有耐性。跟我们在“虫社”遇到的每个人一样，他年轻而友善，对这一行的各个面向都很了解，也是虫迷。我们站在店铺的后面，眼前一个大橱柜里摆满了来自世界各地的各种优质标本，旁边摆了一叠叠《虫月刊》《虫志》季刊与《锹形虫杂志》及其他华丽而昂贵的专属出版品。店里各个墙面都矗立着一个个架子，上面摆了装着锹形虫与兜虫的许许多多亚克力盒，虫子的大小、性别与价格不一。饭岛从柜台后面拿出一个里面有泡棉衬垫的盒子。盒子里有一只已经化蛹的长戟大兜虫（dynastes hercules）虫蛹，那只大虫全身柔软而没有防备，躺在那里完全无法动弹，吸引一小群顾客靠过来欣赏，啧啧称奇。那是一只公的长戟大兜虫，是兜虫之中体形最大的，根据记录显示，成虫的身体最长可达 178 毫米，价值 1000 多美元。

把盒子放回去以后，饭岛和彦接着表示，20 世纪 90 年代期间有三种虫迷。有一种是自己到山里去抓甲虫，他们遵循传统的采虫方式，唯一的差别在于，想要找到甲虫远比以往困难。第二种大多是中小学生，他们购买便宜的活虫，当宠物养。第三种虫迷则是购买幼虫或者买一对，他们为了好玩而养虫，或养来卖，而且他们通常会试着把虫养大一点，借此创下纪录。他说，到了这时候，无论是锹形虫或兜虫，养虫都远比抓虫容易多了。

野生甲虫数量变少，它们的栖息地被毁掉，但饲养甲虫的风气反而因此兴盛。一种活跃的企业文化于焉成形，这文化服务的对象包括新一代虫迷，还有许多年纪越来越大，但对甲虫热情不减的甲虫专家。几天后，CJ 与我又和奥本大三郎碰面，奥本教授极乐于为我们解释过去日本为何这么风靡甲虫。他的理由其实我们已经从其他虫迷那儿听过了。他们的说法不外乎就是日本人特别喜爱大自然，还有所谓的“日本人论”：那是一种历久不衰的优越意识，跟许多民族主义论述一样，他们也深信自己有一种自古皆然的独特民族性。[7]

“虫社”店里摆放的已经化蛹的长戟大兜虫虫蛹。

奥本说，日本人本来就特别喜欢亲近大自然，甲虫热潮只是这种精神的一个展现形式而已。他说，日本这个岛国的生态系统具有高度的特有性，他们有各种独特的动植物，其中昆虫特别是这样，这也养成了日本人独具的感受性。他还说，因为连年地震与台风，大家对于这一类事件也培养出某种熟悉的敏感度。据他表示，尽管整体而言日本人的宗教性下滑了，时至今日，泛灵论（animism）、神道教与佛教精神还是影响着他们那种深入日常生活的自然环境伦理观。他也提及视听检查师角田忠信于 20 世纪 70 年代进行的争议性研究，结果显示日本人的脑部对于蟋蟀叫声等大自然的声音特别敏锐。[8] 他的研究引述了一些文学与绘画作品，用来说明日本人深爱昆虫，还以优异的方式通过高雅文化表达出来。他把我的笔记本借走，画了一个图，用来说明日本人理想中的生活方式，稍后由 CJ 帮我批注图中文字的意思。

这是一种完人的理想生活，符合学者或贵族的理想，一种永恒而经典的理想。奥本教授认为他画出来的是历久不衰的民族传统，尽管图式优雅而简约，但却囊括了某个复杂的意识形态。根据他的图，人的一生历经幼年到老年的三个阶段，幼时无忧无虑，与朋友一起追逐蜻蜓，捞捕金鱼，到了暮年则是独处沉思。据其描述，每个阶段都有相应的自我养成形式，因此有不同目标与活动（幼年时抓兜虫与萤火虫，到成年时与“花鸟风月”为伍，沉思大自然的许多微妙之处，最后在晚年开始照料菊花）。他对我们解释道，即便只是用非常粗浅的方式去做这些简单的事情，还是能够创造出一种别具意义的日本式人生。

在奥本教授的言谈之间，我和 CJ 有一种感觉：这些玩乐、文化与

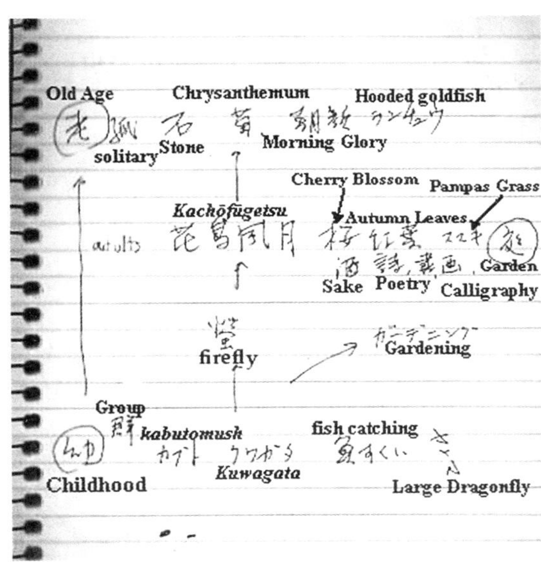

奥本教授所画的日本人理想中的生活方式。

冥想的形式都是一种志向，仿佛一个足以充实与完满生命的许诺，将我们一路上遇见的虫迷们紧紧牵系在一起。他那一张图让我们想起了“锹仔”所写那许多昆虫诗的中心思想：对于纯粹情感的渴望。在那一张图里面，昆虫之爱的故事被视为发展完整人格时不可或缺的。昆虫之爱与都市化、官僚化的现代生活站在对立面，即使大多数人在童年也无法得到，那种爱可以说是生活形式的典范，但它的功能主要还是批判性的。昆虫之爱是许多理想化的昆虫故事中的要素，包括宫崎骏笔下的嬉皮风格小镇、手冢治虫的秘密丛林、“锹仔”的诗歌，还有那些让人充满希望的周末家庭作业日。跟那些故事一样，昆虫之爱有助于我们进一步了解为什么日本人会在昆虫身上投注那么多情感，还有它们为何成为某些欲望的投射对象。

4

1999 年以前，日本虫迷们大多只能通过杂志、电视与博物馆来了解外国的锹形虫与兜虫。这些外国昆虫通常比当地物种更大，也更壮观，其中许多虫子头上的角和身体都比较长，颜色也比较鲜艳。但是，根据 1950 年通过的《植物防疫法》，如果有收藏家私自把外国昆虫带进日本，那就是犯法。然而，一旦那些受到管制的昆虫入境后，无论是拥有或贩卖它们，都没有罚则，而这奇怪的规定也造就出一个活跃的黑市，外国昆虫变得奇货可居，据说走私活动都是由黑道把持的，因为利润丰厚。不过，相对来讲，外国昆虫的数量还是很少，而且只有顶级的收藏家才有门路。

《植物防疫法》列出了许多对本土植物与农业“有害”的动物。该法采用的是较为少见的防卫性原则：除非是经过植物防疫所的认证，否则所有物种都会先被当成“有害”，不能入境。到了1999年，因为收藏家们急于知道哪些甲虫可以获准入境，对政府施压，所以日本政府的农林水产省才在官网上公布了被视为“无害”的昆虫清单，总计有485种锹形虫与53种兜虫。[9]接下来的两年内，总共有90万只锹形虫与兜虫被进口到日本境内。[10]即便如此，农林水产省还是持续开放更多种类的进口，因此直到2003年，全球已知的大约1200种锹形虫里面，已经有505种被核准进口了。针对这种状况，昆虫学家五个公一、小岛启史与冈部贵美子曾用不无讽刺的语气评论道：“就锹形虫而言，这世界上最具生物多样性的栖息地是日本的宠物店。”[11]据他们估计，进口甲虫的总值高达百亿日元（大约6亿元人民币）。体形较大的品种深受喜爱，一只在东京最多可以卖到3300美元。[12]

完全没有人预料到活甲虫的进口量会如此大幅增长。饭岛和彦告诉我们，农林水产部门不理会环境部门的警告，但是政府完全不知道此解禁措施会有何效应。他还说，在解禁前政府本应好好斟酌，因为过去已有很多众所皆知的先例：像是黑鲈鱼、浣熊、食蛇獴与欧洲熊蜂在日本都是恶名昭彰的动物，因为它们对当地的环境适应得太好了。但是，就那些外国甲虫而言，因为大多来自东南亚、中南美的亚热带与热带地区，无论是政府决策者或者科学家都深信它们熬不过日本的酷寒冬天。到后来他们才知道许多外国甲虫的栖息地其实都是在气温较凉爽的高海拔地区。[13]

甲虫的进口热潮很快就达到最高点。到了 2001 年，进口数量与高峰时相较已经大幅下滑，而且由于供给量增加，那些最罕见（同时体形也最大）甲虫的售价也开始下跌。[14] 即便进口数量减少，但这股热潮显然已经广泛地让日本人培养出养虫的嗜好。许多新的昆虫店开门营业，既有的店家则是扩大规模。大百货公司也把进口甲虫摆出来卖。曾有一段时间，就连贩卖机也能买到甲虫。为了让饲养与照顾甲虫变得更简单也更吸引人，市面上出现各式各样的产品（像是一份份装好的果冻状食物、用来养甲虫幼虫的“菌瓶”、除臭粉，还有可爱的携带盒）。最重要的是，尽管数量不明，但据说这时期出现了非常庞大的养虫族群。从 1997 年到 2001 年，总计有 7 本专业杂志在市面上贩卖，它们为养虫人提供建议、举办竞赛、刊登各种关于甲虫达人的专题报道、培养人们对于甲虫的鉴赏力，并且营造出一个个方兴未艾的虫迷社群。[15]

为什么日本人对于甲虫宠物的兴趣会突然大增？在日本贸易振兴机构于 2004 年出版的《交易指南》（*Marketing Guidebook for Major Imported Products*）的“昆虫”章节里面，作者就非常努力地想要试着解释此现象，指出是因为甲虫“不需太多时间与精力去照顾。饲主不用特别找一个地方喂食，它们的窝只需要桌面上的一点空间就好。它们不会吵闹，也不需要带它们到户外去运动。”[16] 这种解释即便过于肤浅，似乎也没有争议性，但是其中一个相关的说法令人质疑：因为甲虫是一种不需费力照顾的伴侣，深受都市地区二十几岁的女性欢迎，而这是市场扩张的一大原因。饲养甲虫显然是一种人人都能负担得起的嗜好，就连某些中小学女生也乐于在暑假期间参加一些昆虫活动，宫崎骏笔下的娜乌西卡公主就是女性虫迷的典范，甚至世嘉游戏公司还举办了仅限女生参加的战斗甲虫电子游戏活动。但根据饭岛和彦的估计，即便女性虫迷的总人数越来越多，“虫社”的顾客里面仍然只有1%是女性，多年来这数字都没有改变，而且其他和我们聊过的人也都这么说。饭岛说，会到店里去的女性大多只是陪儿子过去。反而因为女性虫迷少得可怜，《虫志》季刊里面的专栏能够营造出讽刺的意味，据说其作者就是一位宛如影集《欲望城市》女主角的控制狂都市女性（那专栏作者署名“祥子小姐”，是一位充满魅力的女士，但很不相配的是她热爱昆虫，而这也是专栏的笑点所在）。

日本街边处处可见买卖甲虫的店面。

不过，毋庸置疑的是，整体的虫迷人数正在快速增加。他们的人数多到让那些专业的昆虫专家开始怀念起往日的平静。过去曾有一段时间甲虫的价格号称由黑道管控，但似乎已不再那么绝对。据说有家庭开车出城，把他们养的锹形虫放回山林，原因是养腻了，或是觉得不该把它们关在塑料盒里。也有报道指出，有人在乡间发现大批被弃置的进口甲虫：弃置者可能是存货过多的饲养业者，或者是扩张速度太快的受害店家。（“锹仔”跟我们说，“能够存活下来的，只有像我这种人，我们是因为喜欢甲虫而干这一行，而不是为了钱”。）

更尴尬的是一些引人瞩目的案例：屡屡有日本人因为走私从中国台湾、澳大利亚与东南亚各国来的那些禁止出口的甲虫而被逮捕，这显示出日本政府的开放政策只强化了走私的动机与可能性。同样根据调查显示，有大量日本昆虫店贩卖的甲虫不仅在原产的国家是禁止捕捉的，而且根据日本的《植物防疫法》，也是不准进口，其中有些甚至早已名列《濒临绝种野生动植物国际贸易公约》（*Convention on International Trade in Endangered Species*）。[17]

对于许多保育论者而言，他们担忧的是日本国内市场扩张导致甲虫原产地受到环境冲击。但他们也发现，进口国外甲虫可能会对日本造成三个问题。[18] 首先，锹形虫与兜虫的成虫都是素食动物，它们靠树木与植物的汁液过活。在森林分解过程的最早阶段里，幼虫与成虫扮演了重要角色：它们会让已经腐烂的木头变碎，为微生物制造出一个可以发挥分解作用的环境。不过，除了这一点之外，对于虫子与森林的生态我们实在不太了解。一个显而易见的可能性是，如果来了强而有力的外来物种甲虫，它们喜欢上新环境，将会抢走日本当地甲虫的食物与栖息地，造成威胁。其次，五个公一与其同事担心的是，外国甲虫会把不知名的寄生性螨类带到日本，可能导致当地甲虫灭绝，就像过去日本把蜂巢出口到欧洲时也曾把蜜蜂蜂螨（varroa mite）带过去，导致当地蜜蜂大量死亡。最后，他们也担心不同种类的甲虫进行杂交繁殖之后，会减少原有的基因多样性。他们曾在实验室里培育出所谓的“科学怪人锹形虫”，实验使用的是雌性苏门答腊扁锹形虫 [扁锹形虫（Dorcus titanus），一种很受欢迎的宠物]，以及雄性的日本扁锹形虫（是日本产扁锹形虫特有的十二个亚种之一）。交配的过程不太雅观，用几位科学家的话来说，那来自印度尼西亚的雌性锹形虫“强暴了”不太情愿的雄性日本甲虫。但它们生下来的幼虫会变成生育力强大的大型甲虫，与他们后来在野外捕获的杂交日本甲虫很像，大家担忧的外来基因入侵问题也就此成真。[19]

就在甲虫热潮似乎退烧之际，世嘉游戏公司于 2003 推出了战斗甲虫电子游戏——甲虫王者。该公司锁定的客群是小学生，游戏刺激而容易上瘾，简洁优雅，而且能有效地让人热爱大型甲虫，迷上收集与比赛，还有那花哨的画面。没多久，甲虫王者就成为“宝可梦”（Pokémon）以来最畅销的游戏（而且很快地把生意拓展到韩国、中国台湾、马来西亚、中国香港、新加坡，还有菲律宾。）

世嘉游戏公司的营销手段极为有效。他们举办了好几万场巡回赛与表演赛。他们在百货公司里摆设游戏机台。全国各地都能看到大量的“甲虫王者”广告。到了 2005 年，他们又推出了任天堂 DS、Game

Boy 等各种掌上游戏机可以使用的“甲虫王者”游戏。同一年，他们又与东京电视台合作，推出“甲虫王者”卡通连续剧。2006 年，《战斗甲虫》的电影问世，各方都预期它会成为卖座巨片。

无疑地，“甲虫王者”的确能有效助长锹形虫与兜虫的商业化。但这游戏也让大家的内心感到更加矛盾。造访伊丹市昆虫馆时，在走廊上遇到馆员与解说员，一提到甲虫王者，他们都露出无奈的微笑，聊天时跟其他人提到，反应也一样。这是 2005 年夏天，甲虫王者最火的时候，而且显然它最能够反映出一个问题：对于许多虫迷而言，这种形式的甲虫热让他们有所疑虑。他们当然也很想让社会大众爱上甲虫，也高兴见到孩子们走进昆虫馆与宠物店时表现出兴奋的模样，但他们

2003 年世嘉游戏公司推出的甲虫王者游戏，一经推出就成为畅销游戏。

不喜欢的是那游戏强调了甲虫的好斗性格，也担心甲虫被塑造出那种最为呆板的形象，更怕孩子们把甲虫当成强悍的玩具，而不是活生生的动物。

但是，世嘉游戏公司早就料到有些人会感到不安。面对这种忧虑中夹杂着希望的讽刺情境，他们用一种近似嘲弄的方式来包装“甲虫王者”。那游戏不只是紧张刺激而已。游戏情节其实是个带有环保主题的寓言，与虫迷们想要试着跟社会大众述说的经典故事一样。

被“包装”后的甲虫王者游戏带有环保色彩。

在“甲虫王者”游戏中，因为种类不明的进口甲虫大量入侵，原生的日本甲虫物种（fauna）几近灭绝。于是，游戏号召日本的孩童们挺身挽救那些濒临绝种的日本甲虫。过去在20世纪60年代中期锹形虫与兜虫刚开始流行起来时，各种怪兽电影与电视节目也都是采用这种末世论式的故事模式，“甲虫王者”只是遵循传统而已。一经主流媒体报道，“甲虫王者”这种辨识度很高的故事情节马上获得认同，而且人们发现科学家也是引用相同的题材。世嘉游戏公司与昆虫学家说的是同一个故事。两者诉求的群众也是一样的。而且，世嘉游戏公司的故事手法显然更加吸引人。

5

矢岛稔还是个 14 岁“昆虫少年”时，“甲虫王者”尚未问世，当时没有《植物防疫法》，没有“虫社”，没有夏日节庆时可以买到的充气兜虫，没有秋叶原贩卖的那些昆虫公仔，没有伊丹市昆虫馆里那一张以“跟蟑螂做朋友”为名的展示桌，杉浦先生还没有从巴西带一堆蝴蝶标本回国；手冢治虫还没把“蟋蟀先生”变成铁臂阿童木；宫崎骏尚未将《热爱虫子的公主》改编成娜乌西卡公主的故事；“锹仔”还没辞去全职工作，开始贩卖锹形虫；养老孟司与他的中学友人还没到镰仓山区里去抓虫——在这一切都还没发生之前，其实日本已经历经了许多悲惨遭遇，而少年时代的矢岛稔跌跌撞撞地走过那一段噩梦般的岁月，不管是他个人还是整个日本社会都身心受创。美军战地指挥官罗伯特·麦克纳马拉（Robert McNamara）一声令下，当时的东京差一点被轰炸得灰飞烟灭，四处只剩残破的木屋。矢岛稔站在一个水坑边缘，不远处有个弹坑，弹坑边缘有许多人为了勉强求生而在废墟中翻找任何可用的东西，他看着漂浮在水面的木头碎片，上面有一只蜻蜓停驻着，好像一切都没改变似的，它就在那一滩死水里产卵。“那蜻蜓不在乎四周的许多死尸。”他在五十年后写道，往事仿佛历历在目。“它不理会那可怕的环境，即便周遭发生了那么多事，它还是如此有活力而坚强。”[20]

矢岛先生是战争的幸存者，但也差点死掉。他把自己的见证写下，一切仿佛创伤梦境，直线式的时间里面包藏着许多奇怪的皱折。他看过几千具腐烂的焦尸。他看过焦黑田里的一个少妇，抱着两包东西，一边腋下夹着她的鲜艳和服，另一边则是她小孩的焦尸。东京陷入一片“火海”。他看到炮弹碎片在他工作的工厂外面爆开，眼前一切好像是用慢动作播放的。他看到许多人在地上挖出浅浅的壕沟，但是没有用，他们根本不知道 B-29 轰炸机有多厉害。1942 年东京大空袭（Great Tokyo Air Raid）的那个夜里，死亡的东京人比原子弹炸死的广岛人还多，他目睹幸存者把一具具焦尸堆在一起。一架美国飞机扫射火车站的人群，大家彼此推挤践踏，他被困在里面，有个被射死的男人倒在他身上。

矢岛先生小时候体弱多病。“二战”正式爆发之前，他得了黄疸病，在家里待了很久，都没办法上学。每天他都从收音机听到日军战胜的消息，他身边的人都士气高昂。上了中学，老师说他们不再是小孩。他们被迫接受军训。他认识的所有人都渴望为国家牺牲，并以此为荣。他们说，他的病体印证了他是个意志薄弱的人。等到他再度染病，学校不准他请假。军国主义的氛围日益高涨，但他的健康却持续恶化。

他在战后染上肺病。他的叔父因为空袭而得了炮弹惊吓症，先前已经搬到东京郊外的崎玉市，那是个充满乡村风味的平静环境。矢岛稔到那里去探掘乡间，恢复了与大自然之间的关系，像小学时那样与蜻蜓、蝌蚪、蚁狮与蝉等动物为伍。到了秋天，因为美国人给的救济面包与腌渍牛肉罐头实在是质量不佳，他还到稻田里去抓蝗虫，给家人打牙祭。如今他说，如果我们好好观察蝗虫，会发现它们的眼睛真的很可爱，而且每当它们看到有人靠近，就会挪动一下，走到稻秆的另一边。不过，想当年那是个饥不择食的年代，他只是把昆虫当食物，尽可能设陷阱多抓几只。

1946年，他的医生嘱咐他休息一年。矢岛稔搬回东京，发现了大杉荣翻译的法布尔《昆虫记》。法布尔对昆虫巨细无遗的描述，还有书中的模拟思考方式让他感到十分着迷。“昆虫诗人”法布尔在名为“荒石园”的自家庭院里与各种生物相遇，提出许多问题，都让矢岛稔印象深刻，而且法布尔的字里行间充满好奇心与活力，让矢岛稔感动不已，把他带进一个昆虫的世界里，这在那当下也是他急切需要的。

受此感召，他花了5个月的时间研究他家附近那些凤蝶的自然史。不久前，一大群火车上的学生才刚刚因为美军飞机而丧生。他常常只是坐在那里，盯着凤蝶在惨案现场翩翩飞舞，它们的生命力与美感让他看得出神，就像当年在战时他也曾望着弹坑水面上的蜻蜓发呆。此刻回想起来，他觉得那让他沉浸其中的凤蝶有一种强制性的疗愈作用，他才能忘掉战争与战后生活是如此沉重。

也许跟我一样，这故事也会让你联想到卡尔·冯·弗里希、马丁·林道尔、柯内莉亚·黑塞-霍内格、李世钧教授、约瑞斯·霍芬吉尔与法布尔本人，还有其他许多人，他们都曾在昆虫世界中发现一个意想不到的世外桃源。也许，如果我们换个方式来说，这些是一群进入了昆虫的世界、同时也让昆虫进入他们世界的人：有时候他们会被昆虫的世界吞噬，有时候他们会在昆虫世界中发现自己的定位，以至于这世界上的一般比例，还有各种存在物之间的标准层级关系再也没有办法成为他们的行动或意义之基础（原本，就是因为那些比例与层级关系，我们才知道有些动物比我们小，因为它们的体形较小，也知道有些动物不如我们，因为它们欠缺我们的能力）。他们也因此才发现自己的生命无限广大，他们的生命中有另一种尺度，有另一个世界存在，一个无法以大小来估计并因此而受限的世界。

矢岛稔就这样孤孤单单地观察着凤蝶，在那几个月之间，某天他

矢岛稔先生回到东京后将所有精力都放在研究凤蝶上。

下定决心，要把一生献给昆虫研究。将近60年后，我与CJ跟他约在东京都厅舍（东京的双塔市政大楼）的自助餐厅吃午餐。当时他已经是日本最显赫的生物学家之一，曾经创建全世界第一间蝴蝶馆，也是畅销自然主题影片的制片，顶尖的保育人士，许多昆虫繁殖规定都是由他草拟的，而且他也是个科学教育家，特别喜欢跟孩子们分享他对昆虫的爱。他精力十足，兴致勃勃地跟我们聊起了他最近的一个计划，也就是群马昆虫森林公园（里面有一栋壮观的蝴蝶馆，由建筑大师安藤忠雄设计），还有一大片由当地人一起复育的里山地区。公园隔天就要开幕，但CJ与我没有时间去参观，为此我们三人都很失望。矢岛先生很客气，没有架子，也很慷慨地抽出时间，他的正面力量感染了我们。我们聊了很久，事后还一起拍照，在那巨大的市政大楼前面，我们像蚂蚁一样渺小。

6

东京市本来有蓬勃发展的昆虫商业文化，但却跟着都市一起被毁掉了。“我们又回到一开始的形态”，历史学家小西正泰写道。所谓一开始的形态，是指那种卖虫的流动摊贩，那种人最开始于17世纪末出现在大阪与江户（东京旧称），后来又在“二战”后重现，在残破首都的街头带着笼子卖虫。[21]

我们不难想象昆虫在那当下有多特别与重要：它们的鸣叫声让人觉得悲喜交加，感到忧愁与人生的稍纵即逝，感到它们与人类在文化上的亲昵，无论如何都会陪伴在人类身边。但这些虫贩上街卖虫是因为没有选择。东京的昆虫店都被炸毁了，尽管卖虫的人很快就设法在银座购物区的街道边摆摊，但一切都回到了从前：因为繁殖设施都已经毁了，战后的虫贩又跟古代一样，只能从田野里抓虫来卖。

到了 18 世纪末，日本的虫贩已经知道如何繁殖铃虫与其他受欢迎的昆虫。他们也发现，把蟋蟀幼虫养在陶罐里可以加速它们的发育速度，增加歌者蟋蟀的供给量，他们发明的技巧至今仍有人在使用（例如，上海的蟋蟀繁殖户仍遵循那些古法）。根据小西正泰的描述，德川幕府时代（1603—1868）曾有过丰富动人的昆虫文化，而在那一段漫长的年代里，相对来讲，日本始终处于锁国的状态，国民很少有机会出国，外国人能获准入境的唯一地方就只有长崎。他还指出，名古屋与富山县等地方都有政府官员组成的动植物同好会。据其描述，那两百多年间日本的封建领主们（在当时被称为“大名”）都住在江户，许多达官显贵与他们的策士每逢闲暇时，都会聚在领主的宅邸里捕捉昆虫，辨认它们的种类，进行分类。他还讨论长期以来学者始终都很有兴趣的是所谓的“本草”疗法（中药的疗法），除了使用植物与矿物，也把昆虫与其他动物纳为药材。[22] 这些虫迷不像欧洲的博物学家那样，会把昆虫制作成标本，而是把自己收藏的昆虫绘制为图画，在上面注明观察结果、抓到的日期与地点。圆山应举（1733—1795）、森岛中良（1754—1810）与栗本丹州（1756—1834；他的画作《千虫谱》是那个时代遗留下来的无价之宝）等知名艺术家临摹活生生的昆虫与其他动物，绘制成画册，作品细致而且精确，以系列的形式推出，可说是如今昆虫图鉴的前身。

小西正泰把德川幕府时代称为日本昆虫研究的“幼生期”。他表示，尽管当时的虫迷非常投入也有独创性，但是并未持续与西方博物学家进行交流，只能说是酝酿他们的热情，等待外界刺激，才会带来改变。小西正泰认为，一直要等到明治时代（1868—1912），所有的能量才真正被释放出来，日本人开始乐于引进并且吸收西方新知，而日本的昆虫之爱才进入了现代世界，来到“成熟期”。现代昆虫研究可以追溯到1897年，当时是因为一种叫作“浮尘子”的叶蝉危害全国稻作而需要明治时代的政府做出回应。因此，跟欧洲与北美的情况一样，

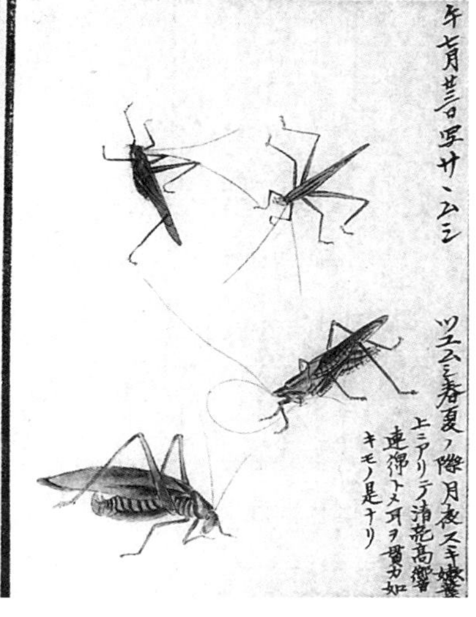
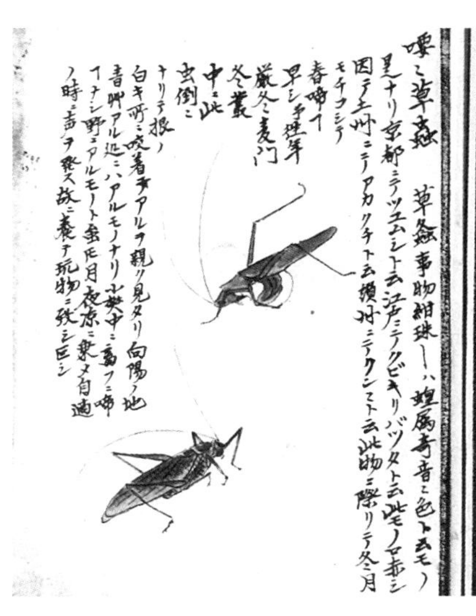

栗本丹州所画的《千虫谱》。

日本的“昆虫学”（根据西方的科学原则来研究昆虫的学科）从一开始就与害虫控制密切相关，对人类与农作物的健康有深远影响。

从纯粹的热爱发展到昆虫学的出现，这个转变遵循着日本科学与科技的标准叙事：起跑非常晚，但很快就跟上脚步。这种从黑暗到光明的过程也与两世纪前欧洲启蒙时代科学革命的发展叙事雷同。如同许多学者都曾指出的，无论是启蒙时代或明治时期，以上史观都深信科学优于其他各种形式的知识，但是也太容易就认定科学与其他知识有所不同。其实，早期的自然观与所谓“现代的”自然观之间有一种连续性存在，却被他们低估了，而且他们也忽略了一个事实：热爱与实用性是可以并存，通常不会相互矛盾或冲突，而且就存在于同一间宠物店、同一本杂志、同一间实验室里面，甚至是同一个人身上。[23]

就另一方面而言，昆虫之爱的能量在明治时期突然爆发出来后，结果无疑是把那能量投注在昆虫学研究上，而且有各种新兴机构在背后支持着。根据小西正泰的描述，在刚刚成立的东京大学里（1877 年成立），“甲虫热”与“蝴蝶热”于生物学学生之间蔓延开来。东京上野动物园的创办人兼知名学者田中芳男则出版了史无前例的《采虫指南》（1883 年）一书，是一本教人采虫、保存标本与繁殖昆虫的手册（资料主要来自于西方）。同时，横滨市也开了三家店，专门把来自冲绳岛与中国台湾的蝴蝶卖给水手与其他外国访客。

半世纪后，那些蝴蝶专卖店顾客的后代会把整个蓬勃发展的昆虫产业炸毁，打回 18 世纪时的雏形。不过，就像当年在明治维新后日本人很快就吸收了西方科学，“二战”后日本的昆虫文化也是恢复神速。

躲过 1945 年大毁灭的幸存者设法从创伤中汲取力量。矢岛先生看到蜻蜓在弹坑的水面上产卵，就想到它蕴含着强大生命力。创办全日本最知名昆虫专卖店的志贺卯助，则是这样描述他的遭遇，他把他那些心爱的标本针埋在某个东京防空洞里面，战后发现那些虫针都已经生锈，不能使用，于是他才立志要设计出更耐用的设备，多年后成功制造出不锈钢仪器。

7

1903 年，志贺卯助生于新潟县山区的一个无地农民家庭。[24] 跟矢岛稔一样，志贺卯助也曾是个病童，很多时间都无法出门，不过他的病因是营养不良。5 岁时，他因为小感冒而发烧，居然就失明了。每周父亲都背着他走 6 公里路，去找最近的医生就诊。志贺卯助终究恢复了右眼的视力，但左眼就此瞎掉。

尽管身体欠佳，志贺卯助还是必须帮家人工作，但他是个杰出的学生，为此还被送到东京去读中学。跟 CJ 与我遇过的其他虫迷不同，他不是个“昆虫少年”。据他在书里面表示，事实上他对自家周遭环境不太了解，也不记得小时候曾经去抓过昆虫。他说这是因为他贫病交加，而且总是忙着工作，但他很快就对自己提出质疑：难道贫病只是借口吗？他还说，会不会他当年其实就是对大自然无感而已，就跟当年他身边的所有人一样？

他平安度过了中学时代。他在校长家工作，于 15 岁毕业。毕业后他在东京的平山昆虫标本制作所找到工作，那是当时东京市少数几间帮收藏家制作标本的店家之一。

平山昆虫标本制作所聘了两名员工。一名是店员，另一名被派到老板家里工作。志贺卯助就是那个男仆，必须做烹饪、采买与打扫等家务。尽管如此，他还是很快就开始注意到店里的收藏品。因为身边到处是昆虫，他对这世界的看法已经跟以往都不一样了。他仔细观看，观察各种昆虫在颜色、形状与纹理等各种细节上的不同。他发现自己观察得更为仔细了，他开始觉得那些标本更为有趣，因为料想不到它们会那么漂亮，所以很兴奋。很快地，他就决定了毕生志向：成为一个昆虫专家。没过多久，他就用糖果贿赂标本店的学徒，要学徒教他怎样采虫（当时，城市里的房舍四周总是围绕着绿地，抓虫很容易），还有制作标本。不过，即便各种各样的昆虫让他感到入迷，对他来讲也是很大的压力。他能够企盼自己有一天能专精于这个领域吗？平山昆虫标本制作所里面没有书，也没有优质图鉴供他参考，店主也没打算成全他的心愿。志贺卯助只能靠自己了，他偷偷找时间研究店里的收藏品，记下各种昆虫的物种名，并且依其翅斑的数量与图案样式以及身上斑纹的大小与形状去联结它们种类的名字。

平山昆虫标本制作所的昆虫让他置身梦想世界中。通过手里的放大镜看来，每一个标本都令他震惊不已，尤其是那些蝴蝶。不过，回到人世间，情况就截然不同了。他常常挨骂：大家都问他，为什么要把时间虚掷在没有用的事情上面？那不屑的态度让他害怕，有压迫感。即便他父亲也反对他干那一行——但事实上他父亲是个很开明的人，因为家境贫寒，曾靠修理雨伞、制作气球来养活家人，也曾当过按摩师、针灸师、算命师，也是个有名的助产士（一般而言，男人是不能当助产士的）。一般人只用两种标准来评断昆虫：是否有用？是否危险？看到虫子只要杀掉就好，何必收集？志贺卯助回忆道，除了在店里面，他觉得自己好像也只是一只虫子。

想当年，会采集昆虫的只有一小部分社会精英。平山昆虫标本制作所的顾客主要都是一些华族子弟，他们来自于明治时代以后的贵族家庭。德川时代的那些“大名”总是自己抓虫，但那些世家子弟则是直接到标本店里去订购。他们把标本当成某种文化资本，认为自己继承了欧洲贵族的教养，把昆虫标本跟其他珍贵物品摆在一起，在自家的客厅里展示出来。与此同时，全国各地都有青年男性组成的昆虫研究同好会成立，这象征着政府支持昆虫学的科学研究，研究兴趣也开始普及起来了。然而，因为采集盒都是从德国进口，捕虫网是丝质的，这些重要工具仍然昂贵无比。

1931 年，志贺卯助离开平山昆虫标本制作所，自行创业。他做出此决定，一方面是因为必须摆脱店家的剥削，另一方面则是他打定主意，想让普罗大众都可以进入那个昆虫的世界，不再由有钱人独占。而且，跟矢岛稔一样，他特别希望能把这兴趣推广给孩子们。他如此清楚地申明己志：如果人在小时候能够喜爱昆虫，长大就能养成一种关怀万物的品德，在意的不会只是大自然与昆虫那种小生物，而是扩及身边所有人类与动物。他把自己成立的标本店命名为“志贺昆虫普及社”，以科学称谓的“昆虫”取代日文口语中的“虫子”，借此同时传达了现代感与科学教育的意图。

志贺卯助把所有创意与精力都投注在自己的新事业上。为了吸引路人，他在店外人行道上摆桌，示范标本的制作方式。他对观众人数感到不满意，还与东京的四大百货公司合作——而百货公司本来就是一种非常进步与现代化的场所，与他正在推广的新科学精神不谋而合。他与友人矶部（此姓氏为音译）在四家百货公司的文具部门轮流待一周，在昆虫咨询摊位回答问题，也展示志贺昆虫普及社自制的工具：包括低成本的"志贺式折叠式口袋形昆虫采集网"，还有前所未见的铜、镍、锌合金材质标本针，全都是他自己设计的。展示活动很快就变得大受欢迎。孩子们趋之若鹜，各个踊跃提问。眼见示范时他们都紧盯着他的手，志贺卯助想起了自己刚刚进入平山昆虫标本制作所工作的那一段日子，为此感到很高兴。

那是 1933 年。从那一年开始，一本叫作《昆虫界》的新杂志[①]刊登了许多全国各地中学生投稿的田野研究报告。差不多从这个时间点开始，志贺卯助也陆续收到许多学校要求订制标本的订单（但都被他拒绝了，因为他觉得学生应该自己制作标本，而不光是欣赏现成的标本，这样才能学到更多东西）。那些年陆续有许多昆虫专卖店、杂志、昆虫学同好会与学会、专业与业余收藏家的联络网络与大学的昆虫学系成立，而且情况并不限于东京、大阪与京都，也包括一些小镇，全国各地都一样。显然，昆虫研究越来越普及，相关的文化与体制也趋

① 《昆虫界》杂志：这本杂志创办于1932年，是加藤正世创办的"昆虫趣味之会"的会刊。

志贺卯助在各大百货公司为孩子们示范标本的制作方式。

于成熟。事实上，跟昆虫相关的商业活动之所以能在战争惨败之后那么快就恢复起来，都是因为战前的昆虫迷已经人口众多，相关体制也发展成熟。

不过，对于志贺卯助而言，尽管这种昆虫文化在战前就已经兴盛了，但是仍然无法改变昆虫采集活动带有的精英特质。也许有更多小孩自制标本，但在他看来，他们仍然都是来自富裕家庭的名校学生。CJ 与我从奥本大三郎与其他人那里听来的故事，都是关于全日本有多喜欢昆虫，但根据志贺卯助的描述，采虫却是一种有阶级差别的活动，而且对于昆虫的喜爱与厌恶会随着时间改变（较受青睐的包括蟋蟀、吉丁虫、锹形虫、蜻蜓、萤火虫与家蝇）。有些活动，例如捕捉蜻蜓与聆听蟋蟀叫声和蝉鸣等，是行家与一般民众都喜欢做的。如同杉浦哲也所说，有些事情过去仅限于某些地方的穷苦人家才会做（例如吃虫），这时候也没有人继续做了。有些活动则变得相对没那么普遍：用昆虫来治疗疾病就是一例（像用蟑螂来治疗冻疮与脑膜炎，还有用来消毒），因为明治时代开始政府就明令禁止了源自中国草本医疗的“汉方”疗法，到了后来才解禁，跟对抗疗法（allopathic medicine）一样，变成某种补充性的治疗方式。志贺卯助、养老孟司、杉浦哲也与奥本大三郎一样以做学问的态度采虫，他们直接承袭的是德川幕府时代那些尊荣“大名”的采虫传统，也多少受到欧洲殖民帝国士绅阶级的自然史研究传统影响，直到法布尔彻底破除旧习的风范，采虫活动真正开始普及起来，已经是日本战后经济扩张，媒体流行文化兴起，还有有钱有闲的新中产阶级出现的时候了。除了采虫以外，最重要的显然莫过于繁殖与饲养锹形虫与兜虫，但这种活动的出现却是比较新颖而令人感到忧虑的，而且会做这种事的，是另一种新形态的“昆虫少年”，他们拥有新的经验与昆虫设备（包括漫画、动画与充气昆虫），而且他们对于“昆虫对于自己的人生与家庭生活有何意义？”这个问题，也有比较复杂的新见解。

战后因为经济发展，除了大家可以挥金如土之外，随之而来的还包括没有人预料到的环境灾害，其中最恶名昭彰的就数 1956 年熊本县水俣市的汞中毒问题，后来于 1965 年又在新潟县出现同样问题。由于日本人对工业发展的普遍失望，他们开始以新的方式来欣赏与保护大自然。第一波昆虫热可说是新消费主义与新环保主义的混合体，出现在 20 世纪 60 年代中期。昆虫热的主角包括蝴蝶、锹形虫与兜虫，主要是因为“怪兽电影”的流行（像蝴蝶又像飞蛾的摩斯拉就特别受欢迎，它往往用超能力来帮助人类），还有“超人力霸王”（又译“咸蛋超人”）之类的“特摄片”，以及手冢治虫与其他漫画先驱创作的昆虫主角。几个世纪来，那些大型甲虫往往被视为丑陋无比，而这是历史上的头一遭：甲虫比铃虫与其他会唱歌的虫子更受欢迎。

那些年头市面上出现了许多价格不贵的昆虫百科全书、高质量野外采虫指南还有新的采虫杂志，后来东京多摩动物园的蝴蝶造型昆虫馆在 1964 年问世（那是矢岛稔早期完成的重大计划之一）。也许，最能反映出昆虫热的一件事，莫过于采虫就是在那些年头成为中小学固定的暑假作业。

志贺卯助也是在那个年代向日本文部省提出陈情，希望能禁止百货公司贩卖活的蝴蝶与甲虫——没过多久，他就获得了裕仁天皇颁发的奖章，以表彰他制作出优质的采虫工具，他说这是他初次感觉到在那个专业领域里获得肯定。他说，这不是鼓励学童作弊吗？他们只要去买虫就好，不用真正去做暑假作业。老师无法分辨哪些虫是在百货公司买的，哪些来自野外。志贺卯助还说，事实上，那些买来的虫反而会获得较高分数，因为它们看来比较漂亮。那些虫子如果只是商品，学生哪能从中学到任何东西呢？文部大臣接受陈情，因此百货公司又开始跟以往一样，只能卖标本，也贩卖志贺卯助出品的那些漂亮又有创意的采虫工具。百货公司后来又把活生生的甲虫摆到架子上去卖，已经是 20 世纪 90 年代初期的事情了，那是个昆虫宠物店林立的年代，除了甲虫进口解禁与虫类交易高度商业化之外，大家也早已把志贺卯助那成功一时，最后仍不敌大势所趋的行动给淡忘了。

8

世嘉游戏公司推出“甲虫王者”之后不久，日本环境省就为了推动保育新法而开始举办一系列的公听会。《外来生物法》的立法意旨，是为了弥补《植物防疫法》的诸多漏洞，因为该法已经让黑鲈鱼、欧洲熊蜂与其他不受欢迎的物种入境。跟大多数的这类争论一样，这次的公听会上也立刻以“本土物种”与“入侵物种”的区分为基础。同样的语汇五个公一还有与他一起做研究的学者也使用过：用来描绘那只被他们强迫与印度尼西亚母扁锹形虫交配的日本公扁锹形虫。有鉴于日本的大自然常常被视为足以定义民族性与个人性格的要素，因此我们不难理解这次立法争论为何如此激烈。

更具争议性的问题之一是：锹形虫与兜虫是否会被《外来生物法》列为禁止进口的物种？保育人士担心甲虫进口会持续造成一些效应，也担心一般采虫活动带来的必然后果，主张列入管制。长期以来，他们主张采虫会对原生物种造成伤害，因为有些人会用砍树与其他盲目的方法来采虫，破坏了栖息地，而且如果抓走正在繁殖的甲虫将会导致野外甲虫数量变少。此外，如果将外国甲虫放生野外，也会造成一些潜在的冲击。

业界派出的代表组织严谨。毕竟，他们是损失最大的一个族群。在发行《虫志》杂志的东海媒体（Tokai Media）的资助之下，一个叫作里山协会（Satoyama Society）的非营利组织致力于把整个产业动员起来，先发制人，进行保育教育活动，活动内容包括在昆虫杂志里刊登文章，通过演讲、海报与传单来倡导，表示应该采取更谨慎的甲虫管理措施，同时还在各地发起采虫同好会。演讲的人都有钱可以拿，而且倡导教育活动也会带来更多顾客。

一些“虫社”的员工以专家证人的身份到公听会上发言。根据他们的估计，全日本大概有一两万个在繁殖甲虫的业余人士，饲养甲虫的人则有 10 万人（大多是中年男子），此外更有几百万个孩童把虫卵养成甲虫。他们主张，目前最多已经有 50 亿只非原生甲虫待在日本境内，因此讨论进口管制是没有意义的。真正危险的并非进口的甲虫，而是已经在境内的那些。管制进口只会全然抹杀了采虫的教育与教化意义。跟他们的盟友里山协会一样，他们也建议，如果想要把情况控制住，该做的应该是教育他们的顾客，让大家知道随意丢弃甲虫的后果不堪设想。

等到第三次公听会进行时，业界人士与他们的盟友显然已经赢了。最后的法案只把某几类甲虫纳入，而且出现在法案中的那几种，也只是被列在非限制“只需要申请凭证”的字段里。[25] 然而，保育人士要抗争的对象不只是业界。许多保育人士也不喜欢养老孟司那种学者，因为他们坐拥大批私人收藏，为了收藏而杀虫实在是无谓之举。他们认为，这无异于认可那些人杀害动物，会对小孩的生命教育带来不良影响。他们努力了好多年，设法劝阻学校把采虫列为暑假作业，在东京与许多其他地方都奏效了。

一听到这件事，首先闪过我脑海的，是“锹仔”，还有他那促进父子关系的梦想，还有父子一起抓锹形虫的“家庭作业日”。但是，养老孟司与奥本大三郎等收藏家也想要为自己辩解。毕竟，他们不都是跟

外国の生き物を 野山に放さないで！

～日本の自然を守るために～

1999年11月11日，外国のカブトムシ・クワガタムシの輸入が部分的に解禁となりました。今後，夏を中心にして，ペットショップなどで，比較的安価で盛大に売り出されることが予想されます。手軽に，生きている実物に触れることができるのは喜ばしいことです。

しかし，これが大きな危険をはらんでいることを忘れてはなりません。外国産の虫を飼う人々にモラルの徹底が急がれますが，なかなか追いつかず，すでに関東地方などでは，野外で沖縄やインドネシアのクワガタが見つかっています。

夏が過ぎると，飼っていた虫を「かわいそうだから逃がしてあげよう」と，野外に放す人がいますが，それによって次のような困ったことが起こります。

①餌を占領してしまう

－競争相手になる可能性－

もともと日本にいるカブトムシやクワガタムシの，餌を奪ってしまう可能性があります。南国の虫だから寒さに弱いとはかぎりません。夏ならまったく平気です。

②地域差がなくなってしまう

－遺伝子汚染の可能性－

例えば，南国（台湾やタイ，ラオスなど）のオオクワガタが日本で放されて，地元のオオクワガタと出会ったとします。産地はちがっても同じ種類ですから，交尾・産卵は行われます。しかし，たとえ種類が同じでも，地域によって生態が少しずつ違っています。日本のものは冬の寒さに耐えることができますが，南国のものに同じ性質があるとはかぎりません。外国ばかりでなく，九州や関西のものでさえ，他の地方に放すことは大きな問題になるのです。

外見にまったく違いがなくても，生き物は，それぞれの土地で環境に合わせて独特の生活をしています。食べ物も，成長する季節も，地方によって違います。それらの習性は，長い年月をかけて身につけてきたもので，遺伝子に組み込まれているものです。人間が勝手に乱してはなりません。

池や川の魚が，ブラックバスのために大きな打撃を受けています。クワガタでも同じ過ちを繰り返さないよう，みんながしっかりとルールを守らなくてはなりません。

いちど飼い始めた虫は

絶対に野外に放さない

ということを守ってください。親切のつもりでも，虫にとっては大迷惑。手遅れになる前に，ちょっと考えてみませんか。みんなの心がけでひとつで，たくさんの日本の虫たちが救われます。

“虫社”的员工和一些专家证人倡导养虫人不要随意丢弃甲虫。

法布尔一样，不但是科学家，也是爱虫人士。对于那一股甲虫热，他们不是也抱有怀疑的态度？难道他们不是致力于培养世人对于大自然的爱（尤其是小孩），用敏锐而有创意的方式去呵护大自然？而且在这方面也许他们比保育人士还做得更多？

他们也同意，锹形虫的商业化的确带来很大伤害，但锹形虫的数量之所以减少，除了过度采虫之外，同样也是因为土地开发造成栖息地锐减。但是，一般而言，如果是其他种类的昆虫，就算被采集也不

会有所影响：因为它们的数量实在太多，而且繁殖速度太快。比较严重的问题是跟杀虫有关。对于养老孟司和他的朋友们而言，唯有借由物种之间的互动（而不是分离），才能产生真正的深刻关系。为了建立关系，真正该做的是要培养出那种难得的“虫眼”，才能够造成想法的极端改变，而不是用“以上对下”的“管理”之名放弃人虫之间的沟通。任谁都必须要了解昆虫，设法深入体会它们的生存模式，才有办法找到它们。想要进入它们的生活，就必须通过训练培养出一种专注力，而那训练不只是哲学的训练，也是昆虫学的训练。唯有专注，才能够获得某种关于自然的知识，这种知识里面必定含有喜爱大自然的成分，同时也把人类世界往自然界延伸。杀虫是痛苦的，但也有其意义。呼应着柯内莉亚·黑塞-霍内格曾说过的话，养老孟司也对我们说，他拥有的昆虫已经够多了。他不再杀虫了。奥本大三郎则说他不曾杀虫，只会采集活生生的虫，等到它们自然死亡后，再制作成标本。

志贺卯助也曾体验过这种不安的情绪。在志贺昆虫普及社某年周年庆那一天，他邀请了一个来自山里的和尚，到东京去举办“供养”法会，借此安慰离世的昆虫。法会摆的不是死者的照片，而是标本。他供奉的并非人类的食物，而是昆虫的。这件事发生在20世纪30年代期间，已经是70年前的往事。他写道，因杀戮其他生命所衍生的罪恶感，意识到杀生是不对的信念，从来不是什么新鲜事。他试着别想太多，但无法摆脱那想法。让他常常思索的一个问题是：蜉蝣到底是应该只活一天，还是以标本的形式存在几百年？何者对它们比较好？

矢岛稔说，我很高兴自己这么了解昆虫。志贺卯助也有相同感觉，他还说，想要了解昆虫并不难。任谁只要手拿放大镜与捕虫网，都能办到（也许，你可以选用志贺卯助发明的那种低价折叠式口袋形捕虫网）。

志贺先生写道，任谁只要开始观察小虫，就会变得对大自然更有兴趣，也会觉得周遭世界更加有趣，更令人满足。事实上，认识昆虫可说是这世界上最棒的事。他说，人类与大自然之间的关系始于昆虫，也靠昆虫画上句点。然后他又补充了一句话：这就是我一辈子的写照。

志贺卯助请来和尚为离世的昆虫举办“供养”法会。

1 川崎的网站，http://ww3.ocn.ne.jp/~fulukon/.

2 请参阅:《虫眼とアニ眼:养老孟司对谈宫崎骏》(东京：德间书店，2002年)。根据2003年的许多报道，名古屋市政府希望可以根据宫崎骏与荒川修作的设计图兴建一个住宅区。

3 Bashö Matsuo 引自 *in Haiku* vol. 3, edited and translated by R.H. Blyth (Tokyo: Hokuseido Press, 1952), 229.

4 Lafcadio Hearn, *Shadowings* (Tokyo: Tuttle, 1971), 101.

5 请参阅：K. Takeuchi, R.D. Brown, I. Washitani, A. Tsunekara, M. Yokohari, *Satoyama: The Traditional Rural Landscape of Japan* (*Tokyo: Springer Verlag*, 2003).

6 例如，请参阅：Yasuhiko Kasahara's *Kay's Beetle Breeding Hobby* site at http://www.geocities.com/kaytheguru/. 值得一提的是，就昆虫繁殖业而言，长期以来日本向来是世界第一的国家。据我所知，全世界只有日本的蝴蝶馆是自己繁殖蝴蝶，而不是购买虫蛹。

7 请参阅：Harumi Befu, *Hegemony of Homogeneity: An Anthropological Analysis of Nihonjinron* (Melbourne: Trans Pacific Press, 2001). 关于日本人的自然观，请参阅：Arne Kalland and Pamela J. Asquith, "Japanese Perceptions of Nature: Ideals and Illusions" and other chapters in Arne Kalland and Pamela J. Asquith, eds., *Japanese Images of Nature: Cultural Perceptions* (Richmond, Surrey: Curzon, 1997)；Julia Adeney Thomas, *Reconfiguring Modernity: Concepts of Nature in Japanese Political Ideology* (Berkeley: University of California Press, 2001)；Tessa Morris-Suzuki, *Re-Inventing Japan: Time, Space, Nation* (New York: M.E. Sharpe, 1998). 尽管无论日本人或外国人都认为，日本人与大自然的关系向来被认为亘古不变，而且独一无二，但上述作品的作者殚精竭虑，企图为日本人的自然观寻找历史脉络，指出自然的观念在特定的时刻会以特定的形式出现，而且他们也试着去了解为什么日本人会普遍认为自己与大自然合一，但另一方面却又长期为了商业利益而进行大规模摧毁自然环境的活动。

8 Tsunoda Tadanobu, *The Japanese Brain: Uniqueness and Universality,* trans. Yoshinori Oiwa (Tokyo: Taishukan, 1985). 有人提出猛烈抨击，认为该从"日本人论"的民族主义角度去看待角田忠信的著作，请参阅：Peter Dale, "The Voice of the Cicadas: Linguistic Uniqueness, Tsunoda Tananobu's Theory of the Japanese Brain

and Some Classical Perspectives," *Electronic Antiquity* vol 1, no. 6 (1993).

9 Shoko Kameoka and Hisako Kiyono, *A Survey of the Rhinoceros Beetle and Stag Beetle Market in Japan* (Tokyo: TRAFFIC East Asia -Japan, 2003), 47.

10 Japan External Trade Organization, *Marketing Guidebook for Major Imported Products 2004. III. Sports and Hobbies* (Tokyo: JETRO, 2004), 235.

11 Kouichi Goka, Hiroshi Kojima, and Kimiko Okabe, "Biological Invasion Caused By Commercialization of Stag Beetles in Japan," *Global Environmental Research* vol. 8, no. 1 (2004): 67-74, 67.

12 根据东亚野生物贸易研究委员会（TRAFFIC East Asia，系东亚地区的野生动物贸易活动监督机构）针对东京各家昆虫店的调查，发现了两只进口的安达佑实大锹形虫（Dorcus antaeus），虽然它们被归类为“无害”的外来生物，但在出口国是被禁止采集的，每一只的售价高达 3344 元美元。请参阅：Kameoka and Kiyono, *A Survey of the Rhinoceros Beetle and Stag Beetle Market in Japan*.

13 Goka et al., "Biological Invasion" .

14 锹形虫最多可以活五年，寿命远比兜虫还要长，因此相较之下，价格也比较高。请参阅：T.R. New, "'Inordinate Fondness' : A Threat to Beetles in South East Asia?" *Journal of Insect Conservation 9* (2005): 147-50, 147.

15 Kameoka and Kiyono, *A Survey of the Rhinoceros Beetle and Stag Beetle Market*, 41.

16 Japan External Trade Organization, *Marketing Guidebook for Major Imported Products* 3: 242.

17 Kameoka and Kiyono, *A Survey of the Rhinoceros Beetle and Stag Beetle Market*.

18 这些相关问题的详细讨论请参阅：Goka et al., "Biological Invasion"；Kameoka and Kiyono, *A Survey of the Rhinoceros Beetle and Stag Beetle Market*；T.R. New, "'Inordinate Fondness'" .

19 Goka et al., "Biological Invasion" .

20 矢岛稔著，《虫に出会えてよかった》（东京：フレーベル馆，2004 年），42 页。感谢岩崎优美子 [译者注：Yumiko Iwasaki 的音译] 为我翻译所有引自这一本书的日文。

21 如欲了解日本昆虫文化的简史，可以参阅：小西正泰著，《虫の文化志》

（东京：朝日选书，1993年），29-30页；笠井昌昭著，《虫と日本文化》（东京：大巧社，1997年）；对于上述两本书与其他相关作品的评价，则可以参阅：Norma Field, "*Jean-Henri Fabre and Insect Life in Japan*". 这尚未出版的草稿由作者菲尔德慨然提供给我，非常有用。

22 跟口述这一段历史的其他人一样（包括CJ和我一起去访谈过的所有人），小西正泰也强调三位外国博物学家的采集工作：恩格尔伯特·坎普法（Engelbert Kaempfer）、卡尔·佩特·屯贝里（Carl Peter Thunberg）与菲利普·弗朗兹·冯·西博尔德（Philipp Franz von Siebold）。他们三个到过日本后回欧洲皆出版了关于各种日本动物（其中包括昆虫）的书籍（三人分别在1727年、1781年与1823年出书），他们的贡献就是以西方正规科学界成员的身份初次直接接触日本的自然世界。

23 毫不令人意外的，关于欧洲科学兴起过程的文献庞大无比。欧洲科学革命的详细简介可参阅：Steven Shapin, *The Scientific Revolution* (Chicago: University of Chicago Press, 1998). 有学者主张，明治时期的各种体制还有社会面向都与德川幕府时代具有连续性，日本的科学才能够在明治时期快速崛起，请参阅：James R. Bartholomew, *The Formation of Science in Japan: Building a Research Tradition* (New Haven: Yale University Press, 1989). 关于科学知识与体制的流动性，可以参阅以下的有趣说明：Gyan Prakash, *Another Reason* (Princeton: Princeton University Press, 1999). 也有人主张，传统科学史从前现代到现代时期是一种有计划的发展，而不是传统科学史研究所认为的大跃进，请参阅：Bruno Latour, *We Have Never Been Modern,* trans. Catherine Porter (Cambridge: Harvard University Press, 1993).

24 志贺卯助著，《日本一の昆虫屋》（东京：文春文库，2004年）。感谢矢部河森（译者注：Hisae Kawamori的音译）帮我把这本书的日文翻译成英文。

25 日本环境省根据《外来生物法》建立的"管制类外来生物"清单（Regulated Living Organisms under the Invasive Alien Species Act）可参阅：http://www.env.go.jp/nature/intro/1outline/files/siteisyu_list_e.pdf.

Z

禅宗与沉睡的哲学

Zen and the Art of Zzz's

我们身边到处是昆虫

1

1998年，我有幸取得加利福尼亚州大学圣塔克鲁兹分校的教职，那是一个位于北加利福尼亚州的滨海城镇。我完全没想到会有那个工作机会，机会来时我又惊又喜。莎朗和我都是在都市长大，除了我待在亚马孙河流域的那一大段时间之外，我们俩都没什么小镇生活的经验。先前我们住在纽约市中心曼哈顿地区的公寓里，尽管暖气不怎么管用，而且楼下冷冻仓库的冷气常常会渗透我家地板，让我们感到寒气刺骨，我们还是很快乐。但是加利福尼亚州似乎是个冒险天堂，是一个全新的世界。我们打包行李，租了一辆车就出发了，就像两个拓荒客，心里试着想象我们穿越纽约的荷兰隧道之后会有什么发现。

2

到了圣塔克鲁兹之后，我们最喜爱的一片海滩“三英里海滩”（Three Mile Beach），就位于怀尔德牧场州立公园（Wilder Ranch State Park）里面。我们总是沿着蒙特雷湾（Monterey Bay）北端那一片眺望太平洋的断崖散步，走到那公园里。因为怀尔德牧场里面没什么遮蔽物，所以风通常很大，而且往往比三四千米外的圣塔克鲁兹本身还要冷，因为圣塔克鲁兹有蒙特雷湾的屏障，所以和煦的天气让人觉得像是奇迹。

沿着断崖散步必须忍受狂风吹袭，但景色美得惊人。我们百看不腻。太平洋跟其他所有的大江大海一样，每天看起来都不一样，而且海水的色调总是令我们惊叹。我们总是稳稳地站在断崖边缘，远眺着在下方远处大浪里翻滚的海獭、海豹与海狮。莎朗的目光锐利，总是能找到鲸鱼，常常用手指出灰鲸与座头鲸喷水的地方，有时候与岸边非常接近。为了观看一群群鹈鹕飞翔的英姿，我们总是不断把脖子往后仰，然后看见它们从刺眼的阳光中飞出来，在蓝到不能再蓝的天际翱翔，留下白到不能再白的身影，那可说是最让人心醉的景象。

3

某次我们偶遇一具鲸尸。加利福尼亚州一号公路（Highway 1）靠海的那一边，沿线都是洋蓟田，有好几天我们开车经过时，都会闻到腐尸臭味。因为实在太臭了，尽管时值夏天，我们那一部日产达特桑（Datsun）小货车没有空调，我们还是把窗户紧闭了好几千米。后来当我们又再访怀尔德牧场公园时，才发现原来臭味的来源就在附近。我们往外走到断崖上，那臭味变得更为强烈，直到我们走到路的尽头，来到一个狭窄小海湾上方，往下一看，只见一具已褪色的巨物，形貌不清，最后才慢慢看出那是鲸鱼。

那个动物正在融化，分解成黏黏的液体，一张大嘴是张开的。它那巨大的阴茎埋在沙土中，看来如此不堪。有关它的一切都是如此不堪。一切都不对劲。它的黏滑皮肤蓝绿相间，逐渐脱落。尸体四周到处是群蝇飞舞。

在怀尔德牧场公园附近的海岸边发现的鲸尸。

4

等到天气够暖，海风也不会往上席卷沙滩了，我们会坐在“三英里海滩”上面读书。那海滩通常都没有人，有时候我会脱掉衣服，在海里游一小段距离，小心注意海里的横流与激浪潮，我暖热的皮肤感觉到海水好冰。

那是一片口袋状的海滩，是两个断崖之间的小海湾，一边是一道往海里延伸的缓坡，另一边的尽头则是一大片湿地。海滩上到处是金黄细沙，遍布着一堆堆坚韧的沼地草丛。我们往往在海滩上一待就是好几个小时，有时伸伸懒腰，深深吸几口有太阳味道的空气，头顶的天空是如此开阔，身边是海浪拍岸时的潮声，以及退潮时细石的滚动低语。

5

尽管如此，“三英里海滩”往往是个让人难以放松的地方。海滩上有许多小小的苍蝇，也许就是围绕在鲸尸四周的那种。它们的移动速度很快，而且个个都是死硬派，赶也赶不走。每几秒就会有一只停在我们露在衣裤外面的皮肤上，让我们感到刺刺的，然后就飞走了。那感觉又刺又痛。它们不会留下痕迹，皮肤也不会变红，但那使我们很难好好坐上一会儿，更不可能睡一会儿觉。

6

根据研究显示，昆虫是会睡觉的。或者说，它们跟大多数生物一样，至少会有固定的作息时间，每当休息不动时，它们对于外界刺激的反应能力就会大幅下降。[1] 如果我们知道那些苍蝇何时休息，就可以挑那时间去海滩，但似乎不太可能。

那一份睡眠研究并未调查昆虫是否会做梦。对于生物学家来讲，此刻还是有点太过异想天开了。也许他们还不知道要用什么方式去研究昆虫是否会做梦。但如果他们知道了呢……它们会梦到什么？这又是另一个无法解答的问题。

7

此刻，我身边到处是昆虫。它们知道这本书已近尾声。它们正在说:“别离开我们！别忘掉我们！”我努力试着把所有昆虫都放进这本书。但老实说，昆虫的种类实在太多了。任何一本昆虫图志就算再怎样野心勃勃、图片众多，也不可能有足够的篇幅。就连文森特·瑞许（Vincent Resh）与林恩·卡戴（Cardé's）写的那一部划时代巨著《昆虫百科全书》（*Encyclopedia of Insects*）也必须对内容有所取舍。

“三英里海滩”的苍蝇搞得我们不能睡觉。被它们咬到会感到一阵刺痛。它们不愿放过我们。它们用自己的方式来展现出加利福尼亚州的特色。它们持续传达的信息，颇像是一个“四段真言”：这也是我们的海滩。学习与不完美共存吧。万物皆与彼此同在。一扇小小的窄门，将开启整个大千世界。

1 感谢巴雷特·克莱恩（Barrett Klein）把这一份文献介绍给我。

致谢
Acknowledgements

研究撰写此书的年间，我几乎一直都处于自己的专攻领域之外，经常有他人慷慨相助。有许许多多的人曾经帮过我，有些人的助力来自个别文章，有些人帮的忙则是在整段过程中提供建议和鼓励。对于大部分人士，我仅能列出他们的姓名，并且很简单地说一句：这几年里面，最愉快的一件事情，便是有机会向你们请教到这么多事物。

一如既往，我头一个要最深深感谢的，是我最亲爱的朋友和“共谋”莎朗(Sharon Simpson)。本书的每一个概念和感觉，都在我们之间不停地往返。要是没有她，这本书可能会变成别的样子，或者根本就不会出现。

对于能够相信我、愿意让我记叙其生命的诸位人士，我也要致上感激与谢意。特别是要感谢 Cornelia Hesse-Honegger, David Dunn, Fang Dali, Jeff Vilencia, Kawasaki Mitsuya, Li Shijun, Sugiura Tetsuya, Yajima Minoru, Yoro Takeshi。

同样重要的是我拥有热心又有才华的三位研究伙伴，他们现在已成了我的朋友，田野研究的主要章节基本上是由他们与我共同撰写的：在中国的小胡、在日本的铃木 CJ、在尼日尔的卡林。

若是没有其他旧雨新知的一些特殊的照料，上述田野工作不可能进行。就此，尤其要感谢 Mei Zhan, Huang Jingying, Tyler Rooker, Ding Xiaoqian, Mahamane Tidjani Alou, Nassirou Bako Arifari, Shiho Satsuka, Gavin Whitelaw, Thomas Bierschenk。

在美国的时候，这几位人士高明的书目、翻译、诠释性作品，对我大有裨益：Steve Connell, Ling Chen, Hisae Kawamori, Gabrielle Popoff, Yumiko Iwasaki。

十分感激我的文稿经纪人 Denise Shannon，她极具幽默感、耐心与智慧，着实助我良多。同时非常感谢我在众神出版社的编辑 Dan Frank，他不但鼓励我走自己的路，更温和地坚持我当如此。也谢谢众神出版社的 Michiko Clark, Altie Karper, Jill Verrillo, Abigail Winograd。

感谢“新学院”给了我一个令人振奋的工作环境，还有它的支票和研究基金使得这一切能够出现，感谢耶鲁大学农业研究学院的 Jim Scott 和 Kay Mansfield 当年让我得到奖学金和一同努力的伙伴，有机会发展出此项计划的雏形。

若不是有下列这些人士（我相信还有更多人是我不小心遗漏了）本书将逊色许多：Adriana Aquino, Al Lingis, Alan Christy, Alex Bick, Alexei Yurchak, Alondra Nelson, Amber Benezra, Anand Pandian, Ann Stoler, Anna Tsing, Anne-Marie Slézec, Annemarie Mol, Antoinette Tidjani Alou, Arjun Appadurai, Arun Agrawal, Ayako Furuta, Barrett Klein, Ben Orlove, Beth Povinelli, Bill Maurer, Boureima Alpha Gado, Brantley Bardin, Bruce Braun, Carla Freccero, Carol Breckenridge, Charles Whitcroft, Charlie Piot, Christine Padoch, Claudio Lomnitz, Dan Linger, David Porter, Dejan Lukic, Dieter Hall, Dilip Menon, Ding Xuewen, Don Kulick, Don Moore, Donna Haraway, Ed Kamens, Emily Martin, Eric Hamilton, Eric Worby, Ernst-August Seyfarth, Faisal Devji, Fatema Ahmed, Federico Finchelstein, Fred Appel, Fu Shui Miao, Fu Zhou Liang, Gabriel Vignoli, Gail Hershatter, Gary Shapiro, Graham Burnett, Grzegorz Sokol, Heather Watson, Hoon Song, Hsiung Ping-chen, Hylton White, Iijima Kazuhiko, Ilana Gershon, I-Yi Hsieh, Jacek Nowakowski, Jake Kosek, Janelle Lamoreaux, Janet Roitman, Janet Sturgeon, Jean-Yves Durand, Jim Clifford, Jin Xingbao, Jody Greene, Joe Masco, John Marlovits, Jonathan Bach, June Howard, Karen Davidson, Katharine Gates, Kimio Honda, Larry Hirschfeld, Lawrence Cohen, Leander Schneider, Lee Hendrix, Li Jun, Lisa Rofel, Louise Fortmann, Martin Lasden, Matt Wolf-Meyer, Maya Gautschi, Mick Taussig, Miguel Pinedo-Vásquez, Miriam Ticktin, Monica Phillipo, Nancy Jacobs, Nancy Peluso, Nataki Hewlett, Natasha Copeland, Neferti Tadiar, Niki Labruto, Noriko Aso, Norma Field, OanaMateescu, Ohira Hiroshi, Okumoto Daizaburo, Orit Halpern, Paolo Palladino, Paul Gilroy, Peter Lindner, Ralph Litzinger, Rebecca Hardin, Rebecca Solnit, Rebecca Stein, Reiko Matsumiya, Rhea Rahman, Riccardo Innocenti, Roberto Koshikawa, Rotem Geva, Saba Mahmood, Sally Heckel, Shao Honghua, Sina Najafi, Stefan Helmreich, Stuart McLean, Susan Harding, Susan O’ Donovan, Susanna Hecht, Tao Zhi Qing,

Tim Choy, Tjitske Holtrop, Tom Baione, Toni Schlesinger, Vicky Hattam, Vron Ware, Vyjayanthi Rao, WangYuegen, Wendy Yu, Wulan, Yangtian Feng, Yen-ling Tsai, Yi Yinjiong, Yukiko Koga。

最后，本书当中有为数不少的人士，由于种种缘故，我以化名称之。其中一些是在上海与我在不安全的情况下谈话的人。其他人我完全不知道他们的姓名，他们在市场中、商店里、博物馆、马路转角，他们有着找到昆虫的各种方法，分享与昆虫相关的知识给我，让昆虫进入到我们的生命里。我衷心感谢这些人士，还有尼日丹达赛、“瑞吉欧·乌邦达瓦基”、黎吉欧欧班达瓦金的居民，以及在巴西伊加拉佩村的朋友。

索引
Index

Abbas, Ackbar. "Play it Again Shanghai: Urban Preservation in the Global Era." In Shanghai Reflections: Architecture, Urbanism and the Search for an Alternative Modernity, edited by Mario Gandelsonas, 37–55. New York: Princeton Architectural Press, 2002.

Abramson, Charles I., ed. Selected Papers and Biography of Charles Henry Turner (1867–1923). Pioneer in the Comparative Animal Behavior Movement. New York: Edwin Mellen Press, 2002.

Achebe, Chinua. Things Fall Apart. London: Heinemann, 1976.

Aldrovandi, Ulisse. De animalibus insectis libri septem. 1602.

Almog, Shmuel. "Alfred Nossig: A Reappraisal." Studies in Zionism 7, (1983): 1–29.

Alpha Gado, Boureima. Une histoire des famines au Sahel: étude des grandes crises alimentaires, XIXe–XXe siècles [A History of Famine in Sahel: A Study of the Great Food Crises, Nineteenth to Twentieth Centuries]. Paris: L' Harmattan, 1993.

Aly, Götz, Peter Chroust, and Christian Pross. Cleansing the Fatherland: Nazi Medicine and Racial Hygiene. Translated by Belinda Cooper. Baltimore: Johns Hopkins University Press, 1994.

Appelfeld, Aharon. The Iron Tracks. Translated by Jeffrey M. Green. New York: Schocken Books, 1999.

Aristotle. Generation of Animals. Translated by A. L. Peck. Cambridge, Mass.: Loeb Classical Library/Harvard University Press, 1979.

———. History of Animals. Translated by A. L. Peck. 3 vols. Cambridge, Mass.: Loeb Classical Library/Harvard University Press, 1984.

———. Parts of Animals. Movement of Animals. Progression of Animals. Translated by A. L. Peck and E. S. Forster. Cambridge, Mass.: Loeb Classical Library/Harvard University Press, 1968.

Aschheim, Steven E. Brothers and Strangers: The East European Jew in German and German-Jewish Consciousness, 1800–1923. Madison: University of Wisconsin Press, 1982.

Atran, Scott. Cognitive Foundations of Natural History. Towards an Anthropology of Science. Cambridge: Cambridge University Press, 1993.

Backus, Robert, trans. The Riverside Counselor' s Stories: Vernacular Fiction of Late Heian Japan. Palo Alto, Calif.: Stanford University Press, 1985.

Bacon, Francis. Sylva sylvarum: or a Natural History in Ten Centuries. London, 1627.

Bachelard, Gaston. The Poetics of Space. Translated by Maria Jolas. New York: Beacon Press, 1969.

Bagemihl, Bruce. Biological Exuberance: Animal Homosexuality and Natural Diversity. New York: St. Martin' s Press, 1999.

Bartholomew, James R. The Formation of Science in Japan: Building a Research Tradition. New Havens, Conn.: Yale University Press, 1993.

Bataille, Georges. The Tears of Eros. Translated by Peter Connor. San Francisco: City Lights, 1989.

Bauman, Zygmunt. "Allosemitism: Premodern, Modern, Postmodern." In Modernity, Culture, and "the Jew," edited by Bryan Cheyette and Laura Marcus. Palo Alto, Calif.: Stanford University Press, 1998.

Bayart, Jean-François. The State in Africa: The Politics of the Belly. Translated by Mary Harper, Christopher Harrison, and Elizabeth Harrison. London: Longman, 1993.

Beebe, William. "Insect Migration at Rancho Grande in North-Central Venezuela: General Account." Zoologica 34, no. 12 (1949): 107–10.

Bein, Alex. "The Jewish Parasite: Notes on the Semantics of the Jewish Problem with Special Reference to Germany." Leo Baeck Institute Yearbook 9 (1964): 3–40.

Bekoff, Marc, Colin Allen, and Gordon M. Burghardt, eds. The Cognitive Animal: Empirical and Theoretical Perspectives on Animal Cognition. Cambridge, Mass.: MIT Press, 2002.

Benjamin, Walter. Illuminations: Essays and Reflections. Translated by Harry Zohn. New York: Schocken Books, 1968.

———. Reflections: Essays, Aphorisms, Autobiographical Writings. Edited by Peter Demetz. Translated by Edmund Jephcott. New York: Schocken Books, 1986.

Bergson, Henri. Creative Evolution. Translated by Arthur Mitchell. New York: Dover, [1911] 1989.

Bolaño, Roberto. 2666. Translated by Natasha Wimmer. New York: Farrar, Straus and Giroux, 2008.

Bramwell, Anna. Ecology in the Twentieth Century: A History. New Haven, Conn.: Yale University Press, 1989.

Burkhardt, Richard W., Jr. Patterns of Behavior: Konrad Lorenz, Niko Tinbergen, and the Founding of Ethology. Chicago: University of Chicago Press, 2005.

Busby, Chris. Wings of Death: Nuclear Pollution and Human Health. Aberystwyth, U.K.: Green Audit, 1995.

Caillois, Roger. The Mask of Medusa. Translated by George Ordish. New York: Clarkson N. Potter, 1964.

———. "Mimicry and Legendary Psychasthenia." Translated by John Shepley. October 31 (1984): 16–32.

———. The Writings of Stones. Translated by Barbara Bray. Charlottesville: University Press of Virginia, 1985.

Calarco, Matthew. Zoographies: The Question of the Animal from Heidegger to Derrida. New York: Columbia University Press, 2008.

Canetti, Elias. Crowds and Power. Translated by Carol Stewart. New York: Farrar, Straus and Giroux, 1984.

Chen, Jo-shui. Liu Tsung-yuan and Intellectual Change in T' ang China, 773–819. Cambridge: Cambridge University Press, 1992.

Chou, Io. A History of Chinese Entomology. Translated by Wang Siming. Xi' an, China: Tianze Press, 1990.

Coad, B. R. "Insects Captured by Airplane Are Found at Surprising Heights." Yearbook of Agriculture, 1931. Washington, D.C.: USDA, 1931.

Cocroft, Reginald B., and Rafael L. Rodríguez. "The Behavioral Ecology of Insect Vibrational Communication." Bioscience 55, no. 4 (2005): 323–34.

Cohen, Richard I. Jewish Icons: Art and Society in Modern Europe. Berkeley: University of California Press, 1998.

Collodi, Carlo. Pinocchio. Translated by Mary Alice Murray. London: Penguin, 2002.

Cooper, Barbara M. Marriage in Maradi: Gender and Culture in a Hausa Society in Niger, 1900–1989. Abingdon, U.K.: James Currey, 1997.

———. "Anatomy of a Riot: The Social Imaginary, Single Women, and Religious Violence in Niger." Canadian Journal of African Studies 37, nos. 2–3 (2003): 467–512.

Crary, Jonathan. Techniques of the Observer: On Vision and Modernity in the Nineteenth Century. Cambridge. Mass.: MIT Press, 1992.

Crist, Eileen. "The Ethological Constitution of Animals as Natural Objects: The Technical Writings of Konrad Lorenz and Nikolaas Tinbergen." Biology and Philosophy 13, no. 1 (1998): 61–102.

———. "Naturalists' Portrayals of Animal Life: Engaging the Verstehen Approach." Social Studies of Science 26, no. 4 (1996): 799–838.

Dale, Peter. "The Voice of the Cicadas: Linguistic Uniqueness, Tsunoda Tananobu' s Theory of the Japanese Brain and Some Classical Perspectives." Electronic Antiquity: Communicating the Classics 1, no. 6 (1993).

Darwin, Charles, The Descent of Man, and Selection in Relation to Sex. New York: Penguin, [1871] 2004.

———. The Expression of the Emotions in Man and Animals. New York: Oxford University Press, [1872] 1998.

Daston, Lorraine. "Attention and the Values of Nature in the Enlightenment." In The Moral Authority of Nature, edited by Lorraine Daston and Fernando Vidal, 100–26. Chicago: University of Chicago Press, 2004.

Daston, Lorraine, and Katherine Park. Wonders and the Order of Nature, 1150–1750. New York: Zone Books, 1998.

Davis, Natalie Zemon. Women on the Margins: Three Seventeenth-Century Lives. Cambridge, Mass.: Belknap/Harvard, 1995.

Degler, Carl N. In Search of Human Nature: The Decline and Revival of Darwinism in American Social Thought. Oxford, U.K.: Oxford University Press, 1991.

Deichmann, Ute. Biologists under Hitler. Translated by Thomas Dunlap. Cambridge, Mass.: Harvard University Press, 1996.

Deleuze, Gilles, and Félix Guattari. A Thousand Plateaus: Capitalism and Schizophrenia. Translated by Brian Massumi. Minneapolis: University of Minnesota Press, 1987.

Deleuze, Gilles, and Leopold von Sacher-Masoch. Masochism. New York: Zone Books, 1991.

Derrida, Jacques. The Animal That Therefore I Am. Translated by David Wills. New York: Fordham University Press, 2008.

Dingle, Hugh. Migration: The Biology of Life on the Move. New York: Oxford University Press, 1996.

Dudley, Robert. The Biomechanics of Insect Flight: Form, Function, Evolution. Princeton, N.J.: Princeton University Press, 2000.

Dunn, David. Angels and Insects. Santa Fe, N.M.: ¿What Next?, 1999.

———. The Sound of Light in Trees. Santa Fe, N.M.: EarthEar/Acoustic Ecology Institute, 2006.

Dunn, David, and James P. Crutchfield. "Insects, Trees, and Climate: The Bioacoustic Ecology of Deforestation and Entomogenic Climate Change." Santa Fe Institute Working Paper 06–12–055, 2006.

Efron, John M. Defenders of the Race: Jewish Doctors and Race Science in Fin-de-Siècle Europe. New Haven, Conn.: Yale University Press, 1994.

Eisner, Thomas. For Love of Insects. Cambridge, Mass.: Harvard University Press, 2003.

Evans, E. P. The Criminal Prosecution and Capital Punishment of Animals: The Lost History of Europe's Animal Trials. Boston, Mass.: Faber, [1906] 1987.

Evans, R. J. W. Rudolf II and His World: A Study in Intellectual History, 1576–1612. London: Thames and Hudson, 1973.

Exner, Sigmund. The Physiology of the Compound Eyes of Insects and Crustaceans. Translated by R. C. Hartree. Berlin: Springer Verlag, [1891] 1989.

Fabre, Jean-Henri. The Hunting Wasps. Translated by Alexander Teixeira de Mattos. New York: Dodd, Mead and Company, 1915.

———. The Life of the Fly. Translated by Alexander Teixeira de Mattos. New York: Dodd, Mead and Company, 1913.

———. The Mason-Wasps. Translated by Alexander Teixeira de Mattos. New York: Dodd, Mead and Company, 1919.

———. Social Life in the Insect World. Translated by Bernard Miall. New York: Century, 1912.

Favret, Colin. "Jean-Henri Fabre: His Life Experiences and Predisposition Against Darwinism." American Entomologist 45, no. 1 (1999): 38–48.

Feld, Steven, and Donald Brenneis. "Doing Anthropology in Sound." American Ethnologist 31, no. 4 (2004): 461–74.

Feyerabend, Paul. Against Method: Outline of an Anarchistic Theory of Knowledge. London: New Left Books, 1975.

Field, Norma. "Jean-Henri Fabre and Insect Life in Japan." Unpublished manuscript, n.d.

Findlen, Paula. Possessing Nature: Museums, Collecting, and Scientific Culture in Early Modern Italy. Berkeley: University of California Press, 1994.

Foster, Hal, ed. Vision and Visuality. Seattle: Bay Press/Dia Art Foundation. 1988.

Frank, Claudine, ed. The Edge of Surrealism: A Roger Caillois Reader. Durham, N.C.: Duke University Press, 2003.

Frazer, James George. The Golden Bough: A Study in Magic and Religion, 12 vols. London: MacMillan, 1906–15.

Freccero, Carla. "Fetishism: Fetishism in Literature and Cultural Studies." In New Dictionary of the History of Ideas. Vol. 2. New York: Scribner's, 2005.

Frisch, Karl von. Bees: Their Vision, Chemical Senses, and Language. Ithaca: Cornell University Press, 1950.

———. A Biologist Remembers. Translated by Lisbeth Gombrich. Oxford, U.K.: Pergamon Press, 1967.

———. The Dance Language and Orientation of Bees. Translated by Leigh E. Chadwick. Cambridge, Mass.: Harvard University Press, [1965] 1993.

———. The Dancing Bees: An Account of the Life and Senses of the Honey Bee. Translated by Dora Isle and Norman Walker. New York: Harcourt, Brace and World, 1966.

———. The Little Housemates. Translated by Margaret D. Senft. New York: Pergamon Press, 1960.

Fudge, Erica. Animal. New York: Reaktion Books, 2002.

Gates, Katharine. Deviant Desires: Incredibly Strange Sex. New York: Juno Books, 2000.

Glick, P. A. The Distribution of Insects, Spiders, and Mites in the Air. U.S. Department of Agriculture Technical Bulletin 673. Washington, D.C.: USDA, 1939.

Goethe, Johann Wolfgang von. Italian Journey, 1786–1788. Translated by W. H. Auden and Elizabeth Mayer. London: Penguin Books, 1962.

———. Theory of Colors. Translated by Charles Locke Eastlake. Cambridge, Mass.: MIT Press, 1970.

Gossman, Lionel. "Michelet and Natural History: The Alibi of Nature." Proceedings of the American Philosophical Society 145, no. 3 (2001): 283–333.

Gould, James L. Ethology: The Mechanisms and Evolution of Behavior. New York: W. W. Norton, 1983.

Gould, James L., and Carol Grant Gould. The Honey Bee. New York: Scientific American, 1988.

Gould, Stephen Jay. Hen' s Teeth and Horse' s Toes: Further Reflections in the Natural History. New York: W. W. Norton, 1994.

Gould, Stephen Jay, and Richard Lewontin. "The Spandrels of San Marco and the Panglossian Paradigm: A Critique of the Adaptationist Program." Proceedings of the Royal Society B: Biological Sciences 205 (1979): 581–98.

Graeub, Ralph. The Petkau Effect: The Devastating Effect of Nuclear Radiation on Human Health and the Environment. New York: Four Walls Eight Windows, 1994.

Grant, Edward. "Aristotelianism and the Longevity of the Medieval World View." History of Science 16 (1978): 95–106.

Greenspan, Ralph J., and Herman A. Dierick. " 'Am Not I a Fly Like Thee?' From Genes in Fruit Flies to Behavior in Humans." Human Molecular Genetics 13, no. 2 (2004): R267–R273.

Grégoire, Emmanuel. The Alhazai of Moradi: Traditional Hausa Merchants in a Changing Sahelian City. Translated by Benjamin H. Hardy. Boulder, Colo.: Lynne Rienner, 1992.

Griffin, Donald R. Animal Minds: Beyond Cognition to Consciousness. Rev. edition. Chicago: University of Chicago Press, 2001.

Guerrini, Anita. Experimenting with Humans and Animals: From Galen to Animal Rights. Baltimore: Johns Hopkins University Press, 2003.

Hacking, Ian. "On Sympathy: With Other Creatures." Tijdschrift voor Filosofie 63, no. 4 (2001): 685–717.

Haraway, Donna J. Primate Visions: Gender, Race and Nature in the World of Modern Science. New York: Routledge, 1989.

———. When Species Meet. Minneapolis: University of Minnesota Press, 2007.

Hart, Mitchell B. "Moses the Microbiologist: Judaism and Social Hygiene in the Work of Alfred Nossig." Jewish Social Studies 2, no. 1 (1995): 72–97.

———. "Racial Science, Social Science, and the Politics of Jewish Assimilation." Isis 90 (1999): 268–97.

———. Social Science and the Politics of Modern Jewish Identity. Palo Alto, Calif.: Stanford University Press, 2000.

Hearn, Lafcadio. Shadowings. Tokyo: Tuttle, 1971.

Hearne, Vicki. Adam' s Task: Calling Animals by Name. New York: Alfred A. Knopf, 1986.

———. Animal Happiness. New York: HarperCollins, 1994.

Heidegger, Martin. The Fundamental Concepts of Metaphysics: World, Finitude, Solitude. Translated by William McNeill and Nicholas Walker. Bloomington: Indiana University Press, 1995.

Helmreich, Stefan. Alien Ocean: Anthropological Voyages in Microbial Seas. Berkeley: University of California Press, 2009.

Hendrix, Lee. "Joris Hoefnagel and The Four Elements: A Study in Sixteenth-Century Nature Painting." Ph.D. diss., Princeton University, 1984.

———. "Of Hirsutes and Insects: Joris Hoefnagel and the Art of Wondrous." Word and Image 11, no. 4 (1995): 373–90.

Hendrix, Lee, and Thea Vignau-Wilberg. Mira calligraphiae monumenta: A Sixteenth-Century

Calligraphic Manuscript Inscribed by Georg Bocskay and Illuminated by Joris Hoefnagel Malibu, Calif.: J. Paul Getty Museum, 1992.

Herrnstein, R. J. "Nature as Nurture: Behaviorism and the Instinct Doctrine." Behavior and Philosophy 26 (1998): 73–107; reprinted from Behavior 1, no. 1 (1972): 23–52.

Hesse-Honegger, Cornelia. After Chernobyl. Bern: Bundesamt für Kultur/Verlag Lars Müller, 1992.

———. "Der Verdacht." [The Suspicion]. Tages-Anzeiger Magazin (April 1989): 28–35.

———. The Future's Mirror. Translated by Christine Luisi. Newcastle upon Tyne, U.K.: Locus+, 2000.

———. Heteroptera: The Beautiful and the Other, or Images of a Mutating World. Translated by Christine Luisi. New York: Scalo, 2001.

———. Warum bin ich in Österfärnebo? Bin auch in Leibstadt, Beznau, Gösgen, Creys-Malville, Sellafield gewesen … [Why am I in Österfärnebo? I Have Also Been to Leibstadt, Beznau, Gösgen, Creys-Malville, Sellafield …]. Basel, Switzerland: Editions Heuwinkel, 1989.

———. "Wenn Fliegen und Wanzen anders aussehen als sie sollten." [When Flies and Bugs Don't Look the Way They Should]. Tages-Anzeiger Magazin (January 1988): 20–25.

Hoefnagel, Joris. Animalia rationalia et insecta (Ignis). 1582.

Hooke, Robert. Micrographia; or Some Physiological Descriptions of Minute Bodies Made by Magnifying Glasses with Observations and Inquiries Thereupon. New York: Dover, [1665] 2003.

Hsiung Ping-chen. "From Singing Bird to Fighting Bug: The Cricket in Chinese Zoological Lore." Unpublished manuscript, Taipei, Taiwan, n.d.

Imanishi Kinji. The World of Living Things. Translated by Pamela J. Asquith, Heita Kawakatsu, Shusuke Yagi, and Hiroyuki Takasaki. London: RoutledgeCurzon, 2002.

Jacoby, Karl. "Slaves by Nature? Domestic Animals and Human Slaves." Slavery and Abolition 15 (1994): 89–99.

Japan External Trade Organization (JETRO). Marketing Guidebook for Major Imported Products 2004. Vol. 3, Sports and Hobbies. Tokyo: JETRO, 2004.

Jay Martin. Downcast Eyes: The Denigration of Vision in Twentieth-Century French Thought. Berkeley: University of California Pres, 1994.

Jin Xingbao. "Chinese Cricket Culture." Cultural-Entomology Digest 3 (November 1994). Available at http://www.insects.org/ced3/chinese_crcul.html.

Jin Xingbao and Liu Xianwei. Qan jian min cun de xuan yan han guang shan. [Common Singing Insects:

Selection, Care, and Appreciation.] Shanghai: Shanghai Science and Technology Press, 1996.

Joffe, Steen R. Desert Locust Management: A Time for Change. World Bank Discussion Paper, no. 284, April 1995. Washington, D.C.: World Bank, 1995.

Johnson, C. G. Migration and Dispersal of Insects by Flight. London: Methuen, 1969.

Jullien, François. The Propensity of Things: Toward a History of Efficacy in China. Translated by Janet Lloyd. New York: Zone Books, 1995.

Kafka, Franz. The Transformation and Other Stories. Translated by Malcolm Pasley. London: Penguin, 1992.

Kalikow, Theodora J. "Konrad Lorenz' s Ethological Theory: Explanation and Ideology, 1938–1943. Journal of the History of Biology 16, no. 1 (1983): 39–73.

Kalland, Arne, and Pamela J. Asquith, eds. Japanese Images of Nature: Cultural Perceptions. Richmond, U.K.: Curzon, 1997.

Kapelovitz, Dan. "Crunch Time for Crush Freaks: New Laws Seek to Stamp Out Stomp Flicks." Hustler, May 2000.

Kaufmann, Thomas DaCosta. The Mastery of Nature: Aspects of Art, Science, and Humanism in the Renaissance. Princeton, N.J.: Princeton University Press, 1993.

———. The School of Prague: Painting at the Court of Rudolf II. Chicago: University of Chicago Press, 1988.

Kessel, Edward L. "The Mating Activities of Balloon Flies." Systematic Zoology 4, no. 3 (1955): 97–104.

Kohler, Robert E. Lords of the Fly: Drosophila Genetics and the Experimental Life. Chicago: University of Chicago Press, 1994.

Konishi Masayasu. Mushi no bunkashi [A Cultural History of Insects]. Tokyo: Asahi Sensho, 1992.

Kouichi Goka, Hiroshi Kojima, and Kimiko Okabe. "Biological Invasion Caused By Commercialization of Stag Beetles in Japan." Global Environmental Research 8, no. 1 (2004): 67–74.

Kral, Karl, and Frederick R. Prete. "In the Mind of a Hunter: The Visual World of a Praying Mantis." In Complex Worlds from Simpler Nervous Systems, edited by Frederick R. Prete. Cambridge, Mass.: MIT Press, 2004.

Krall, Hanna. Shielding the Flame: An Intimate Conversation with Dr. Marek Edelman, the Last Surviving Leader of the Warsaw Ghetto Uprising. Translated by Joanna Stasinska and Lawrence

Weschler. New York: Henry Holt, 1986.

Krizek, George O. "Unusual Interaction between a Butterfly and a Beetle: 'Sexual Paraphilia' in the Insects?" Tropical Lepidoptera 3, no. 2 (1992): 118.

Land, Michael F. "Eyes and Vision." In Encyclopedia of Insects, edited by Vincent H. Resh and Ring T. Cardé, 393–406. New York: Academic Press, 2003.

Land, Michael F., and Dan-Eric Nilsson. Animal Eyes. Oxford, U.K.: Oxford University Press, 2002.

Lapini, Agostino. Diario fiorentino dal 252 al 1596 [Florentine Diary 252–1596]. Edited by Gius. Odoardo Corazzini. Florence: G. C. Sansoni, 1900.

Lasden, Martin. "Forbidden Footage." California Lawyer (September 2000). Available at californialawyermagazine.com/index.cfm?eid=306417&evid=1.

Launois-Luong, M. H., and M. Lecoq. Vade-mecum des criquets du Sahel [Vade Mecum of Locusts in the Sahel]. Paris: CIRAD/PRIFAS, 1989.

Lauter, Marlene, ed. Concrete Art in Europe after 1945. Ostfildern-Ruit, Germany: Hatje Cantz, 2002.

LeBas, Natasha R., and Leon R. Hockham. "An Invasion of Cheats: The Evolution of Worthless Nuptial Gifts." Current Biology 15, no. 1 (2005): 64–67.

Legros, Georges Victor. Fabre: Poet of Science. Translated by Bernard Miall. Whitefish, Mont.: Kessinger Publishing, [1913] 2004.

Leopardi, Giacomo. Zibaldone dei pensieri. Vol. 1. Edited by Rolando Damiani. Milan: Arnoldo Mondadori Editore, 1997.

Levy-Barzilai, Vered. "The Rebels among Us." Haaretz Magazine, October 13, 2006, 18–22.

Li Shijun. Min jien cuan shi: shang pin xishuai [An Anthology of Lore of One Hundred and Eight Excellent Crickets]. Hong Kong: Wenhui, 2008.

———. Zhonggou dou xi jian shang [An Appreciation of Chinese Cricket Fighting]. Shanghai: Shanghai Science and Technology Press, 2001.

———. Zonghua xishuai wushi bu xuan [Fifty Taboos of Cricket Collecting]. Shanghai: Shanghai Science and Technology Press, 2002.

Libertaire Group, ed. A Short History of the Anarchist Movement in Japan. Tokyo: Idea Publishing House.

Lindauer, Martin. Communicating among Social Bees. Cambridge, Mass.: Harvard University Press, 1961.

Lingis, Alphonso. Abuses. New York: Routledge, 1994.

———. Dangerous Emotions. New York: Routledge. 2000.

———. Excesses: Eros and Culture. Albany, N.Y.: State University of New York Press, 1983.

Liu Xinyuan. "Amusing the Emperor: The Discovery of Xuande Period Cricket Jars from the Ming Imperial Kilns." Orientations 26, no. 8 (1995): 62–77.

Lloyd, G. E. R. Science, Folklore and Ideology. Studies in the Life Sciences in Ancient Greece. Cambridge: Cambridge University Press, 1983.

Luckert, Stephen. The Art and Politics of Arthur Szyk. Washington, D.C.: U.S. Holocaust Memorial Museum, 2002.

Mamdani, Mahmood. When Victims Become Killers: Colonialism, Nativism, and the Genocide in Rwanda. Princeton, N.J.: Princeton University Press, 2002.

Mazokhin-Porshnyakov, Georgii A. Insect Vision. Translated by Roberto Masironi and Liliana Masironi. New York: Plenum Press, 1969.

McCartney, Andra. "Alien Intimacies: Hearing Science Fiction Narratives in Hildegard Westerkamp's Cricket Voice (or 'I Don't Like the Country, the Crickets Make Me Nervous')." Organized Sound 7 (2002): 45–49.

Mendelsohn, Ezra. "From Assimilation to Zionism in Lvov: The Case of Alfred Nossig." Slavonic and East European Review 49, no. 17 (1971): 521–34.

Merian, Maria Sibylla. Metamorphosis insectorum Surinamensium. Amsterdam: Gerard Valck, 1705.

Michelet, Jules. The Insect. Translated by W. H. Davenport Adams. London: T. Nelson and Sons, 1883.

Mol, Annemarie. The Body Multiple: Ontology in Medical Practice. Durham, N.C.: Duke University Press, 2003.

Montaigne, Michel de. The Complete Works. Translated by Donald M. Frame. New York: Everyman's Library, 2003.

Mousseau, Frederic, with Anuradha Mittal. Sahel: A Prisoner of Starvation? A Case Study of the 2005 Food Crisis in Niger. Oakland, Calif.: The Oakland Institute, 2006.

Munz, Tania. "The Bee Battles: Karl von Frisch, Adrian Wenner and the Honey Bee Dance Language Controversy." Journal of the History of Biology 38, no. 3 (2005): 535–70.

Nilsson, Dan-Eric, and Susanne Pelger. "A Pessimistic Estimate of the Time Required for an Eye to Evolve." Proceedings of the Royal Society B: Biological Science 256 (1994): 53–58.

Nossig, Alfred, ed. Jüdische Statistik [Jewish Statistics]. Berlin: Der Jüdische Verlag, 1903.

———. Die Sozialhygiene der Juden und des altorientalischen Völkerkreises [Social Hygiene of the Jews and Ancient Oriental Peoples]. Stuttgart: Deutsche Verlags-Anstalt, 1894.

———. Zionismus und Judenheit: Krisis und Lösung [Zionism and Jewry: Crisis and Solution]. Berlin: Interterritorialer Verlag "Renaissance" , 1922.

Nuti, Lucia. "The Mapped Views by George Hoefnagel: The Merchant' s Eye, the Humanist' s Eye." Word and Image 4 (1988): 545–70.

Nye, Robert A. "The Rise and Fall of the Eugenics Empire: Recent Perspectives on the Impact of Biomedical Thought in Modern Society." Historical Journal 36 (1993): 687–700.

Okumoto Daizaburo. Hakubutsugakuno kyojin Anri Faburu [Henri Fabre: A Giant of Natural History]. Tokyo: Syueisya, 1999.

Osten-Sacken, Carl Robert. "A Singular Habit of Hilara." Entomologist' s Monthly Magazine 14 (1877): 126–27.

Ovid, Tales from Ovid. Translated by Ted Hughes. London: Faber and Faber, 1997.

Pavese, Cesare. This Business of Living: Diaries 1935–1950. Translated by Alma E. Murch. New York: Quartet, 1980.

Perec, Georges. Species of Spaces and Other Pieces. Translated by John Sturrock. London: Penguin, 1998.

Philipp, Feliciano. Protection of Animals in Italy. Rome: National Fascist Organization for the Protection of Animals, 1938.

Pliny. Natural History, book xi. Translated by H. Rackham. Cambridge. Mass.: Loeb Classical Library/ Harvard University Press, 1983.

Ploetz, Alfred. Die Tüchtigkeit unserer Rase und der Schutz der Schwachen: Ein Versuch über die Rassenhygiene und ihr Verhältnis zu den humanen Idealen, besonders zum Sozialismus [The Efficiency of Our Race and the Protection of the Weak: An Essay Concerning Racial Hygiene and Its Relationship to Humanitarian Ideals, in Particular to Socialism]. Berlin: S. Fischer, 1895.

Plutarch. Moralia. Vol. xii. Translated by Harold Cherniss and William C. Helmbold. Cambridge, Mass.: Harvard University Press, 1957.

Proctor, Robert N. Racial Hygiene: Medicine under the Nazis. Cambridge, Mass.: Harvard University Press, 1988.

Pu Songling. "The Cricket." In Strange Tales from Make-Do Studio. Translated by Denis C. Mair and Victor H. Mair. Beijing: Foreign Language Press, 2001.

Raffles, Hugh. In Amazonia: A Natural History. Princeton, N.J.: Princeton University Press, 2002.

Ratey, John J. A User' s Guide to the Brain: Perception, Attention, and the Four Theaters of the Brain. New York: Vintage, 2002.

Reischauer, Edwin O., and Joseph K. Yamagiwa. Translations from Early Japanese Literature. Cambridge, Mass.: Harvard University Press, 1951.

Resh, Vincent H., and Ring T. Cardé, eds. Encyclopedia of Insects. New York: Academic Press, 2003.

Roitman, Janet. Fiscal Disobedience: An Anthropology of Economic Regulation in Central Africa. Princeton, N.J.: Princeton University Press, 2004.

Roughgarden, Joan. Evolution' s Rainbow: Diversity, Gender, and Sexuality in Nature and People. Berkeley: University of California Press, 2004.

Rowley, John, and Olivia Bennett. Grasshoppers and Locusts: The Plague of the Sahel. London: The Panos Institute, 1993.

Ryan, Lisa Gail, ed. Insect Musicians and Cricket Champions: A Cultural History of Singing Insects in China and Japan. San Francisco: China Books and Periodicals, 1996.

Sacks, Oliver. An Anthropologist on Mars: Seven Paradoxical Tales. New York: Vintage, 1995.

Sax, Boria. Animals in the Third Reich: Pets, Scapegoats, and the Holocaust. New York: Continuum, 2003.

———. "What is a 'Jewish Dog' ? Konrad Lorenz and the Cult of Wildness." Society and Animals: Journal of Human-Animal Studies 5, no. 1 (1997).

Scarborough, John. "On the History of Early Entomology, Chiefly Greek and Roman with a Preliminary Bibliography." Melsheimer Entomological Series 26 (1979): 17–27.

Schafer, R. Murray. The Soundscape: Our Sonic Environment and the Tuning of the World. Rochester, Vt.: Destiny Books, 1994.

Schiebinger, Londa. Plants and Empire: Colonial Bioprospecting in the Atlantic World. Cambridge, Mass.: Harvard University Press, 2004.

Searle, John R. Mind: A Brief Introduction. Oxford, U.K.: Oxford University Press, 2004.

Sebald, W. G. Austerlitz. Translated by Anthea Bell. New York: Random House, 2001.

———. On the Natural History of Destruction. Translated by Anthea Bell. New York: Random House, 2003.

Seeley, Thomas D. The Wisdom of the Hive: The Social Physiology of Honey Bee Colonies. Cambridge, Mass.: Harvard University Press, 1995.

Seeley, Thomas D., S. Kühnholz, and R. H. Seeley. "An Early Chapter in Behavioral Physiology and Sociobiology: The Science of Martin Lindauer." Journal of Comparative Physiology A: Neuroethology, Sensory, Neural, and Behavioral Physiology 188 (2002): 439–53.

Serres, Michel. The Parasite. Translated by Lawrence R. Schehr. Minneapolis: University of Minnesota Press, 2007.

Seyfarth, Ernst-August, and Henryk Perzchala. "Sonderaktion Krakau 1939: Die Verfolgung von polnischen Biowissenschaftlern und Hilfe durch Karl von Frisch" [Sonderaktion Krakau, 1939: The Persecution of Polish Biologists and the Assistance Provided by Karl von Frisch]. Biologie in unserer Zeit 22, no. 4 (1992): 218–25.

Shapin, Steven. The Scientific Revolution. Chicago: University of Chicago Press, 1998.

Shiga Usuke. Nihonichi no konchu-ya [The Best Insect Shop in Japan]. Tokyo: Bunchonbunko, 2004.

Shoko Kameoka and Hisako Kiyono. A Survey of the Rhinoceros Beetle and Stag Beetle Market in Japan. Tokyo: TRAFFIC East Asia—Japan, 2003.

Smith, Ray F., Thomas E. Mittler, and Carroll N. Smith, eds. History of Entomology. Palo Alto, Calif.: Annual Reviews, Inc., 1973.

Sommer, Volker, and Paul L. Vasey, eds. Homosexual Behavior in Animals: An Evolutionary Perspective. Cambridge: Cambridge University Press, 2006.

Spicer, Dorothy Gladys. Festivals of Western Europe. New York: H. W. Wilson, 1958.

Stein, Rolf A. The World in Miniature: Container Gardens and Dwellings in Far Eastern Religious Thought. Translated by Phyllis Brooks. Palo Alto, Calif.: Stanford University Press, 1990.

Strassberg, Richard E. Inscribed Landscapes: Travel Writing from Imperial China. Berkeley: University of California Press, 1994.

Szymborska, Wisława. Miracle Fair: Selected Poems of Wisława Szymborska. Translated by Joanna Trzeciak. New York: W. W. Norton, 2001.

Taussig, Michael. Mimesis and Alterity: A Particular History of the Senses. New York: Routledge, 1993.

———. My Cocaine Museum. Chicago: University of Chicago Press, 2004.

The Warsaw Diary of Adam Czerniakow: Prelude to Doom. Edited by Raul Hilberg, Stanislaw Staron, and Josef Kermisz. Translated by Stanislaw Staron and the staff of Yad Vashem. New York: Stein and Day, 1979.

Thomas, Julia Adeney. Reconfiguring Modernity: Concepts of Nature in Japanese Political Ideology. Berkeley: University of California Press, 2001.

Thomas, Keith. Man and the Natural World: A History of the Modern Sensibility. New York: Pantheon, 1983.

Toor, Frances. Festivals and Folkways of Italy. New York: Crown, 1953.

Topsell, Edward. The History of Four-Footed Beasts and Serpents. Vol. 3, The Theatre of Insects or Lesser Living Creatures by Thomas Moffet. New York: De Capo, [1658] 1967.

Tort, Patrick. Fabre: Le Miroir aux Insectes. Paris: Vuibert/Adapt, 2002.

Tregenza, T., N. Wedell, and T. Chapman. "Introduction. Sexual Conflict: A New Paradigm?" Philosophical Transactions of the Royal Society B: Biological Sciences 361 (2006): 229–34.

Tsunoda Tadanobu. The Japanese Brain: Uniqueness and Universality. Translated by Yoshinori Oiwa. Tokyo: Taishukan, 1985.

Tuan, Yi-Fu. "Discrepancies Between Environmental Attitude and Behaviour: Examples from Europe and China." Canadian Geographer 12, no. 3 (1968): 176–91.

Uexküll, Jakob von. "A Stroll through the World of Animals and Men: A Picture Book of Invisible Worlds." In Instinctive Behavior: The Development of a Modern Concept, edited and translated by Claire H. Schiller, 5–80. New York: International Universities Press, 1957.

Uvarov, Boris Petrovich. Grasshoppers and Locusts: A Handbook of General Acridology. Vol. 1. Cambridge: Cambridge University Press, 1966.

Vignau-Wilberg, Thea. Archetypa studiaque patris Georgii Hoefnagelii (1592): Nature, Poetry and Science in Art around 1600. Munich, Germany: Staatliche Graphische Sammlung, 1994.

Vilencia, Jeff. The American Journal of the Crush-Freaks. 2 vols. Bellflower, Calif.: Squish Publications, 1993–96.

Wade, Nicholas. "Flyweights, Yes, but Fighters Nonetheless: Fruit Flies Bred for Aggressiveness." New York Times, October 10, 2006.

Wagner, David L. Caterpillars of Eastern North America: A Guide to Identification and Natural History. Princeton, N.J.: Princeton University Press, 2005.

Weindling, Paul Julian. Epidemics and Genocide in Eastern Europe, 1890–1945. New York: Oxford University Press, 2000.

Weiss, Sheila Faith. "The Race Hygiene Movement in Germany." Osiris 3 (1987): 193–226.

Wolfe, Cary, ed. Zoontologies: The Question of the Animal. Minneapolis: University of Minnesota Press, 2003.

Wu Zhao Lian. Xishuai mipu [Secret Cricket Books]. Tianjin, China: Gu Ji Shu Dan Ancient Books, 1992.

Yajima Minoru. Mushi ni aete yokatta [I Am Happy That I Met Insects]. Tokyo: Froebel-kan, 2004.

Yoro Takeshi and Miyazaki Hayao. Mushime to anime. Tokyo: Tokuma Shoten, 2002.

Yoro Takeshi, Okumoto Daizaburo, and Ikeda Kiyohiko. San-nin yoreba mushi-no-chi' e [Put Three Heads Together to Match the Wisdom of a Mushi]. Tokyo: Yosensya, 1996.

Zinsser, Hans. Rats, Lice and History: Being a Study in Biography, which, after Twelve Preliminary Chapters Indispensable for the Preparation of the Lay Reader, Deals with the Life History of Typhus Fever. Boston, Mass.: Atlantic Monthly Press/Little, Brown, and Company, 1935.

Zylberberg, Michael. "The Trial of Alfred Nossig: Traitor or Victim." Wiener Library Bulletin 23 (1969): 41–45.

图书在版编目（CIP）数据

昆虫志 / (美) 休·莱佛士著 ; 陈荣彬译. -- 北京:
北京联合出版公司, 2019.1

ISBN 978-7-5502-9508-7

Ⅰ. ①昆… Ⅱ. ①休… ②陈… Ⅲ. ①昆虫－普及读
物 Ⅳ. ①Q96-49

中国版本图书馆CIP数据核字(2018)第253709号

著作权合同登记 图字: 01-2018-7767号

昆虫志

项目策划 紫图图书ZITO®
著　　者 [美] 休·莱佛士
译　　者 陈荣彬
责任编辑 宋延涛
装帧设计 紫图图书ZITO®
监　　制 黄　利　万　夏
特约编辑 宣佳丽　路思维　苑　然
封面设计 廖　韡
版权支持 王香平　王秀荣

北京联合出版公司出版
（北京市西城区德外大街 83 号楼 9 层　100088）
艺堂印刷（天津）有限公司印刷　新华书店经销
350千字　880毫米×1270毫米　1/32　19印张
2019年1月第1版　2019年1月第1次印刷
ISBN 978-7-5502-9508-7
定价: 88.00元

通过微小的昆虫窥见整个人类世界，

读懂昆虫就读懂了人类自己。

INSECTOPEDIA

Hugh Raffles